纺织服装高等教育"十四五"部委级规划教材
普通高等教育"十一五"国家级规划教材

非 织 造 学

（第四版）

柯勤飞　靳向煜　主编

东华大学出版社

· 上海 ·

内 容 简 介

本书系统地介绍了非织造材料加工工艺及理论、设备机构原理及产品结构与性能。全书共分十一章,内容不仅涉及非织造用原料、非织造各类工艺技术以及相关交叉学科的基本理论,而且引入了诸多新工艺、新产品、新应用领域和非织造发展的新趋势。

本书为高等院校非织造材料与工程专业、纺织科学与工程专业本科生教材,亦可作为高分子材料与工程专业和从事非织造学科领域的工程技术人员参考。

图书在版编目(CIP)数据

非织造学/柯勤飞,靳向煜主编. — 4 版.

上海:东华大学出版社,2024.9. — ISBN978-7-5669-2394-3

Ⅰ. TS17

中国国家版本馆 CIP 数据核字第 20247JD211 号

责任编辑　杜亚玲
封面设计　魏依东

非织造学(第四版)

柯勤飞　靳向煜　主编
东华大学出版社出版
上海市延安西路 1882 号
邮政编码:200051　电话:(021)62193056
新华书店上海发行所发行　上海盛通时代印刷有限公司印刷
开本:787mm×1092mm　1/16　印张:25.25　字数:630 千字
2024 年 9 月第 4 版　2024 年 9 月第 1 次印刷
ISBN 978-7-5669-2394-3
定价:78.00 元

前　言

非织造是纺织工业新的工艺技术,它具有许多其他纺织品不可比拟的突出性能,并广泛应用于人类的衣食住行和各产业领域。新型非织造材料学科与计算机科学、高分子材料学科相结合,综合了纺织、化工、塑料、造纸等工程技术,充分利用了现代物理学、化学等学科的有关研究成果。

世界非织造工业飞速发展,非织造材料及产品的新原料、新工艺和新技术不断涌现,其性能在不断提升,功能进一步优化,应用领域在不断拓展,主要体现在构成非织造材料基础的化学纤维和相关高分子聚合物原料以及成网加固技术的不断创新。

为了适应非织造材料与工程学科发展和教学需要,体现教材的先进性、前瞻性、系统性和实用性,编写组在 2016 年出版的普遍高等教育"十一五"国家级规划教材和纺织服装高等教育"十三五"部委级规划教材《非织造学》(第三版)的基础上,修改编写了《非织造学》(第四版)。第四版内容保持了第三版教材的体系和特色,补充了近几年发展成熟的新工艺技术和理论,系统反映了非织造材料与工程的基本概念、基本理论、基本规律,把非织造学科前沿科技成果和国内外该领域的新材料、新技术、新工艺和新产品引入其中,充分体现其学科交叉性,集学术性、创新性和实践性于一体。

《非织造学》(第四版)较全面地介绍了非织造用原料、非织造材料成型理论和加工工艺、非织造材料结构与性能、后整理工艺技术、非织造产品标准与测试技术以及非织造产品应用。

参加本书编写的有东华大学柯勤飞、靳向煜、俞镇慌、吴海波、殷保璞、王洪、王荣武、黄晨、刘万军、赵奕,四川大学华坚,青岛大学马建伟,南京林业大学邓超,绍兴文理学院张寅江,南通大学张海峰,湖南工程学院刘超、张星等教师。

本书共分十一章,具体编写分工如下:

柯勤飞:第 1 章和第 9.1 节

靳向煜:第 5、8 章和第 3.3 节

赵奕,靳向煜:第 2 章

俞镇慌:第 3 章第 3.1、3.2、3.4 节,邓超,张寅江:第 3.5 节

马建伟:第 4 章

吴海波:第 6 章和第 9.2、9.3.1、9.3.2、9.3.4 节

华坚:第 7 章

刘超,张星,张海峰,第 9.3.3 节

刘万军,王洪:第 10 章

殷保璞,王荣武,黄晨:第 11 章

全书由柯勤飞、靳向煜负责整体构思和统稿。本书的编写得到东华大学教务处领导和纺织实验中心的黄键华、刘嘉炜老师及王向钦、李昌稳专家的帮助,在此表示谢意。

东华大学朱美芳院士对本书进行了全面的审阅,并提出了许多宝贵意见,在此谨表示衷心的感谢。

由于作者水平有限,书中还存在不少缺点和错误,恳请读者提出宝贵意见。

封面采用闪蒸法鲲纶™非织造布制作而成,它具有防水、防虫、强度高、耐撕裂等优点。感谢江苏青昀新材料有限公司的支持与帮助。

编者

2024 年 3 月 5 日

目　录

第 1 章　绪　论
（Preface）

非织造材料（Nonwovens）又称非织造布、不织布、非织造织物、无纺织物或无纺布。非织造技术是一门源于纺织，但又超越纺织的材料加工技术。它结合了纺织、造纸、皮革和塑料四大柔性材料加工技术，并充分结合和运用了诸多现代高新技术，如计算机控制、信息技术、高压射流、等离子体、红外、激光技术等，是一门新型的交叉学科。非织造技术正在成为提供新型纤维结构材料的一种必不可少的重要手段，是新兴的材料工业分支，无论在航天航空、环保治理、农业技术、医疗保健，还是人们的日常生活等许多领域，非织造新材料都已成为一种愈来愈普遍的重要产品。非织造工业被誉为纺织工业中的"新兴产业"。

一个国家非织造生产技术的发达程度是该国家纺织工业技术进步的重要标志之一，同时在一定程度上反映了这个国家的整体工业化发展水平。

1.1　非织造基本原理及发展简史

1.1.1　非织造基本原理

不同的非织造工艺技术都具有其相应的工艺原理。但从广义角度上讲，非织造技术的基本原理是一致的，可用其工艺过程来描述，一般可分为以下四个过程：

1）纤维/原料的选择。
2）成网。
3）纤网加固（成型）。

4)后整理。

1. 纤维/原料的选择

纤维/原料的选择基于以下几个方面:成本、可加工性和纤网的最终性能要求。纤维是所有非织造材料的基础。大多数天然纤维和化学纤维都可用于非织造材料。

原料还包括黏合剂和后整理化学试剂。通常,应用黏合剂使纤网中的纤维相互黏合以得到具有一定强度和完整结构的纤网。但是,一些黏合剂不仅可作为黏合用,在很多情况下,它们同时可以作为后整理试剂,比如用于涂层整理、层合工艺等。黏合剂分天然类黏合剂和合成类黏合剂。

2. 成网

将纤维形成松散的纤维网结构,称为成网。此时所成的纤网强度很低,纤网中纤维可以是短纤也可以是连续长丝,主要取决于成网工艺。成网工艺主要有干法成网、湿法成网和聚合物挤压成网三大类。

3. 纤网加固

纤网形成后,通过相关的工艺方法对纤网所持松散纤维的加固,称为纤网加固,它赋予纤网一定的物理力学性能和外观。

4. 后整理与成型

后整理在纤网加固后进行。后整理旨在改善产品的结构和手感,有时也为了改变产品的性能,如透气性、吸收性和防护性。后整理方法可以分为两大类:机械方法和化学方法。机械后处理包括起皱、轧光轧纹、收缩、打孔等。化学后整理包括染色、印花及功能整理等。

经整理后,非织造材料通常在成型机器上转化成最终产品,比如折叠毛巾、婴儿尿布及湿揩布等。成型过程一般包括以下一个或几个步骤:退卷、分切、折叠、裁剪、缝纫、消毒、浸渍和包装。

1.1.2　非织造材料的发展简史

1. 非织造材料的起源

非织造材料的起源可追溯到几千年前,那时候还没有机织物和编织物,但已经出现了毡制品。古代游牧民族在实践中发现并利用了动物纤维的缩绒性,将动物毛发如羊毛、骆驼毛加水、尿或乳精等通过脚踩、棒打等机械作用使纤维之间互相缠结,来制作毛毡。以现代技术来衡量,这种毡就是最早的非织造材料,今天的短纤维针刺法非织造材料是古代毡制品的延伸和发展。

考古证实,人类早在七千多年前就已养蚕抽丝制帛,用于制作服饰和服装。马端临(公元1254～1323年)撰写的《文献通考》中记载:宋太祖"开宝七年(公元973年)五月,开封府封丘县民程铎家,发蚕簇,有茧联属自成被。"宋代也记载过利用"万蚕同结"制成长2丈5尺、宽4尺(7.68 m×1.23 m)的平板茧。清代的《西吴蚕略》则更详细地介绍了这种平板茧的制作方法:"蚕老不登簇,置于平案上,即不成茧,吐丝,满案光明如砥,吴人效其法,以制团扇,胜于纨素,即古之蚕纸也。"从原理上讲,这种天然的平板茧类似于现代的纺丝成网法非织造材料。

公元前二世纪,我们祖先受漂絮的启发发明了大麻造纸。这种漂絮和造纸的技术与现在湿法非织造工艺原理又是非常接近的。

2. 现代非织造工艺技术发展

现代非织造工艺技术最早出现于19世纪70年代,1878年英国的William Bywater公司开始制造最早的针刺机,具有向上刺的传动结构,产品宽度很窄。1892年,有人在美国专利中提出了气流成网机的设计。1930年,汽车工业开始应用针刺法非织造材料。1942年,美国某公司生产了几千码化学黏合的纤维材料,命名为"Nonwoven Fabrics"。1951年,美国研制出熔喷法非织造材料。1959年,美国和欧洲成功研制出纺丝成网法非织造材料。20世纪50年代末,传统低速造纸机改造成湿法非织造成网机,湿法非织造材料开始生产。20世纪70年代,美国开发出水刺法非织造材料。1972年,出现了"U"型刺针和花式针刺机构,开始生产花纹起绒地毯。

非织造材料能得到迅速发展,有以下主要原因:

1)传统纺织工艺与设备复杂化,生产成本不断上升,促使人们寻找新技术。

2)石油和化纤工业的迅速发展,为非织造技术的发展提供了丰富的原料,拓宽了产品开发的领域。

3)很多传统纺织品对最终应用场合的针对性差。

现代非织造材料工业的崛起得益于石油化工以及合成纤维的发展。由于新型非织造加工技术以及产品(特别是产业用非织造材料)的需要,采用高科技手段,从聚合物分子结构研究入手,对聚合工艺、聚合物改性以及纺丝工艺与设备进行一系列研究并取得突破性进展,研究开发了一系列适合非织造用的聚合物切片、差别化纤维、功能性纤维。此外,还开发了高性能的有机、无机纤维(芳香族聚酰胺纤维、碳纤维、玻璃纤维、陶瓷纤维、碳化硅纤维、硼纤维等)和金属纤维(微细不锈钢纤维)等。近年来还开发了"绿色"再生纤维素纤维Lyocell以及采用生物技术生产的可完全降解的聚乳酸(PLA)纤维等。形形色色的纤维,结合各种非织造加工技术,可生产出性能迥异、丰富多彩的非织造产品,特别是各种高性能的产业用非织造产品。

现代非织造加工技术日臻完善是与高新技术的渗透、应用密切相关的。目前已形成干法成网、湿法成网和聚合物挤压成网三大主要成网工艺;针刺、热熔黏合、化学黏合、水刺等纤网固结加工技术;叠层、复合、模压、超声波或高频焊接等复合加工技术。非织造学科前沿发展趋势主要体现为:

1)在各种非织造设备设计制造中广泛采用计算机辅助设计与辅助制造技术(CAD/CAM)。

2)机电一体化、微电子技术与计算机技术在各种高效、高产、高质非织造生产线中得到广泛应用,如各种可编程控制器(PLC)、变频调速系统,计算机集控技术等。

3)激光、超声波、高频技术在非织造设备、工艺技术及产品复合加工中得到广泛应用。

4)新材料用于非织造设备的关键部件,如碳纤维增强复合材料用于高速针刺机针梁、高速宽幅梳理机回转件,钛铝合金用于针板制造,陶瓷基复合新材料用于喷射压力达30 MPa的水刺机高压泵活塞制造等。

5)信息技术用于可编程控制器的远程遥控、故障诊断与排除等。

6)在现代高速、高产、高质非织造生产线的过程控制和在线质量控制中已经广泛应用各种高技术的传感器和智能化软件,使生产过程中具备感知功能、判断功能及处理功能,控制生产过程的工艺参数和非织造材料品质参数,以确保产品质量。

7)非织造加工技术及设备的技术进步还反映在更多地组合应用复合技术,如干法成网与纺丝成网的结合、纺丝成网与熔喷的结合(SMS、SMMXS)、干法造纸与梳理成网水刺、纺丝成网与微孔膜的直接复合技术等。

1.1.3　非织造工艺的技术特点

非织造工艺技术主要有以下特点：

1）多学科交叉,突破传统纺织原理,结合了纺织、化工、塑料、造纸以及现代物理学、化学等学科的知识。

2）工艺流程短,装备智能化,劳动生产率高。

3）生产速度高,产量高,如表 1-1 所示。

4）可应用纤维范围广。

5）工艺变化多,产品用途主要集中在产业领域。

6）技术要求高。

表 1-1　机织、针织与各种非织造生产方法的速度对比

生　产　方　法	机　　　型	相对生产速度
机　　织	自动有梭织布机	1
	无梭织布机	10
针　　织	纬编大圆机	28
	高速经编机	71
非　织　造	缝编机	90
	针刺机(4 m 工作宽度)	125
	针刺机(特宽幅)	360
	黏合法生产线	600
	热轧法生产线	1 800
	纺丝成网法生产线	200～2 000
	湿法生产线	2 300～10 000
造　　纸	高速造纸生产线	40 000～100 000

1.2　非织造材料的定义与分类

1.2.1　非织造材料的定义

1. 我国国标赋予非织造材料的定义(GB/T 5709—1997)

定向或随机排列的纤维通过摩擦、抱合或黏合或者这些方法的组合而相互结合制成的片状物、纤网或絮垫。不包括纸、机织物、簇绒织物、带有缝编纱线的缝编织物以及湿法缩绒的毡制品。所用纤维可以是天然纤维或化学纤维;可以是短纤维、长丝或直接形成的纤维状物。

为了区别湿法非织造材料和纸,还规定了其纤维成分中长径比大于300的纤维占全部质量的50%以上,或长径比大于300的纤维虽只占全部质量的30%以上但其密度小于0.4 g/cm³ 的,属于非织造材料,反之为纸。

2. 美国材料试验协会(ASTM)赋予的定义

ASTM赋予非织造材料的定义如下:

A structure produced by bonding of mechanical, chemical, thermal, or solvent means and the combination thereof. The term does not include paper or fabrics that are woven, knitted, tufted or those made by wool or other felting processes.

由此可知,非织造材料是一种有别于传统纺织品和纸类的新的纤维制品。这一界定已远远超出"布"的涵义。

3. 国际标准 ISO 9092:2019(E)赋予的定义

非织造材料定义:一种可工程化设计、并以物理和/或化学方法加固而成的具有设定的结构完整性的纤维集合体材料,主要的是呈平面状的。但不包括机织、针织或造纸工艺。

工程化:按使用规范来设计、规划和制造产品。

纤维集合体:一种预先确定数量和安排的天然或人工制造的纤维原料,但纤维原料不限于任何长度或横截面形状的纤维、连续长丝或牵切纱。

注:由成网加工工艺制成的二维或三维纤维网结构材料。

结构完整:非织造材料的拉伸强力可测量、达到其结构的完整性。

物理和/或化学加固方法:导致纤维间摩擦力(通过物理缠结)或纤维间黏合力(使用或不使用黏合剂)的加固技术。

湿法非织造工艺不属于造纸工艺。

在湿法非织造工艺中,纤维素纤维或其他纤维主要是以通过工程化设计,以物理或化学加固法,而不是以氢键加固使之结构完整,这种纤维集合体被认为是非织造材料。

1.2.2　非织造材料的分类

非织造材料的分类可以按照成网方式、纤网加固方式、纤网结构或纤维类型等多种方法进行。一般基于成网方法或加固方法,图1-1所示为非织造材料基于成网方法和加固方法的分类。图1-2所示为非织造材料基本的加工路线。

1. 按成网方法分类

根据非织造学的工艺理论和产品的结构特征,非织造的成网技术大体上可以分为:1)干法成网;2)湿法成网;3)聚合物挤压成网。

1) 干法成网

在干法成网过程中,天然纤维或化学短纤维网通过机械成网或气流成网制得。

(1) 机械成网

用锯齿开棉机或梳理机(如罗拉式梳理机、盖板式梳理机)梳理纤维,制成一定规格和面密度的薄网。这种纤网可以直接进入加固工序,也可经过平行铺叠或交叉折叠后再进入加固工序。

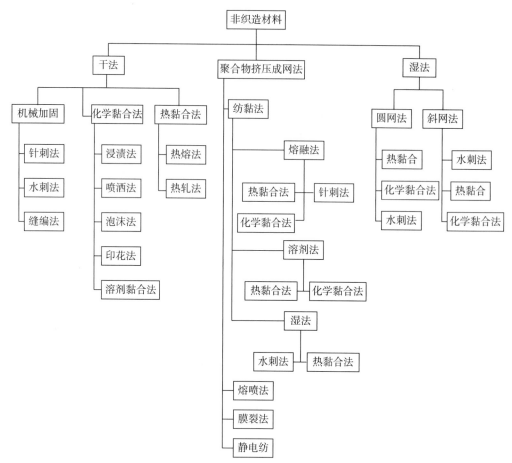

图 1-1　非织造材料基于成网方法和加固方法的分类

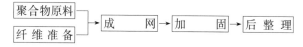

图 1-2　非织造材料基本加工路线

（2）气流成网

利用空气动力学原理,让纤维在一定的流场中运动,并以一定的方式均匀地沉积在连续运动的多孔帘带或尘笼上,形成纤网。纤维长度相对较短,最长 80 mm。纤网中纤维的取向通常很随机,因此纤网具有各向同性的特点。

梳理或气流成网的纤维网经过化学、机械、溶剂或者热黏合等方法制得具有足够尺寸稳定性的非织造材料。纤网面密度可由 30 g/m² 到 3 000 g/m²。

2）湿法成网

以水为介质,使短纤维均匀地悬浮在水中,并借水流作用,使纤维沉积在透水的帘带或多孔滚筒上,形成湿的纤网。湿法成网利用的是造纸的原理和设备。在湿法成网过程中,天然或化学纤维首先与化学物质和水混合得到均一的分散溶液,称为“浆液”。“浆液”随后在移动的凝网帘上沉积,然后,多余的水分被吸走,仅剩下纤维随机分布形成均一的纤网,纤网可按要求进行加固和后处理。非织造纤网面密度从 10 g/m² 到 540 g/m²。

3）聚合物挤压成网

聚合物挤压成网利用的是聚合物挤压的原理和设备。代表性的纺丝方法有熔融纺丝、干法纺丝和湿法纺丝成网工艺。首先采用高聚物的熔体、浓溶液或溶解液通过喷丝孔形成长丝或短纤维。这些长丝或短纤维在移动的传送带上铺放形成连续的纤网。纤网随后经过机械加固、化学加固或热黏合形成非织造材料。大多数聚合物挤压成网的纤网中,纤维长度是连续的。纤网面密度范围可以从 10 g/m² 到 1 000 g/m²。

2. 按照纤网加固方式分类

纤网的加固工艺可以分为三大类:机械加固、化学黏合和热黏合工艺。具体加固方法的选择主要取决于材料的最终使用性能和纤网类型。有时也会组合使用两种或多种加固方式以得到理想的结构和性能。

1）机械加固

在机械加固中,非织造纤网通过机械的方法使纤维相互交缠得到加固,如针刺、水刺和缝编法等。

2）化学黏合

在化学黏合剂黏合过程中,黏合剂乳液或黏合剂溶液在纤网内或周围沉积,然后通过热处理得到黏合。黏合剂通常经过喷洒、浸渍或者印花附着于纤网表面或内部。在喷洒法中,黏合剂经常停留在纤网材料表面,蓬松度较高。在浸渍法中,所有的纤维相互黏合使得非织造材料僵硬、刻板。印花法给予纤网未印花区域的柔软性、通透性和蓬松性。

3）热黏合

该工艺是将纤网中的热熔纤维在交叉点或轧点受热熔融后固化而使纤网得到加固。热熔的工艺条件决定了纤网的性质,最显著的是手感和柔软性。用此法黏合的纤网可以是干法成网、湿法成网或者聚合物纺丝成网的纤网。

1.3 非织造材料的结构与特点

1.3.1 非织造材料与传统纺织品的结构差异

传统的机织物和针织物是以纤维集合体(纱线或长丝)为基本材料,经过交织或编织来形成规则的几何结构,如图 1-3 所示。机织物中经纬纱互相交织并挤压,具有较好的抵抗外力作用变形的能力,所以机织物的结构一般都比较稳定,但延伸性差。针织物中,纱线形成圈状结构并相互联结,当受到外力作用时,组成线圈的纱线相互之间有一定程度的转移性,因此针织物一般具有良好的延伸性。

(a) 机织物　　　　　　　　(b) 针织物

图 1-3　织物的结构

非织造材料与传统纺织品差异很大,非织造工艺的基本要求是让纤维呈单纤维分布状态后形成纤维集合体(纤网)。典型的非织造材料通常呈单纤维组成的网络状结构,要达到结构稳定,必须通过施加黏合剂、热黏合作用、机械缠结等手段予以加固,如图 1-4 所示。

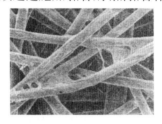 

(a) 化学黏合结构　　　　　　　　(b) 普通水刺结构

 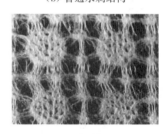

(c) 热轧黏合结构　　　　　　　　(d) 花式水刺结构

图 1-4　非织造材料的结构

1.3.2　非织造材料的结构模型

黏合剂加固的非织造材料的结构可分为点状黏合结构、片状黏合结构、团状黏合结构,如图 1-5 所示。

点状黏合结构中,纤维交叉接触处产生黏合作用,使用的黏合剂较少,材料的力学性能较好,化学黏合法非织造材料和双组分纤维热风穿透黏合法非织造材料中可观察到点状黏合结构。

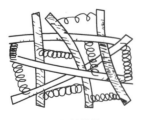 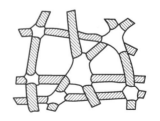

(a) 理想结构模型　　　　　　　　(b) 点状结构模型

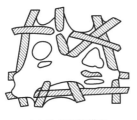

（c）片状结构模型   （d）团状结构模型

图 1-5　非织造材料的结构模型

1.3.3　非织造材料的特点

1. 介于传统纺织品、塑料、皮革和纸四大柔性材料之间的材料

不同的加工技术决定了非织造材料的性能,有的非织造材料像传统纺织品,如水刺非织造材料;有的像纸,如湿法或干法造纸非织造材料;又有的像皮革,如海岛纤维非织造基材合成革等。非织造材料与四大柔性材料之间的关系如图 1-6 所示。

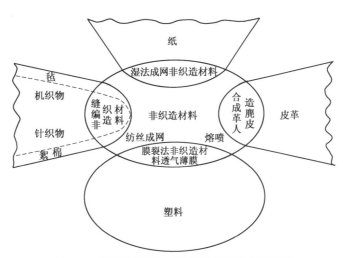

图 1-6　非织造材料与四大柔性材料之间的关系

2. 非织造材料的外观、结构多样性

非织造材料采用的原料、加工工艺技术的多样性,决定了非织造材料的外观、结构多样性。从结构上看,大多数非织造材料以纤网状结构为主,纤维呈二维排列的单层薄网几何结构或呈三维排列的网络几何结构,有的系纤维与纤维缠绕而形成的纤维网架结构,有的系纤维与纤维之间在交接点相黏合的结构,有的系由化学黏合剂将纤维交接点予以固定的纤维网架结构,还有的系由纤维集合体形成的几何结构。从外观上看,非织造材料有布状、网状、毡状、纸状等。

3. 非织造材料性能的多样性

由于原料选择的多样性、加工技术的多样性,必然产生非织造材料性能的多样性。有的材料柔性很好,有的很硬;有的材料强度很高,而有的却很低;有的材料很密实,而有的却很蓬松;有的材料的纤维很粗,而有的却很细。这就是说,可根据非织造材料的用途,来设计材料的性能,进而选择确定相应的工艺技术和纤维原料。

1.4　非织造材料及其主要用途

非织造材料已广泛地应用到环保过滤、医疗、卫生、保健、工业、农业、土木水利工程、建筑、家庭设施及生活的各个领域。近年来开发了一大批新颖非织造新产品,如采用聚四氟乙烯纤维和聚酰胺纤维经管式针刺工艺加工制造的人造血管、人造食管等人造器官;采用海藻纤维经针刺加工制造的高性能敷料;采用现代生物技术开发特种活性纤维非织造新材料,可特别有效地从工业废水中吸附回收重金属离子和相关的有毒离子;碳纤维针刺整体毡及碳/碳复合材料在导弹、火箭头锥以及运载火箭尾喷管喉衬中的应用(耐高温、耐烧蚀等);可完全降解的聚乳酸纤维非织造新材料,可用作环保型的用即弃产品等。

功能性制品材料是非织造材料的一大主要领域,也是非织造材料具有优势的领域,如医疗卫生保健用品(手术服、防护服、卫生巾、尿布等)、工业用品(过滤材料、汽车内饰材料等)、农业用品(如丰收布、培养基质等)、建材用品(如防水材料、隔热保温材料等)和土工合成材料等。当前及未来一段时间内,非织造材料发展的主要趋势是:

1) 生态化

大量的非织造材料属于用即弃产品,一部分属耐久型产品。目前绝大部分采用合成纤维作原料,大量产品满足了各种需求,但相应的废弃品却带来了生态方面的问题。采用大量可再生资源作为原料已成为非织造领域体现技术水平和方向的标志,天然基材料,如聚乳酸酯合成纤维、无硫脱脂棉纤维、木浆纤维、麻纤维等的应用,将给非织造领域带来巨大的变革。

2) 其他领域最新技术成果的集成

非织造材料自身是学科交叉结合的产物,近年来迅速发展,其生命力表现在不断吸取其他领域的最新技术成果,如超声波技术、微波技术、透湿防水微孔膜等,近期纳米材料的应用技术已成为开发的热点,国内产业的潜在需求非常明显。

3) 向其他领域渗透

非织造功能性制品不再局限于传统的纺织品应用领域,已大量进入汽车、卫生保健、土木工程、建材、农业等领域,如土工合成材料、高温气体过滤、手术服、尿布、防水基材、汽车内饰件、农业丰收布等,对各自的领域起了革命性的影响。

非织造材料的结构多样性、外观多样性、性能多样性决定了其用途的广泛性。可根据不同应用场合对非织造材料的性能、结构和外观要求,科学地选择原料、工艺路线、工艺参数等。

非织造材料也可分为用即弃型和耐用型两大类,用即弃类产品主要应用于医用敷料、卫生巾、尿布、手术衣、防护服和湿巾等;耐用型产品要求维持一段较长的重复使用时间,如人造革基布、针刺地毯、土工建筑材料、绝缘材料和床上用品等。下面分应用领域介绍非织造产品:

图 1-7 婴儿尿裤

1. 个人卫生领域

主要应用有婴儿尿布、妇女卫生巾、卫生棉条、茶叶袋、咖啡袋、儿童学步训练裤、失禁产品、干擦布、湿擦布、化妆和卸妆用材料、擦镜布、暖手套、缓冲垫等。图 1-7 所示为婴儿尿裤。

2. 医疗保健领域

主要应用有手术帽、手术衣、口罩、鞋套、纱布、棉球、擦布、矫形垫、绷带、胶带、牙科围巾、帷幕、包扎布、消毒包布、床单、床垫、换药纱布、防污服、检查服、血液及肾透析过滤材料等。图 1-8 所示为外科手术衣和手术床单。

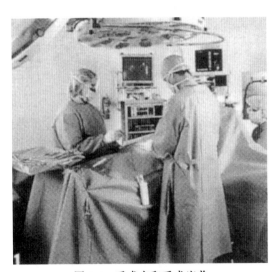

图 1-8 手术衣和手术床单

3. 家具及家用领域

主要应用有家具布(其中包括:护手和背靠衬垫、尘垫、防尘布、套饰布、裙边衬、拉条、绗缝被、防尘床罩、床垫弹簧包布、床垫弹簧隔离层)、毛毡、墙布、吸声墙面覆盖材料、装饰背衬、枕头、枕套、窗帘、帷幕、地毯、席梦思床垫、干擦布、湿擦布、抛光布、过滤布、吸尘器集尘袋、百洁布、抹灰布、拖把布、餐布、餐巾、熨烫毡、洗涤布等。图 1-9 所示为室内装饰材料。

图 1-9　室内装饰材料

4. 农业领域

主要应用有农作物覆盖、革基布、草皮防护、杂草控制、护根袋、容器、毛细管垫等。图 1-10 所示为农用材料。

图 1-10　农用材料

5. 汽车领域

主要应用有车厢衬垫、地毯背衬、门内饰板面料、门内饰板衬垫、挡泥板、后舱盖板饰面、座椅、车顶、防滑垫、泡沫增强材料、油过滤器、空气及其他内燃机过滤器、车用人造革背衬、隔声隔热材料等。图 1-11 所示为汽车用座椅套和顶蓬材料。

图 1-11　汽车用座椅套和顶蓬材料

6. 工业及军事领域

主要应用有涂层布、过滤材料、半导体抛光材料、擦布、洁净房服装、空调过滤材料、军用布、防弹材料、研磨材料、电缆绝缘布、增强塑料、胶带、防护服、吸收用材料、润滑垫、防火布、包装材料、运输带、展示毡、造纸毛毯、噪声吸收毡等。图 1-12 所示为工业用防护服。

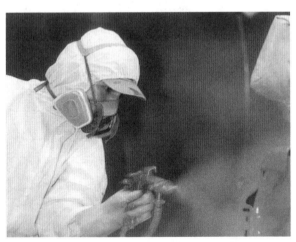

图 1-12　工业用防护服

7. 服装、办公及装饰领域

主要应用有衬基布、服装和手套保暖用材、胸罩和肩垫、书籍封面、信封、标签、软磁盘衬、毛巾、擦布、手袋、鞋材、箱包材料等。图 1-13 所示为服装用保暖材料。

图 1-13　服装保暖材料

8. 休闲和旅游领域

主要应用有睡袋、防雨布、帐篷、人造革、行李箱、航空椅头枕套、枕套等。图 1-14 所示为非织造保暖材料用于睡袋。

图 1-14　非织造保暖材料用于睡袋

9. 过滤材料、建筑材料领域

主要应用有各种气体、液体、固体过滤材料,屋顶及瓦片基材,吸声密封材料,房屋保暖包覆材料,管道包扎材料等。图 1-15 所示为各种气体、液体过滤材料。

图 1-15　各种气体和液体过滤材料

10. 岩土和水利工程领域

针刺土工布、纺丝成网土工布、土工复合膜、防渗土工布和加筋土工布等主要用于土壤稳固、排水和分离、堤坝防护、河岸防护、人工草坪、防沉积及侵蚀控制材料等。图 1-16 所示为土工合成材料在岩土和水利等工程上的应用。

随着非织造工业的高速发展,新材料和新产品将不断涌现,以满足各种新应用领域的需要,同时满足人们生活的需求。

（a）分离功能

（b）过滤与排水功能

（c）侵蚀控制功能

（d）增强功能

图 1-16　土工合成材料

思考题

1. 试说明非织造材料与其他四大柔性材料的相互关系。
2. 从广义上讲,非织造工艺过程由哪些步骤组成?
3. 试阐述非织造工艺的技术特点。
4. 试陈述我国国标赋予非织造材料的定义。
5. 试根据成网或加固方法,将非织造材料进行分类。
6. 试阐明非织造材料的特点。
7. 试列出非织造材料的主要应用领域。
8. 举例分析说明非织造材料结构、性能。

第 2 章　非织造用纤维原料
（Fibers）

　　纤维是构成非织造材料最基本的原料,由于非织造材料不同于传统纺织品以纱线的排列组合形成织物,而是纤维原料直接构成的纤维集合体,因此纤维原料的性能对非织造材料的性能就有着更为直接的影响,参见图 2-1。非织造技术应用的纤维原料非常广泛,要生产性能价格比合理的非织造产品,必须首先弄清纤维在非织造材料中的作用,掌握纤维的基本性能,并根据非织造加工工艺、后处理工艺及设备,恰当地选择纤维原料。

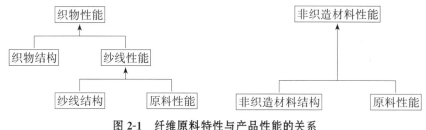

图 2-1　纤维原料特性与产品性能的关系

2.1　纤维在非织造材料中的作用

　　纤维在非织造材料中所起的作用随非织造材料的加工工艺的不同而有所不同,但归纳起来可分为如下几种:

2.1.1　纤维形成非织造材料的基本结构

　　对于大多数黏合法非织造材料,针刺、水刺加固非织造材料,纺丝成网法非织造材料,湿法非织造材料,纤网型缝编法非织造材料,纤维以网状形式构筑成非织造材料的主体结构,纤维在这种非织造材料中的比重从一半以上直至百分之百。非织造材料的结构模型参见第1章有关内容。

2.1.2 纤维形成非织造材料的加固成分

在针刺和水刺非织造材料、无纱线纤网型缝编法非织造材料等结构中,部分纤维以纤维束的楔柱或者线圈状结构存在于非织造材料中,起着加固纤网的作用。

2.1.3 纤维形成非织造材料的黏合成分

在热黏合法、湿法非织造材料中,具有热熔性(水溶性)的合成纤维作为黏合材料加入纤网中。纤网受到热处理时,这些纤维便会全部或部分地失去其纤维形态,形成结构中的黏合成分,使纤网得到加固。

在双组分合成纤维制成的热黏合法非织造材料中,双组分纤维既作为材料的基本结构(亦称主体结构),同时处于纤维交叉点的两根双组分纤维的外壳部分又因热熔而相互黏合,成为纤网的黏合成分。

在溶剂黏合法非织造材料中,作为黏合成分的部分纤维由于其在溶剂处理时溶解或膨润,起到与其他纤维相互黏合的作用,使纤网得到加固。

2.2 纤维与非织造材料性能的关系

非织造材料的性能与许多因素有关,其中最主要的因素是纤维的特性。纤维对非织造材料性能的影响归结起来主要反映在两个方面:一方面是纤维通过不同的非织造结构直接表现出来的材料性能;另一方面是纤维在非织造加工中的加工适应性,它也影响到非织造材料的最终性能。

2.2.1 纤维的表观性状对非织造材料性能的影响

纤维的表观性状主要包括长度、线密度、卷曲度、截面形状以及表面摩擦性能等,它们对非织造材料性能的影响分别论述如下:

1. 纤维长度及长度分布

纤维长度长,对提高非织造材料的强度有利,这主要是因为纤维之间的抱合力增大,缠结点增多,缠结效果增强,纤维强度的利用程度提高。在黏合法生产中,纤维长度长,还表现为黏合点增加,黏合力增强,非织造材料强度增加。但纤维长度对产品强度影响是有条件的,当纤维长度较短时,其长度的增加对产品强度的提高较明显,但产品达到一定强度后,再增加纤维长度,这种影响就不明显了。

纤维长度还对非织造材料的加工工艺性能有影响。如湿法成网的纤维长度一般为5~20 mm,最长不超过30 mm。干法成网的纤维长度一般为10~150 mm,最长达203 mm,具体取决于成网方式。

纤维的长度分布越窄,在同样工艺条件下越易于对纤维控制,形成均匀纤网;同时应极力避免超长的纤维出现,如化学纤维切断过程中的连刀料等,超长纤维在纤维分散过程中起纤维桥的作用,将本已分散的纤维又纠缠在一起。

2. 纤维线密度

纤维线密度小,制得的非织造材料体积密度大,强度高,手感柔软。非织造材料在同样面密度的条件下,纤维线密度越小,纤维根数就越多,纤维间的接触点与接触面积增加,这就增加了纤维间的黏结面积或增加了纤维间的滑移阻力,从而提高了非织造材料的强度。但纤维过细会对开松、梳理、成网造成困难。非织造材料一般采用的纤维线密度为1.2~33 dtex。一般粗纤维多用在地毯和衬垫中,主要考虑改善非织造材料的弹性。而对于一些过滤材料,则要求具有从细至粗多种线密度规格的纤维混合或呈梯度分布,以提高过滤性能。

3. 纤维卷曲度

纤维卷曲度对纤网的均匀度及非织造材料的强力、弹性、手感都有一定影响。纤维卷曲多,则纤维间抱合力就大,成网时不易产生破网,均匀度好,输送或折叠加工也较顺利。在黏结过程中,由于纤维卷曲度高,黏结点之间的纤维可保持一定的弹性伸长,因而使产品手感柔软,弹性好。在针刺加固、缝编法等非织造材料中,纤维卷曲度高,则抱合力大,从而增加了纤维间的滑移阻力,提高了产品的强度和弹性。

但在湿法非织造材料生产中,纤维的卷曲度越大、卷曲的类型越复杂,纤维间越易纠缠,在水中越难分散,三维立体卷曲的纤维更难分散。

在天然纤维中,棉纤维有天然卷曲,成熟正常的卷曲多;羊毛纤维也具有周期性的天然卷曲。化学纤维可在制造过程中用卷曲机挤压而得到卷曲,一般每厘米卷曲数为4~6个。目前,新型的螺旋型三维卷曲的合成纤维已广泛应用于非织造产品中。

4. 纤维横截面形状

纤维的横截面形状对非织造材料的硬挺度、弹性、黏合性及光泽等有一定影响。天然纤维都有各自的天然形成的横截面形状,如棉纤维为腰圆形,有中腔;蚕丝为不规则三角形;化学纤维的截面形状是根据纺丝孔的形状决定的,有三角形、星形、中空形等。不同的截面形状直接影响产品性能,如三角形截面的纤维比圆形截面纤维的硬挺度要高些,而椭圆形截面纤维则比圆形截面的硬挺度低些。中空纤维刚性优良,蓬松性、保暖性好。在加工化学黏合法非织造材料时,纤维横截面的形状与黏合剂的接触面积关系密切,如星形截面纤维的表面积就比同线密度的圆形截面纤维约大50%,黏合面积增大,黏合力就有较大的提高。扁平截面纤维低弯曲刚度提高了水刺缠结效果,力学性能得到改善。

利用异形截面纤维的表面对光线的反射,能得到一定的光学效应,如三角形截面(类似蚕丝截面)在制品中犹如无数个三角柱分光棱镜,它们分出的各种色光,能产生一种柔和的光泽。

5. 纤维表面摩擦因数

纤维表面摩擦因数不但影响产品性能,还影响加工工艺。对于针刺法、缝编法等机械加固的非织造材料来说,纤维表面摩擦因数大,纤维滑脱阻力也大,有利于产品强度提高。但是摩擦因数过大,会加大针刺阻力,造成穿刺困难,引起断针等故障。此外,合成纤维摩擦因数大,易引起静电产生和积聚,影响梳理成网的正常进行,所以通常预先用抗静电剂或温湿度的平衡对合成纤维进行表面处理。

2.2.2 纤维的物理力学性能和化学性能对非织造材料性能的影响

纤维的物理力学性能和化学性能主要包括断裂强度和伸长,初始模量,弹性恢复性,耐磨性,吸湿性,热学性能,耐化学性和耐老化性能等。这些性质直接影响非织造材料的使用性能,以下重点介绍影响纤维加工适用性的几项性能:

1. 纤维的力学性能

在非织造材料加工中,纤维会受到拉伸、弯曲、压缩、摩擦和扭曲作用,产生不同的变形。在非织造材料使用过程中,主要受到的外力是张力,纤维的弯曲性能也与其拉伸性能有关,因此,拉伸性能是纤维最重要的力学性能。表示材料拉伸过程受力与变形的关系曲线,称为拉伸曲线,也可用应力-应变曲线表示。不同种类的纤维,由于结构不同,拉伸曲线的形状是不一样的,图 2-2 所示为几种纤维的应力-应变曲线。天然纤维和化学纤维强度与伸长存在很大的差别。

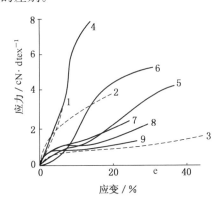

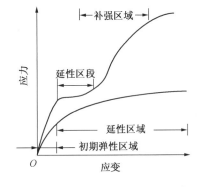

图 2-2　几种纤维的应力-应变曲线

1-棉纤维　2-丝　3-羊毛　4-高强涤纶

5-普通涤纶　6-锦纶　7-腈纶　8-黏胶　9-醋酯纤维

图 2-3　纤维应力-应变曲线典型的形状模式

一般纤维应力-应变曲线的初始阶段为弹性区域,在这区域中纤维分子链产生弹性变形,相互间没有大的变位,超过这一范围后为延性区域,外力克服分子间引力,使分子链间产生滑移,纤维应力较小的增加会产生较大的延伸,应力去除后,发生不可回复的剩余应变,参见图 2-3。有的纤维在延性区域后还有补强区域。

纤维的力学性能在干态和湿态下是不同的,在黏合法、水刺法和湿法非织造加工过程中,应考虑其纤维网在湿态下的变化。

纤维的湿态初始模量越大,其在水中越易分散,如玻璃纤维、碳纤维等较易于湿法成网。

2. 纤维吸湿性

纤维吸湿性指纤维吸收空气中气相水分或水溶液中液相水分的能力。不同结构的纤维,吸收水分的能力不同，大多数合成纤维的吸湿能力较差，属于疏水性纤维。纤维吸湿性对非织造材料的加工工艺有显著影响，在化学黏合法、水刺法非织造加工工艺中，纤维的吸湿性显得尤为重要。一般来说，吸湿性好的纤维构成的纤网有利于黏合剂在纤网中的均匀分散，黏合效果好。吸湿性好的纤维在水刺过程中易于缠结，可提高最终非织造材料的力学性能。

在干法成网和针刺加固中，纤维吸湿过低，纤维易打断且易产生静电，吸湿过高，纤维又易于缠绕机械。

纤维吸湿性大小绝大多数用回潮率表示，表 2-1 为一些主要纺织纤维在 20 ℃ 与不同相对湿度（RH）条件下的回潮率。

表 2-1　一些主要纺织纤维的回潮率（%）

纤 维 类 型	空气温度 20 ℃，相对湿度 RH		
	$RH=65\%$	$RH=95\%$	$RH=100\%$
棉	7～8	12～14	23～27
苎麻	2～13	—	—
细羊毛	15～17	26～27	33～36
桑蚕丝	8～9	19～22	36～39
普通黏胶纤维	13～15	29～35	35～45
富强纤维	12～14	25～35	—
聚酰胺 6 纤维	3.5～5	8～9	10～13
聚酰胺 66 纤维	4.2～4.5	6～8	8～12
聚酯纤维	0.4～0.5	0.6～0.7	1.0～1.1
聚丙烯腈纤维	1.2～2	1.5～3	5～6.5
聚乙烯醇纤维	4.5～5	8～12	26～30
聚丙烯纤维	0	0～0.1	0.1～0.2

3. 纤维的热学性能

在非织造材料的加工和使用过程中会遇到不同的温度环境，而且温度范围较广。在化学黏合过程中，纤网经过烘燥、焙烘工艺时的热作用，纤维高分子的柔性、聚集态结构、宏观形态都会发生不同程度的变化，从而影响非织造加工和产品使用性能，所以对热黏合工艺而言，纤维的熔点、玻璃化温度、软化点、分解点、热收缩性、耐热性都必须考虑。表 2-2 为非织造材料常用纤维的主要热学性能。

表 2-2　一些纺织纤维的主要热学性能

纤 维 类 型	软化点/℃	熔点/℃	分解点/℃	玻璃化温度/℃
棉	—	—	150	—
羊毛	—	—	135	
蚕丝	—	—	150	
聚酰胺 6	180	215	—	47.65
聚酰胺 66	225	253	—	82
聚酯	235～240	256	—	80.90
聚丙烯腈	190～240	—	280～300	90

（续表）

纤 维 类 型	软化点/℃	熔点/℃	分解点/℃	玻璃化温度/℃
聚乙烯醇纤维	干态 220～230 热水 110～118	不明显	—	85
聚丙烯纤维	145～150	163～175	310	—18
聚氯乙烯纤维	90～100	200	—	82
聚乙烯纤维	110～115	125～130		—67

合成纤维在热作用下会产生不同程度的收缩,这种因受热作用而产生的收缩称为热收缩。在合成纤维中,聚氯乙烯与维纶的热收缩较大,聚氯乙烯在 70 ℃左右就开始收缩,温度升高时收缩率增大,温度升至 100 ℃时可达 50%。维纶在热水中的收缩率为 5%以上。

长丝与短纤维在成型过程中,因经受的拉伸倍数不同,受热后产生的收缩也不同。长丝拉伸倍数大,热收缩率也大;短纤维拉伸倍数小,热收缩率也小。例如,锦纶与涤纶长丝在沸水中的收缩率一般为 6%～10%,短纤维为 1%左右。此外,合成纤维的热收缩率又随热处理的条件不同而异。温度高,热收缩率大。温度相同时,对于具有一定吸湿性的纤维来说,湿热处理的收缩率大于干热处理的收缩率,譬如,锦纶在饱和蒸汽中收缩率最大,在沸水中次之,在干热空气中最小。而对于吸湿性很低的纤维情况就不同,例如,涤纶在干热空气中收缩率最大,在饱和蒸汽中次之,在沸水中最小。在化学黏合的烘燥、焙烘阶段及热熔黏合过程中,应当注意这些热收缩变化。

此外,纤维的耐化学性对非织造材料的生产过程及最终产品性能来说,也是需要考虑的一个因素,尤其对非织造材料的化学黏合与后处理加工。表 2-3 为一些主要纺织纤维的耐化学性。

表 2-3　主要纺织纤维的耐化学性

化学试验条件			纤维剩余强力与原有强力的百分比/%				
化学品名称	质量分数/%	温度/℃	时间/h	聚乙烯醇纤维	棉纤维	黏胶纤维	聚酰胺纤维	聚酯纤维
	3	70	10	91	40	40	26	100
硫酸	1	20	1	98	66	85	93	—
	1	20	10	100	86	84	97	100
	10	20	1	97	82	75	73	—
	10	20	10	100	51	55	56	100
盐酸	10	20	0.1	100	80	79	77	91
	10	20	1	100	70	83	76	100
	10	20	10	100	70	69	77	95
硝酸	1	20	10	100	85	93	77	100
	10	20	10	100	85	90	86	100
氢氧化钠	1	20	10	100	100	88	101	99
	1	100	100	93	100	71	75	29
	40	20	10	100	84	0	82	97
过氧化氢漂白	0.4	20	10	100	80	90	91	100
	3	70	10	91	40	40	26	100

(续表)

化学试验条件				纤维剩余强力与原有强力的百分比/%				
化学品名称	质量分数/%	温度/℃	时间/h	聚乙烯醇纤维	棉纤维	黏胶纤维	聚酰胺纤维	聚酯纤维
氯化钠 pH₄	0.07	100	10	86	75	90	66	93
pH₈	0.7	100	10	82	45	40	49	85
pH₄	0.7	20	10	100	60	83	92	100
次硫酸钠	1	70	10	96	100	87	96	97
亚硫酸钠	1	100	10	100	100	87	96	100
丙酮	100	20	1 000	89	85	100	88	93
苯	100	20	1 000	100	100	90	88	88
四氯化碳	100	20	1 000	100	90	93	82	87
过氯乙烯	100	100	10	100	85	90	99	100
矿物油	100	100	10	100	70	10	100	100

2.3 纤维选用的原则

理论上,纺织纤维均可用作非织造材料的原料,不同的原料适合制作不同性能的产品,能满足不同的设备及工艺要求。实际生产中,如何选择合适的纤维原料,主要遵循三项原则:①满足非织造材料使用性能的要求;②满足非织造材料加工工艺和设备对纤维的要求;③性价比的平衡及其他环境资源方面的要求。

2.3.1 非织造材料使用性能对纤维原料的要求

非织造材料根据不同用途应具备不同的使用性能要求。例如服装衬里非织造材料的纤维原料,主要要求其弹性好、吸湿性高,表2-4为非织造衬基材和絮片材料专用纤维性能特征;用作针刺地毯的纤维原料要求弹性高、耐磨性强、吸湿性低等,参见表2-5;用作医用卫生材料的纤维原料要求有吸收性、强度、挠曲性、柔软性、长期生物稳定性或生物降解性等,参见表2-6;用作土工材料的纤维原料则要求强度高、变形小、耐腐蚀性强、耐气候性强等。

表 2-4　非织造衬基材与絮片专用纤维性能

国别公司	商标与牌号	原　料	线密度/ dtex	强度/ cN·dtex^{-1}	伸长率/ %	特征与用途
美国 Dupont	Dupont Nylon 200	PA66	1.3~3.3	5.2~6.4	70~95	热黏合或化学黏合
	Dupont Nylon P105	PA66	6.7	9.8	18	高强、低伸、耐磨
	Dupont Nylon 100	PA66	6.7~17	5.2~5.7	76~80	高蓬松、耐磨、化学黏合
	Dacron 372W	PET	1.7	5.2	40	骨架纤维,热黏合
	Dacron T373W	PET	1.3	7.0	20	细旦、高强、热黏合
	Dacron T54W	PET	1.7~3.3	5.2	40	中强、中伸、化学黏合
	Dacron 811W	PET	1.7	5.0	4.0	三叶形、化学黏合
	Dacron D171W	PET	1.9	2.7	80	熔点 205 ℃热黏合
	Dacron D134W	PET	1.7~4.1	—	70	熔点 230 ℃热黏合,低收缩
	Hollofil Ⅱ	PET	6.7	—	—	四孔,高档絮片
	Quallofirm	PET	6.7~9	—	—	七孔,高档絮片
比利时 DS Profil	Sadriloft	PET	4.4~11	3.8	50	中空,刚性好
	Sadrifill	PET	5.5~13	3.8	50	三维卷曲,填充料
英国 ICI	Heterofil	PA66/PA6	1.7	—	—	双组分,220 ℃热黏合
美国 Ems America	Grilon M25	PA6	1.7	5~5.5	70~90	超柔软,热黏合
	Grilon MCL	PA6	1.7~3.3	5~5.5	70~90	硅整理,热黏合
	Grilon K140	CoPA	4.2~11	5~5.5	80~110	皮芯复合,热黏合
美国 Hoechst Celanese	Celbond 105	PET/PE	3.3	3.8	55	127 ℃热黏合
	Trevira L67	PET	1.3	7.5	22~26	高强、细旦
	Celbond K52	PET/PE	3.3	5.0	55	110 ℃热黏合
	Celbond K54	PET/PE	2.2~3.3	3.8	55	110 ℃热黏合
	Celbond K56	PET/PE	2.2	3.8	80	130 ℃热黏合
	Celbond 255	PET/PE	2.2~3.3	3.8	55	127 ℃热黏合
	AC411,415	醋酯纤维	3.3~6	1.3~1.5	25~45	生物降解
意大利 Monti fiber	Terital 70,73	PET	1.7~3.6	—	—	高卷曲,絮料
	Terital 70Y	PET	1.7~3.6	—	—	硅整理
	Terital 70H	PET	6.7	—	—	中空,絮料
	Terital TBM	PET/CoPET	4.4	—	—	皮芯复合,低熔点
	Terital Microspan	PET	0.9	—	—	细旦

表 2-5　薄型用即弃卫生非织造材料专用纤维性能

公　司	牌　号	原　料	线密度/dtex	强度/cN·dtex⁻¹	伸长率/%	特征与用途
美国 Hercules LNC (Fibber Visions) L. L. C	196	PP	2.6	2.2	350	黏合好,强力高
	190	PP	2.2			拒水
	186	PP	2.8~3.3			持久拒水
	182	PP	2.8	2.2	380	有色,亲水
	176	PP	2.2			高吸水
	401	PE	3.3~6.7			热黏合
日本 窒素	EA	PP/PE 并列	3.3	0.5~2.7	100~250	110 ℃热黏合,湿法
	ES	PP/PE 并列	1~7	3.3~5	30~200	130 ℃热黏合,干法
	EAC	PP/PE 皮芯	3.3	1.7~3.3	20~140	110 ℃热黏合,湿法
	EPC	PP/PP 复合	2.2	2.2~3.3	100~200	140 ℃热黏合
	PE	PE	6.7	1.1~2.2	125~255	130 ℃热黏合
丹麦 Fiber visions A/S	Soft 71	PP	2.2~3.3	1.7~2.2	320~375	特软
	Hy-Speed	PP	2.2	1.7~2.2	300~365	亲水
	Hy-Strength	PP	2.2	1.7~2.2	350	高强
	Hy-Color	PP	2.2	1.7~2.2	325~375	特软、有色、高强
	Hy-Dry	PP	2.2	1.7~2.2	350~400	拒水性
丹麦 Fiber visions A/S	ESE	PP/PE	1.7~3.3	2.2~4.4	70~150	130 ℃热黏合
	ESC	PP/PE	1.7~3.3	2.8~4.4	30~100	特软,卫生巾
	ES	PP/PE	2.2~3.3	2.2~4.4	70~150	125 ℃热黏合
	EA	PP/PE	1.7~2.2	2~4	150~250	湿巾
	医用	PE	1.7~2.4	1.7~2.4	100~250	特软、医疗品
意大利 Moplefan	TG300	PP	2.2	2.2~2.6	300~380	吸水性
	TG380	PP	2.2~2.8	2.1~2.4	360~440	拒水性
	TBX	PP	2.8	1.4~1.8	250~320	有色
意大利 Soft SpA		PP	1.7~2.2	1.1~1.5	>600	三维卷曲
		PP	2.2	1.8~2	350	三维卷曲
		PP/PE	1.7~2.8	1.2~1.7	300	三维卷曲
		PE	1.9~2.8	1.1~1.5	400	三维卷曲,低熔点
英国 Courtaulds		VIS	1~1.7	2.2	18~20	抗菌
	Tencel	VIS	1.7	4.4	14~15	溶剂纺丝

表 2-6　中厚型针刺非织造专用纤维性能

公　司	商标与牌号	原料	线密度/dtex	强度/cN·dtex⁻¹	伸长率/%	特征与用途
美国 Dupont	Dacron 794W	PET	6.7			地毯
美国 Hoechst	Trevira 293	PET	35	2.9	90	粗旦、低强
Celanese	Trevira 295	PET	6.7	5.5	45	中强
美国 Martin		PA66	6.7~28			有色
Color		PA6	3.3~20			有色
意大利 Monti	Terital 70,73	PET	3.3~17			高耐光
fiber	Terital 71	PET	4.4			抗老化、屋顶材料
法国 Novalis	N111 TS	PA6	3.3~67			造纸毛毯
		PA66	1.1~22			工业用硬质材料
		PA6	1.9~3.3			地毯背衬
意大利	Meraklon K	PP	1.3	4.5~6	60~100	合成革基材
Moplefan	Meraklon GT	PP	4~6	5.5~6	40~75	土工布
英国 PFE	PFX	PP	8~13	5~6		高强低伸,地毯

　　根据纤维性能与非织造材料的关系,可将有关常用纤维原料对非织造材料性能的积极作用与消极作用列成表 2-7。

表 2-7　纤维原料对非织造材料性能的影响

纤维类型	积　极　作　用	消　极　作　用
聚酯纤维	变形回复性良好,热定型性良好,耐磨性强,弹性高,干湿强度高,快干,电绝缘性强	起球倾向大,易产生静电荷积聚,不耐碱
聚丙烯纤维	耐磨性好,变形回复性好,耐腐蚀性强,防霉,价廉,密度小	易老化,不吸湿,染色困难
聚酰胺纤维	干、湿强度高,耐沾污性好,快干,耐化学性好,弹性高,耐磨性强	耐光度差,起球倾向大,不耐酸
聚乙烯醇纤维	有一定吸湿性,耐磨性强,强度高,耐碱性较强	染色较困难
聚丙烯腈纤维	弹性强,手感柔软,蓬松度好,日晒色牢度高,耐磨性强,耐化学性强,保暖性强	易起球
黏胶纤维	悬垂性优良,吸湿性强,不起球,易清洁	湿强度低
棉纤维	耐磨性较强,干、湿强度较高,手感柔软,易黏合,吸湿性好	弹性差,变形回复性差,易折皱,纤维均匀性差
羊毛	蓬松度高,弹性强,手感柔软,保暖性强,吸湿性强	有起球现象,耐磨性差
PPS 纤维	优异的耐酸碱性和化学溶剂性,良好的耐热性、阻燃性和尺寸稳定性	抗氧化性一般
Nomex 纤维	优异的电气性能,耐高温性能优良,尺寸稳定性好,阻燃性能好,抗弯性好	抗氧化性差、耐光性差、耐酸性差
PTFE 纤维	优异的耐化学药品性、阻燃性和耐热性,介电性能优良,摩擦系数低,自清洁性能好	撕裂强度低,拉伸性能差,热膨胀系数大,易产生静电
P84 纤维	优异的耐高温性、耐化学药品性,难燃性、电绝缘性、耐辐照性和耐磨性好	耐碱性较差

　　另外,从上述表中知道,非织造材料加工过程中,不同加工技术对纤维原料也有不同的性能要求,如三维中空纤维、低熔点纤维、亲水纤维、拒水纤维等与传统纺织用纤维的性能要

求存在差别。国内外新型非织造专用纤维的应用有力地推动着非织造工业的技术进步。

然而，一种纤维往往不能满足产品对综合性能的要求，因此人们常将两种以上的纤维进行混合以改善非织造材料的综合性能。如将黏胶纤维与聚酯纤维或木浆纤维混合生产医用材料，使非织造材料兼具强度、尺寸稳定性和吸湿性能；将聚酯纤维与聚酰胺纤维混合制造造纸毛毯，产品可以同时获得强度、耐磨性和弹性等性能，而且降低了原料成本。

2.3.2 成网与纤网加固对纤维原料的要求

成网与纤网加固是非织造材料生产中的两大基本工序，因此主要应当考虑这两个工序对纤维原料的要求，首先是成网工序的要求。

1. 成网加工对纤维原料的要求

在干法或湿法成网加工中，对纤维原料的要求主要考虑纤维的长度、线密度、密度、纤维摩擦因数、卷曲度、耐热性、导电性、均一性等。其中最重要的参数是纤维长度和线密度。

不同成网工艺对纤维长度的要求见表 2-8。

表 2-8 不同成网工艺对纤维长度的要求

成 网 方 法	纤维长度范围/mm	
	一般情况	特殊情况
普通造纸机上湿法成网	1.5～3.5(个别可至 8)	至 5(个别可至 15)
非织造湿法成网机成网	5～20	至 30
气流成网	4～60	1～150
机械梳理成网	10～150	8～300

在机械成网、气流成网过程中，纤维要受到多次机械力的作用，因此纤维必须具有一定的强度、伸长度及耐磨性。

在使用合成纤维时，由于纤维的含湿量极低，受到机构作用后易产生静电。轻则影响成网均匀度，重则使梳理成网工序无法进行。解决办法一般可施加抗静电剂，在纤维表面上形成定向吸附层，提高合成纤维的吸湿性，降低电阻，使摩擦产生的电荷易于散逸。为提高纤维的利用率和设计不同的纤网结构，可以将不同长度的纤维进行混合，混合通常在纤维准备阶段进行。将合成纤维与吸湿性强的纤维进行混合，以减少静电。

2. 纤网加固工艺对纤维原料的要求

在机械加固中主要考虑纤维的机械强度、伸长、纤维长度、细度，纤维的表面形态，纤维表面的摩擦因数，纤维的截面形状及静电特性等要求。

在化学加固中主要考虑纤维吸湿、纤维长度、线密度、截面形状、表面形态、黏合剂的黏合效果及耐热性等要求。

在热黏合加固中，对作为黏合介质的纤维，主要考虑其热熔温度、时间、热熔后纤维形态变化等要求；对作为主体结构的纤维，应考虑耐热性、热收缩性、受热后机械特性的变化等。

2.3.3 非织造材料成本及其他方面的要求

在满足使用性能和加工工艺与设备要求的前提下，应尽可能选择价廉并易于购买的纤维原料。但有时往往很难找到一种既满足使用性能要求、加工性能好又经济的纤维原料。因此,在选择纤维原料时应综合考虑。

非织造业经过几十年的迅速发展,已成为纺织工业中举足轻重的行业,但同时也产生了一系列环境问题。譬如:不可再生资源的大量使用;生产加工过程中的水污染、大气污染;由纤维的不可生物降解造成的环境问题;等等。因此,应尽可能选择可生物降解、加工过程中对环境没有污染及可循环回收利用等满足环境保护与低碳经济发展要求的纤维原料。

2.3.4 各种用途的非织造材料所适用的纤维原料

按照非织造纤维原料选用的三项原则,各种用途的非织造材料适用的纤维原料基本情况如表2-9所示。

表2-9 各种用途非织造材料适用的纤维原料

非织造材料的用途	棉	苎麻	黏胶纤维	聚酰胺纤维	聚酯纤维	聚丙烯纤维	聚丙烯腈纤维	PPS纤维	PTFE纤维	Nomex纤维	P84纤维
服装材料											
边衬基材	3	3	3	1	1	2	2	4	4	4	4
衬里基材	3	2	2	2	1	2	3	4	4	4	4
保暖絮垫	3	3	3	5	1	2	1	4	4	4	4
面料	2	3	2	2	1	3	2	4	4	4	4
人造毛皮	5	5	5	2	3	5	1	4	4	4	4
卫生材料											
卫生巾、尿布包覆面料	3	3	2	5	2	1	5	5	4	5	4
手术衣、防护服	3	3	3	2	1	2	5	5	4	4	4
绷带、敷料、止血塞等	2	4	1	3	3	3	5	5	4	4	4
制革类											
合成革基材	4	4	3	1	1	3	5	4	5	4	4
内底革基材	3	5	3	2	1	2	5	4	5	4	4
家用装饰											
床垫填料	2	4	2	5	5	2	5	2	4	3	2
被褥芯	3	3	3	5	1	2	2	4	4	4	4
毛毯	4	4	3	5	2	2	1	4	4	4	4
窗帘	3	3	2	5	2	2	2	3	4	3	3
帷幔	4	3	2	2	1	2	2	4	4	3	3
地毯	5	4	4	1	2	1	2	3	4	3	3
贴墙材料	3	2	3	5	1	3	5	3	4	3	3
产业用材料											
土建材料	5	5	5	2	2	1	5	2	1	1	2
过滤材料——食品	1	5	1	2	2	5	4	3	4	4	
——油	2	3	2	5	5	1	5	1	1	1	2
——空气	3	3	3	5	2	2	5	1	1	1	1
——化学品	5	5	5	3	2	2	3	1	1	2	2
电气绝缘材料	5	5	5	2	1	1	5	1	1	2	2
隔声材料	2	2	2	5	5	2	5	3	3	2	3
绝热材料	2	2	2	2	5	5	5	3	2	2	2

(续表)

非织造材料的用途	棉	苎麻	黏胶纤维	聚酰胺纤维	聚酯纤维	聚丙烯纤维	聚丙烯腈纤维	PPS纤维	PTFE纤维	Nomex纤维	P84纤维
涂层基材	2	2	2	1	2	3	5	3	5	3	3
包装材料	3	2	1	5	5	2	5	4	3	4	4
抛光材料	3	2	3	1	3	5	5	4	3	4	4
擦布	2	3	2	5	5	2	5	4	4	4	4
书籍材料	3	2	3	1	1	3	5	4	4	4	4
造纸毛毯	5	5	4	1	2	5	3	3	3	3	2
汽车门衬、顶衬	2	2	3	5	2	1	5	3	3	2	2

表中的数字1表示该类纤维很适合这系列用途;2表示良好;3表示可用;4表示可用性差;5表示不适用。

2.4 非织造常用纤维

非织造所用的纤维十分广泛,几乎所有的纤维都可以使用,包括各种天然纤维、化学纤维、无机纤维、金属纤维以及适合非织造生产需要的专用纤维等,但在实际应用中,应根据具体工艺和产品要求来选用。

2.4.1 天然纤维

1. 天然纤维素纤维

纤维素(Cellulose)是一类有机化合物,其化学通式为$(C_6H_{10}O_5)_n$,是由几百至几千个β(1→4)连接的D-葡萄糖单元的线性链(糖苷键)组成的多糖。纤维素是绿色植物、藻类和卵菌的原代细胞壁的重要结构组分,一些种类的细菌分泌它,以形成生物膜。纤维素是地球上最丰富的有机聚合物,是自然界中分布最广、含量最多的一种多糖,是组成植物细胞壁的主要成分。棉花、亚麻、苎麻和黄麻都含有大量优质的纤维素。棉花纤维中的纤维素含量高达90%,一般的木材中纤维素含量为40%～50%,干燥后的麻类中纤维素含量为57%。此外,秸秆、甘蔗渣等,都是纤维素的丰富来源。

天然纤维素为无味的白色丝状物。纤维素不溶于水、稀酸、稀碱和有机溶剂,但在加热的条件下会被酸水解,主要的生物学功能是构成植物的支持组织。纤维素与较浓的无机酸起水解作用生成葡萄糖等,与较浓的苛性钠溶液作用生成碱纤维素,与强氧化剂作用生成氧化纤维素。

1)棉纤维

棉纤维主要成分是纤维素,纤维素的化学分子式为$C_6H_{10}O_5$的构造单元重复构成,聚合度在6 000～11 000之间。其截面呈扁带状,中心有空腔,有天然扭曲,抱合力大,吸湿性好,干湿强度较高,具有一定的保暖性。我国生产的棉纤维主体长度一般在25～36 mm,细度为1～2 dtex,单纤维强力为2.5～5 cN。棉纤维是传统纺织工业的重要原料,在非织造材料中主要用于医用卫生材料、用即弃产品、保暖絮片、鞋帽衬基材料、防水材料、絮垫等。

天然棉纤维含有较多的杂质(例如籽壳、棉秆、棉叶等)及尘粒,需要经过非常良好的前处理才能用于非织造材料加工。对医疗卫生用产品,棉纤维只有经过煮练漂白,才能达到所需的洁净度及卫生特性。丝光处理可使棉纤维表面产生一定的光泽,以改善产品外观。转基因棉由于特有的天然色彩和性能,在非织造工业中也有其应用领域。

2) 麻纤维

麻纤维的主要成分为纤维素,并含有较多的半纤维素和木质素,主要有苎麻、亚麻、汉麻、罗布麻、剑麻等品种。麻纤维长度一般有十几毫米到几百毫米不等。麻纤维表面光洁,抱合力差,特别短的纤维梳理成网困难,一般和其他纤维混合使用。麻纤维粗细差异大,吸湿性好,具有良好的吸湿放湿功能。麻纤维刚度高、硬挺、强度大、湿强更大。在非织造材料工业中,一般用苎麻制造帽衬、箱包衬、抛光和防水材料。

黄麻较粗硬,可用于制造针刺地毯、车用针刺毡的基材料。亚麻与其他纤维混用可制造汽车内饰衬料、包装及装饰材料等。

罗布麻和大麻具有天然的保健功能,可用于生产个人理疗保健产品。

汉麻非织造布是采用蒸煮和漂白后的汉麻纤维和针叶浆纤维按照一定的比例,通过湿法成型加工而成的,具有一定的抑菌性。

剑麻强度较大、弹性好,可与其他纤维混合针刺用于制造包装材料、地毯、席梦思内层等,也可与生物可降解的聚(3-羟基丁酸-co-3-羟基戊酸)(PHBV)经梳理成网、针刺加固制成环保建筑材料。

3) 椰壳纤维和棕榈纤维

椰壳纤维与棕榈纤维并不是传统纺织生产的原料,但却是非织造生产可采用的材料。椰壳纤维由椰壳经过碾压、蒸煮除糖、提取纤维、烘干等工序制成,一般长度为15~33 cm,直径为50~300 μm。如图2-4所示,椰壳纤维的横截面形状不规则,基本上是圆形截面;椰壳纤维内部有许多中腔,与麻类纤维的中腔结构类似。脱胶后的椰壳纤维是束纤维,一束纤维中有30~300根纤维不等。棕榈纤维是一种棕榈树杆外围叶鞘形成的网状棕衣纤维,由大量排列紧密的棕榈原纤组成,棕榈原纤的平均长度为640 μm,直径为7~10 μm。棕榈纤维整体呈锐端圆柱状,凹凸明显,表面不光滑,横截面呈蜂窝状,中空度高达47%,如图2-5所示。椰壳纤维与棕榈纤维刚度大、弹性好,采用针刺非织造工艺可以加工成用于沙发、汽车座垫、弹簧软垫、厚床垫和运动垫的填料。用椰壳纤维、棕榈纤维制成的椅垫,使用性能、舒适性远胜泡沫塑料制品,弹性好,不老化,而且环保。

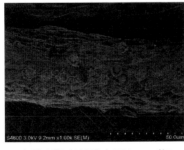
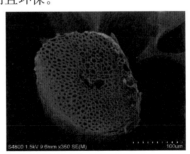

(a) 未处理椰壳纤维表面(2000 倍)　　(b) 脱胶后椰壳纤维横截面(2000 倍)

图 2-4　椰壳纤维的表面及横截面

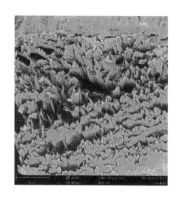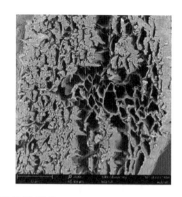

图 2-5　棕榈纤维的横截面

4）木浆纤维

木浆纤维或称绒毛浆纤维是来自木材的天然纤维素纤维。20 世纪 70 年代初美国首先利用木浆纤维中的绒毛浆纤维制造一次性卫生用品（妇女卫生巾、婴儿尿片），因吸湿性良好和成本较低，产量急剧上升。干法造纸和水刺非织造工艺近年来发展迅速，也采用了大量的木浆纤维。木浆纤维作为植物纤维的一种，其原料的主要成分包括纤维素、半纤维素和木质素三种。纤维素存在于一切植物的细胞壁内，是植物纤维的主要成分，占 40%～48%，它是在湿法制浆过程中应极力设法保留的部分；半纤维素（占 25%～40%）是非纤维素的碳水化合物，半纤维素的结构疏松无定型，易于吸水润胀，易溶于稀碱液，半纤维素也是在湿法制浆过程中应该极力保留的部分；木质素（占 15%～30%）是由苯丙烷结构单元构成的芳香族的天然高分子化合物，不是单一的物质，是这一类性质相似物质的总称，是一种无定型结构的物质，纤维原料中含木质素愈多，则湿法制浆愈困难，因木质素会造成纤维间互相黏在一起。化学制浆就是用化学药品使纤维原料中的木质素溶出，使纤维互相分离成木浆。纤维素和半纤维素为亲水性物质，有利于湿法纤维网成型过程中氢键的形成。半纤维素含量高有利于湿法打浆，木浆易吸水润胀和细纤维化或原纤化。另外，半纤维素含有羧基，羧基能够提高湿法非织造布的柔韧性，促进纤维间的抱合。

木材纤维和非木材纤维等造纸用植物纤维具有分层结构，这使得木浆纤维可以通过机械剪切处理，破坏分层结构在纤维表面产生细小的"原纤维"，增加纤维的比表面积，从而产生更多潜在的纤维结合点。当植物纤维悬浮在水中并随后干燥时，纤维之间很容易形成氢键，这是植物纤维应用于湿法成型工艺的一个基本特征，所以当植物纤维等纤维素纤维用于制备湿法非织造布时，需要精确控制工艺，否则可能会产生不受欢迎的"纸质"手感。

用于湿法非织造布的化学纤维与植物纤维相比，在物理尺寸一致性方面，纤维的均匀性要比受自然变化因素影响的植物纤维好。化学纤维根据其来源分为不同的类别：生物聚合物纤维是基于纤维素、淀粉和糖等天然聚合物的人造纤维；有机合成纤维主要以石油化工产品为原料；无机纤维主要以二氧化硅或氧化铝为基材，如玻璃纤维、陶瓷纤维、玄武岩纤维。由纤维素生产的再生纤维是生物聚合物纤维的重要组成部分，这类纤维包括黏胶纤维、Lyocell 纤维、铜铵纤维、醋酸纤维素纤维、三醋酸纤维素纤维、羧甲基纤维素纤维、羟乙基纤维素纤维以及磷酸纤维素纤维等，其中黏胶纤维、Lyocell 纤维是主要用于制备湿法非织造材料的专用纤维。

绒毛浆纤维的原料为原木,其含有 43%~45% 的纤维素、27%~30% 半纤维素、20%~28% 木质素与 3%~5% 的天然可提取物。绒毛浆纤维与造纸用木浆纤维的主要差别:

(1) 干法造纸用绒毛浆纤维平均长度为 2 mm,细度为 1.8~3.8 dtex,或直径为 24~38 μm,卷曲度为 7%~24%;湿法造纸用木浆纤维平均长度为 1 mm。

(2) 造纸用木浆纤维中可提取物的残留量较大,影响其吸湿性。

(3) 造纸用木浆纤维通常含水率较大,而且湿度变化较大,由此造成相应的非织造工艺不稳定。

它的主要用途是生产吸湿性用即弃产品如尿布、卫生餐巾、失禁尿布等;另外可用作医疗用和工业用抹布,特别是需要吸湿性能的印刷工业。同时,它也是一种可再生资源,具有良好的生物降解性。

5) 竹纤维

竹为单子叶被子植物,禾本科,竹亚科,系多年生植物。竹子品种众多,材质坚硬,用途十分广泛。竹子用于造纸业,我国已有 1 600 多年历史。非织造工业所选的竹子通常需具有以下几个特性:①繁殖容易,产量高;②价钱便宜,运输方便;③材质既不十分坚硬也不非常疏松,节间距较长;④木素含量较低,蒸煮、漂白比较容易;⑤纤维素含量不低于 30%;⑥平均纤维长度大于 1 mm,杂质含量较低。

2. 天然蛋白质纤维

蛋白质纤维的化学组成,随纤维种类不同而有较大差别。几种典型蛋白质纤维的化学元素组成情况如表 2-10 所示。

表 2-10　蛋白质纤维中各种元素的含量(%)

化学元素	羊毛的角蛋白	蚕丝的蛋白	蚕丝丝胶	酪素蛋白
碳	49.0~52.0	48.0~49.1	44.3~46.3	53.0
氧	17.8~23.7	26.0~28.0	30.4~32.5	23.0
氮	14.4~21.3	17.4~18.9	16.4~18.3	16.0
氢	6.0~8.8	6.0~6.8	5.7~6.4	7.2
硫	2.2~5.4	—	0.1~0.2	—
磷	—	—	—	0.8
灰分(金属氧化物)	0.16~1.01			

所有蛋白质纤维都能被酸或碱溶液水解,水解后的最终产物为 α-氨基酸。α-氨基酸的

分子式为 $HOOC-\overset{\displaystyle H}{\underset{\displaystyle R}{C}}-NH_2$,其中 R 代表多种化学结构的取代基(侧基)。

1）毛纤维

主要指绵羊毛、山羊绒、驼绒、兔毛、牦牛绒等纤维。毛纤维是纺织工业中的高档原料，特别是羊毛纤维，它富有弹性、吸湿性好、保暖性佳。但毛纤维由于价格高，在非织造材料生产中使用不多。优质羊毛制成的非织造材料，仅限于少量针刺造纸毛毯、高级针刺毡等一些工业和音响用材料。其他采用的是将毛纺加工中的短毛、粗毛，通过针刺、缝编等方法制成地毯的托垫材料、针刺地毯的夹心层、绝热保暖材料等产品。

2）蚕丝

蚕丝具有良好的强伸度，具有细而柔软、平滑、富有弹性、光泽好、吸湿性好等优点，是纺织工业中的高档材料。非织造材料工业仅用其丝绢下脚料生产一些化妆和卫生护垫用的湿法或水刺法非织造材料。

3. 棉纺、毛纺、麻纺的各种回花落纤

棉纺厂的皮辊花、粗纱头、梳棉抄斩花、精梳落棉、短绒，毛纺厂的各种落毛、精梳短毛，麻纺厂的苎麻落麻等，经分类处理后可以用来制作包装用品、隔声隔热材料、揩布、填料、吸收性材料、絮垫等。

2.4.2　化学纤维

化学纤维指用天然或合成的聚合物为原料，经过化学方法和机械加工制成的纤维。与天然纤维相比，化学纤维的长度、线密度一致性好，并可按生产工艺要求进行控制；化学纤维洁净，几乎不含杂质，可简化非织造纤维的准备工序；更重要的是化学纤维在许多物理力学特性方面（例如强度、伸长度、耐磨性等）优于天然纤维，可按产品用途要求与非织造加工要求来选择纤维，并可根据非织造材料要求专门生产具有各种特点的化学纤维，专供非织造生产使用。化学纤维是最主要的非织造原料。

化学纤维可分为再生纤维和合成纤维两大类。

1. 再生纤维

再生纤维是采用天然聚合物为原料，经过化学方法和机械加工而制得的，与原聚合物的化学组成基本相同。这类化学纤维包括再生纤维素纤维、再生蛋白质纤维和再生甲壳质纤维。再生纤维素纤维包括黏胶纤维、Lyocell 纤维、醋酯纤维、铜氨纤维等，再生蛋白质纤维包括再生植物蛋白纤维和再生动物蛋白纤维。

1）再生纤维素纤维

（1）黏胶纤维

黏胶纤维是再生纤维素纤维的主要品种，是以含有大量纤维素的木材、棉短绒、芦苇、甘蔗渣、竹子等为原料，从中提取纯净的纤维素，经过烧碱和二硫化碳处理，制备成黏稠的纺丝溶液，再采用湿法纺丝制造而成的化学纤维。

黏胶纤维是非织造材料工业中用量较大的纤维，它的主要成分是 α 纤维素，α 纤维素含量不同，其性能也有一定的差异。黏胶纤维根据性能不同可以分为富强纤维、强力黏胶纤维及普通黏胶纤维。普通黏胶纤维多用于非织造工业，其棉型纤维的长度为 38 mm，毛型纤维的长度在 65 mm 左右，线密度一般在 1.65～5.5 dtex；其干态强度在 1.6～2.7 cN/dtex，但湿态强度较小，只是干态强度的60%左右，模量比棉纤维低。在温度20℃，相对湿度65%时的回潮率约为13%，相对湿度95%时回潮率约为30%。黏胶纤维吸湿性很好，这有利于湿法成网加工水刺及黏合剂的加固工艺。另外，黏胶纤维原料丰富、价格适中，是再生纤维中产量最高的纤维。

随着纤维素纤维的不断发展，出现了高湿模量黏胶纤维，这种纤维具有较高的聚合度、强力和湿模量，在湿态下单位线密度每特可承受22.0 cN的负荷，且在此负荷下的湿伸长率不超过15%。莫代尔（Modal）纤维是高湿模量黏胶纤维的商品名之一，跟普通黏胶纤维相比，莫代尔纤维改善了在润湿状态下强度低、模量低的不足，故常称为高湿模量黏胶纤维。不同生产厂家的同类商品还有不同称法，例如波利诺西克、富强纤维及纽代尔（Newdal）等品名。

高吸湿性黏胶纤维在水中可以迅速地吸水，吸水率高达100%～300%，而且能很好地保持这些水分。高湿强黏胶纤维的成网加工特性好，适宜在湿态强力要求高的条件下进行非织造加工生产，如湿法非织造成型技术、湿法成网高压水刺缠结工艺等，做吸收性非织造材料和揩布产品。

其他非织造材料专用的黏胶纤维还有扁带状的、中空截面的黏胶纤维等。国内还利用竹浆粕、麦秸秆、玉米秸秆等原材料制造出了再生纤维素纤维。

另外，Danufil纤维是一种通过纤维素黄原酸酯工艺路线生产的再生纤维素纤维，在湿纺过程中，溶解的纤维素在酸浴中再生，导致纤维表面具有锯齿状的特殊折痕结构。Danufil纤维在湿态条件下具有较好的断裂强度和吸水性。

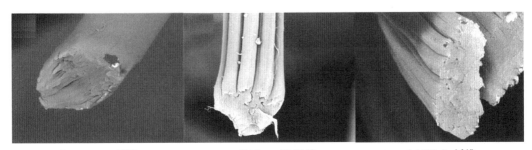

|（a）Lyocell纤维|（b）Danufil纤维|（c）Viloft纤维|

图2-6　几种纤维素纤维的截面

Viloft纤维也是通过纤维素的提取制备得到的一种新型再生纤维素纤维，具有独特的扁平截面和褶皱表面，厚度与宽度之比约为1∶5，这种特殊的截面结构提供了更多的黏结或接触面积，使得纤维与纤维之间物理搭接界面增加，图2-6为几种纤维素纤维的截面。

同时，当水流冲击时，纤维褶皱表面提供了良好渗透条件，使得由Viloft纤维制得的非织造材料更容易分散。扁平截面和褶皱表面物理结构纤维与传统的圆形黏胶纤维相比具有更低的弯曲刚度，更好的柔韧性。这些湿法专用纤维素纤维的主要性能指标如表2-11所示。

表 2-11 湿法专用纤维素纤维种类及主要性能参数(湿态条件)

纤维种类	断裂强度/ cN·tex^{-1}	相对弯曲刚度/ cN·cm^2·tex^{-2}	初始模量/ cN·tex^{-1}	纤维密度/ g·cm^{-3}
Lyocell	34～38	3.94×10^{-4}	696.1～751.7	1.33±0.09
Danufil	22～27	1.52×10^{-4}	628.8～660.2	1.37±0.08
Viloft	17～21	4.93×10^{-5}	319.3～347.9	1.40±0.11

（2）Lyocell 纤维

Lyocell 纤维是一种新型的纤维素纤维。用有机溶剂法工艺制造,将纤维素溶解于 N-甲基吗啉-N-氧化物(简称 NMMO)中,成为黏性液体后在稀释的 NMMO 水溶液中纺丝拉伸成型后经清洗、烘干而成,具有完整的圆形截面和光滑的表面结构,及较高的聚合度,性能与合成纤维相近。

Lyocell 纤维既具有纤维素的优点,如吸湿性、抗静电性、染色性好,又具有普通合成纤维的强度和韧性。纤维干强度约为 4.2 cN/dtex,与普通涤纶接近,在湿态下仍保持较高的强度,湿强比干强仅低 15% 左右。这种纤维生产时由于 NMMO 无毒性,生产过程中的氧化胺溶剂可循环使用,回收率高达 99.5%～99.7%,对环境无污染,纤维本身又能生物降解,被用来制造医疗卫生材料。主要加工工艺有水刺法和针刺法。Lyocell 短切纤维湿法成网后水刺加固获得的非织造材料可做湿巾、湿厕纸产品,既能满足湿强的要求,又能实现快速物理分解或分散。

上述纤维素纤维的短切纤维可通过湿法成网方法,制备成擦拭材料、湿厕纸、医用和可冲散等非织造产品。

（3）醋酯纤维

醋酯纤维是纤维素浆粕和醋酐发生反应得到纤维醋酸酯之后,再经过干法或湿法纺丝形成的纤维素醋酸酯纤维。如图 2-7 所示,醋酯纤维表面形态光滑,直径较为均一,有明显的沟槽;横截面呈 Y 形,周边较为光滑,少有浅的锯齿。Y 形截面使得纤维的表面积较大,纤维与颗粒发生接触和碰撞的概率大。醋酯纤维经干法成网、针刺或水刺工艺制成非织造材料,作为工业用过滤介质。

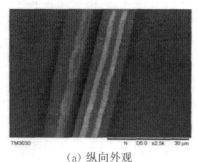
（a）纵向外观

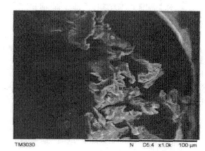
（b）截面外观

图 2-7 醋酯纤维的外观形貌

2）再生蛋白质纤维

（1）再生植物蛋白纤维

再生植物蛋白纤维是从富含蛋白质的植物,(如大豆、花生、玉米)中提取出蛋白质组分,再与高分子化合物经过物理共混或化学共聚而制得的一种新型纤维。再生植物蛋白纤维主要包括大豆蛋白纤维、花生蛋白纤维等。大豆蛋白改性纤维生产过程是将榨过油的大豆粕浸泡,分离出豆粕中的球蛋白,再进行提纯,通过助剂与腈基、羟基高聚物接枝、共聚、或共混,制成一定浓度的蛋白质纺丝溶液,经湿法纺丝而成。该纤维含大豆蛋白约 30%,有关特性参见表 2-12。

表 2-12　纤维手感、卷曲度、弹性比较

纤维种类	大豆蛋白改性纤维	棉	蚕丝	一般化纤
摩擦因数(因数小、手感滑)	0.298	0.298	0.332	—
卷曲率/%	1.65	—	—	10~15
残留卷曲率/%	0.88	—	—	1.1
弹性回复率/%	55.4	—	—	70~80

(2)再生动物蛋白纤维

再生动物蛋白纤维是指将提取出的动物蛋白与高分子化合物经过物理共混或化学共聚而制得的一种新型纤维。一般利用废弃蛋白质物料,如猪毛、牛毛、鸡毛、以及没有纺织利用价值的羊毛、废皮革、工业干酪素等,提取适合纺丝的蛋白质组分,通过物理化学改性、大分子解离、氨基酸侧链修饰、部分基因的活化与封闭,与高聚物接枝共聚,制成纺丝原液,再经湿法纺丝、卷曲、定型、切断生产出来。再生动物蛋白纤维包括牛奶蛋白纤维、酪素纤维、胶原蛋白再生纤维、再生丝素蛋白纤维、再生角蛋白纤维等,此种纤维具有原料来源广泛、环保、可持续发展等优点,制成的非织造材料透气、吸水性良好,生物相容性好。其中牛奶蛋白纤维,是利用牛奶中提取的酪蛋白与聚丙烯腈共聚或共混后通过湿法纺丝而成,利用生物工程的方法把牛奶酪蛋白纤维植入合成纤维中,具有两者优异的性能,质轻、强度高、伸长率好、初始模量大,同时它与其他纤维的不同是其拥有较好的弹性形变能力,牛奶蛋白纤维与其他蛋白纤维的部分性能比较见表 2-13。

表 2-13　牛奶蛋白纤维与其他蛋白纤维的比较

纤维	短纤维长度/mm	线密度/dtex	干态断裂强度/cN·dtex⁻¹	干态断裂伸长率/%	湿态拉伸强度/cN·dtex⁻¹	湿态断裂伸长率/%	初始模量/cN·dtex⁻¹	回潮率/%
牛奶蛋白纤维	38	1.52	2.8	25~35	2.4	28.8	60~80	5~8
蚕丝	—	1.00~2.00	3.8~4.0	11~16	2.1~2.8	27.0~33.0	60~80	8~9
羊毛	58~100	6.00~9.00	2.6~3.6	14~25	0.8	50.0	44~88	15~17

3)再生甲壳质纤维

再生甲壳质纤维是指以虾、蟹甲壳为原料,提取一种线性氨基多糖甲壳素,经脱乙酰后形成纺丝原液,湿法纺丝再经后处理得到的纤维。再生甲壳质纤维包括甲壳素纤维和壳聚糖纤维。由脱酰度小于 75% 的甲壳素及其衍生物为原料制得的纤维称为甲壳素纤维。由脱酰度至少为 75% 的甲壳素及其衍生物为原料制得的纤维称为壳聚糖纤维。甲壳素纤维和壳聚糖纤维具有优良的生物活性、生物相容性、生物可降解性、抗菌抑菌、吸湿透气等性能。甲壳质纤维可以采用湿法纺丝、干法纺丝、干-湿法纺丝和静电纺丝工艺制得。因甲壳质和壳聚糖的抗菌性，其非织造材料可用于医疗、卫生、面膜等。

2. 合成纤维

合成纤维是利用石油、天然气、煤、农副产品为原料，经一系列化学反应，合成高分子化合物，再经过纺丝而制得的纤维。

1）涤纶

涤纶是聚酯（PET）纤维的商品名称，化学名称为聚对苯二甲酸乙二酯纤维，化学结构式为 $\text{--OC--}\langle\bigcirc\rangle\text{--COO--CH}_2\text{--CH}_2\text{--O--}]_n$，采用熔融纺丝工艺制得。涤纶纤维密度为 1.38 g/cm³，纤维的干、湿强度为 3.52～5.28 cN/dtex，耐磨性好，小负荷下不易变形，初始模量高，弹性回复率高，耐冲击性好，纤维耐热性好，熔点 255～265 ℃，玻璃化温度在 80 ℃左右。涤纶大分子为刚硬的线型分子，结晶度高，因此涤纶非织造材料具有刚挺、保形性好、易洗快干的特点。涤纶对酸较稳定，但耐碱性较差。涤纶的缺点是吸湿性差，化学加固时黏合剂均匀分布有困难。由于吸湿性差，涤纶的质量比电阻可达 $10^{14}\ \Omega\cdot\text{cm}$ 以上，因此导电能力差，易产生静电。

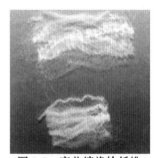
图 2-8 高收缩涤纶纤维

非织造专用涤纶的种类很多，有普通型、抗起球型、高收缩型（见图 2-8）、双组分型、低熔点黏结型等。其线密度一般在 1.54～22 dtex，也可制造更细或更粗的纤维，棉型的长度为 38 mm，毛型的长度在 50 mm 以上。

涤纶可加工成三角形、五角形、扁平形等各种异形截面（见图 2-9），由于纤维截面形态不同，光在纤维表面易呈现不同的反光作用与吸光作用，故可产生特殊的光学效应。纤维的刚性受截面形状的影响，对非织造材料产生不同的手感，同时影响非织造材料的密度、纤维之间的摩擦及抱合性能。中空圆形截面涤纶保暖性好，适宜做保暖絮片、隔热材料；三维卷曲涤纶纤维蓬松、柔软、光滑，常用于加工喷胶棉、仿丝绵等。涤纶主要用于加工针刺造纸毛毯、土工合成材料、贴墙毡、过滤材料、合成革基材料、电绝缘材料、薄型热轧非织造材料、卫生用品和各种衬料。

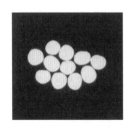 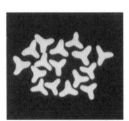  
图 2-9 几种典型的合成纤维截面

为了适应非织造材料工艺特殊的要求，新型差别化聚酯纤维不断出现，如抗起球涤纶纤维、抗静电涤纶纤维、吸水性涤纶纤维、阻燃性涤纶纤维、低熔点涤纶纤维、抗水解涤纶纤维、细旦涤纶纤维等。近年来，聚酯类纤维中又增加了聚对苯二甲酸丙二酯（PTT）纤维和聚对苯二甲酸丁二酯(PBT)纤维。

2) 丙纶

丙纶是我国对聚丙烯(PP)纤维的商品名称。丙纶是聚烯烃类纤维的一个品种,生产丙纶的原料是等规聚丙烯树脂,同涤纶、锦纶一样,采用螺杆挤压-熔融纺丝法制得。结构式为

$$\begin{array}{c} CH_3 \\ | \\ \text{⟦} CH_2{-}CH \text{⟧}_n \end{array}$$ 。由于它具有不少优异的性能而且成本较低,因此丙纶是非织造工艺中使用最多的一种纤维。丙纶质地轻,密度为 0.91 g/cm³,是现有纤维材料中密度最小的品种,参见表2-14。

表2-14 纤维密度比较

纤维类别	聚丙烯纤维	聚酰胺纤维	聚丙烯腈纤维	聚乙烯醇纤维	羊毛	蚕丝	聚酯纤维	黏胶纤维	棉
密度/(g·cm⁻³)	0.91	1.14	1.17	1.3	1.32	1.35	1.38	1.5	1.54

丙纶强度好,为 4.5～7.5 cN/dtex,耐磨性好,弹性回复性好,弹性模量为 20～55 cN/dtex,耐酸、耐腐蚀等性能优于其他合成纤维,而且不霉不蛀,卫生性好。丙纶熔点很低,为 165～170 ℃,软化点为 140～150 ℃,可作为热熔性纤维用于固结纤维网。丙纶的耐光性较差,易老化。大分子没有亲水基团,不吸水,但亲油。

丙纶适用于生产医用卫生材料、家用装饰材料、土工合成材料、针刺地毯、过滤材料等。

聚丙烯树脂大量用于熔喷法加工超细纤维非织造材料和纺丝成网法生产非织造材料。

由于近代石化工业的发展,聚丙烯材料在不断地进行改性,从而合成出适应不同用途的纤维,如高强度聚丙烯纤维、非织造材料专用型聚丙烯纤维及高熔融指数的聚丙烯等。

3) 锦纶

锦纶为聚酰胺(PA)系纤维,主要有锦纶6,分子结构式为 ⟦NH—(CH₂)₅—CO⟧ₙ,以及锦纶66,分子结构式为 ⟦NH—(CH₂)₆—NH—CO—(CH₂)₄—CO⟧ₙ,大分子链上具有CO—NH基,采用熔融纺丝工艺制得。锦纶6的熔点为 228 ℃,锦纶66的熔点为 265 ℃。锦纶的纤维强度高,为 4～5.3 cN/dtex,伸长率为 18%～45%。弹性回复率高,耐疲劳性能强,在10%伸长时弹性回复率在90%以上。耐磨性在所有纤维中居于首位,比棉高10倍,比羊毛高20倍。锦纶的耐碱性、耐酸性较差。热收缩率大,在小负荷作用下容易变形,制成的产品容易起毛、起球。

锦纶适用于制作服装衬里及面料、合成革基材、地毯、窗帘、土工合成材料、涂层基材、抛光材料、造纸毛毯、电绝缘材料等。

4) 维纶

维纶也称聚乙烯醇缩甲醛(PVA)纤维,采用湿法纺丝。

由于聚乙烯醇大分子每个链节上都有一个亲水的羟基(—OH),因此由其制成的维纶是水溶性的。经缩甲醛处理后,生成疏水性的醚键,纤维不溶于水。初始模量低于涤纶,吸湿性好,纤维强度为 3.52～5.72 cN/dtex,断裂伸长率 12%～25%,耐干热,不耐湿热,沸水收缩率为 5%,连续煮 3～4 h 可发生部分溶解,该纤维耐碱,不耐强酸,耐海水腐蚀,耐霉菌,一般采用原液染色。主要产品有油毡基材、过滤材料、衬里材料、医用卫生材料、劳动保护材料

及土工合成材料。水溶性维纶制成的刺绣基材已被广泛应用于服装、装饰领域。

我国是世界上维纶生产大国，维纶在非织造材料中的应用远多于其他国家。

5）腈纶

亦称聚丙烯腈（PAN）纤维，是丙烯腈与第二、第三单体的共聚纤维。分子结构式为

$$\begin{array}{c}+CH_2-CH\frac{}{}_n\\ |\\ CN\end{array}$$

腈纶的丙烯腈含量高于85%，第二单体、第三单体通常是含有酯基的化合物，含量7.9%，使大分子排列的规整性变差，分子间作用力减弱，可改善纤维的柔软性、弹性，引入一定数量的亲染料基团，可以改善聚丙烯腈纤维染色性。采用湿法或干法纺丝工艺制成。

聚丙烯腈纤维截面呈不很规则的圆形、哑铃形或犬骨形。聚丙烯腈纤维弹性好，变形回复性好，蓬松性、柔软性与羊毛相似，故有合成羊毛之称。聚丙烯腈纤维耐光性强，是最耐日光的纤维。染色性能好，颜色鲜艳，耐化学腐蚀。纤维强度为 $1.76 \sim 3.08$ cN/dtex，低于涤纶、锦纶，耐磨性较差，易起毛起球。

聚丙烯腈纤维适用于制作家用装饰材料，如毛毯、地毯、人造毛皮、窗帘、服装衬里等。

6）聚乳酸纤维

聚乳酸（PLA）纤维是一种使用玉米作为原料，从中提取淀粉，经过酶分解得到葡萄糖，再通过乳酸菌发酵生成乳酸，然后经过化学合成得到高纯度聚乳酸聚合物，通过熔融纺丝等加工技术制成的纤维，其主要性能见表2-15。聚乳酸纤维经干法或湿法成网制得非织造材料，也可由纺丝成网法或熔喷法直接制成非织造材料。

表 2-15　聚乳酸纤维的主要性能

项　目	PLA 纤维	项　目		PLA 纤维
拉伸强度/cN·dtex^{-1}	$4.0 \sim 4.8$	玻璃化温度/ ℃		57
伸长率/%	$25 \sim 40$	回潮率/%(20 ℃,相对湿度 65%)		0.5
结晶度/%	>70	燃烧热/J·g^{-1}		18 828
密度/g·cm^{-3}	1.27	染色性	染料种类	分散性染料
熔点/ ℃	175		染色温度/ ℃	100

聚乳酸纤维可以生物降解成二氧化碳和水。它可以通过与其他纤维混纺以及与聚酯等其他聚合物结合生产双组分纤维来增强聚乳酸产品的性能，以满足更多领域用途的需要。由于聚乳酸纤维具有热塑性好、生物可降解、生物相容且服用舒适等特性，其在工业、农业、建筑、医疗卫生、服装以及家用等许多领域都有应用。

3. 用于非织造材料生产的特种纤维

纤维科学的发展趋势之一是高分子纤维材料的高性能化、高功能化，这类纤维包括耐高温纤维、高强高模量纤维、导电纤维等，这类纤维价格昂贵，在非织造材料中的应用比重较低，但它们可以满足特殊用途的需求，使非织造产品进入高功能、高技术领域。它们广泛应用于航天航空、海洋工程、化工电子、环保工程、新型土木建筑、生命科学、医疗卫生等领域，以满足社会进步的需要。以下介绍用于非织造材料生产的特殊纤维：

1）耐高温纤维

近几年来，随着非织造技术迅速发展以及产品应用领域的日益扩大，耐高温纤维得到广

泛应用,主要有以下几种:

(1) 间位芳香族聚酰胺纤维

主要有美国杜邦公司的 Nomex、日本帝人公司的 Conex 和中国的芳砜纶等,非织造行业中已批量应用芳香族聚酰胺纤维来生产高性能耐高温产品。如高温过滤材料,电绝缘材料。杜邦公司用 Nomex 纤维采用水刺工艺生产防火和高温过滤材料。Nomex 和 Conex 均属芳香族聚酰胺聚合物,称为聚间苯二甲酰间苯二胺(PMIA),芳香环连接具有间位结构型式,物理性能参见表 2-16。Nomex 和 Conex 纤维可采用湿法非织造工艺生产电机、变压器用绝缘材料和印刷电路板,耐热大于 260 ℃。Nomex 纤维采用针刺工艺可生产飞机内部的阻燃装饰板。

表 2-16 间位芳香族酰胺纤维性能

性 能	单 位	Nomex	Conex
密度	g/cm³	1.38	1.38
单丝线密度	dtex	2	2
断裂强度	cN/dtex	4.0	5.4
断裂伸长率	%	31	37
弹性模量	cN/dtex	70	75
300 ℃热收缩率	%	3.5	3.7
热分解温度	℃	约 415	400～430
200 ℃强度保持率	%	约 65	
干热暴露强度保持率	%	约 75	60
(250 ℃×1 000 h)			约 60
湿热暴露强度保持率	%	>60	
(120 ℃×1 000 h)			约 60
极限氧指数(LOI)	%	29～30	30～32

(2)聚苯硫醚纤维

聚苯硫醚(PPS)纤维是分子链上带有苯硫基的结晶性热塑性聚合物经熔融纺丝方法得到的高性能纤维。其短纤维强度为 2.65～3.08 cN/dtex、伸长率为 25%～35%,熔点为 285 ℃。PPS 具有优异的热稳定性和阻燃性,极限氧指数为 34%～35%,200 ℃时强度保持率为60%。PPS 纤维能连续耐受 190 ℃的高温,最高使用温度 230 ℃。PPS 耐化学品性仅次于聚四氟乙烯纤维,能抵抗多种酸、碱和氧化剂的化学腐蚀。PPS 纤维不易水解,可在潮湿、有化学物质(如二氧化硫)和高温的条件下使用。但 PPS 的抗氧化性一般,氧气含量越高,其使用温度就越低。理论上当氧气含量达到 12%时,PPS 只能在 140 ℃下使用。高温粉尘过滤时,氧气含量超过 7%(包括臭氧)后滤袋的损伤严重。PPS 主要用于燃煤电厂、钢铁炉和热电联产锅炉上使用的脉冲袋式过滤器,造纸工业的干燥带以及电缆包胶层和防火织物等。

(3)聚苯并咪唑纤维

聚苯并咪唑(PBI)纤维或 Togilen 纤维等是一种耐高温防腐纤维,该纤维兼有耐磨性和高吸湿性。其极限氧指数高达 40%,温度在 400 ℃时强度不受损失,550 ℃高温不熔化,基本不冒烟,不释放有毒气体,在 600 ℃火焰中较长时间暴露,PBI 纤维仅收缩 10%。PBI 纤维可采用针刺工艺生产高温粉尘气的滤料、消防用外套和护罩材料、飞机内饰和壁板材料。

(4)聚酰亚胺纤维

聚酰亚胺(PI)纤维是由均苯四酸二酐和芳香族二胺聚合得到的聚酰胺酸预聚体通过纺

丝而制得的纤维,可在 260 ℃ 高温下长期使用。PI 纤维可耐极低的温度,在 −269 ℃ 的液氨中仍不会脆裂。PI 纤维具有良好的力学性能,具有高强高模的特性。PI 纤维具有很高的耐辐照性能,经 $1×1010rad$ 快电子照射后其强度保持率仍为 90%。PI 纤维为自熄性材料,发烟率低,由二苯酮四酸二酐(BTDA)和 $4,4'$-二异氰酸二苯甲烷酯(MDI)合成并纺制的 PI 纤维的氧指数为 38%。另外,PI 纤维耐化学腐蚀性能优良,可耐酸和有机溶剂腐蚀。

商业化最早的 PI 纤维是 P84 纤维,它是由奥地利 Inspec Fibers 公司于 20 世纪 80 年代中期推出的产品。P84 的玻璃化温度为 315 ℃,纤维在 250 ℃ 温度下使用,不会熔融。Kernel 是法国 Phone Poulenc 公司推出的一种特殊的 PI 阻燃纤维,该纤维不燃、不熔、不形成微粒、受热不收缩。它有很强的机械强力、耐酸、耐有机溶剂性能。PI 纤维及织物可广泛应用于沥青搅拌机、核动力站、可燃气体过滤器、强热源辐射的绝热屏地毯、高温防火保护服、赛车防燃服、装甲部队的防护服和飞行服等。

(5) 三聚氰胺基纤维

具有代表性的是 Basofil 三聚氰胺纤维,参见表 2-17。三聚氰胺的反应并不活泼,但它具有的对称性及官能团使它在同甲醛的缩聚反应中可参与大分子链段的形成。缩聚反应初期,生成羟甲基化合物,然后互相反应,形成三维空间结构。

Basofil 纤维由于具有与其他三聚氰胺基树脂同样的特性,如热稳定性、耐溶剂性、阻燃性和良好的服用性,运用水刺、针刺和缝编等工艺,可用来生产轨道交通车厢隔热隔声材料、高温过滤材料和消防挡火服等。

表 2-17　Basofil 纤维性能

纤维直径/μm	8~20	极限氧指数 LOI/%	32
密度/g·cm^{-3}	1.4	最高使用温度/℃	200
断裂强度/cN·dtex^{-1}	2~4	连续使用温度/℃	260~370
断裂伸长率/%	15~25	热空气收缩率/%(200 ℃,1 h)	<1
吸湿率/%(23 ℃,$RH=65$%)	5		

(6) 含硅酸盐的黏胶纤维

具有代表性的是 Visil 纤维,参见表 2-18,属于一种含硅酸盐的纤维素纤维。该黏胶纤维含有一定比例的硅酸盐和一定量的水分,所以具有较高的耐高温阻燃效果,燃烧时不会产生有毒气体。Visil 纤维采用针刺和水刺非织造工艺,生产飞机、轮船、火车、汽车及室内装饰材料。

Visil 纤维可通过自然生物降解成为有机和无机的混合土壤。如在高温条件下炭化,Visil 纤维会燃烧成为无毒的 SiO_2。

表 2-18　Visil 纤维性能

线密度/dtex	1.7~8.0	吸水能力/%	50~60
长度/mm	38~120	极限氧指数 LOI/%	28~31
单纤强度/cN·dtex^{-1}	1.5~1.9	硅酸盐含量/%	30~33
伸长率/%	18~25	($SiO_2+Al_2O_3$)	
回潮率/%	9~11		

其他耐高温纤维还有聚苯硫醚 Ryton 和 PPS 纤维,聚酰胺亚胺 Kermel 纤维,聚醚醚酮

PEEK 纤维,聚四氟乙烯 Teflon，Restex，Polyfen 纤维等。

2）高强高模纤维

（1）对位芳族聚酰胺纤维

对位芳族聚酰胺(聚对苯二甲酰对苯二胺)纤维是产量大、用途广的一种高性能纤维。主要包括:杜邦公司的 Kevlar 纤维,阿克苏公司的 Twaron 纤维,帝人公司的 Technora 纤维以及我国的芳纶。

对位芳族聚酰胺纤维是兼具耐高温、高强度、高模量和化学稳定性好的特种合成纤维,性能参见表 2-19。其耐热性不亚于间位芳族聚酰胺纤维,玻璃化温度约 340 ℃,在 160 ℃时的热收缩率仅为 0.2%;尺寸稳定性与无机纤维相当;能抵抗一般化学品的侵蚀,不溶于普通的有机溶剂,仅溶于少数几种强酸,如浓硫酸、氯硫磺等。该纤维对紫外线敏感,纤维直接暴露在阳光下,强度损失较明显。该纤维制成的非织造材料可用于耐高温电缆包覆材料、电绝缘材料等。

表 2-19　Kevlar 纤维与其他纤维性质比较

性　　能	单　　位	Kevlar 29 纤维	Kevlar 49 纤维	玻璃纤维	不锈钢
密度	g/cm³	1.43	1.45	2.55	7.80
断裂强度	cN/dtex	20.3	20.0	10.2	9.7
断裂伸长率	%	3.60	2.80	3.00	4.80
弹性模量	cN/dtex	489.5	931.0	342.8	192.3
最高使用温度	℃	250	250	350	300

（2）超高相对分子质量聚乙烯纤维

超高相对分子质量聚乙烯纤维是 20 世纪 80 年代开发出的一种高强高模纤维,是由超高相对分子质量聚乙烯(UHMW-PE)制备,强度和模量完全可以与对位芳香族聚酰胺纤维相媲美,而且在高性能纤维中具有最优越的耐冲击和耐疲劳性。此外,它密度小,耐化学试剂及紫外线性能优良,生产成本也较芳纶低。但它的熔点为 145~155 ℃,耐热性较差。该纤维利用热黏合或化学黏合的方法制成的非织造材料可用作过滤材料、防护服或纤维增强材料。

3）水溶性聚乙烯醇纤维

聚乙烯醇(PVA)是人们最熟悉的水溶性高分子,它是白色粉末状树脂,由聚醋酸乙烯水解而成,其结构式为 $\left[CH_2-\underset{\underset{OH}{|}}{CH}\right]_n$。由于分子链上含有大量侧基——羟基,聚乙烯醇具有优良的水溶性。它还具有良好的成膜性、黏接力和乳化性,有卓越的耐油脂和耐溶剂性能,制成的纤维又称水溶性维纶。这种纤维的强度较好,尺寸稳定性好,制得的非织造材料产品如医用床单、手术服、敷料材料等,经一次使用后,在 40~90 ℃左右的热水中溶解处理后排出,减少了环境污染,其性能见表 2-20。

表 2-20　水溶性聚乙烯醇纤维的一般性能

性 能 指 标		短　纤　维		长　丝	
		普　通	强　力	普　通	强　力
强度/cN·dtex⁻¹	干态	4.1～4.4	6.0～8.8	2.6～3.5	5.3～8.4
	湿态	2.8～4.6	4.7～7.5	1.9～2.8	4.4～7.5
伸长率/%	干态	12～26	9～17	17～22	8～22
	湿态	13～27	10～18	17～25	8～26
伸长率3%的弹性回复率/%		70～85	72～85	70～90	70～90
弹性模量/cN·dtex⁻¹		22～62	62～115	53～79	62～220
回潮率/%		4.5～5.0	4.5～5.0	3.5～4.5	3.0～5.0
密度/g·cm⁻³		1.28～1.30	1.28～1.30	1.28～1.30	1.28～1.30

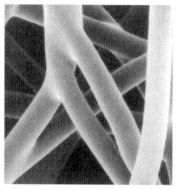

**图 2-10　PP/PE 皮芯型双组分
纤维热黏合纤网结构**

用这种纤维与其他纤维混合后制成的纤网，经一定温度的热水处理，纤维就逐步溶解，产生黏结作用，使纤网热黏合加固。

4）热熔黏合纤维

热熔黏合纤维用于加工热黏合非织造材料。通过加热熔融或软化后冷却将主体纤维黏结固定而构成非织造材料，一般采用低熔点的合成纤维（如聚乙烯、聚丙烯等），共聚物纤维（如共聚酰胺、聚酯共聚、聚氯乙烯与聚乙烯共聚等）及双组分复合纤维。

热黏合用双组分纤维是由两种不同熔点的聚合物构成，高熔点的作为芯层被低熔点的皮层包覆，制成的纤网在热黏合中皮层组分软化熔融，皮层用聚乙烯（PE 熔点为 110～130 ℃），芯层用聚丙烯（PP 熔点为 160～170 ℃）或聚酯（PET 熔点为 230～260 ℃）。这类纤维经热处理后，皮层一部分熔融而起黏结作用，参见图 2-10 中 PP/PE 皮芯型双组分纤维热熔黏结状况的电镜照片，其余仍保留纤维形态，同时具有热收缩率小的特性，图 2-11 显示了 PP/PE 皮芯型双组分纤维在不同温度条件下的热收缩情况。

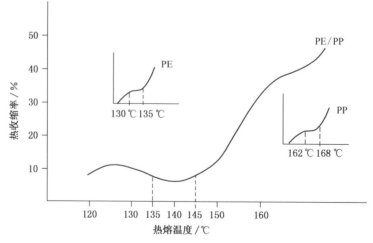

图 2-11　热熔温度与 PP/PE 皮芯型纤维网收缩率的关系

常用热熔黏合纤维及其黏合温度见表 2-21。热黏合温度是纤维高聚物用于非织造工艺中的一个非常重要的性质,研究热塑性纤维黏合条件具有重要的实际意义。

表 2-21 常用热熔黏合纤维及其黏合温度

纤 维 类 别	黏合温度/℃	纤 维 类 别	黏合温度/℃
低密度聚乙烯(LDPE)纤维	85～115	聚酯(PET)纤维	230～260
高密度聚乙烯(HDPE)纤维	126～135	聚酯 Kodel410 纤维(Eastman)	85～170
聚丙烯(PP)纤维	140～170	聚酯 Dacron927,923,920 纤维(Dupont)	160～180
聚氯乙烯(PVC)纤维	115～160	聚丙烯/聚乙烯(PP/PE)ES(Chisso)双组分纤维	120～150
共聚酰胺(CoPA)纤维	110～140	Heterofil PA(ICI)双组分纤维	220～230
聚酰胺6(PA6)纤维	170～225	聚酯 Unitika2080,3380,4080 双组分纤维	110～200
聚酰胺66(PA66)纤维	220～260		

5) 卷曲中空纤维

中空纤维是轴向有管状空腔的化学纤维。为使非织造制品蓬松性保持长久和均一,将中空或实心的三维卷曲纤维在特制的容器中经充分碰撞形成环形纤维,也称"珠状"纤维。它具有良好的长久回弹性和易填充性,制品只需轻轻拍打,即可恢复原状。中空纤维品种很多,按卷曲特征分为二维卷曲和三维(螺旋状)卷曲两种,见图 2-12。按组分多少分为单一型中空纤维,如涤纶中空纤维;双组分复合型中空纤维,如涤/丙复合中空纤维。按其孔数的多少分为单孔纤维、多孔纤维,如四孔中空纤维(见图 2-13)、六孔中空纤维和九孔中空纤维,具有弹性好、蓬松和保暖性优良、透气性好等特点,用来制作保暖絮片,是喷胶棉、仿丝绵、仿羽绒的不可缺少的纤维原料。中空纤维的中空度是一项重要指标,中空度提高,可增大材料滞留空气量,使非织造产品更轻更暖。高卷曲中空纤维可采用不对称冷却的纺丝工艺和卷曲管定型方法制成,还可采用不同缩率的两种聚合物原料通过并列复合纺丝技术制得。

图 2-12 中空三维卷曲纤维

图 2-13 四孔中空纤维截面

6) 复合纤维

复合纤维由两种或两种以上成纤高聚物、熔体或溶液,利用组分、配比、黏度等差异,通过同一喷丝孔复合纺丝而制得。根据不同组分在纤维截面上的分配位置,分为并列型、皮芯型、海岛型和剥离型。

(1) 并列型(图 2-14):并列型两组分分别列于纤维两侧,利用两组分在固化时收缩内应力的差异形成牢固的卷曲,产生类似羊毛的弹性和蓬松性。

并列型

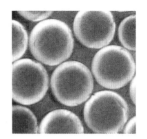
皮芯型

图 2-14　双组分纤维截面

（2）皮芯型：两组分分别形成皮层和芯层，利用皮芯不同组分，可得到兼有两种组分特性或突出一种组分特性的纤维，如 PP/PE 双组分热熔黏合纤维。皮芯型复合纤维还有同心型与偏心型之分。

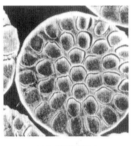
（a）纤维截面

（b）岛组分分离

图 2-15　海岛型纤维截面与岛组分分离

（3）海岛型：利用纤维内两种不相容的组分，一种组分（岛）高度分散在另一种组分（海）中，通过使用溶剂将海岛型复合纤维中一种组分溶去，见图 2-15。由于溶掉了海组分聚合物，使纤维之间存在微细空隙，因而其制品有良好的柔软性、弹性及蓬松性。

（4）剥离型：两种不同成分的聚合物制成辐射型（剥离型）和多层复合纤维后通过机械处理或化学处理的方法使纺制的复合纤维中各个组分相互剥离以制取超细纤维。剥离型复合纤维的聚合物组分分布通常有橘瓣型和多层型等。图 2-16 为橘瓣型纤维经碱减量后分裂成超细纤维。

（a）分离前截面

（b）机械分离处理

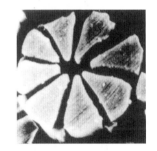
（c）碱减量处理

图 2-16　橘瓣型纤维截面与组分分离

复合纤维的用途十分广泛，根据纤维的卷曲性能和复合纤维通过剥离及原纤化后，聚合物组分无规分布,异形截面无规分布细度无规分布,制成性能特异的非织造材料和人造革基材等;根据自身黏合特点,用来制造热黏合非织造材料、卫生材料、包装材料等。

7) 聚四氟乙烯纤维

聚四氟乙烯(PTFE)纤维具有良好的物理和化学性能,耐高温、耐酸碱、抗老化且阻燃性能优良,其熔点为327 ℃。目前制备 PTFE 纤维的常用方法为膜裂纺丝法、糊料挤出纺丝法和载体纺丝法,其中载体纺丝包括干法纺丝。非织造用 PTFE 纤维的主要生产方法为膜裂法,其生产工艺简单、无污染,且制得的纤维强度高,但存在着纤维细度的均匀性难以控制和对生产工艺要求较高等难点。

PTFE 纤维滤料因具有极强的耐高温特性和优良的耐化学稳定性,在腐蚀性高温烟尘处理中极具优势,使用寿命长。PTFE 短纤维可用于制造过滤用针刺滤袋,长纤维可用于制作针刺毡的加筋基布,PTFE 纤维膜也可与普通针刺毡、玻璃纤维滤布等制成复合滤料,可获得过滤精度高且清灰性能好的 PTFE 覆膜滤料。

8) 亚克力纤维

亚克力纤维(Acrylic fiber)是一种高性能聚丙烯腈类纤维,其外观呈圆形或八字形,表面光滑,与一般的聚丙烯腈类纤维相比,抗热性能更高。同时具有优异的抗酸碱、耐水解及耐光照性,亚克力纤维针刺滤袋被广泛用于陶瓷工业及含水率高的工况环境。

9) 预氧化纤维

预氧化纤维是以聚丙烯腈(PAN)为原料经高温热稳定化处理得到的纤维,预氧化过程一般在 $180\sim300$ ℃空气条件下进行,预氧化过程可以使 PAN 大分子链发生分子内环化、分子间交联和氧化等一系列反应,生成环状和热性能稳定的梯形结构,使其在炭化过程中保持纤维形态而不燃不熔。这些反应包括分子内氢的消除并在大分子主链上形成共轭 C=C 结构。PAN 大分子内的氧基交联形成包含 C=N 基团的环状结构。它具有高阻燃性,极限氧指数大于 45%,具有优良的热稳定性,在燃烧中纤维不熔、不软化收缩、无溶滴;隔热效果好,耐酸碱腐蚀、耐化学环境、耐辐射性能好。针刺得到的预氧化纤维毡具有良好的阻燃、隔热、隔音性能,广泛应用于汽车内饰、隔音材料和隔热保温材料。

10) 新型生物基可降解纤维

在非织造材料工艺中,传统的石油基高分子原料大量使用,产生温室气体,对自然界造成影响,因此,低碳环保的生物可降解纤维的需求不断增加。生物可降解纤维指的是,能在自然界中微生物作用下全部降解为二氧化碳或/和甲烷(CH_4)、水(H_2O)及存在于该物质的元素矿化无机盐以及新的生物质(如微生物死体等)的纤维。目前,用于非织造材料的生物可降解纤维主要有以下几种:

(1) 聚丁二酸丁二醇酯纤维

聚丁二酸丁二醇酯(PBS)是丁二酸和 1,4-丁二醇的聚合物,是以脂肪族二元酸和二元醇为主要原料通过缩聚反应合成的可完全生物降解的塑性聚酯,分解产物主要为水和二氧化碳。可以由纤维素、葡萄糖、乳糖等自然界可再生的农作物产物经微生物发酵作用制得丁二酸,丁二酸进一步转化为丁二醇,最后合成 PBS。但 PBS 纤维往往与其他纤维共混,如与黄麻纤维共混制备针刺非织造材料,具有可降解、生物相容性好等特点。

(2) 脂肪族/芳香族的共聚酯纤维

芳香族聚酯与脂肪族聚酯经过化学共聚反应制备共聚酯,既有芳香族聚酯纤维优异的力学性能,也具有脂肪族聚酯一定的生物降解特性。如聚丁二酸丁二醇-共-对苯二甲酸丁二醇酯(PBST)是聚丁二酸丁二醇酯和聚对苯二甲酸丁二醇酯(PBT)的无规共聚物,可用于纺黏法、熔喷法。

（3）聚羟基脂肪酸酯纤维

聚羟基脂肪酸酯(Polyhydroxyalkanoates,PHA)纤维是一类由微生物发酵获得的天然高分子材料,聚羟基脂肪酸酯(PHA)是由微生物合成的生物基材料。聚羟基脂肪酸酯纤维又称 PHA 纤维,指由蓝藻、土壤细菌、转基因植物等各种微生物合成的生物基纤维。PHA纤维具有可降解、抗菌性好、生物相容性好、气体相隔性佳等特点,在医用纺织品、个人卫生、包装材料领域拥有广阔应用前景。

2.4.3 无机纤维

用于非织造材料生产的无机纤维主要有玻璃纤维、碳纤维、金属纤维等。

1. 玻璃纤维

玻璃纤维是以二氧化硅、硼酸、氧化铝等为主要成分的材料,经熔体纺丝而制成的纤维。玻璃纤维根据其含碱量的多少可分为不同类型,但其分子结构都由四个氧原子与一个硅原子结合,形成四面体的主体结构,其他成分再填入这个主体网络的空隙中,图 2-17 为玻璃纤维非织造纤网电镜照片,纤维无卷曲且粗细不一。

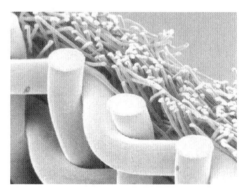

图 2-17　玻璃纤维非织造材料　　　　图 2-18　不锈钢金属纤维非织造材料

玻璃纤维的主要性能特征是:纤维线密度为 1.2～2.8 dtex,表面光滑,断裂强度在 12～18 cN/tex,断裂伸长率为 3%～5%,弹性恢复率为 100%,纤维不耐弯曲,质脆,易折断,耐热性好,可耐 300 ℃的高温,难燃,并具有绝热、隔声、耐老化等性能。对化学药品、有机溶剂较稳定,可溶于氟化氢和浓磷酸中,在高温稀碱、常温浓碱溶液中可溶解,吸湿性差,不可染。

玻璃纤维适宜用湿法成网生产非织造材料,也可用化学黏合、针刺加固方法。由于玻璃短纤维的表面光滑、刚度大、易断,玻璃纤维的碎屑会引起皮肤过敏,损害呼吸器官,因此必须在非织造材料加工中注意劳动保护措施。例如,加工玻璃纤维的针刺机,针刺区域要密封,并安装吸尘装置。其产品可用于隔热、耐热、过滤材料、蓄电池隔板。超细玻纤直径在 1～3 μm,经过湿法成网可制成高效过滤材料。玻璃纤维与聚酯、环氧、酚醛等树脂复合,可制成复合材料,用于汽车、飞机、船舶、建筑、地下管道等防腐蚀的材料,其用途十分广泛。

2. 碳纤维

碳纤维是高性能纤维中最著名的,它以黏胶纤维、聚丙烯腈纤维为原料,经高温加热炭化而成。将聚丙烯腈原丝在 200～300 ℃的条件下进行预氧化,可得到预氧化丝(黑色、耐高温、耐火、阻燃),再将其在 800～1 500 ℃条件下炭化,获得碳纤维。这种纤维的含碳量为 95%～68%。如果对炭化过的聚丙烯腈纤维再进行 2 000～3 000 ℃的高温热处理,则可得到石墨纤维,它具有良好的晶格结构,含碳量达 99%。预氧化丝已成功用于非织造材料工业,用其生产耐高温材料、隔热垫材等。碳纤维具有良好的力学性能,断裂强度在 15 cN/dtex 左右,模量高达 3 000 cN/dtex 以上,断裂伸长率为 0.5%～2.0%。它耐酸、耐碱、耐热,不燃烧,导电性好,吸湿性强,不抗压,易折断,耐冲击性差。目前,碳纤维非织造工艺主要是湿法成网,和针刺非织造材料炭化制成碳毡,用于防护罩、导电材料和过滤吸附材料等。

沥青基碳纤维非织造材料是采用熔喷工艺制成,细度 4～6 μm,熔体温度为 579～600 ℃,采用氮气密封。产品性能:碳含量＞98%,强度 19 cN/dtex,模量 6 168 cN/dtex,密度 2.1 g/cm³。产品主要用于汽车刹车片及耐高温纸。

活性碳纤维是碳纤维中的一种特殊纤维,其主干分布有大量的直径在 0.5～50 nm 的微孔,孔的深度大多大于其自身直径,在孔内可吸附大量的有害气体。因此,湿法活性碳产品常用来作为气体过滤材料,被广泛应用于火力发电厂、化工厂、金属冶炼厂以及汽车等交通工具的废气排放处理。活性碳纤维经再活化处理,可再循环利用。

3. 金属纤维

利用各种金属材料加工成的纤维称为金属纤维。一般金属纤维的原料有铁、铜、镍铬、铝、金、银、锰、镍合金等。在非织造工业中主要有不锈钢纤维和镍纤维。图 2-18 不锈钢金属纤维非织造材料

不锈钢纤维的直径 4～25 μm,长度为 40～80 mm,密度为 7.8 g/cm³。它有一定的柔软性,可带卷曲,耐高温,不燃,有导电及防辐射性能,不锈钢纤维、镍纤维还有较好的抗菌性能。金属纤维的性能具有永久性。将少量金属纤维(一般占纤维总量的 0.5%～1%)混入其他纺织纤维中,通过针刺、缝编法加固,可制成具有永久效果的非织造材料。用于如防爆过滤材料、抗静电材料、抗菌非织造材料等。

4. 石棉纤维

石棉纤维是将岩石通过离心法成型熔融而制成,用于制造具有良好耐热性及化学稳定性的非织造绝热材料。石棉纤维一般具有不同的长度和线密度,不需预处理可直接离心成网或用湿法工艺制成非织造材料。

5. 玄武岩纤维

玄武岩纤维是一种无机的新型高技术纤维。它以纯天然玄武岩矿石为原料,在 1 450～1 500 ℃下熔融,采用拉丝漏板拉制而成的连续纤维。玄武岩纤维综合性能优良,它既耐酸又耐碱,既耐低温又耐高温,拉伸强度大,具有较高的抗压缩强度、剪切强度和抗老化性。玄武岩纤维表面光滑,是气固分离和液固分离的优良过滤材料,尤其是在高温烟气过滤方面更具有优势。但玄武岩纤维弹性模量较高,刚性较大,不易变形,成型困难。另外,玄武岩纤维的体积比电阻较高,在加工中易产生静电,导致成型困难。

6. 陶瓷纤维

陶瓷纤维是一种纤维状轻质耐火材料,具有重量轻、耐高温、热稳定性好、导热率低、比

热小及耐机械振动等优点。溶胶-胶体法：将可溶性的铝盐、硅盐等制成一定黏度的胶体溶液，经压缩空气喷吹法或离心盘甩丝法成纤，然后进行高温热处理就转变成铝硅氧化物晶体纤维。先驱体法：将可溶性的铝盐、硅盐制成一定黏度的胶体溶液，用膨化有机纤维均匀吸收该胶体溶液，再进行热处理而转变成铝硅氧化物晶体纤维。陶瓷纤维长度为 100～250 mm，直径 2～5 μm，基本没有卷曲。按使用温度可分为三档，低档耐温陶瓷纤维（800～1 100 ℃），中档耐温陶瓷纤维（1 100～1 300 ℃），高档耐温陶瓷纤维（1 300～1 500 ℃）。

氧化锆陶瓷纤维是一种多晶质耐火纤维材料。由于本身的高熔点、不氧化和高温优良特性，氧化锆陶瓷纤维具有比其他耐火纤维品种更高的使用温度，是目前国际上最顶尖的一种耐火纤维材料。氧化铝陶瓷纤维是采用含有 Al13 胶粒的氧化铝溶胶和硅溶胶制备可纺性前驱体溶胶，通过喷吹成纤工艺制备凝胶纤维，再经热处理得到直径 1～7 μm 的氧化铝陶瓷纤维。莫来石陶瓷纤维是由莫来石相构成的耐高温陶瓷纤维，呈纯白色，外观光滑柔软，具有优良的高温抗蠕变性能、优良的抗热震性和抗腐蚀性能。

按照纤维的组成和结构，可以将微纳陶瓷隔热纤维分为三类，微纳陶瓷纤维气凝胶、中空/多孔微纳陶瓷纤维和复合微纳陶瓷纤维。气凝胶是指通过溶胶凝胶法，用一定的干燥方式使气体取代凝胶中的液相而形成的一种纳米级多孔固态材料。

思考题

1. 试述纤维在非织造材料中的作用。
2. 分析纤维特性对非织造工艺和材料性能的影响规律。
3. 非织造材料用纤维选用的原则是什么？
4. 高性能纤维所具备的主要特性有哪些？

第3章　短纤维成网工艺和原理
(Staple Fiber Web Formation)

　　非织造材料生产系统中的短纤维成网工艺指的是干法成网(Dry Laid Process)和湿法成网(Wet Laid Process)工艺。这两种工艺处理的原料都是短纤维。湿法成网是指纤维悬浮在水中呈湿态状况下,采用造纸方法成网。干法成网是相对于湿法成网而言的,指的是在干态条件下将纤维制备成纤网,包括梳理成网、气流成网、干法造纸。这一专业术语有助于将现有的成网工艺明确地分类,在我国的非织造材料领域已得到普遍采用。

3.1　干法成网——梳理成网

　　干法成网技术涉及两道工序,即:(1)纤维准备;(2)纤网制备。纤网是非织造加工过程中最重要的半制品,对最终成品的形状、结构、性能以及用途影响很大。纤网均匀度、纤网面密度和纤网结构是评定纤网类别和质量的三个基本要素。在纤网制备基础上再经后道加固以及一些后加工处理,可制成各种非织造产品。干法成网技术在非织造材料中占有极其重要的地位。

　　干法成网技术包括机械梳理成网和气流成网,不同的成网方式所形成的纤网结构也不一样,无论对于何种结构类型的纤网,都可以采用客观的质量评定指标来给予判别。

　　纤网均匀度是评定纤网品质的指标。纤网均匀度是指纤维在纤网中分布的均匀程度。通常采用测定纤网不匀率的方法来反映纤网纵向与横向的不匀情况以及纤网总体不匀情况。

　　纤网面密度指标用于区分纤网类别,如低面密度纤网形成的薄型非织造材料、高面密度纤网形成的厚型非织造材料等。纤网面密度是指纤网中所含纤维的质量,用单位面积纤网质量来表示。在纤网制备过程中,纤网面密度控制是指:(1)维持纤网面密度在规定的范围之内;(2)尽可能减少面密度偏差的变化范围。控制纤网面密度,意味着控制原材料成本和提高纤网质量。

评定纤网类别的另一个指标是纤网结构,纤网结构中的基本指标是指纤维在纤网中的排列方向,一般以纤维定向度来表示。纤维排列顺着机器输出方向(MD 方向)的称作纵向排列;顺着垂直于机器输出方向(CD 方向)排列称之为横向排列;纤维沿纤维网各个方向排列的,则称之为杂乱排列。纤维在纤网中呈单方向(如纵向或横向)排列数量多少程度称作定向度。纤维数量沿纤网各个方向排列的均匀程度称之为杂乱度,杂乱度越高表示纤维沿各方向分布越均匀。典型纤网中纤维排列方向如图 3-1 所示。

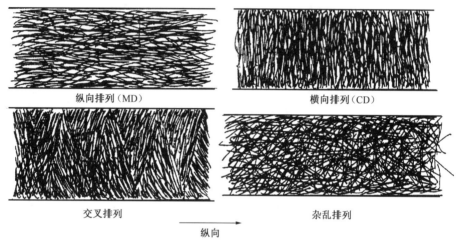

纵向排列(MD)　　　　　　　　横向排列(CD)

交叉排列　　　　　　　　　　杂乱排列

纵向

图 3-1　纤网中纤维的排列

判断纤网中纤维的排列方式一般通过测定纤网的纵、横向断裂强力的比值来获得。如要判别纤维在纤网中排列的杂乱度,除了采用纵、横向断裂强力的比值表示外,还可进一步测定纤网其他方向(如 30°、45°、60°等)的断裂强力值,用这些数值来予以更准确地表征。纤维定向度高的纤网,其纵、横向断裂强力比值或比 1 大得多,或比 1 小得多;纤维杂乱度高的纤网,其纵、横向断裂强力比值则接近于 1。纤网结构对最终非织造材料制品的物理性能和力学性能有直接影响,定向度高的纤网制取的成品,其各方向的力学性能往往差异很大,这一特性被称作各向异性;而杂乱度高的纤网制得的成品,其各方向的力学性能则可能非常相似,被称作各向同性。

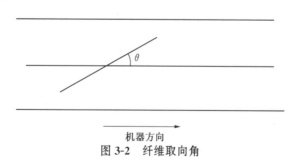

θ

机器方向

图 3-2　纤维取向角

纤维在纤网中的排列方向对非织造材料的性能有重大影响,特别是对材料的强度有直接影响,多年来一直是人们研究的对象,近来又研究出显微照相技术与计算机图像分析技术相结合的方法,对纤维在纤网中的整体取向情况用频率分布函数(对离散型数据)或概率密度函数(对连续数据)来描述。在这一方法中,采用纤维取向角 θ 来表征纤维在纤网中的定向状态,纤维取向角 θ 定义为纤维轴线与纤网长度方向(即 MD 方向)的中心线或其平行线之间形成的夹角(图 3-2)。纤维取向频率分布函数和概率密度函数,可采用直角坐标和极坐标图来表示。典型的纵向定向纤网、横向定向纤网、交叉纤网和高杂乱度纤网的纤维取向频率分布和概率密度分别如图 3-3(a)、图 3-3(b)、图 3-4(a)、图 3-4(b)、图 3-5(a)、图 3-5(b)、图 3-6(a)和图 3-6(b)所示。

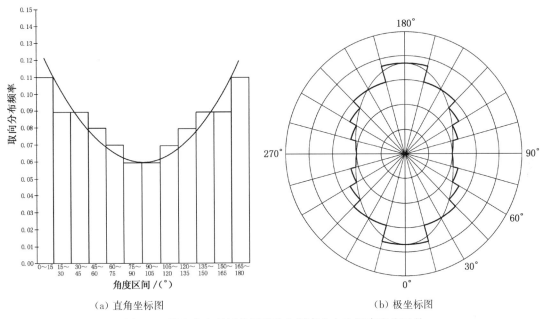

(a) 直角坐标图　　　　　　　　(b) 极坐标图

图 3-3　纵向定向纤网的纤维取向频率分布和概率密度函数

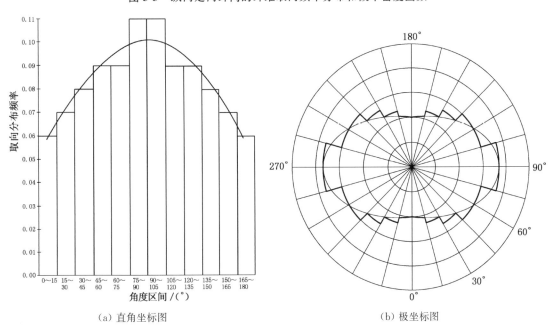

(a) 直角坐标图　　　　　　　　(b) 极坐标图

图 3-4　横向定向纤网的纤维取向频率分布和概率密度函数

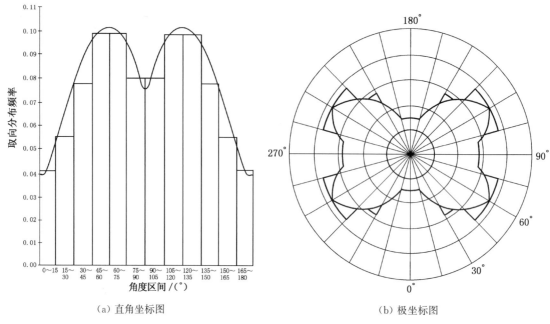

（a）直角坐标图 （b）极坐标图

图 3-5 交叉纤网的纤维取向频率分布和概率密度函数

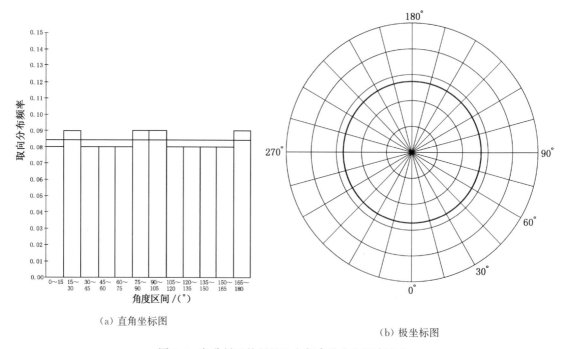

（a）直角坐标图 （b）极坐标图

图 3-6 杂乱纤网的纤维取向频率分布和概率密度

对介于这几种典型纤维取向之间的其他取向方式,都可以采用频率分布和概率密度函数相应的直角坐标和极坐标图予以形象地表示。近代图像分析技术的应用与发展,使非织造纤网结构的观察与理论分析更加清晰、准确和数字化。实际应用中,主要还是采用测定纤网纵、横向断裂强力比值来确定纤网的定向度或杂乱度状况,由于纤网强力比较低,直接测定比较困难,往往将纤网先经加固处理,再测定它们的纵、横向断裂强力比值。

3.1.1 成网前准备

纤网生产的准备工序指的是纤维的前处理加工,良好的准备工序是保证纤网质量的必要条件。干法成网加工中的准备工序,主要包括纤维的混合、开松及施加必要的油剂。

1. 配料成分的计算

纤维混合时,配料成分可按质量用下式计算:

某种纤维质量(kg) = 混料纤维总质量(kg) × 某种纤维配料成分(%)

2. 油剂的施加

准备工序中添加油剂的目的是减少纤维间的摩擦和增加含湿量,防止纤维产生静电,以达到加柔、平滑而又有良好抱合性的要求。合成纤维一般在纺丝过程中已施加了油剂,但考虑到纤维贮存、运输过程中油剂会有所挥发,同时由于非织造生产设备运转速度比较高,开松打击时以及分梳元件与纤维、纤维与纤维之间摩擦强烈,容易产生静电。因此通常在开松前,把稀释后的油剂以雾点状均匀地喷洒到纤维堆中,再堆放 24～48 h,使纤维均匀上油,变得润滑、柔和。

油剂的组成成分一般包含润滑剂、柔软剂、抗静电剂和乳化剂等,由于各种纤维对水的亲疏性不同,所以采用的油剂种类也不同。

3. 混合与开松

混合与开松工艺是将各种成分的纤维原料进行松解,使大的纤维块、纤维团离解,同时使原料中的各种纤维成分获得均匀的混合。这一处理总的要求是混合均匀、开松充分并尽量避免损伤纤维。

可供混合、开松的设备种类很多,必须结合纤维线密度、纤维长度、含湿量、纤维表面形状等因素来选择混合与开松设备,设备选定后,还要根据纤维特性及对混合、开松的要求考虑混合、开松道数、工作元件的调整参数(如元件的隔距、相对速度等)。混合、开松良好的纤维原料是后道高速、优质生产的重要前提。

4. 开松混合生产线

早期的开松混合设备大多利用棉纺、毛纺的开松混合机台配置成前处理生产线。

1) 成卷方式的开松混合工艺路线

这一配置属间断式生产工艺流程,生产线由圆盘式抓棉机、开松机、棉箱以及成卷机组成。最终将混合开松的原料制成卷子,由人工将卷子放入梳理机的棉卷架,供下道加工。这种配置比较灵活,适用于同种原料、多品种非织造材料产品的生产要求,其加工的纤维范围为 1.67～6.67 dtex,长度 38～65 mm。

2) 称量式开混联合工艺路线

属连续生产的工艺流程,生产线由抓棉机、回料输送机、称量装置、开松机、棉箱以及气流配送系统组成。混合、开松后的纤维由气流输送和分配到后道成网设备的喂入棉箱中。由于采用了称量装置,混料中各种成分比较准确。这种工艺流程适用于加工的纤维范围为1.67~16.5 dtex,长度38~65 mm。

非织造材料的生产与传统棉纺、毛纺的生产不同,非织造材料从原料到产品的生产往往在一条完整的生产线上完成,比传统棉纺、毛纺生产更注重高生产速度和简短的生产流程。近年来非织造设备制造厂家已经开发了多种专用的短流程与精开松混合的生产工艺,以满足非织业快速发展的要求。

3) 与成分无关的整批混合工艺

该流程由德国 Temafa 公司开发,其基本原理是整批混合,将该批原料中的每一种纤维组分按要求比率称取,然后将整批原料的所有纤维组分,以纤维包为单位放到开包机的倾斜喂入台上,小于整批量10%的小组分纤维均匀地分布在其余组分中。原料经开包机开松后送到第一混合仓,水平铺放的纤维层被取料装置垂直地抓取,这种方法被称为"横铺直取",可保证原料均匀混合,经开松机开松后再送入第二混合仓,再次混合,然后再经精开松机精细开松后,送入后道进行成网加工。

其流程如下:

整批原料各组分纤维按混合比称重→开包→第一混合仓→开松→第二混合仓→精开松。

该工艺路线的优点是:

(1) 混合均匀,不受纤维种数和类型的限制。

(2) 产量稳定,不受纤维组分间比率的影响。

(3) 应用灵活,改变整批原料成分时,不需附加设备。

(4) 自动化程度高,人为影响小。

5. 开松、混合设备

1) 多仓混合机

典型的多仓混合机采用"横铺直取"方法,如图3-7所示。其原理是:气流将纤维送入多个直立储存槽中,在气流压缩下,经90°的转向形成多个水平纤维层,水平前进的纤维层被斜帘上的角钉垂直抓取进入储存箱,这种方式称作"直放横铺,横铺直取",使纤维获得均匀混合。

斜帘上方的均匀罗拉和前方的剥取罗拉上都装有角钉,由于它们和斜帘间的相对运动,可对斜帘角钉抓取的纤维进行开松,角钉的间距大,因此角钉的开松作用比较柔和。而储存箱中的开松锡林,表面包缠有金属针布,其形状如锯条,锯条的间距以及锯条上齿尖的间距比角钉的间距要小,可以对被角钉松解的纤维进一步开松。由于间距小,开松元件上工作件(即齿数)增多,因此开松锡林的开松作用比角钉要强。开松元件的这种配置方式,称作"前疏后密",针对纤维从纤维包中取出时比较紧密,用配置较疏的角钉先对纤维松解,随后再用配置较密的金属针布对已松解的纤维进一步开松,既避免了损伤纤维,又能逐步获得良好的开松效果。

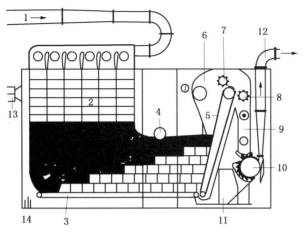

图 3-7　典型混合机工作原理

1—纤维输送管　2—直立储存槽　3—输送帘　4—输送罗拉　5—角钉斜帘　6—
混合室　7—均匀罗拉　8—剥取罗拉　9—储存箱　10—有尘格的开松锡林　11—
集尘箱　12—出料口

13—接排风管的排气口　14—接集尘器的排气口

2）精开松机

精开松机用于对纤维的进一步开松,其工作原理如图 3-8 所示。通过气流接受已经预开松的纤维原料,经由弹簧加压的沟槽罗拉与给棉板形成的握持状态下接受开松,预开松时纤维处于非握持状态,作用比较柔和,而在精开松机中,纤维处于握持状态下被开松,同时梳针打手上梳针的配置密度也高,显然开松作用更强烈,可以进一步将已预开松的纤维开松成小块或束纤维状态,为下一步在梳理机上分梳成单纤维创造条件。

3）喂料机

对于纤维成网来说,均衡、稳定地供给筵棉对纤网的品质至关重要。所以纤维原料经混合、开松后,要通过一喂料系统来为后道梳理加工供应原料,喂入按其方式又可分成定容喂入和定重喂入两种类型。

以德国 Trutzschler 公司生产的 FBK 气压式精确喂棉机为例(图 3-9),纤维在气流作用下进入棉箱储料槽,气流可从槽壁上的网孔逸出到过滤器。储料槽底部装有锯齿喂入罗拉及给棉板,原料在喂入罗拉及给棉板的握持下,由开松罗拉开松成细小均匀的纤维簇进入

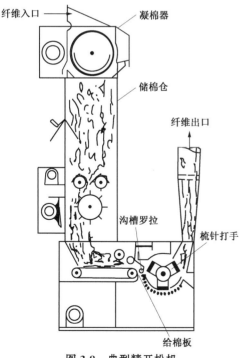

图 3-8　典型精开松机

纤维入口　凝棉器　储棉仓　纤维出口　沟槽罗拉　梳针打手　给棉板

喂槽;与此同时,由压缩风机吹出的压缩空气也进入喂槽,使纤维原料形成密实而均匀的筵棉,由一对带沟槽的输出罗拉经导网板输出。

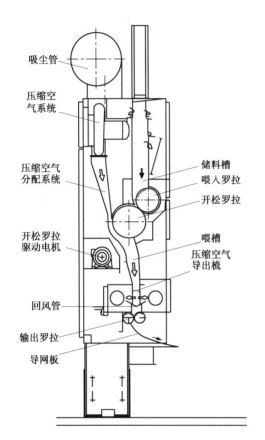

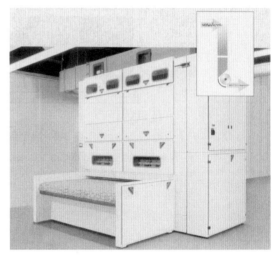

图 3-9　气压式精确喂棉机

　　上述精确喂棉机属定容喂入方式,由喂槽容积和筵棉喂入速度控制原料喂入过程中的变异值,使喂棉量稳定。由于化学纤维的长度和线密度比天然纤维均匀,因此采用定容喂入方式比较合适。而定重喂入方式适用于长度和线密度等均匀性较差的天然纤维,图 3-10 是一种带微处理机的连续称量式定重喂入机构。开松混合后的纤维进入储棉箱,由微处理机控制输出罗拉的回转速度,使称盘上筵棉质量位于设定的平衡锤的误差范围内,并连续地经喂入罗拉供给梳理机。如称盘内筵棉质量与设定值不符合,误差信息经平衡锤、调节螺钉到达微处理器,微处理器一方面通过储棉箱前板调节器调节储棉箱容积以及输出罗拉的回转速度,另一方面通过道夫传动齿轮,调节梳理机的道夫回转速度,前者使称盘上筵棉质量恢复到设定值,后者在喂入筵棉已出现误差情况下调节道夫速度,补偿误差,使道夫输出的纤网质量仍符合要求。微处理器每隔 0.2 s 就对各数据进行一次运算和调整,藉此可保证喂棉的均匀性和稳定性。

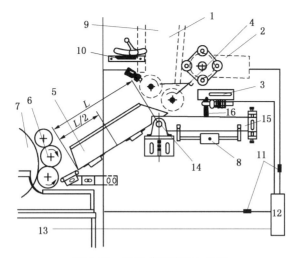

图 3-10　称量式定重喂入机构

1-储棉箱　2-储棉箱前板调节器　3-称重调节刻度　4-输出罗拉　5-称盘
6-喂入罗拉　7-刺辊　8-平衡锤　9-光电管　10-储棉箱后板调节器　11-传感器
12-微处理器　13-道夫传动齿轮　14-托脚　15-秤杆　16-调节螺钉

3.1.2　梳理

梳理是干法非织造材料成网生产中的一道关键工序。它将开松混合的纤维梳理成由单纤维组成的薄纤网,供铺叠成网,或直接进行纤网加固,或经气流成网,以制备呈三维杂乱排列的纤网。

1. 梳理的作用

纤维原料的分梳是通过梳理机来实现的,梳理加工要实现下列目标:

(1) 彻底分梳混合的纤维原料,使之成为单纤维状态;

(2) 使纤维原料中各种纤维成分进一步均匀混合;

(3) 进一步清除原料中的杂质;

(4) 使纤维平行伸直。

梳理机上的工作元件如刺辊、锡林、工作辊、剥取辊、盖板以及道夫等其表面都包覆有针布,针布的类型有钢丝针布(也称作弹性针布)和锯齿针布(也称作金属针布)。针布的齿向配套、相对速度、隔距及针齿密度不同,可以对纤维产生不同的作用。图 3-11 是一种典型的罗拉式梳理机。

1) 分梳作用

分梳作用产生于梳理元件的两个针面之间(图 3-12(a)),其中一个针面握持纤维,另一个针面对纤维进行分梳,属一种机械作用。还要符合下列条件:

(1) 两个针面的针齿倾角相对,也称平行配置;

(2) 两个针面具有相对速度,且一个针面对另一个针面的相对运动方向需对着针尖方向;如图示 V_1(锡林)$>V_2$(工作辊);

(3) 具有较小的隔距和一定的针齿密度。

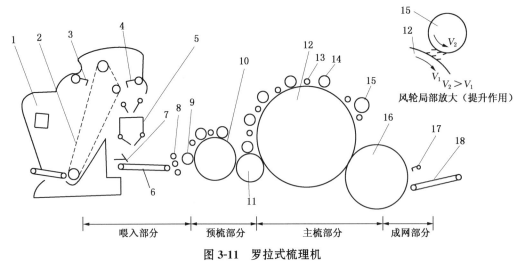

图 3-11 罗拉式梳理机

1-棉箱 2-抓棉帘 3-均棉罗拉 4-剥棉罗拉 5-料斗 6-水平喂给帘 7-推手板 8-喂给罗拉 9-开松辊
10-刺辊 11-转移辊 12-主锡林 13-剥取罗拉 14-工作罗拉 15-风轮 16-道夫 17-斩刀 18-输网帘

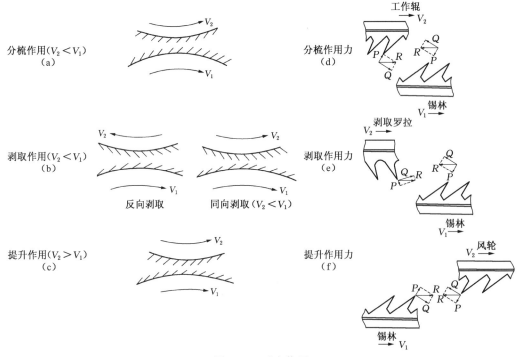

图 3-12 三大作用

分梳时,针齿的受力状况如图 3-12(d)所示,工作辊和锡林上的针齿受纤维的作用力 R,R 力的分力 P 使两个针都具有抓取纤维的能力,故起到分梳作用。

通过分梳可以使纤维伸直、平行并分解成单纤维。

在罗拉式梳理机上,梳理作用发生在预梳部分和主梳部分。预梳部分以喂给罗拉和刺辊作为分梳元件,对喂入的纤维进行预分梳。预分梳的程度可用下式表示:

$$N = \frac{V_{给} \times G \times n}{n_{刺} \times T \times 10^5} \tag{3-1}$$

式中：N——预分梳度，根/齿；

$V_{给}$——喂给罗拉的表面速度，m/min；

G——喂给纤维层面密度，g/m²；

n——纤维根数，根/mg；

$n_{刺}$——刺辊转速，r/min；

T——刺辊表面总齿数，齿/转。

预分梳度 N 表示工作时，预分梳元件(刺辊)上每个齿的纤维负荷量(以纤维根数表示)。每个齿的纤维负荷量越低，则预分梳效果越好。从上式可以看出，要降低纤维负荷量，可以提高刺辊的转速($n_{刺}$)，或降低喂给罗拉的表面速度($V_{给}$)，或降低喂给筵棉的面密度(G)。

主梳理部分以工作辊和主锡林作为分梳元件，对经过预分梳的纤维进一步梳理。梳理的程度用下式表示：

$$C = K_C \frac{N_C \times n_C \times L \times r}{P \times N_B} \tag{3-2}$$

式中：C——梳理度，齿/根；

N_C——锡林针布的齿密，齿尖数/(25.4 mm)²；

n_C——锡林转速，r/min；

N_B——纤维线密度，dtex；

r——纤维转移率，%；

P——梳理机产量，kg/(台·h)；

L——纤维长度，mm；

K_C——比例系数。

梳理度 C 表示工作时，一根纤维上平均作用的齿数。梳理度太小，则纤维难以得到足够分梳，纤维易形成棉结；如追求过高的梳理度，则可能降低梳理机的产量。一般来说，梳理度为 3 齿/根比较合适。

2) 剥取作用

当两针面的针齿倾角呈交叉配置时，如纤维原在 2 针面上，当 V_1(锡林) > V_2(剥取罗拉) 时或 V_2 与 V_1 反向时，则产生剥取作用(图 3-12(b))，即 2 针面上的纤维被 1 针面剥取，转移到 1 针面上。

剥取时，针齿的受力状况如图 3-12(e)所示，作用力 R 的分力 P 使锡林上的针齿具有抓取纤维的能力，而剥取罗拉上的针齿不具有抓取能力，故锡林上的针齿剥取剥取罗拉上的纤维。

在针齿的剥取作用下，纤维可从一个工作元件转移到另一个工作元件，使纤维进一步得到梳理，如纤维从工作辊转移到剥取罗拉，再转移到锡林，在下一级工作辊和锡林间再进行梳理；或者使纤维以纤维网方式输出，如从锡林转移到道夫。

3) 提升作用

当两针面的针齿呈平行配置时，V_1 和 V_2 同向，当 V_2(风轮) > V_1(锡林) 时，2 针面对 1

针面的相对运动方向对着针背方向,则原在1针面上的纤维被提升。如图3-11中风轮和锡林间为提升作用,非织造加工中,SW-63型的气流成网机上,提升罗拉和锡林间也是提升作用,提升罗拉将锡林上的纤维提升,在自身高速回转产生的离心力和辅助气流作用下,使提升的纤维抛离提升罗拉齿面后经风道沉积在多孔传送帘上形成纤维网。

提升时,针齿的受力状况如图3-12(f)所示,作用力 R 的分力 P 使风轮和锡林上的针都不具有抓取纤维的能力,故对纤维起到了起出(即提升)作用。

传统梳理机各回转件的三大作用即分梳、剥取和提升,后期开发的专用于生产非织造材料的梳理机上,主要配置起分梳和剥取作用的回转件,而提升作用的回转件不一定配置。

4) 针布

针布是产生梳理作用的关键器材,用于非织造材料生产的梳理机上,主要使用金属针布(图3-13),以适应高速生产,弹性针布用得不多。金属针布的优点是:具有对纤维良好握持和穿刺分梳能力;能阻止纤维下沉,减少充塞;针面负荷轻,不需要经常抄针,起出嵌入针槽的纤维;针尖耐磨性好,不需经常磨针;针尖不易变形;有利于高速度、紧隔距、强分梳的工艺要求。

通常对非织造专用梳理机针布的技术要求有:平整度、表面粗糙度、锐利度、硬度以及角度的正确性。

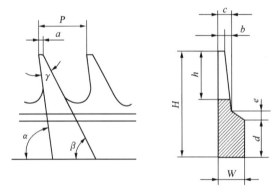

图 3-13 金属针布的基本齿形

H-总齿高 h-齿尖深 α-工作角 β-齿背角 γ-齿尖角 P-纵向齿距 W-基部厚度 a-齿尖宽度 b-齿尖厚度 c-齿根厚度 d-基部高度 e-齿根与基部斜面的垂直距离

2. 梳理机

非织造生产中用的梳理机种类很多,有单锡林、双锡林、罗拉-锡林式、盖板-锡林式、单道夫、双道夫、带或不带凝聚辊、杂乱辊等。就其主梳理而言,可分为两大类:①盖板-锡林式,如图3-14中(a)和(b);②罗拉-锡林式,如图3-15。

图3-14中a为传统的盖板-锡林式梳理机,活动盖板沿着梳理机墙板上的曲轨缓缓移动,其向着锡林一面装有针布,与锡林上的针布配合起分梳作用。纤维在锡林盖板区受到梳理的同时,还在两针面间交替转移,时而沉入针面(盖板或锡林),时而抛出针面,纤维可进一步获得反复混合。

传统的盖板-锡林梳理机构的特点是:①梳理线(面)多,其数量等于工作区域内的盖板数(25～40根);②盖板梳理属于连续式梳理,对长纤维有损伤;③盖板梳理有清除杂质和短纤维作用,但会损失一部分可用短纤维;④盖板梳理主要利用纤维在锡林和盖板针隙间脉动,产生细致的分梳、混合作用,但产量较低。

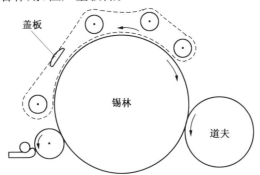

(a) 移动盖板-锡林梳棉机

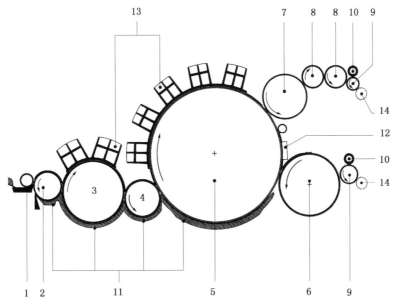

(b) 固定盖板-锡林非织造梳理机

(c) 固定盖板在梳理机上的安装位置

(d) 固定盖板

图 3-14 盖板式梳理机

1-喂棉板 2-刺辊 3-胸锡林 4-转移辊 5-锡林 6-下道夫 7-上道夫 8-凝聚罗拉
9-剥棉罗拉 10-毛刷辊 11-格栅 12-挡板 13-固定盖板 14-沟槽剥棉罗拉

图 3-14 中(b)为新型的盖板-锡林梳理机,与传统盖板-锡林式梳理机的区别是采用了固定盖板,参见图 3-14(c)和(d)。该梳理机采用固定盖板代替活动盖板,省去了相应的传动机构,结构紧凑,维护保养也较为方便。固定盖板上插入的是金属针布条,而传统的盖板-锡林式梳理机活动盖板采用的是弹性针布。新型的固定盖板-锡林式梳理机适合于梳理合成纤维,而传统的盖板-锡林式梳理机适合于梳理棉纤维。

罗拉-锡林式梳理机是非织造生产中使用最多的梳理机,按配置的锡林数、道夫数、梳理罗拉、针布的不同以及带或不带凝聚辊或杂乱辊等可分成很多种类。通过变换梳理罗拉和针布的配置,可使其加工长度为 38~203 mm、线密度为 1.1~55 dtex 的短纤维。

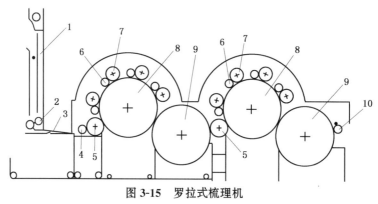

图 3-15 罗拉式梳理机

1-棉箱 2-喂入罗拉 3-给棉板 4-给棉罗拉 5-刺辊 6-剥取罗拉
7-工作罗拉 8-锡林 9-道夫 10-剥棉罗拉

在罗拉-锡林式梳理机中,梳理主要是产生于工作罗拉和锡林的针面间的,剥取罗拉的作用是将梳理过程中凝聚在工作罗拉上的纤维剥取下来,再转移回锡林,以供下一个梳理单元梳理,由剥取罗拉、工作罗拉和锡林组成的单元称为梳理单元或梳理环(图 3-16),通常在一个大锡林上最多可配置 5~6 对工作罗拉和剥取罗拉,形成 5~6 个梳理单元,对纤维进行反复梳理。

罗拉-锡林式梳理机构的特点是:①梳理线少,仅 2~6 条;②属间歇式梳理,对长纤维损伤少;③基本上没有短纤维排出,有利于降低成本;④罗拉梳理主要是利用工作罗拉对纤维的分梳、凝聚与剥取罗拉的剥取、返回,对纤维产生分梳和混合作用,产量很高。罗拉-锡林梳理机的基本配置如图 3-17 所示,由喂入罗拉、刺辊、锡林、工作罗拉、剥取罗拉、道夫和斩刀或剥棉罗拉组

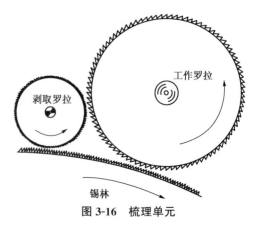

图 3-16 梳理单元

成,到最终输出纤网。其各工作元件上的针布配置类似于开松混合装置上的开松元件,从前到后针布的密度配置也是"前疏后密",针布的粗细配置为"前粗后细",以满足梳理过程中彻底分梳又尽量减少纤维损伤的要求。通常非织造梳理机锡林齿密为每 25.4 mm × 25.4 mm 面积上 250~400 齿,道夫为 200~300 齿。

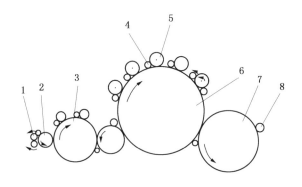

图 3-17 罗拉-锡林梳理机

1-喂入罗拉 2-刺辊 3-预分梳机构 4-剥取罗拉 5-工作罗拉 6-锡林 7-道夫 8-剥棉罗拉

3.1.3 高速梳理和杂乱梳理成网

由于梳理机是非织造材料生产中的关键设备,自 20 世纪 80 年代以来,为满足非织造材料高速生产及其最终不同结构产品的要求,通过配置不同的工作元件,开发了很多种类的梳理机。例如单锡林双道夫、双锡林双道夫;带凝聚罗拉的杂乱梳理、带杂乱辊的杂乱梳理等。

1. 单锡林双道夫

图 3-18 为典型的单锡林双道夫双杂乱非织造梳理机,梳理机为保证输出单纤维状态的

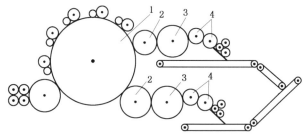

图 3-18 单锡林双道夫梳理机

1-锡林 2-杂乱辊 3-道夫 4-凝聚罗拉

均匀纤网,通常锡林表面的纤维负荷是很轻的,每平方米的纤维负荷量不到 1 g,理论上来说,纤维负荷量越小,分梳效果越好。在锡林转速恒定情况下,要降低纤维负荷,就要限制纤维喂入量,因此也限制了梳理机的产量。随着制造业的发展,像锡林类的大型回转件的转速得以提高,可增加梳理机产量。锡林转速提高后单位时间内纤维携带量增加,为便于锡林上的纤维及时被剥取转移,避免剥取不清,残留纤维在以后梳理过程中因纤维间搓揉形成棉结,影响纤网质量,在锡林后配置两只道夫,可转移出两层纤网,达到了增产目的。

2. 双锡林双道夫

单锡林双道夫是通过提高锡林转速,在锡林表面单位面积纤维负荷量不增加情况下,增加单位时间内纤维量,即在保证纤维梳理质量前提下提高产量。双锡林双道夫(图 3-19)配置,在原单锡林双道夫基础上再增加一个锡林,使梳理工作区面积扩大了一倍,即在锡林表面单位面积纤维负荷量不变情况下,增加面积来提高产量,与单锡林双道夫比较同样取得增产效果,而且梳理质量更容易控制。高速梳理机上形成的纤网面密度,兼顾纤网质量和梳理机产量条件下,可由下面的经验公式来确定:

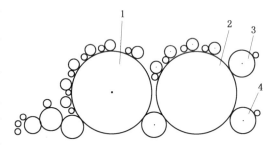

图 3-19 双锡林双道夫梳理机
1-前锡林 2-后锡林 3-上道夫 4-下道夫

$$W_{\min} = 5 \times \sqrt{\frac{Tt}{1.1}} \qquad (3\text{-}3)$$

$$W_{\max} = 2 \times W_{\min} \qquad (3\text{-}4)$$

$$W_{\mathrm{dmax}} = 3 \times W_{\min} \qquad (3\text{-}5)$$

式中:$W_{\min}$——最小纤网面密度,g/m^2;

　　Tt——纤维线密度,dtex;

　　$W_{\max}$——最大纤网面密度,g/m^2;

　　W_{dmax}——双道夫配置时最大纤网面密度,g/m^2。

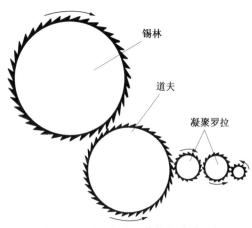

图 3-20 采用凝聚罗拉的杂乱梳理机

3. 带凝聚罗拉的杂乱梳理

普通梳理机输出的纤网,其中的纤维沿纵向(MD方向)平行排列,属纵向定向纤网,这样的纤网加固成非织造材料,其纵/横向的力学性能,特别是纵/横向断裂强力差异很大。要缩小纤网各方向的结构差异,可在道夫后面加一对凝聚罗拉(图 3-20)。由于道夫与第一个凝聚罗拉的线速度比为 2:1~1.75:1,第一个凝聚罗拉与第二个凝聚罗拉的线速度比为 1.5:1,即 $V_{道夫} > V_{凝1} > V_{凝2}$,纤维在上述两个转移过程中存在负牵伸,纤维转移过程中受到推挤作用,由于纤维属柔性材料,在推挤作用力下,纤维排列改变方向,最终形成一种纤维呈杂乱排列的纤网,其纵/横向断裂强力比为5:1~6:1。

4. 带杂乱罗拉的杂乱梳理

这种配置如图3-21(a)所示,在锡林和道夫间设置高速旋转的杂乱罗拉,杂乱机理是依靠杂乱罗拉高速旋转产生的气流和针齿,使锡林上的纤维浮起,由于杂乱罗拉与锡林附面层气流在三角区引起的湍流,如图3-21(b),使纤维卷曲、变向混合。采用杂乱罗拉生产出的纤网,其外观结构与采用凝聚罗拉产生的纤网不同,但杂乱的效果相似,其纵/横向断裂强力比为4:1~3:1。

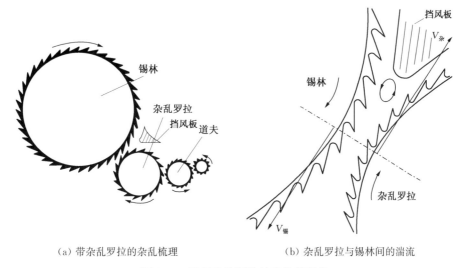

(a) 带杂乱罗拉的杂乱梳理　　　　　　(b) 杂乱罗拉与锡林间的湍流

图3-21　采用杂乱罗拉的杂乱梳理机

5. 组合式杂乱梳理

即将凝聚罗拉和杂乱辊两种配置组合(图3-22),在锡林和道夫间插入高速旋转的杂乱罗拉,并在道夫后再安装一对凝聚罗拉,将两种杂乱效应组合起来,进一步提高输出纤网中纤维排列的杂乱程度。

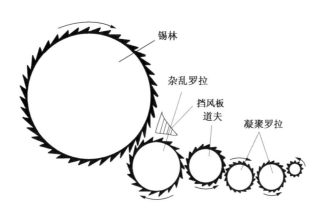

图3-22　杂乱罗拉与凝聚罗拉组合式的杂乱梳理机

3.1.4　机械铺网

梳理机生产出的纤维网很薄,通常其面密度不超过 20 g/m²,即使采用双道夫,两层薄网叠合也只有 40 g/m² 左右。生产中用的厚纤网一般需通过进一步铺网来获得,铺网就是将一层层薄纤网进行铺叠以增加其面密度和厚度。铺网方式有平行式铺网和交叉式铺网,都属于机械铺网或机械铺叠成网。纤网铺叠后如经杂乱牵伸装置牵伸,可使厚纤网形成机械杂乱纤网。

1. 平行式铺网

1) 串联式铺网

串联式铺网就是把梳理机一台台直向串联排列,将各机输出的薄纤网叠合形成一定厚度的纤网,图 3-23 是由四台梳理机串联而成的铺网工艺。

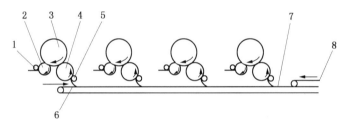

图 3-23　串联式铺网

1-喂给罗拉　2-刺辊　3-锡林　4-道夫　5-剥棉罗拉　6-输网帘　7-纤网　8-压网帘

2) 并联式铺网

这种铺网方式是将多台梳理机平行放置,梳理机输出的薄纤网经 90°折角后,再一层层铺叠成厚网(图 3-24)。

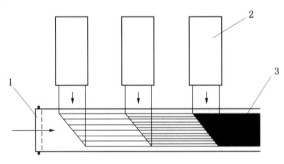

图 3-24　并联式铺网

1-输网帘　2-梳理机　3-纤网

以上两种方法制取的纤维网,结构上都是纵向定向(MD 方向)纤网,其优点是外观好,均匀度高。但铺制的网厚受限制。由于配置的梳理机数量多,占地面积大,特别是当后道加固设备的生产速度低于梳理机纤网输出速度时,梳理机的利用效率低。此外产品的宽度受梳理机工作宽度的限制。这种方式铺制成的纤网,主要用作医用卫生材料、服装衬料、电器绝缘材料等。

2. 交叉式铺网

这种铺网方式是在梳理机后专门配置一台铺网机,梳理机输出的纤网垂直于铺网机作往复运动,并以交叉方式铺叠,将平行式铺网中纤网的直线运动变成复合运动,复合运动中各速度分量是矢量,不仅有大小,还有方向,当梳理机以确定速度输出薄纤网时,铺叠成的厚纤网可按后道加固设备要求以不同的速度输送,不需要降低梳理机的输出速度(图 3-25),梳理机的使用效率大幅度提高,而且产品的宽度也不再受梳理机工作宽度限制,适应性能明显提高。这种铺网方式在干法机械梳理成网加工中广泛采用,按其铺叠方式,它又可以分成以下三种形式。

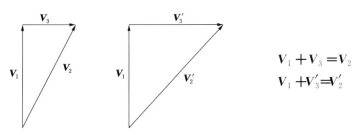

$$V_1 + V_3 = V_2$$
$$V_1 + V'_3 = V'_2$$

图 3-25　交叉式铺网的复合运动

V_1-梳理机输出纤网速度　V_2,V'_2-铺网速度　V_3,V'_3-铺叠后输出速度

1) 立式铺网机

立式铺网机如图 3-26 所示,亦称驼背式铺网机。梳理机道夫输出的薄纤网经斜帘到顶端的横帘,再向下进入直立式夹持帘。夹持帘被滑车带着来回摆动,使薄纤网在成网帘上作横向往复运动,铺叠成一定厚度的纤网。

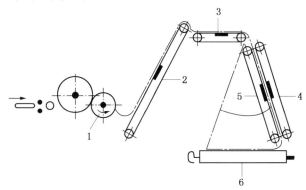

图 3-26　立式铺网机

1-梳理机道夫　2-斜帘　3-横帘　4,5-立式夹持帘　6-成网帘

立式铺网机由于夹持帘的运动方式限制了铺叠速度的提高,现绝大多数已被四帘式铺网机取代。

2) 四帘式铺网机

四帘式铺网机如图 3-27 所示。梳理机送出的薄纤网,经定向回转的输网帘和补偿帘,到达铺网帘。其中补偿帘和铺网帘不仅作回转运动,还同时沿水平方向作往复运动,往复运动距离按需要的最终纤网宽度来设置,于是薄纤网被往复铺叠到成网帘上,形成一定厚度的纤网,其面密度范围为 $100\sim 1\,000\ \mathrm{g/m^2}$ 或更高,可由成网帘速度、梳理机输出薄纤网面密度以及配置多台梳理机等方式来调节。

成网帘上铺叠的纤网,其形状如图 3-28 所示。设道夫输出的薄纤网宽度为 $W(\mathrm{m})$,且纤网运行到铺网帘的宽度不变(事实上由于张力牵伸略变窄),如铺网帘的往复速度为 $V_2(\mathrm{m/min})$,

成网帘的移动速度为 $V_3(\mathrm{m/min})$,在成网帘上铺叠成的纤网宽度为 $L(\mathrm{m})$,则铺叠后纤网层数 M 可近似地用下式表示:

$$M \approx \frac{W \times V_2}{L \times V_3} \qquad (3\text{-}6)$$

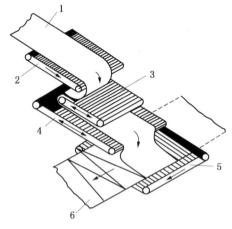

图 3-27　四帘式铺网机

1-梳理机输出的薄网　2-输网帘　3-补偿帘
4-铺网帘　5-成网帘(输出帘)　6-纤网

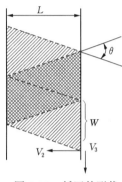

图 3-28　纤网的形状

上式表明,铺网层数 M 与铺网帘往复速度 V_2 和薄纤网宽度 W 成正比,与成网帘移动速度 V_3 和铺网宽度 L 成反比。层数 M 越多纤网越均匀,一般实际生产中要求至少达到6~8层,才能保证纤网的均匀性。

θ 角俗称铺网角,铺网角过大,铺叠成的纤网均匀度差。显然 θ 角的大小与铺网层数有关,铺网层数越少,θ 角越大。因此从式(3-6)以及实际生产要求的铺网层数,可导出相应的 θ 角表达式:

$$\theta = 2\arctan\frac{V_3}{V_2} \qquad (3\text{-}7)$$

或

$$\theta \approx 2\arctan\frac{W}{M \cdot L} \qquad (3\text{-}8)$$

3. 双帘夹持式铺网机

四帘式铺网机中帘子对薄纤网仅起托持和输送作用,铺网速度高时,由于周围气流

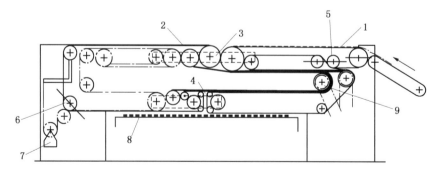

图 3-29　Asselin 公司的 350 型铺叠成网机

1-前帘　2-后帘　3-上导网装置　4-下导网装置　5,6,7-张力调节系统　8-成网帘　9-传动罗拉

相对速度增加,会造成薄纤网飘移,影响铺网质量。为了适应高速铺网要求,法国 Asselin 公司制造了用双层平面塑料网夹持薄纤网的铺网机(图 3-29)。薄纤网经前帘和后帘进入两层塑料网之间,在夹持状态下作往复运动,避免了意外牵伸和气流干扰,可实现高速铺网,同时又改善了纤网均匀度,辊子传动采用伺服马达和变频控制。为了减少塑料网帘运行过程中静电积聚,通常对网帘作抗静电涂层处理;网帘接头处采用斜面黏合搭接,保证网帘平稳运转;机上还装有网帘整位装置,防止网帘运行中歪斜跑偏。这些措施使纤网的喂入速度最高达 120 m/min。

4. 交叉铺网机的新技术

传统交叉铺网机以往复运动铺网,在铺网宽度两端换向时,铺网小车经历了速度减至零、换向和重新加速的变化过程,由于梳理机输出纤网是恒速的,因而铺网小车在两端减速停顿时,薄纤网还在继续输入,造成铺叠纤网两端变厚。针对这一问题,德国 Autefa 公司开发了 Accumulator 储网装置(图 3-30),当铺网小车在两端减速停顿时,储网装置中垂直帘子向下运动,将梳理机输入的薄纤网储存起来,当铺网小车完成换向加速时,垂直帘子向上运动,恢复薄纤网的供给,以保证整个铺叠纤网在宽度方向上质量一致。

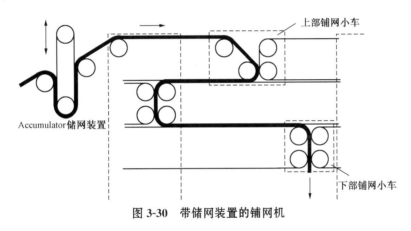

图 3-30　带储网装置的铺网机

传统交叉铺网机还存在第二个问题,即由于后道加固处理时纤网受牵伸力作用,即使原先纤网很均匀,在牵伸力作用下,其纵向伸长、横向收缩,也会导致两边厚、中间薄的现象,为此开发了纤网横截面 Profiling 整形系统。该系统采用计算机和伺服电机组成的工艺软件来控制铺网过程中薄纤网的牵伸和运动,按要求的最终纤网横截面形状来铺叠,例如中间厚、两边薄,以补偿后道加固处理时的牵伸影响(图 3-31)。

最新机型采用计算机和自动扫描软件相结合组成闭环系统来控制梳理机道夫速度和铺网机的运动,使非织造产品的面密度不匀率(即 CV 值)小于 0.5%。

5. 其他铺网

除了上述的两种主要铺网方式外,还有组合式铺网和垂直式铺网。

组合式铺网是将平行铺网和交叉铺网相组合,即在交叉铺叠纤网的上下方各铺上一层纤维纵向定向的纤网,将中间交叉铺叠纤网表面的铺叠痕迹遮盖掉,改善纤网的外观。同时由于交叉铺叠纤网其纤维排列偏横向(CD),复合上纵向定向纤网后,可提高最终材料的纵

机器	交叉铺叠后(未加固)	针刺加固后(牵伸/热黏合后)
不带储网装置及 Profiling 系统的传统铺网机	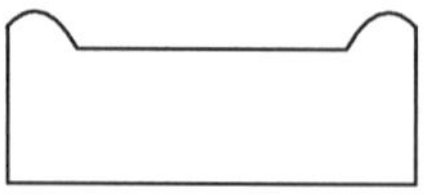	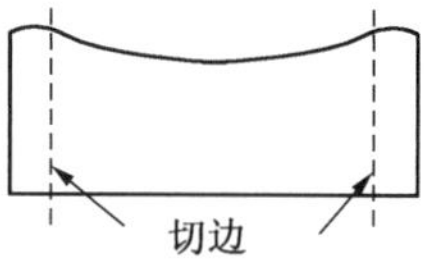 切边
带储网装置但不带 Profiling 系统的铺网机		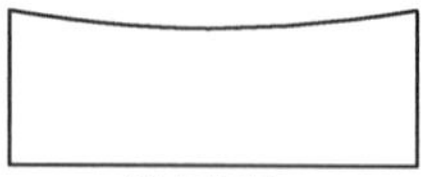 没有切边
带储网装置及 Profiling 系统的铺网机	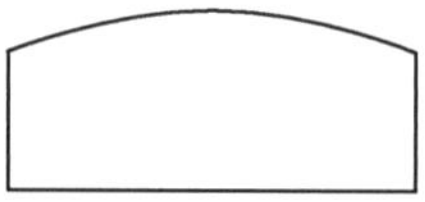	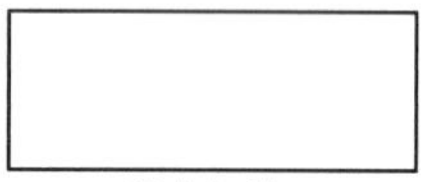 没有切边

图 3-31　带或不带 Profiling 系统的纤网质量分布

向强度。但是要获得组合式铺网,至少需要配置三台梳理机,中间一台梳理机接交叉铺网机,形成交叉铺叠纤网,两端各一台梳理机制备平行纤网,显然使用机台多,占地面积大,而且最终产品幅宽由两台平行铺网的梳理机幅宽决定,交叉铺网所具有的幅宽可调的灵活性受到限制,因此实际应用不多。

　　垂直式铺网是将单层纤网上下折叠,使纤网中纤维以近似垂直的方式排列,厚度也明显增加。这一技术是 20 世纪 80 年代初由捷克技术人员发明的,纤网经垂直折叠后,其压缩后的回弹性能明显改善,是一种良好的衬垫材料。垂直铺网的工作原理如图 3-32 所示。梳理机输出的纤网 1 在导板 6 和钢丝栅 5 的引导下,随着成型梳 3 的上下摆动而进行折叠,经带针压板 4 的推动,铺成上下折叠的厚网,由于压板上针的作用,各层纤网在被压紧同时,纤维间可形成一定程度的机械缠结。这种铺网方式形成的厚网,其幅宽也是由梳理机幅宽决定的。

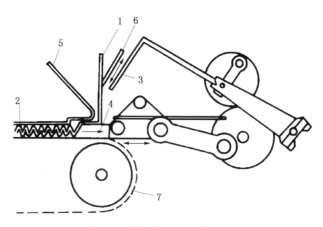

图 3-32　往复移动垂直式铺网机

1-梳理网　2-垂直铺成的纤网　3-成型梳　4-带针压板　5-钢丝栅　6-导板　7-烘房输送帘

6. 纤网杂乱牵伸机

采用交叉铺网机铺叠的纤网,纤维在纤网中大体呈横向排列,为增加纤网结构的杂乱度,减少其纵/横向断裂强度值的差异,在交叉铺网机后可配置一台杂乱牵伸机。其工作原理是通过多级小倍数(图 3-33)牵伸,使纤网中原来呈横向排列的部分纤维朝纵向移动。

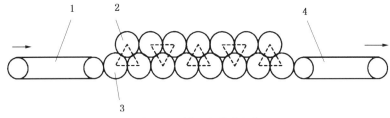

图 3-33　纤网杂乱牵伸机

1-喂入帘　2-上锯齿牵伸辊　3-下锯齿牵伸辊　4-输出帘

牵伸机的工作特点如下:

(1)图 3-33 所示的纤网牵伸机配置五组辊筒,每组包括三个辊筒,构成五个牵伸区。牵伸区数量可按实际需要调整。

(2)牵伸区内上下辊筒间距可调,一个辊筒到另一个辊筒间的牵伸,由直径可变换皮带轮和同步齿形带构成的机械变速系统来确定。

(3)辊筒上包覆特殊金属针布,多数齿类夹角 r 为 $90°$,在整个牵伸过程中可加强对纤维运动的控制,以满足设定的牵伸倍数要求。

(4)以可编程控制器控制伺服电机的方式驱动每个牵伸区的辊筒运转。各牵伸区的牵伸倍数不同,前区大,后区小,以保证纤网均匀性,牵伸倍数见表 3-1。全机可采用工业计算机进行控制。

(5)主要应用于面密度($30\sim150$ g/m^2)较小的非织造材料生产线。如衬垫材料、水刺产品或卫生材料,生产速度最高可达 90 m/min,产品的纵横向强力比接近 $1:1.5$,物理力学性能趋于各向同性。

表 3-1　纤网杂乱牵伸机的牵伸倍数

组成一个牵伸区的牵伸辊传动件齿数比	38:36:34	38:37:36
牵伸区固定牵伸倍数	1.117	1.055
15 辊总最小牵伸倍数	1.738	1.307
21 辊总最小牵伸倍数	2.178	1.460
27 辊总最小牵伸倍数	2.720	1.620

3.2　干法成网——气流成网

用气流成网方式制取的纤网,纤维在纤网中呈三维分布,结构上属杂乱度较高的纤网,物理力学性能上基本显示各向同性的特点。

3.2.1　气流成网原理

气流成网的基本原理如图 3-34 所示。纤维经开松混合后,喂入高速回转的锡林或刺辊,进一步梳理成单纤维。在锡林或刺辊的离心力和气流联合作用下,纤维从锯齿上脱落,靠气流输送,凝聚在成网帘(或尘笼)上,形成纤网。

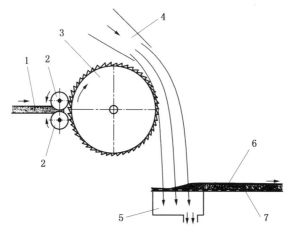

图 3-34　气流成网的基本原理

1-喂入纤网层　2-喂入罗拉　3-刺辊　4-气流　5-抽吸装置　6-纤网　7-成网帘

气流成网加工时,纤维良好的单纤维状态及其在气流中均匀分布是获得优质纤网的先决条件。机械梳理成网时,道夫从锡林上转移纤维形成纤网时,纤维始终处于针布的机械控制中,容易保持原有的单纤维状态。而气流成网时,即使在前道良好的开松、混合、梳理加工中形成单纤维状态,在气流输送形成纤网过程中,气流对单纤维状态的控制也远不如机械方式稳定可靠,常常会因为纤维"絮凝"而出现纤网不匀率增大的现象。其中气流状态是一个重要因素,供给的气流在输送管道中不能产生明显的涡流。其次,被加工的纤维规格及性能也是一个重要影响因素,一般来说,细且长、卷曲度高以及易产生静电的纤维,容易在气流输送中形成"絮凝",反之短且粗、卷曲度低及不易产生静电的纤维,最终形成的纤网均匀度好。因此,某些纤维,如黄麻、椰壳纤维、金属纤维等无卷曲且不易产生静电的纤维,由于纤维间抱合力差,采用机械梳理难以形成纤网,用气流成网技术却能形成均匀度很好的纤网。还有如纺织品开松纤维、鸭绒等短纤维,采用气流成网也比采用机械梳理成网更合适。

气流成网中为提高纤维在最终纤网中排列的杂乱度,输送管道在结构上往往采用文丘利管(图 3-35)。这种管道实际上是一种变截面管道,即管道中任意两个截面的截面积不相等,且管道从入口到出口逐步扩大。按流体力学原理,气体在常压下可视为不可压缩,即:

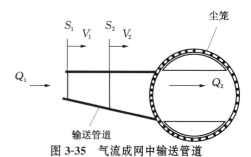

图 3-35　气流成网中输送管道

$$Q_1 = Q_2$$
$$Q_1 = S_1 V_1, \quad Q_2 = S_2 V_2 \qquad (3\text{-}9)$$

因为 $\qquad\qquad\qquad S_1 < S_2$

所以 $\qquad\qquad\qquad V_1 > V_2$

式中:Q_1——流入气流量;

$\quad$ Q_2——流出气流量;

$\quad$ S_1——截面1的面积;

$\quad$ S_2——截面2的面积;

$\quad$ V_1——截面1处的气流速度;

$\quad$ V_2——截面2处的气流速度。

纤维有一定长度,在文丘利管中,其头、尾端处于两个不同截面上,因此纤维头、尾端速度是不同的,头端速度低于尾端速度,于是纤维产生变向,形成杂乱排列。

此外,由于流出气流是以近似于垂直的方向从凝棉尘笼表面小孔中流出的,纤维沿气流的流线运行时,虽然受气流扩散作用变向,但大体上也是以近似于垂直的方向落在尘笼表面的,因此有一定比例的纤维沿纤网厚度方向排列,特别是当形成的纤网比较厚时,纤维的这种取向更明显,这也就是气流成网形成的杂乱结构不同于杂乱梳理成网结构的原因,前者形成的是纤维呈三维取向的纤网;后者是二维取向的纤网,即使经交叉铺网后,也是二维取向纤网的叠加。两者都可形成杂乱纤网,但杂乱结构是有差异的。

3.2.2　气流成网的方式

按照纤维从锡林或刺辊上脱落的方式、气流作用形式以及纤维在成网装置上的凝棉方式,可以把气流成网方式归纳为五种,如图3-36所示。

1) 自由飘落式

纤维靠离心力从锡林或刺辊上分离后,因本身自重及其惯性而自由飘落到成网帘上形成纤网。它主要适用于短、粗纤维,如麻、矿物纤维、金属纤维等原料成网。

2) 压入式

压入式气流成网过程中,纤维除靠离心力外,还借助吹入气流从锡林或刺辊上分离,并经气流输送到成网装置上形成纤网。它的工作原理类似于布开花机和粗纱头机。这类机器适宜于加工含杂多的短纤维,纤网的均匀度和抱合力都较差。

3) 抽吸式

与上述压入式相反,通过抽吸气流在成网装置内产生负压,由于压力差,在纤维输送管道内形成气流,将锡林或刺辊上分离的纤维吸附在成网帘装置表面形成纤网。这类成网机的抽吸气流横向速度分布的均匀性和稳定性,直接影响纤网的均匀度。

4) 封闭循环式

是上述压入式和抽吸式两种成网方式的组合,由于气流循环是闭路的,原料中的杂质往往沉积在机器内,需定期清理,不然对纤网质量有影响。通常采用同组风机同时提供抽吸和压入作用,因此调节气流时,抽吸和压入气流同时产生变动。

5) 压与吸结合式

也属压入式和抽吸式两种方式的组合。它与封闭循环式的不同之处在于采用两组风机,分别提供抽吸和压入作用,可对抽吸和压入气流进行分别调节,因此对气流的控制加强了,同时抽吸气流可直接排到机外,原料中的杂质也不会影响纤网的质量。

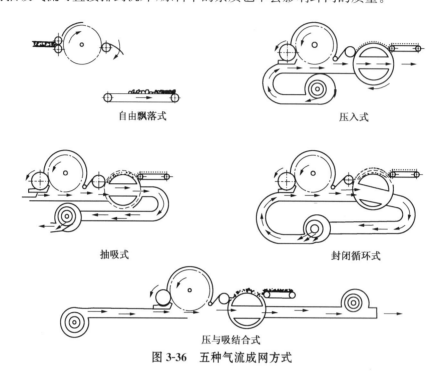

自由飘落式　　　　　压入式

抽吸式　　　　　封闭循环式

压与吸结合式

图 3-36　五种气流成网方式

3.2.3 影响气流成网均匀度的主要因素

改善气流成网均匀度的关键是把握好纤维、气流及其两相混合流之间的关系。从生产技术角度看,具体体现在下列三个方面:

1) 喂入均匀的筵棉

气流成网中使用的气流输送纤维管道通常很短,而气流的速度很高(大于 15 m/s),纤维在管道中逗留时间很短,而且气流主要对纤维起输送、扩散作用,对纤维量的均匀分布调节作用非常弱,而且后道往往不配置铺网系统,难以通过薄纤网铺叠来弥补质量均匀度的差异。因此喂入气流成网机的筵棉均匀与否,对纤网均匀度有着直接的、决定性的影响,所以严格控制并改善喂入纤维层的均匀度是获得气流成网均匀性的首要途径。

2) 纤维在气流中的均匀分布和输送

在喂入纤维层均匀的前提下,纤维能够在气流中均匀分布和输送,是形成均匀纤网的关键。这一阶段的状态取决于下列三个参数:

（1）单纤维化程度

由于气流不具备分梳功能,如果在气流输送管道中出现纤维簇、纤维团,将直接反映到最终的纤网上,因此原料单纤维状态的好坏,直接影响纤网的质量。因此气流成网中,往往对前道开松、除杂、混合、分梳处理要进一步加强,同时其加工对象,往往也是偏重于容易形成单纤维状态的纤维原料。

（2）剥离纤维的气流速度

纤维被从刺辊(或锡林)的齿尖上剥离、伸直,并以单纤维状态均匀地分布在输送气流中,与剥离纤维的气流速度有直接关系。实验表明以气流剥取道夫齿尖上的纤维时,气流速度应大于道夫速度3~4倍。从刺辊(或锡林)上剥取时,由于它转速高,纤维在离心力作用下,可从齿尖上脱落,因此气流的速度可减少1/3~1/4左右,此时的高速气流有助于纤维伸直,在气流中均匀分布,避免互相缠绕,同时剥离气流的运动方向应配置在刺辊(或锡林)的切线方向。

（3）输送纤维的气流流量

输送单纤维成网的理想流体,应使气流有足够的容积以保证纤维/气流两相混合流中,各根纤维不与相邻纤维缠结,理论上测算时,将每根纤维看作以长度为直径的球体,该球体体积即每根纤维所需的最大气流量,这一关系可用下式表示:

$$Q = K \cdot PL^2 / Tt \tag{3-10}$$

式中:Tt——纤维线密度;

$\quad L$——纤维长度;

$\quad P$——设备的纤网产量;

$\quad K$——与状态有关的特定系数;

$\quad Q$——所需的气流流量。

上式表明,输送纤维的气流流量与纤维长度的平方成正比,说明气流成网中,纤维长度对纤网均匀度影响很大,这也是气流成网偏重于加工短、粗纤维的原因。

一定体积的流体所含纤维的质量,通常称为纤维流密度。纤维在流体中的密度超出某一数值,原有的单纤维会重新"絮凝"成纤维束、纤维团,在纤网上出现"云斑"、束纤维现象,破坏纤网均匀度。试验表明纤维在流体中的分布,除与纤维的几何尺寸有关外,还受其他性状的影响,如种类、静电性能等,不同的纤维要求的纤维流密度也不同,如棉纤维,最大纤维流密度为 1.2~1.5 g/m³;聚酰胺纤维可达 3~4 g/m³。虽然气流流量大,可降低纤维流密度,但也带来了产量低、能耗大等问题。

3）流体管道及尘笼表面

除上述因素外,气流成网的均匀性还与流体管道的配置及尘笼表面的吸附条件有关。由此产生的因素有下列三方面:

（1）流体状态

高速气流是输送纤维、形成纤网的关键因素。其中最重要的是气流在输送风道中不能产生明显的涡流,避免纤维在涡流中回旋,无法有序地沉积在尘笼上。因此,输送风道往往设计成弓形渐扩管,使气流速度逐渐减小,减弱气流的冲力,使纤维均匀地凝聚在尘笼表面,并不再产生移动。

（2）流体流向

流体流向对纤维最终凝聚在尘笼表面的状态有关。通常,输送风道的中心线与尘笼的水平线呈30°～60°的角度,使纤网在尘笼的1/3～1/4表面上形成。如果气流运动方向与尘笼凝聚面的交角接近90°,则纤维易冲入网眼,造成泄出气流不畅或堵塞,引起气流流动紊乱,破坏纤网均匀性。

（3）尘笼表面吸附条件

成网尘笼是用于凝聚纤维,并在它表面形成纤网的重要装置,其孔眼结构要为输送纤维的气流提供阻力最小的泄出通道,避免气流冲力反弹,破坏尘笼表面已形成的纤网。在气流吸口截面积相同条件下,呈曲面的尘笼比平面的网帘具有较大的展开面积,一方面可增加气流泄出通道面积,另一方面使纤维在吸附表面的停留时间增加,有助于获得较均匀和厚实的纤网。

3.2.4 典型的气流成网机

1) V21/K12气流成网机

该机是奥地利Fehrer公司的产品,整条生产线由V21预成网机和K12气流成网机组成(图3-37)。预成网机中有三个开松区,原料在各开松区都由双层帘带夹持喂入,喂入速

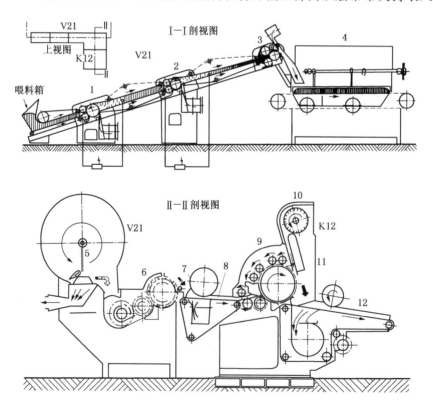

图 3-37　V21/K12 气流成网机

1,2,3-三组开松区　4-纤维横向分配装置　5-回转刮板　6-精开松装置
7-气流凝网喂入装置　8-前输网帘　9-主梳理部分　10-横流风机　11-成网部分　12-后输网帘

度由光电管控制,以保证原料层具有稳定的紧密度和均匀度。每个开松区采用一对喂入罗拉喂料,由一只高速刺辊开松,第三开松区上侧装有风机,将纤维从刺辊上剥离,并经风道被吸附在分配装置 4 的网帘上,形成一条宽约 250 mm、长度与 K12 气流成网机工作宽度相仿的带状纤维层,类似于上吹下吸的气流成网。预成网机的配置中开松环节明显增强,使纤维原料获得充分开松,同时采用气流成网方式形成筵棉,也有利于其中的纤维杂乱排列。

V21 配备的纤维横向分配装置,由可回转的多孔帘带、上方的刮板及下方的吸风机组成,回转刮板间歇地将带状纤维层推入 K12 气流成网机精开松装置 6 的喂入槽内,开松后被气流吸附到气流凝网喂入装置 7 的网帘上,这时形成的筵棉面密度为 200~400 g/m²,不匀率已降到 3%~4%,作为喂入原料已有相当均匀度,纤维排列的杂乱度也比较高。

K12 气流成网机的主梳理部分配置了两个梳理单元,对纤维进行分梳和剥取,成网方式采用压入、抽吸结合形式,纤维在高速回转的锡林产生的离心力作用下,脱离针布,同时在其上方的横流风机产生的吹入气流和成网帘下方轴流风机抽吸气流的共同作用下而沉积形成均匀的纤网。

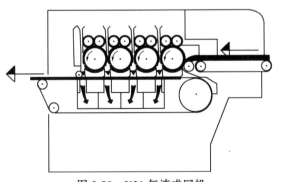

图 3-38　K21 气流成网机

V21/K12 气流成网机适用于长度小于 100 mm,线密度在 55 dtex 以下的各种纤维原料,通常生产 60~220 g/m² 面密度的纤网,生产速度为 7~20 m/min。

Fehrer 公司后期开发的 K21 气流成网机(图 3-38)采用四组锡林,各配置一个梳理单元,逐级分梳,成网采用抽吸式,配置在四组锡林下方,成网帘上的纤网是由四组锡林各输出部分纤维逐渐形成的。K21 气流成网机的四锡林装置,特别适合于线密度较

小的合成纤维(1.7~3.3 dtex),纤网面密度以中、薄型为主(10~100 g/m²),生产速度可达 150 m/min,比 K12 气流成网机有大幅度提高。

2) Rando 气流成网机

该机是由美国 Rando 机器公司生产的,属世界上最早投入生产的气流成网机之一 (图 3-39)。它由预喂给机、开松机、喂给机和成网机组成一条生产流水线。预喂给机采用角钉帘对纤维进行预开松,接着由表面包缠金属针布的三刺辊装置进行开松,再由锡林对纤维进行梳理。锡林下方配置三个梳理单元,分梳后的纤维由一毛刷辊高速回转将纤维从齿尖剥离,并借助于毛刷辊产生的气流,将纤维送入喂给机。为避免分梳纤维重新凝聚成团,喂给机中配置角钉帘给予扯松。靠喂给机上方的抽吸风机将纤维吸附在喂给机尘笼表面形成筵棉,抽吸管道装有自调匀整装置,通过一个气压传感器,使抽吸管道中的负压在生产过程中处于事先设定的范围内,以保证喂入筵棉的均匀性。筵棉在给棉辊和给棉板握持下由高速回转刺辊进一步分梳。成网时采用压入抽吸封闭循环形式或压入抽吸结合形式,使纤维经一文丘利管道凝聚在成网尘笼表面形成纤网。

Rando 气流成网机开松、梳理环节的配置都不是很强,从设计角度看,由于精细的梳理环节往往对被加工的纤维形态有一定的要求,Rando 气流成网机在这一方面有所舍弃,是为了在加工一些特殊纤维的功能方面给予加强。这种机型适宜加工 15~55 mm 长,线密度在 2.0 dtex 以上的纤维,特别适合于一些特殊纤维,如短绒、麻类、玻纤、金属纤维等传统梳理机难以加工的材料,纤网的面密度一般在 30~1000 g/m^2,生产速度一般不高于 10 m/min。

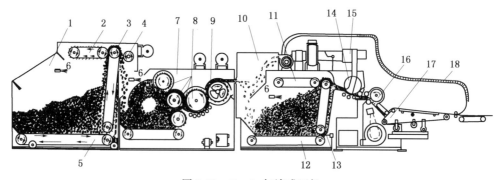

图 3-39 Rando 气流成网机

1-前置给棉机 2-均棉帘 3-斜帘 4-剥棉罗拉 5-水平帘 6-乳化液喷雾器
7-四辊开松机 8-刺辊(×4) 9-吸棉尘笼 10-棉箱给棉机 11-均棉帘 12-水平帘
13-斜帘 14-尘笼 15-尘笼吸风机 16-小锡林 17-成网帘 18-边料吸管

3.3 干法造纸

干法造纸(Airlaid)是先采用气流成网制备纤网,再经加固形成非织造材料的一种新工艺。其主要原料是木浆纤维或称作绒毛浆纤维,属纤维素纤维。通常是由木材经揉搓加工和亚硫酸化处理或直接经强揉搓加工制备,再经漂白形成干法造纸的原料。现在用的木浆纤维也包括棉短绒以及经碱处理提取的其他纤维素纤维。

在干法造纸加工过程中,目前一般是在木浆纤维中加入部分热熔纤维,成网后经热熔加固形成具有一定强度的非织造材料,如图 3-40 所示;也可采用喷撒黏合剂方法加固成型,如图 3-41 所示。其产品主要是医用卫生材料,特别是高吸水性的一次性卫生用品(如尿片、卫生巾、湿面巾、擦布等),其特点是蓬松度好、手感柔软、湿强度和耐磨性优于纸张,吸湿性能超强。作为一次性用品,消耗量大,采用木浆纤维作主要原料,还具有可生物降解的优点,为废弃物处理也提供了方便。

干法造纸产品纤网结构Ⅰ
(木浆纤维和热熔纤维)

图 3-40

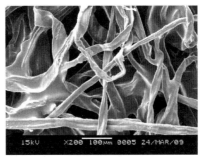

干法造纸产品纤网结构Ⅱ
(木浆纤维和粘合剂)

图 3-41

1) 木浆纤维成网

典型的干法造纸生产线如图 3-42 所示,由多台套成网机组成。该生产线由丹麦的 Dan-Web 公司开发。由木纤维制取的浆粕板 A 经粉碎机 C 中的高速回转钢锤打击或锯齿粉碎,粉碎的绒毛浆纤维从筛网小孔中漏出,经气流输送到成网机 D。同时,热熔纤维经纤维开松机 B 开松后也由气流输送到成网机 D。成网机由两只金属圆网滚筒、成网网帘以及位于成网帘下方的抽吸装置组成(图 3-43)。金属圆网滚筒内有一根回转轴,轴上装有许多条状金属打手,其转动方向与圆网滚筒转向相反,绒毛浆纤维和热熔纤维从圆网滚筒一侧由气流输入,在高速回转的打手作用下,再次被开松成单纤维状态,在成网帘下方的抽吸装置对圆网滚筒产生自上而下的气流作用和回转条状打手的双重作用下,绒毛浆纤维从圆网长腰形孔或圆孔中漏出,凝集到成网帘上,形成纤网。Dan-Web 生产线上配置一定数量的成网机,具体视产量决定。

2) 纤网的加固

纤维原料中混有热熔纤维的纤网,进入热黏合机后,在高温作用下,热熔纤维熔融,对绒毛浆纤维产生黏结作用而使纤网得到加固。这种加固的优点是不含化学黏合剂,产品蓬松性好,吸湿性好,适用于医用卫生材料。

对于不含热熔纤维的绒毛浆纤网,也可以先喷洒化学黏合剂,然后将纤网送入烘房,干燥后化学黏合剂将纤维黏结。这种方法简单易行,产品适用于作擦布、湿面巾等。图 3-42 所示的 Dan-Web 生产线中配置了喷洒黏合机 E 和烘房 F。

第三种加固纤网的方法是水刺法。由于绒毛浆纤维长度短,纤维间机械缠结效果差,因此用水刺法加固 100% 的绒毛浆纤维比较困难,而是将绒毛浆纤维铺放到常规纤维的纤网上,再进行水刺加工。由于常规纤维的长度较长,其在水刺作用下可对绒毛浆纤维产生有效缠结,从而提高产品的强度。

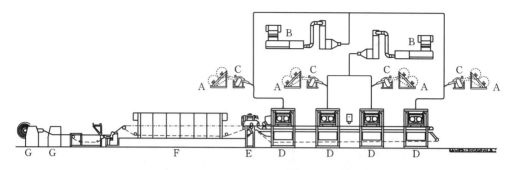

图 3-42　Dan-Web 干法造纸非织造材料工艺流程

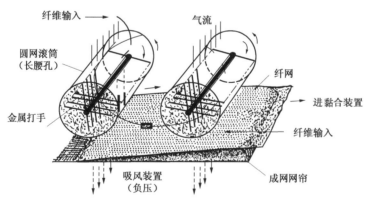

图 3-43　Dan-Web 气流成网机结构

三种加固方法中,目前以化学黏合法为最多,热黏合法其次,水刺法还处于开发阶段,但由于水刺法可实现完全可自然降解的干法造纸产品,发展潜力很大。

由于干法造纸工艺中,可以很方便地加入超高吸收树脂粉(Super-Absorption Powder,简称 SAP),可以极大地提高最终材料的吸湿能力,而且还具有优良的保湿能力,即吸收的液体即使在施加压力情况下也不会漏出。这些性能顺应了医用卫生产品薄、轻、吸湿保湿能力高的发展趋势,世界需求量不断上升。

　　干法造纸工艺加工的非织造材料目前主要用途为台布、吸收垫、揩布和过滤材料,涉及到的性能有表面柔软性、吸液量、吸液速度、脱液和再吸液性能、干强度、湿强度、透光性、低起毛起球性、透气性等。世界非织造业对干法造纸技术制取的非织造材料的用途、性能研究开发正处于一个非常活跃的时期。

3.4　干法成网中的工序衔接

　　近代干法成网技术中,高速生产是该技术发展的主要方向之一,纤网制备各工序装备的高速生产技术取得了明显的进展,由于制备的纤网在未得到加固处理前,自身强度较低,纤网从前道工序转移到后道工序过程中,由于传送速度高,往往会产生纤网折叠、变形、破损甚至断网等现象。为了保证整个成网加工过程中纤网的质量,在工序衔接中开发了一些辅助装置和相关技术。

　　目前这方面的技术发展主要是在机械梳理成网过程中引入气流成网的一些技术。一种方法是在梳理机的主锡林1下方配置气流凝棉,如图3-44所示。气流凝棉装置由输送网帘3及其下方的真空抽吸箱4组成,真空抽吸箱内的气压低于其上方的大气压,气流从主锡林和隔离板2组成的风道进入,将主锡林针布表面已经梳理的纤维剥取下来,最终吸附在输送网帘的表面,形成纤网,并由网帘托持进入下一工序加工。

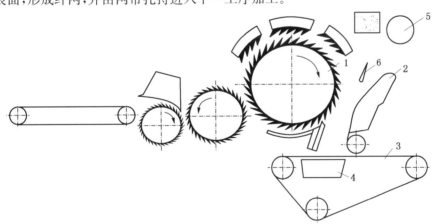

图 3-44　机械梳理气流凝棉成网

1-主锡林　2-隔离板　3-输送网帘　4-真空抽吸箱　5-横流风机　6-导流板

　　另一种被称为LDS的高速剥棉转移装置如图3-45所示,凝棉罗拉1上的纤维由剥棉罗拉2剥下,通过透气的输送网帘下方的真空抽吸箱4的抽吸作用,转移到输送网帘上形成纤网3,并由网帘托持进入下一工序。该方法可减轻从剥棉罗拉到输送网帘转移过程中纤网发生的牵伸,保持纤网内纤维杂乱排列的效果。

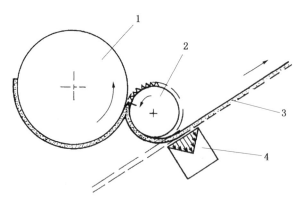

图 3-45　LDS 高速传送纤网装置

1-凝棉罗拉　2-剥棉罗拉　3-纤网　4-真空抽吸箱

　　纤网在传输衔接时也可采用如图 3-46 所示的 WID 凝棉尘笼装置,通过风机抽吸使凝棉尘笼 1 内产生负压,尘笼外周以相同于输入纤网的速度旋转,带入纤网 4,在衔接段纤网被吸附在尘笼的下表面,当尘笼外周携带纤网转过负压区后,纤网从尘笼表面脱落,转移到前方的下轧辊 3 上。该方法可减轻从输送网帘到下轧辊转移过程中纤网发生的牵伸,保持纤网内纤维杂乱排列的效果。

　　这几种方法都将以往工序衔接段中纤网被动的转移改变为积极转移,使纤网输送过程中速度保持一致,减少了纤网意外牵伸,并确保纤网质量、形态前后一致,以满足高速生产的工艺要求。

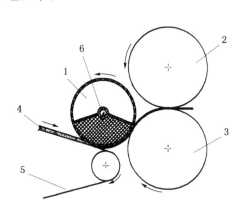

图 3-46　WID 凝棉尘笼传输纤网

1-凝棉尘笼　2-上轧辊　3-下轧辊　4-纤网　5-输送网帘　6-抽吸管道

3.5　湿法成网

　　湿法成网是纤维在水溶液中成网的工艺,它是从传统的造纸工艺发展而来的。随着化学纤维的发展,新型合成纤维在湿法工艺中的应用,工艺技术的改进和逐渐成熟,湿法非织造材料所具有的独特性能,赋予了非织造工艺新的内涵。本节仅对湿法成网原理,打浆、供浆系统,斜网与圆网成型器以及相关工艺作基本介绍。

3.5.1 湿法成网的原理

湿法成网是以水作为介质,成网抄纸前要加入大量的水,制成均匀分散的纤维悬浮液,其中还存在一些非纤维性的颗粒(如填料、助剂等),再在抄纸成网过程中进行大量的脱水,即使纤维悬浮液在成型器上脱水和沉积的过程。所形成的纤维网状物,再经物理或化学处理或后加工,制得非织造材料。

同时湿法成网也是纤维和细微物质在成型网上的积流过程,在纤维悬浮液过滤的过程中,纤维基本上是由于成型网的机械拦阻而沉积在网面上的,它是一随机过程。根据纤维几何尺寸和性能的不同,则在沉积过程中会产生细小纤维物质较易于沉积和附着在网面的纤网层上的选分和定向现象。随着沉积的增厚,过滤速度减低,积流就逐渐增加。

湿法成网是由水槽成型器中悬浮的纤维沉积而制成的纤维网,再经加固纤网工艺等一系列加工而成的一种平面状非织造材料,湿法非织造材料是水、纤维及化学助剂在专门的成型器中脱水而制成的纤维网,经物理或化学方法固网后所获得的非织造材料。需要强调的是湿法非织造材料中的纤网不是以氢键相互作用为主要加固原理使其结构完整,具有一定力学性能的。这种纤维集合体被认为是湿法非织造材料,也称湿法非织造布。

3.5.2 湿法非织造生产流程

整个湿法非织造生产过程可以分为原料的准备、供浆系统、湿法成网及白水与纤维回收和干燥等四大部分组成。在纸机湿部,纤网成型时脱除的水以及真空抽吸箱和压榨进一步脱除的水,统称为白水。根据工艺形式、工序阶段和非织造材料品种的不同,白水中所含的纤维、填料和可溶性物质数量是不同的。原料的准备包括:打浆和调料(胶料、填料、色料及助剂的加入等)。经过打浆,对浆料中的纤维进行必要的切断、润胀和细纤维化处理,使非织造材料取得所要求的物理性能和机械强度,并能满足湿法成网工艺需求。湿法成网可选用原料除植物纤维外,还有涤纶、丙纶、黏胶纤维,维纶和玻璃纤维等。湿法非织造工艺技术中,由于低熔点合成纤维的采用,在纤网中纤维与流体之间主要通过黏合介质来增加黏结纤网牢度,减少了纸张中植物纤维互相之间结合的氢键数,使非织造材料具有纺织品一样的手感风格等。湿法非织造材料成型机组见图3-47。

经过打浆和加添加剂制成可以供湿法成网的纤维悬浮液,被送入供浆系统进行储存、筛选、净化、除杂、脱气等处理,排出悬浮液中混入的金属、非金属杂质、纤维束、浆团和空气等,以免影响成品的质量和给湿法非织造生产过程带来困难。

成网在造纸工艺学中称为抄纸,是湿法生产的主体部分,对非织造产品的质量产生关键的影响。随后通过机械压榨脱水,再经干燥去掉湿纤维网中的水分,最后经过卷取和分切制成卷状湿法非织造材料。

图 3-47　湿法非织造材料成型机组

1. 打浆的目的和作用

浆料中的纤维受到剪切力和压溃的作用过程称为打浆,这种作用力可以来自打浆刀的机械作用,也包括来自纤维之间的摩擦力和纤维与流体之间的速度梯度等产生的剪切力。

打浆的主要目的是根据湿法非织造材料质量要求、原料的性质和成网脱水能力,对浆料的悬浮液中的纤维进行机械或流体的处理,使纤维受到剪切力,改变纤维的形态和结构,以使浆料获得如结合力、物理性能和胶体性质等。同时通过打浆控制浆料的滤水性能,使其适应成网抄纸工艺的要求。打浆是物理作用,打浆对浆料所产生的纤维结构和胶体性质的变化,都属于物理变化,并不使纤维产生化学变化,即不产生新的物质。打浆是一个复杂的工艺过程,打浆使纤维受到打浆刀的剪切力和打浆刀面的压溃作用。纤维和纤维壁发生了种种变化,改变了纤维的特性尤其是植物纤维,使浆料能满足不同湿法非织造材料的质量要求。打浆的主要作用为:

(1)水化及压溃作用。打浆的机械作用使纤维细胞壁位移和变形,即使纤维次生壁中层中的细纤维同心层产生弯曲发生位移和变形,细纤维层之间的间隙增大,水分更容易渗入,纤维润胀变得更加柔软和可塑性。

(2)分丝帚化作用。纤维切断后,在断口处水分子更容易渗入,能进一步促进纤维的润胀,造成分丝帚化,增加了纤维的表面积和游离出更多的羟基(—OH),干燥时由于氢键的作用可增加纤维的结合力。

（3）混合和分散作用。可以与其他纤维原料、胶体、填料、色料、化学黏合剂均匀地混合,同时使纤维束均匀地分散成单纤维状。

图 3-48 为打浆机结构原理示意图。由于飞刀辊 3 不停地转动以及浆槽 1 本身固定有一定的坡度,受到处理的浆料在槽内沿箭头方向循环运动。当浆料经过飞刀辊 3 与底刀 2 之间的间隙时受到了飞刀和底刀的机械作用,逐步处理成符合湿法成网要求的浆液。当浆料需要洗涤时,可放下洗鼓 4,并开喷水管冲洗。

2. 影响纤维分散和结合的因素

在湿法成型工艺中,所用的植物纤维原料主要分为两大类:木材纤维和非木材纤维。木材纤维即木浆纤维,主要是从木材中提取制备而来的,可以通过化学法、机械法和化学机械法制浆工艺处理得到。化学法制浆是借助化学作用,通过去除植物纤维原料中的某些成分使原料离解成浆,是一种应用最广泛的制浆方法,其中,硫酸盐法利用烧碱、硫磺等合适的化学物质在高温高压下溶解木质素,得到的纤维适用于纤维低缠结度、高柔软度和高白度要求的特殊性能的纤维产品,

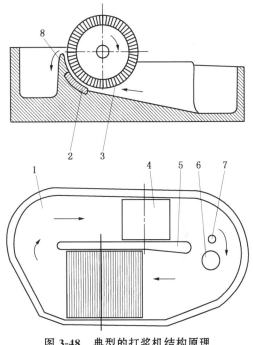

图 3-48　典型的打浆机结构原理
1-浆槽　2-底刀　3-飞刀辊　4-洗鼓
5-隔墙　6-放浆口　7-排污口　8-山形部

但化学法制浆的木浆纤维产量较低,制成率一般为 $50\%\sim60\%$。在硫酸盐法制浆中最常见的是漂白硫酸盐针叶木浆(NBKP),是以针叶木为原料,采用硫酸盐法蒸煮、漂白后制得的一种化学纸,根据不同的针叶树、蒸煮漂白工艺和技术条件,制得的木浆几乎可以生产所有的湿法产品。针叶木纤维较长,一般长度在 $2.0\sim4.0$ mm 之间,宽度在 $40.9\sim54.9\mu$m 之间,其长宽比多在几十倍以上;漂白硫酸盐阔叶木浆(LBKP)也是用硫酸盐法生产的,只是采用的原料是阔叶木,制备的木浆可以单独或与漂白硫酸盐针叶木浆配抄各种优质印刷纸等,阔叶木纤维短, 一般长度在 1 mm 左右,其长宽比多在 60 倍以下;木漂硫酸盐木浆可供制造湿法纸袋纸、牛皮纸、牛皮箱板纸及一般的包装纸和纸板等。机械法制浆是借助机械的摩擦作用使植物纤维原料离解成浆,制浆过程中原料基本上没有化学成分的损失,木浆的制成率高,但纤维细度较细,耐久性较差,其中,热磨机械制浆(原纤维)主要是在高温高压下将木条通过带有凸起的旋转板,加热使木质素软化,使纤维分离,因为木质素是一种天然的酚醛树脂,木质素的存在不易使纤维素纤维分离开来。热磨机械制浆法可以获得 90% 以上的木浆纤维,由于木质素的存在,得到的纤维相对短而硬。化学机械法制浆是用轻程度的化学处理再加以机械磨浆的方法,所得纸浆的性能介乎于化学浆与机械浆之间。化学机械法制浆可以较好地利用阔叶木等作原料,且其木浆纤维制成率比化学法制浆高。以木材为原料的化学机械浆对原料的制成率为 $65\%\sim94\%$。制成率在 $65\%\sim84\%$ 之间的称为半化学浆,通过化学机械法制得的木浆纤维的物理强度介于化学法和机械法制得

的木浆纤维强度之间,能使湿法非织造布具有良好的挺度。几种典型的木浆纤维类别及主要性能参数见表 3-2。

表 3-2　木浆纤维种类及其主要性能参数

种类	主要树种	纤维长度/mm	细度/tex	纤维数/g(×10⁶)
美国南部(硫酸盐纸浆)	南方松木	2.70	0.46	2.6
斯堪的纳维亚(硫酸盐纸浆)	云杉/松树	2.06	0.27	5.0
美国北部(亚硫酸盐纸浆)	云杉/冷杉	2.08	0.33	4.2
棉短绒纸浆	—	1.80	0.25	—
冷碱萃取纤维素	—	1.80	0.34	—
交联纤维素	—	2.30	0.40	—

（1）纤维的水润湿性。湿法非织造大量使用合成纤维原料,合成纤维的疏水性影响它的水分散性,而各种纤维的疏水性是各不相同,含羟基等活性基团者,亲水性较好,其相应的纤维可以很好地被水润湿和水化。水分散性好,成网均匀度也相应提高。反之疏水性的纤维不易润湿,在水中易因表面有小水泡而漂浮絮聚,会影响成网均匀度。

（2）纤维的密度。成网抄纸时,密度小的纤维易漂浮于水面,造成絮聚,而相对密度大的纤维,易沉淀,易影响发散。对密度小的合成纤维,为增强初期的湿强度,改善分散性,可与植物纤维混抄。而密度大的纤维可适当选择分散剂来加以控制。

（3）纤维的长宽比。纤维的长宽比对浆料的性质及成网强度也有影响,显然在保证分散良好的情况下,长纤维更容易相互交织,表现出较高的撕裂强度。而纤维较细,单位面积的纤维根数增加,纤维间的结合点因此增多,这有利于产品力学性能的提高。但长宽比越大,纤维絮聚的倾向越强,纤维的分散性和成网均匀性就受影响。图 3-49 为黏胶纤维长度、线密度与湿法非织造材料强度的关系,通常湿法工艺中应用纤维长度在 5～20 mm 范围内,不超过 30 mm。

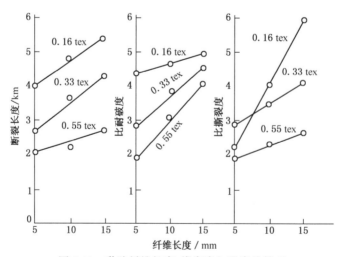

图 3-49　黏胶纤维长度、线密度与强度的关系

（4）成网条件。浆料浓度大即浆料质量分数高,纤维相互接触的机会多,易絮聚。成网

时浆料质量分数与纤维线密度、纤维长度之间可用以下关系式表示：

$$C \propto d / l^2 \tag{3-11}$$

式中：C——浆料质量分数；

d——纤维细度；

l——纤维长度。

合成纤维制浆时，为防止絮聚，上网浆料质量分数通常控制在 $0.01\% \sim 0.1\%$。浆料黏度下降，纤维运动自由度提高，如果打浆过度，也会造成纤维互相接触的机会增加，产生絮聚，在工艺中这是要避免的。

3.5.3 供浆系统

成网抄纸前制备系统要提供稳定、连续、净化的浆料，这一系列的处理工序称为供浆系统。它包括：浆料的调配，浆料质量分数的调节和必要的储存，浆料的调量与稀释，浆料的净化与筛选，浆料的除气与消泡等。

1. 浆料的贮存

浆料贮存装置一般称为贮浆池，按其在流程中的位置和所起的作用不同，有不同的叫法，打浆前的贮浆池叫叩前池，打浆后称为叩后池，混合不同浆料称为配浆池，起调节和稳定浓度的称为调浆池等。

湿法工序中贮存的目的在于：对采用间隙打浆设备而采用间隙打浆流程生产线，贮存作为将打浆的间隙操作转为连续成网抄纸的一个中间流程。同时对使用多种浆料配抄的一种非织造工艺，贮存起了稳定配比、混合均匀、连续稳定向成网机供浆的作用。

2. 浆料质量分数的调节

纤维浆料从贮存池到上网成型，必须施加大量的水进行稀释，将浆料稀释成低质量分数的悬浮液。浓度调节的目的是为了稳定提供成网机浆料的质量分数和正常的操作，防止纤网面密度波动。浓度调节器和流量控制器自动控制调节浆量和稀释浓度。图 3-50 是较典型湿法供浆系统，其特点是流程简单，浆料及白水在箱中由溢流口稳定液位，通过调节阀门的开启度来控制放浆量及稀释白水量，经混合后进入缓冲池再泵送到净化工序。适合于长纤维中高黏状打浆的浆料。

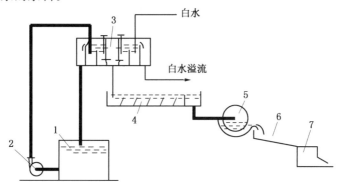

图 3-50　湿法纸机供浆系统

1-成浆池　2-成浆泵　3-稀释箱　4-沉沙盘　5-振鼓外流式圆筛　6-溜浆槽　7-流浆箱

3.5.4 湿法成网系统

湿法抄纸设备按成型部的形式分类，主要可分为斜网成型器和圆网成型器两大类。

1. 斜网成型器的成型和脱水

斜网成型器（Inclined Wire Former）是由长网或圆网抄纸工艺改良而来，特别是针对长纤维、合成纤维、无机纤维的成型。斜网成型器使流浆和内浆浓度大大降低，保证长纤维均匀悬浮，有效防止纤维的絮聚，提高了脱水效果，纤网的均匀度好。

斜网成型器与长网成型器一样，是使纤维悬浮液在网上逐步脱水而形成湿纸（网）。图 3-51 为斜网成型器组成示意图。纤维悬浮浆从配浆桶流动管道 1 送入分散管道 2，由阶梯扩散器将充分分散的纤维悬浮浆送入流浆箱 3 和堰池 4，纤维悬浮浆进入流浆箱时经多处的冲击和转向，产生足够的微湍流并保持到斜成网帘 5，成网帘的倾斜角以 10°～15°为佳，水透过网帘中的网眼进入脱水成型箱成型板 6 和吸水箱 7，纤网继续脱水，8 为可调堰板，9 为导网辊，10 为脱水辊，11 为造纸毛毯。脱水集成水再流入水箱，经处理后循环使用。斜网成型器与长网成型器比较，前者无案辊，其成型区基本上也是它的脱水区域，整个成型脱水区比长网成型短得多。长网成型中是将浆料从流浆箱的堰口喷出，以一定的速度和角度喷射到运行着的成型网上，纤维多为顺流向定向排列。而斜网成型是纤维处于充分悬浮状态，在成型网上脱水后，垂直沉积，较少受到网前进方向上的外力而改变纤维的排列方向，主要是受到在垂直方向的较大的真空抽吸力影响，纤网中纤维呈随机排列结构。实验证明，湿法纤网是在激烈扰动中成型的，如果没有扰动，就给絮聚创造了充分的机会。脱水成型箱和吸水箱中的真空抽吸力对成网帘的运动产生阻力，使成网帘运行时出现张力变形。成网帘越宽，纤网越厚，要求的真空抽吸力越大，成网帘的张力变形量也会相应增加，故斜网成网适用于生产幅宽较窄、厚度较薄的纤网产品。

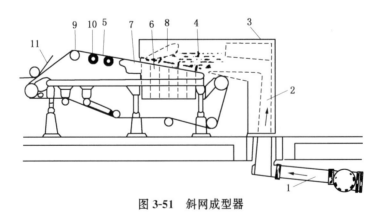

图 3-51 斜网成型器

斜网成型器的上网浆液浓度一般控制在 0.01%～0.08%（而长网、圆网的上网浓度一般为 0.05%～1.0%），这就要求长纤维在上网时需要足够的空间保持纤维的悬浮状态以防止絮聚。由于斜网成型器的上网纤维浓度较低，因此在成型时需要大量脱水，以保证成网质量。浆料脱水和纤维网成形基本同时在成型器内部进行，纤维网是在纤维长时间充分舒展的情况下成型的,而长网、圆网成形器的纤维网在短时间、短距离内成型,斜网成型器的这些特点能保证纤维网在成型后拥有较好的均匀度及透气性。

斜网成型器相比于普通长网成型器,其不同之处在于:长网成型器的网帘与底轨几乎平行,而斜网成型器网帘与底轨成一定角度。斜网成型器兼容了长网、圆网成型的特点,其适合抄造长纤维特种纸和湿法非织造材料。长网和圆网成形器所抄造的非织造材料纵横向强力比较大,其范围通常在 2.5~5:1 之间。由于斜网成型器通过真空抽吸作用将纤维吸附在成型网上形成维维网,因此在成型过程中纤维在各个方向上随机排列,这就使得抄造的非织造材料的纵横向强力比较小,文献报道其范围一般在 1.5~2.5:1 之间。

斜网成型器结合了长网和圆网的各自优点,抄造速度较高,材料紧度较低,占地面积少。但斜网成型器在抄造高面密度产品,或难滤水的纤维浆料时,受到成型网的阻力和成型长度的限制,尤其对于难滤水的纤维浆料,即使抄造低面密度的非织造材料,其效果也是不理想的。因为当脱水过滤阻力大幅增加时,成型区与真空箱的压力差增加,导致真空箱与成型网之间的动摩擦阻力增大,当动摩擦阻力大于驱动力时,将会造成斜网成型系统无法运行。

斜网成型主要工艺特点有下列几方面:1)由于纤维长度长,成型浓度控制的很低,比普通的湿法造纸抄造浓度低至 10 倍甚至 100 倍;2)斜网成型网帘设计的一般比较短;3)斜网成型器抄造的纤维网纵横向强力比较小,即纤维网中各纤维呈随机排列取向;4)斜网成型器抄造的非织造材料均匀度及透气性较好;5)斜网成型适合抄造低浓度、易脱水的长纤维类原料。目前斜网成型的湿法非织造工艺制备的产品,主要应用于个人护理、卫生、工业、医疗、家居、汽车及其他特种湿法非织造材料。

2. 圆网成型器的成型和脱水

圆网成型器(Rotoformer)的成型原理与斜网成型器相同,不同的是长网帘由斜网帘换成圆网形式。图 3-52 为圆网成型器,纤维悬浮浆由流送管道 1 经匀浆辊 2,进入成网区 3,上网调节装置 4 来控制成网区空间的大小,成型网帘 5 为回转的圆网滚筒。纤维悬浮浆经抽吸箱 6 的作用造成圆网的内外压力差所产生的过滤,使纤维附着在圆网面上,水则被吸入抽吸箱,进入接水盘 8 回用。伏辊 7 中有一固定的抽吸管,用来帮助纤网离开圆网,并顺利剥离到湿网导带(造纸毛毯)9 上成网。悬浮浆在成网区中的高度可由溢流螺栓 10 调节,11 为喷水头对圆网表面的清洁冲洗。

由流浆箱、弧形部及槽体或具有弧形底的槽体所组成的圆网槽是圆网成型器的关键部分。网槽的形式,按照纤网形成过程中浆料流动的方向与圆网转动的方向来分类,可分为顺流式圆网槽、逆流式圆网槽和侧流式圆网槽三大类。顺流溢浆式圆网槽的构造如图 3-53,浆料可以在流浆和第一格的前面或底部进入流浆箱。

以顺流溢式网槽的圆网成型部为例,说明圆网成型的过程和特点。纸料进入流浆箱后经过多次翻流稳压从进浆平台 AB 亦称挡浆板进入成型牛角道,在唇布末端 a 点处开始与网面接触,由于网内、外存在压力差,过滤作用开始,纸页开始形成,上网点 a 称之为成型始点,随着圆网笼的转动,过滤作用继续,滤层不断增厚,成型继续进行,至 b 点网面离开纸料液面,成型结束,b 点称为成型终点,ab 为成型弧长度。成型弧间的区域 I 称为成型区,纸料在这个区域中滤去大部分的水而形成纤网或纸页,多余浆料则由溢流口溢出。b 点以后,已

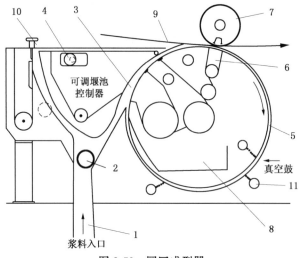

图 3-52 圆网成型器

成型的纤网靠重力的作用进一步脱水,θ 为液面角,Ⅱ 区称为脱水区。在 Ⅱ 区中纤网与毛毯接触,经伏辊的挤压进一步脱水并黏附在造纸毛毯上。至 c 点毛毯离开网面,纤网被揭起随毛毯带走,c 点称为纤网或纸页的剥离点。网笼继续转动进入清洗区 Ⅲ,经喷水管冲洗后又进入下一个循环。过滤网笼的白水则导回白水槽中,经处理后回用。

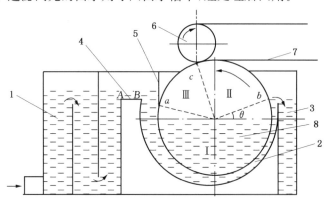

图 3-53 顺流溢浆式圆网部纤网成型和脱水

1-流浆箱 2-弧形槽 3-溢流口 4-调节平台 5-唇布 6-伏辊 7-造纸毛毯 8-白水

3. 影响成型和脱水的主要因素

1) 纸料浓度及其滤水性能对纤网成型和脱水过程的影响。上网浆料浓度越稀,纤维分散得越好,上网后纤维分布均匀,纤网匀度好。通常对圆网和成网区的上网浓度控制在 $0.1\%\sim0.4\%$,为防止纤维絮聚,合成纤维的上网浓度只有 $0.01\%\sim0.1\%$。但是浓度稀,成型过程所要脱除的白水量会大幅度增加,在过滤阻力和车速一定的情况下,必须延长成型弧长度以增加脱水时间,或加大网内外压力差以增加过滤动力,否则会因纤网水分过高造成伏辊处纤网压花或由于重力过大附不紧于网上而滚落,破坏了湿法非织造材料的成型结构。

2）成型弧长度和网内外压力差对纤网成型和脱水过程的影响

圆网槽的形式不同,成型弧的长度也不相同。一般而言,成型弧较长则过滤面积较大,可以降低浆料的上网浓度,有利于纤网的形成和均匀度的提高,也可适当提高车速。

对于圆网内外压力差是由液位差或真空抽吸来提供,它是纤网成型过程的过滤推动力。压力差大,脱水能力提高,可降低浆料的上网浓度,改善非织造材料的结构。但是压力差过大则穿过网目混入白水中的细小纤维增多,选分作用加剧,成型纤网两面结构差异增大,也易使纤维流失增多。由于圆网套在钢制滚筒上随滚筒运转,真空抽吸力对圆网的张力变形影响小,因此可抄制厚度较大的纤网。

3）圆网成型的选分作用和洗刷作用对成型和脱水的影响

湿法成型中的选分作用是指纤网成型过程的初期,当圆网网面与纸料接触,开始上网时,滤层还未形成,过滤阻力小,过滤速度快,细小纤维穿过网流入白水中,而长纤维则被网目所截留而在网面上开始形成滤层。随着圆网的运动,滤层逐渐增厚,过滤阻力增加,这时,由于细小纤维比表面积较大,吸附力也大,会较容易地吸附在已形成的纤网滤层上,而这时长纤维则因比表面积小,吸附力小,不易被吸附着。这种由于纤维长度和细度情况不同,而网面有选择地截留和吸附细小纤维的现象,称为成型过程的选分作用。

洗刷作用是指成型过程的后期,由于长纤维的吸附力小,吸附于纤网表面上的长纤维较为疏松,易被浆料的流动所冲刷下来,或当圆网离开纸料液面时,纤网外层较疏松的长纤维在重力的作用下又滑脱下来。这种由于浆料与纤网表面的摩擦作用,使吸附于纤网表面的纤维又被冲刷下来的现象称为成型过程的洗刷作用。

成型过程的选分作用和洗刷作用,不但使成型纤网断面纤维分布不同,靠网面粗长纤维多,而靠液面细小纤维多,也造成纤网两面密度差大,网面粗糙,平整度低。非织造的气流成网也有类似现象,根据纤维粗细形成一定的密度梯度纤网层。

4）浆料流速与网速的关系对成型和脱水的影响

在湿法成型过程中,浆网之间,浆速与网速的差别将产生相对运动。两者之间的关系式:

$$v_j = K v_w \tag{3-12}$$

式中:v_j——浆料流速,m/min;

v_w——网速,m/min;

K——浆料流速对网速的滞后系数。

相对运动大了,就会破坏纤网结构,带来成网过程中较大的冲刷作用,影响成型纤网均匀度。图 3-54 是浆网速比和浆网速度差异对纤网均匀度的影响。STFI 匀度(指用 STFI 专用检测装置测定的均匀度)值愈高,表示均匀度愈差。两种不同生产速度时,在浆速与网速比较接近和浆网速度差小时,具有良好纤网均匀度。

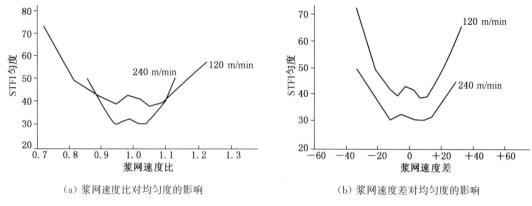

(a) 浆网速度比对均匀度的影响　　　　　　　　(b) 浆网速度差对均匀度的影响

图 3-54　浆网速比、速度差对均匀度的影响

5) 圆网成型的临界速度对成网的影响

在圆网成型区中所形成的湿网随着圆网的回转而离开网槽液面时,湿网分别受到重力、圆网面的黏附力和圆网回转而产生的离心力等力的作用。离心力的大小与圆网的转速及半径的大小有关,因此,要使已形成的湿网离开浆料液面后能正常随圆网运行,必须保证离心力不能大于湿网的重力与黏附力之和。所以成型过程的临界速度指湿纸离开浆料液面时不产生甩浆圆网的极限线速度。根据离开网槽浆料液面时湿网上某点受力情况分析可知临界速度为:

$$v_{cr} = \sqrt{R(g\sin\theta + F_a/m)} \tag{3-13}$$

式中:v_{cr}——圆网笼的临界线速度,m/s;

　　　　R——圆网笼半径,m;

　　　　g——重力加速度;

　　　　θ——液面角,(°);

　　　　m——湿网质量,kg;

　　　　F_a——圆网网面对纤网的黏附力,N。

黏附力的大小决定于浆料的性质、网面的状态和水的表面张力,需由实验得出。从上式可知,圆网成型的临界速度与圆网的 R 成正比关系。

因为液面角 θ 的函数关系为 $\sin\theta = R - h/R$,故临界速度的表达式可写成:

$$v_{cr} = \sqrt{g(R-h) + RF_a/m} \tag{3-14}$$

式中:h——圆网露出纸料液面的高度。

即圆网的临界速度与成型过程中浆料液面的高度 h 有关,提高浆料液面高度,也即加大液面角,可以提高临界速度。实际生产中圆网的速度应在临界速度以下,否则会因离心力过大造成甩浆,网面上留下透明点或滴痕,严重时会破坏已形成的纤网。

斜网成型和圆网成型是合成纤维或植物纤维与合成纤维混合时常用的抄造工艺及设备。对于性质不同的纤维,只能在对之具体分析的基础上,采取不同的抄造成型工艺。随着新型合成纤维的开发,新的湿法工艺技术将被不断创新和应用。湿法非织造材料的主要用途有电绝缘材料、电池隔膜、滤油和机油过滤材料、咖啡滤纸、干燥剂的包装袋、人造肠衣、吸尘器过滤袋、卫生用纸等。

3.5.5 湿法水刺非织造布

从图 3-55(a)可以看出,湿法非织造布中木浆/Lyocell 纤维大部分堆叠在同一平面上,
纤维在非织造布平面内的各个方向随机排列,且非织造布的表面平整致密,有许多微孔,这
主要是由于在湿法成型的过程中,纤维在成型网上的沉降和堆积形成的,同时包含两个主要
的原理,即过滤和增稠。过滤原理认为纤维或多或少是单独沉积的,而增稠原理指出纤维在
沉积完成前就已经絮聚成团,这些纤维团块就会沉积在湿法成型网上。因此控制好成型工
艺参数,利用过滤原理而避免增稠的发生就能得到均匀而致密的湿法纤维网。从图 3-55(b)
湿法非织造布的横截面电镜图中可以看出,湿法成型非织造布中的纤维是相互堆叠交织在
一起的,呈现出紧密的层状结构,纤维排列都是在非织造布平面内取向,几乎不在垂直于非
织造布平面的方向,这和之前描述的过滤和增稠原理相符。

(a) 湿法非织造布表面　　　　(b) 湿法非织造布横截面

图 3-55　木浆/Lyocell 纤维斜网湿法成型非织造布电镜照片

湿法非织造布使用的原料可以是较长的纤维,包括单纤维强度较高的合成纤维或无机
纤维,且借助黏合剂的化学黏合、低熔点纤维热黏合或水刺缠结加固。湿法成网经水刺加固
的典型工艺流程如图 3-56,主要分为三个工艺过程,分别是湿法成网过程,水力缠结加固过
程和脱水干燥过程。斜网成型器将纤维成网,然后进行水刺缠结加固,再经真空脱水及干
燥,制得湿法水刺非织造布。

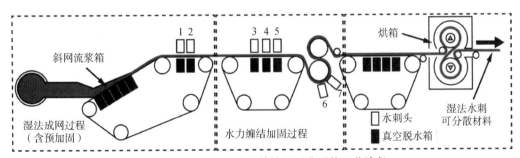

图 3-56　湿法成网水刺缠结加固典型的工艺流程

实验表明,有长纤维(短切纤维)与木浆纤维所制备的湿法非织造布的结构特征决定了
它们的最终性能。对于这类由长短纤结合的湿法水刺缠结的材料,根据纤维悬浮流"长纤维

微控"成型理论,长纤维趋向于沿着周围流体变形的主轴方向排列,因此这种湿法水刺非织造材料中长纤维作为整个非织造布的骨架支撑作用,主要沿着设备运行方向排列,而木浆短纤维的排列取向性没有那么明显,并与自身与长纤维之间相互缠绕抱合,组成了湿法水刺非织造布的完整结构。

湿法水刺加固与干法梳理水刺非织造布一样,受转鼓或托网帘编织结构影响,水刺后纤维网具有典型的水刺条纹特征,区域内为每个水刺条纹结构单元,在该区域中主要是长纤维的排列分布,木浆纤维起到缠绕抱合、桥接相邻长纤维的作用。通过电镜可以发现,在湿法水刺非织造布的水刺区域,木浆纤维和短切纤维的缠绕现象比较明显,且纤维主要被水射流冲击刺入纤维网的内部,与纤维网内部纤维发生缠绕抱合,这些缠绕抱合结构对于提升非织造布的力学性能具有明显的作用。此外,湿法水刺缠结非织造布由于水射流的作用,从非织造布表面来看,结构比较蓬松。

而湿法造纸工艺中则是使用较短的植物纤维,靠纤维间的氢键来达到黏合作用,并在造纸过程中加入大量的填料。湿法非织造布采用较长的植物纤维或人造纤维等,它们的机械强度都远远高于纸张,透气性、吸收性以及手感都接近于布类,柔软性、蓬松性、悬垂性等方面明显优于纸张类,特别是浸泡在水中时,湿态纸张的强度损失一般较大,而湿法非织造布的强度损失较小,尤其是湿法成网经热黏合法的非织造布,强度损失率甚微。

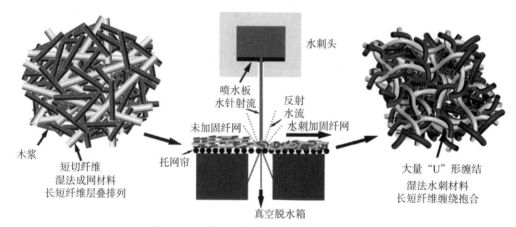

图 3-37 木浆与短切纤维湿法水刺材料模型

湿法水刺非织造布均由长纤维和木浆纤维缠绕抱合构成。几乎在水刺区域的纤维均大规模"U"形缠结,这种缠绕抱合加固也发生在材料的厚度方向。正如干法水刺非织造布那样,布表面沿着纵向均具有明显的条状结构,每个条带结构沿着横向分离。这些短切纤维主要集中在水刺条纹中,尤其是木浆/Lyocell 的湿法水刺非织造布。湿法水刺非织造布的缠绕抱合模型图 3-37 所示,湿法水刺加固的纤维集合体是由短切纤维缠绕抱合,形成了三维骨架结构的纤维加筋体,木浆纤维缠绕抱合其中。同时基于材料的组成成分,湿法水刺材料中纤维的缠绕抱合,主要为三种基本缠绕形式,即木浆纤维与短切纤维、木浆纤维与木浆纤维和短切纤维与短切纤维。经水刺固结使得纤维网中的纤维紧密缠绕抱合构成的纤维集合体整体更加稳定。

思考题

1. 名词解释：
   (1)纤网均匀度；(2)纤网面密度；(3)纤网定向度；(4)纤网杂乱度；(5)各向同性和各向异性。
2. 梳理的目的是什么？
3. 梳理机上的回转工作件有哪三大作用？各需要什么条件来实现？
4. 什么是梳理单元，梳理单元是如何工作的？
5. 什么是预分梳度，什么是梳理度，如何表示？
6. 梳理机主要有哪两种？各自特点及其主要差异是什么？
7. 高速梳理机主要有哪两种形式，增产原理是什么？
8. 杂乱梳理有哪几种形式，其原理是什么？
9. 交叉铺网装置的主要作用是什么？
10. 铺网的形式有哪几种，各自特点如何？
11. 纤网经交叉铺网后，其结构产生什么变化？铺叠层数如何决定(用相关公式表示)？
12. 铺网机中采用"储网技术"和"整形技术"，各起什么作用？其工作原理是什么？
13. 如何使铺网后纤网进一步杂乱，应采用什么装置？其原理是什么？
14. 气流成网原理是什么？气流成网有哪几种形式？
15. 气流成网形成的纤网结构特点是什么？试说明其形成原理。
16. 什么是干法造纸，干法造纸的基本工艺有哪些？
17. 湿法纤网的成型原理是什么？
18. 斜网成型器与圆网成型器的各自特点是什么？
19. 湿法非织造材料与纸张的主要区别有哪些？

第4章　针刺加固工艺和原理
(Needle Punching Process)

针刺加固最早应用于制毡生产中,早在 1870 年英国就制造出最古老针刺机的样机。20 世纪 40 年代,英国拜瓦特(Bywater)对老式针刺机做了重大改进之后,才为现代针刺技术的发展奠定了基础。1957 年,詹姆斯·亨特(James. Hunter)公司,对针刺机的主轴传动偏心轮平衡机构作了进一步改进,使针刺频率达到了 800 次/min。随着新技术、新材料的不断应用,现代针刺机各项技术性能已有很大提高。目前,针刺机的最高频率可达 3 000 次/min,最大幅宽可达 16 m。针刺加固是一种典型的机械加固方法,其工艺比重为干法非织造的 30% 以上。

4.1　针刺加固原理

非织造针刺加固的基本原理是:用截面为三角形(或其他形状)且棱边带有钩刺的针,对蓬松的纤网进行反复针刺,如图 4-1 所示。当成千上万枚刺针刺入纤网时,刺针上的钩刺就带住纤网表面和里层的一些纤维随刺针穿过纤网层,使纤维在运动过程中相互缠结,同时由于摩擦力的作用和纤维的上下位移对纤网产生一定的挤压,纤网受到压缩。刺针刺入一定深度后回升,此时因钩刺是顺向,纤维脱离钩刺以近乎垂直的状态留在纤网内,犹如许多纤维束"销钉"钉入了纤网,使已经压缩的纤网不会再恢复原状,这就制成了具有一定厚度、一定强度的针刺非织造材料。

针刺过程是由专门设计的针刺机来完成的,图 4-2 所示为针刺机原理。纤网由压网罗拉和输网帘握持喂入针刺区。针刺区由剥网板、托网板和针板等组成。刺针是镶嵌在针板上的,并随主轴和偏心轮的回转做上下运动,穿刺纤网。托网板起托持纤网作用,承受针刺过程中的针刺力;刺针完成穿刺加工做回程运动时,由于摩擦力会带着纤网一起运动,利用剥网板挡住纤网,使刺针顺利地从纤网中退出,以便纤网作进给运动,因此剥网板起剥离纤网的作用。托网板和剥网板上均有与刺针位置相对应的孔眼以便刺针通过。在针刺过程中,纤网的运动由牵拉辊亦称输出辊传送。

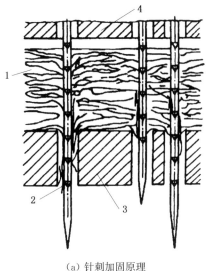

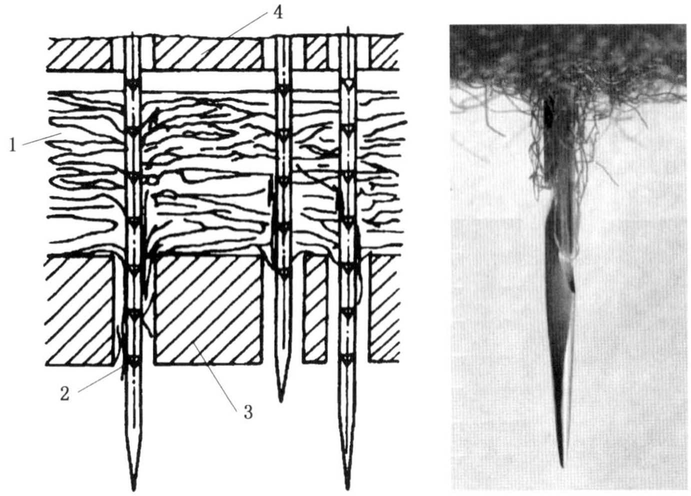

（a）针刺加固原理　　　　（b）刺针穿刺纤网照片

图 4-1　针刺加固原理和刺针穿刺纤网照片

1-纤网　2-刺针　3-托网板　4-剥网板

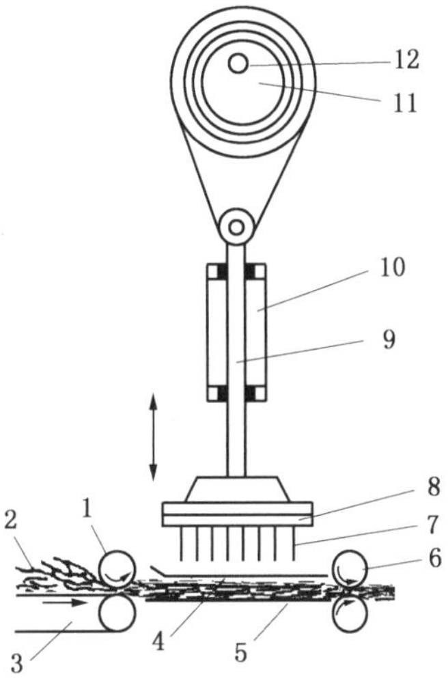

图 4-2　针刺机原理简图

1-压网罗拉　2-纤网　3-输网帘
4-剥网板　5-托网板　6-牵拉辊
7-刺针　8-针板　9-连杆
10-滑动轴套　11-偏心轮　12-主轴

用针刺加固生产的非织造材料具有透通性好及过滤性能和力学性能优良等特点,广泛地用于制造土工布、过滤材料、人造革基材、地毯、造纸毛毯等产品。

按产品外观,针刺工艺可分为平纹针刺、毛圈条纹针刺、花纹针刺和绒面针刺等。

4.2　针刺机机构

针刺机的种类繁多,按所加工纤网的状态可分为预针刺机和主针刺机;按针板与纤网的相对位置,有向上刺、向下刺与对刺三种形式;按针板配置数量,有单针板、双针板、四针板三种形式。虽然针刺机的种类很多,但针刺机的机构仍然可以归纳为几个组成部分:①送网（喂入）机构,②针刺机构,③牵拉机构,④花纹机构（仅花纹针刺机有）,⑤传动和控制机构,⑥附属机构,⑦机架等。

4.2.1　送网机构

针刺机的机型不同,送网机构也不相同,一般预针刺机对其送网机构要求较高,因为喂入预针刺机前的纤网高度蓬松而且纤维的抱合力很小,为保证纤网顺利喂入针刺区,不产生拥塞,预针刺机采用的送网方式有以下几种。

1. 压网罗拉式

这是预针刺机上常用的一种送网方式,如图 4-3 所示。高蓬松的纤网经压网罗拉压缩喂入剥网板和托网板之间进行针刺加固,然后经牵拉辊拉出,预针刺工序即告完成。

图 4-3　压网罗拉式喂入机构

1-上压网罗拉　2-下压网罗拉　3-针板　4-剥网板　5-托网板

压网罗拉式送网预针刺机有个缺点,即由于压网罗拉钳口与剥网板、托网板间还有段距离,喂入的纤网虽经压网罗拉压缩,但由于纤网本身的弹性,在离开压网罗拉后,仍会恢复至相当蓬松状态而导致拥塞,此时纤网受到剥网板和托网板进口处的阻滞,纤维上下表面产生速度差异,有时在纤网上产生折痕,影响了预刺纤网的质量,为了克服这一缺点,可将剥网板安装成倾斜式,使进口大、出口小,即成喇叭状,或者将剥网板设计成上下活动式。

2. 压网帘式

为了克服拥塞现象,可将压网罗拉设计为压网帘,压网帘与送网帘相配合,形成进口大,出口小的喇叭状,使纤网在输送过程中受到逐步压缩,钳口式的夹持喂入纤网,钳口离预针刺机第一排刺针的距离仅 12 mm 左右,有效地减少了纤网的意外牵伸及回弹,图 4-4 为压网帘式送网机构。

图 4-4　压网帘式送网机构　　　　**图 4-5　CBF 送网装置**

图 4-5 为 CBF 送网机构。这种送网机构的特点是在喂入辊的沟槽中嵌入导网片,以帮助纤网顺利进入针刺区。还有一种在压网帘和喂入辊之间加装一对压网小罗拉的送网机构,如图 4-6 所示。压网小罗拉有效地缩短了纤网的自由区,更好地对运动的纤网进行控制,防止纤网在压网帘与喂入辊之间生产拥塞。这些措施的目的都是为了避免或减少纤网的回弹和意外牵伸,使纤网能顺利地进入剥网板和托网板之间的针刺区,进行针刺加固。

3. 双滚筒式

图 4-7 所示为法国 Asselin 公司典型的双滚筒预针刺机和原理图,该机采用上滚筒 3 和下滚筒 7 来代替常用的剥网板和托网板,可避免蓬松纤网进入针刺区时发生拥塞现象。上、下针梁与针板均装在滚筒内,滚筒上开有数万个小孔,以便刺针通过。由于刺针通过滚筒上的小孔刺入纤网,而滚筒是连续转动的,因此刺针在刺入纤网时还必须有一个与滚筒表面回转速度近似相等的前移(步进)运动,其运动轨迹呈椭圆形。该机加工精度要求高,制造和维修成本也较高。

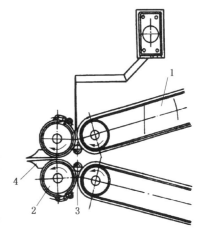

图 4-6 改进的 CBF 送网装置

1-压网帘 2-喂入辊
3-压网小罗拉 4-导网片

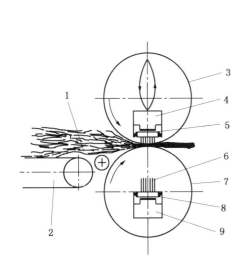

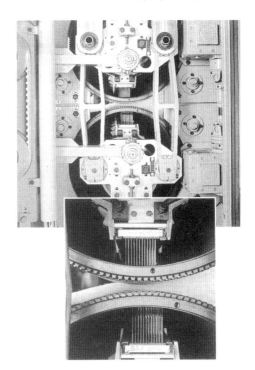

图 4-7 双滚筒预针刺机

1-纤网 2-输网帘 3-上滚筒 4-上针梁 5-上针板 6-刺针 7-下滚筒 8-下针板 9-下针梁

4.2.2 针刺机构

针刺机构是针刺机的主要机构,它决定和影响了针刺机的机器性能和加工的非织造产品的性能。参见图 4-2。

1. 针刺机构的一般要求

(1) 运转平稳,振动小。这是针刺机最基本的要求。针刺动程(mm)等于偏心轮(图 4-2)偏心距的两倍。针刺动程越小,振动也越小,越有利于提高针刺频率。但是,过小会影响纤网从剥网板和托网板之间顺利通过而产生拥塞。通常,预针刺机的针刺动程略大,一般在 50~70 mm 左右,有利于放大剥网板和托网板之间的距离,减少拥塞。而主针刺机的针刺动程较小,一般在 30 mm 左右,最小可达 25 mm。

(2) 针刺机的针刺频率(次/min),即每分钟的针刺数。它反映了针刺机的技术水平,现在的针刺机一般在 800~1 000 次/min 左右,最高的可达 3 000 次/min。针刺频率越高,对设备制造加工要求也越高,意味着技术水平也越高。因此,现在许多针刺机的针梁和针板都采用轻质合金材料,有的甚至采用碳纤维复合材料。

(3) 针板的植针孔应与托网板和剥网板的孔眼相对应。另外一项重要参数是针板上的植针密度(枚/m),也叫布针密度,是指 1 m 长针刺板上的植针数。布针密度越高,针刺效率也越高,但同时对针板用材及机械设计的要求也越高。预针刺机的布针密度较低,在 1 000~3 000 枚/m 左右;主针刺机较高,在 4 500 枚/m 以上。最高的可达 10 000 枚/m。

(4) 针板应坚固耐用,不易变形,其装卸应方便,有的针板采用了气动夹紧技术。

(5) 偏心轮与针梁之间的传动联结,一般采用连杆和滑动轴套,轴套内加油脂润滑。为了减小磨损,采用了摇臂式导向装置,如图 4-8 所示。当针梁上下高速运动时,扇形齿圆弧面与齿条平面进行滚动摩擦,代替了连杆-轴套的滑动摩擦,解决了连杆-轴套式导向装置(如图 4-2 所示)由于滑动摩擦而发生的磨损、发热、易漏油的问题,有利于针刺机的高速运转。

(6) 工作幅宽(m)是指针刺机的最大有效宽度。一般为针板长度的整数倍,通常一块针板的长度为 0.7~1.1 m 之间,不同型号的针刺机有一定差异。现在常见的工作幅宽范围为 2.2~4.2 m 等,最大的可达 16 m。

(7) 自动化程度高,减振性能好,动力消耗较低。

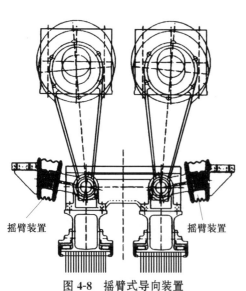

图 4-8 摇臂式导向装置

2. 针刺方式

针刺的方式有许多种。按针刺的角度可分为垂直针刺和斜向针刺,其中垂直针刺又可分为向上刺和向下刺两种,如图 4-9 所示。按针板数的多少有单针板、双针板(参见图 4-10)和多针板之分,如图 4-11 所示。按针刺方向有单向针刺和对刺两种,其中对刺式又可分为异位对刺和同位对刺两种,同位对刺又可分为同位交错刺和同时刺,如图 4-12 所示。异位对刺式所生产的产品强度高、收缩较小,多用于人造革基布等的生产。对同位对刺式针刺机来说,针板的运动常为同向运动,如图 4-13(a)所示;若采用相向运动,如图 4-13(b)所示,布针密度需减少一半。

图 4-10 双针板机构

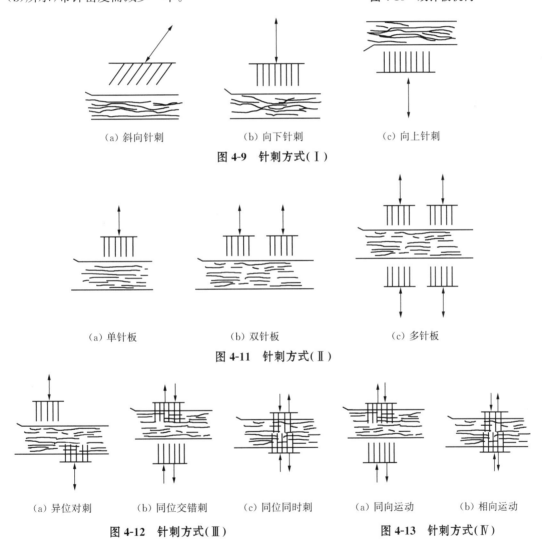

(a) 斜向针刺　　　　　　(b) 向下针刺　　　　　　(c) 向上针刺

图 4-9 针刺方式(Ⅰ)

(a) 单针板　　　　　　(b) 双针板　　　　　　(c) 多针板

图 4-11 针刺方式(Ⅱ)

(a) 异位对刺　　(b) 同位交错刺　　(c) 同位同时刺　　(a) 同向运动　　(b) 相向运动

图 4-12 针刺方式(Ⅲ)　　　　　　图 4-13 针刺方式(Ⅳ)

4.2.3 牵拉机构

牵拉机构亦称输出机构,由一对牵拉辊组成。牵拉辊是积极式传动,其线速度必须与喂入辊线速度相配合,牵拉速度太快会增大附加牵伸,破坏纤网结构,影响产品质量,严重时甚至引起断针。牵拉辊、喂入辊、输网帘的传动方式有间歇式和连续式两种,一般认为,当针刺机的主轴速度超过 800 r/min 时,可采用连续式传动。连续式传动与间歇式传动相比,不仅机构简单,而且使机台运转平稳,可减少振动,有利于高速。

4.3 针刺机工艺特点

针刺机的种类除按加工纤网的状态分为预针刺机和主针刺机外,还有按产品的形式分环状针刺机和管状针刺机等。表征针刺机性能的主要指标有针刺频率、植针密度、工作幅宽和针刺动程。

4.3.1 预针刺机

预针刺机主要是针对成网工序后高蓬松且纤维间抱合力很小的纤网(层)进行针刺,因此预针刺机送网机构设计与主针刺机要求不同,基本目的是保证高蓬松的纤网(层)顺利喂入针刺区,不产生拥塞和过大的意外牵伸,送网机构主要有压网罗拉式、压网帘式和双滚筒式。根据针刺工艺"逐渐加固"的原则,预针刺机大多为单针板、双针板以及滚筒式等形式,有时也可配置多针板对刺方式。

通常预针刺机的针刺动程大于主针刺机,根据纤网厚度和工艺特点,预针刺机的主要特性见表 4-1,表中▽和▽▽分别表示单针板和双针板向下针刺方式,△和△△分别表示单针板和双针板向上针刺方式。

图 4-14 为德国 Dilo 公司 DI-LOOM OUG-ⅡS 带 CBF 输网装置预针刺机的示意图。

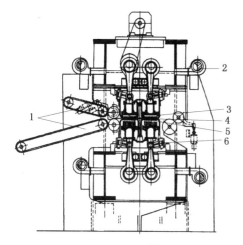

图 4-14　DI-LOOM OUG-IIS 针刺机(附带 CBF)

1-CBF 输网装置　2-风机　3-针板　4-剥网板　5-托网板　6-摇臂装置

表 4-1　典型预针刺机的性能

序　号	工作幅宽/m	布针密度/枚·m⁻¹	针刺频率/次·min⁻¹	针刺动程/mm	针刺方式
1	1.5～7.5	2 000～5 000	1 200	50～60	▽或△
2	1.5～7.5	4 000～10 000	1 200	50～60	▽▽或△△
3	1.0～6.6	6 000～15 000	1 500	40～70	▽▽或△△
4	2.5～6	8 000～15 000	1 500	50～60	▽▽ △△

椭圆型运动针刺机不仅可以用于高生产速度下纺丝成网的纤网进行预针刺,而且可以用于通常的预针刺和修面针刺。Dilo 公司的 HV 系列椭圆型运动针刺机主要技术参数为针刺频率 3 000 次/min 时,针刺速度可高达 150 m/min,刺针水平动程可调,调节范围为 0～0.1 mm。图 4-15 所示为刺针的椭圆型运动轨迹。

普通针刺机由于针梁垂直运动,在刺针刺入纤网期间,刺针会使纤网滞留一段时间,刺针离开纤网后,纤网的速度马上从零提升到原有的速度,从而导致纤网的牵伸和变形。而针梁的椭圆型运动可使刺针与纤网同步移动,避免了这些缺陷,除了可获得高车速之外,还可大大减少牵伸和针眼尺寸,改善了针刺产品的表面平整性,减少纵、横向牵伸和断针现象。针梁的椭圆型运动由垂直和水平两个方向的运动组成,水平方向的运动减

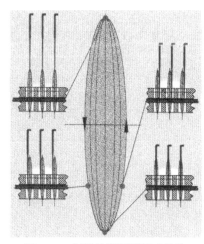

图 4-15　刺针的椭圆型运动轨迹

少了刺针与纤网之间的速差。为了满足针板椭圆运动的需要,剥网板和托网板都开了狭长孔,以便针梁能够跟着纤网同步移动。

4.3.2　主针刺机

主针刺机主要加工对象是经过预针刺的纤网,其对预针刺后的纤网作进一步的加固。主针刺机的剥网板与托网板之间的间距缩小,针刺动程变小,植针密度增大,针刺频率提高。不仅速度高,而且针刺的方式比预针刺机多,甚至生产同一种非织造材料,采用的主针刺机的形式也可不同。

1. 双针板和对刺式针刺机

1) 双针板主针刺机。双针板主针刺机有双针板向下刺和双针板向上刺两种。图 4-16 所示为奥地利 Fehrer 公司 NL21/S 双针板向下刺的针刺机。这类针刺机因具有双针板,针刺效率成倍提高,可减少设备,缩短工艺流程。一般作为主针刺机用于高针刺密度产品的加工。

2) 对刺式主针刺机。可同时对纤网的两面进行针刺,针刺效率大为提高,一般作为主针刺使用。对刺式针刺机,通常有双针板对刺式和四针板对刺式两种。其中双针板对刺式针刺机,又可分为同位对刺和异位对刺两种。表 4-2 列举了部分多针板主针刺机的性能。

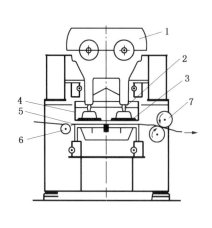
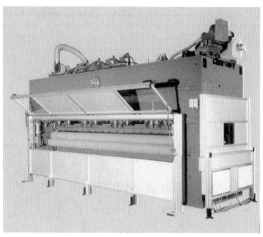

图 4-16 NL21/S 针刺机

1-偏心轮箱 2-连杆 3-针板 4-剥网板 5-托网板 6-输入辊 7-输出辊

表 4-2 典型多针板主针刺机的性能

序　号	工作幅宽/m	布针密度/枚·m⁻¹	针刺频率/次·min⁻¹	针刺动程/mm	针刺方式
1	1.5~7.5	6 000~20 000 或 4 000~15 000	3 000	25~60	▽▽或△△
2	1.5~7.5	8 000~20 000	1 200	40~50	▽/△
3		8 000~30 000			▽▽/△△
4	1.5~7.5	4 000~10 000	1 200	40~50	▽—/△ 或 —▽/△

2. 弧形针板针刺机

图 4-17 为 Fehrer 公司的 HI 弧形针板针刺技术,其采用弧形针板、剥网板、托网板取代传统的平直形针板、剥网板、托网板。使纤网以弯曲的形式,并以一定角度从刺针下通过。纤网进入针刺区后便受到不同方向的针刺,先受到右倾的斜向针刺,随着剥网板、托网板弧线的变化,又受到垂直针刺,最后受到左倾的斜向针刺。因此在一道针刺过程中,纤网与刺针运动方向的角度是变化的,即纤网会在不同方向受到针刺,使纤网得到更充分的加固,提高了针刺效率。

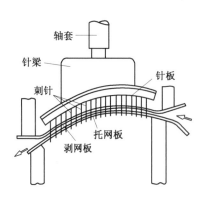
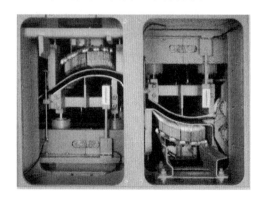

（a）弧形针板针刺原理　　　　　　　　　　　　　（b）弧形针板针刺区

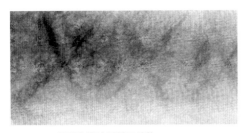 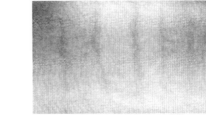

弧形针板针刺纤网结构　　　　　　　　　　普通针刺纤网结构

（c）弧形针板针刺与普通针刺纤网结构对比

图 4-17　弧形针板针刺与纤网结构

4.3.3　花纹针刺机

有些针刺机能够在预针刺的纤网上，刺出特殊的外观效果：

（1）平绒；

（2）凹凸毛圈条纹；

（3）简单几何花纹。

实现平绒、毛圈、花纹针刺的基本要领有以下几点：

（1）所刺的纤网必须经过预针刺，一般预针刺密度在 $70\sim150$ 刺/cm^2。

（2）在针板上按花纹图案要求布针，并合理选用刺针。

（3）使刺针有规律地"刺入"或"不刺入"。

（4）纤网的进给速度有规律地变化，在"刺入"时，纤网以 $0.1\sim0.2$ mm/刺的速度缓慢地进给，在"不刺入"时，纤网以正常速度快速进给。

（5）为使纤维成圈，通常采用叉形针。同时，托网板和剥网板须相应地改用由薄钢片组成的纵向肋条式槽形板，如图 4-18 所示。

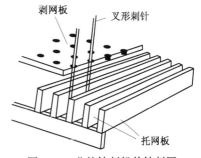

图 4-18　花纹针刺机的针刺区

（6）按图 4-19 布针，叉形刺针的开叉方向与纤网输送方向平行，纤网背面可形成绒面结构，栅格托网板的栅距较条圈结构的略小，纤网背面形成松散的平绒效果。这种调整刺针开叉排列方式已被毛刷板绒面针刺机替代。

（7）按图 4-20 布针，叉形刺针的开叉方向与纤网输送方向垂直，纤网背面可形成条圈状结构。条圈之间的距离由栅格托网板的栅距决定。

毛圈条纹及花纹图案地毯针刺机，其托网板是用薄片状的钢板组成的槽形板参见图 4-18。另外，机上只配叉形针。叉形针刺穿预刺纤网，并把纤维束挤入槽形板内，根据叉针的叉口方向不同，可在预刺纤网的表面产生毛绒或毛圈。由于刺针的排列是规律的，又受槽型板的限制，形成的毛绒或毛圈基本上也是呈条纹状分布的。通过槽形板台架的上下移动使叉形针有规律地"刺入"或"不刺入"，再加上针板上的刺针按一定图案排列，可在预刺纤网表面形成各种花纹图案。值得一提的是，该类针刺机的槽形板台架的上下移动完全是由电脑控制的液压系统操纵。

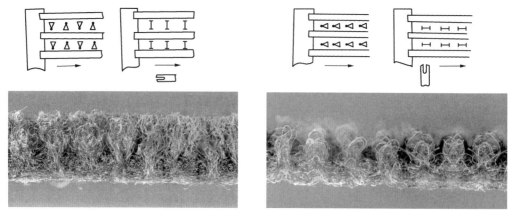

图 4-19　布针方式(Ⅰ)和绒面结构　　　图 4-20　布针方式(Ⅱ)和条圈结构

　　Fehrer 公司 NL11/SE 花纹针刺机(见图 4-21)配有主、副轴花纹装置。副轴的转动由电脑控制,可使针刺深度有规律地变化。为了适应毛圈和绒面的要求,该机的剥网板与托网板均用由薄钢片组成的槽形板,并选用叉形针。针板上刺针的隔距有 3 mm、3.2 mm、3.5 mm、7 mm 四种,可根据产品工艺要求确定。

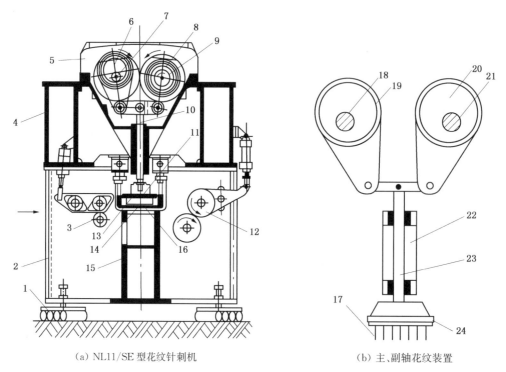

(a) NL11/SE 型花纹针刺机　　　　　(b) 主、副轴花纹装置

图 4-21　NL11/SE 型花纹针刺机与主、副轴花纹装置

1-避振垫　2-机架　3-喂入辊　4-上横梁　5-偏心轮箱　6-主轴偏心轮　7-主轴
8-副轴偏心轮　9-副轴(控制轴)　10-传动连杆　11-针床　12-输出辊　13-针板
14-剥网板　15-下横梁　16-托网板　17-刺针　18-主轴　19-主轴偏心轮　20-副轴偏心轮
21-副轴　22-滑动轴套　23-连杆　24-针板

除 NL11/SE 型号外,其系列针刺机有 NL11/SM、NL11/S 等,花纹、毛圈及绒面针刺机性能见表 4-3。

表 4-3 典型的平绒、毛圈条纹和花纹针刺机性能

序号	针刺方式	工作幅宽/m	布针密度/枚·m^{-1}	针刺频率/次·min^{-1}	针刺动程/mm	备 注
1	▽	1.0~6.8	最大 7 000	1 200	30	配电子花纹装置,可生产短小、中等及较大循环图案的针刺毡
2	▽	1.0~6.6	最大 7 000	1 200	30	配机械花纹装置,可生产短小及中等循环图案的针刺毡
3	▽	1.0~6.6	最大 7 000	1 200	30	可加工毛圈、绒面及简单图案。加装机械花纹装置,可改装成 NL11/SM
4	▽▽	1.0~6.6	10 000~15 000	2 000	30~40	托网板改成毛刷帘子可得到"超级毛圈"毯面(即平绒毯面)
5	▽	1.0~6.6	7 000	2 000	30	可刺出平绒及毛圈条纹

主、副轴花纹装置的作用原理可从以下三个方面分析。

(1) 如图 4-21(b)所示,假设将副轴转到某一位置"锁住",此时针板的起始位置也就固定了,即针刺深度固定不变。若用 NL11/SE 生产绒面或凹凸条纹地毯时,可采用此种方式确定针刺深度。

(2) 如果副轴由一个机械装置控制,匀速缓慢地回转,通常选在 100 r/min 左右,针板的起始位置将发生周期性的变化。此时,针刺深度也将周期性变化,刺针将周期性地"刺入"或"不刺入"。由此可得到和针板上布针图案相对应的小花纹图案。

(3) 若副轴的回转由电脑控制,使副轴按一定要求"正转、制动,反转、制动",刺针就会相应地"刺入"或"不刺入"。同时,纤网进给速度与之相配合,就可刺出与针板上布针图案相对应的花纹图案。电子花纹机构可得到较大的花纹图案。图案的一个完全组织的最大长度就是针板的宽度。

典型的毛刷帘子针刺机如图 4-22 所示,主要生产天鹅绒面的针刺产品。设备配置上的最大变动是将固定托网板改成可作回转运动的毛刷帘子,毛刷帘子上植有长 20 mm 左右的聚酰胺丝(见图 4-23),由若干块小毛刷板排列成一列并与轴向形成一定的角度(见图 4-24),毛刷表面非常平整,聚酰胺丝的排列有一定的紧密度,针刺加工时,可承受针刺力,刺针将纤网中的纤维刺入聚酰胺丝内,当刺针作回程运动退出纤网时,由于聚酰胺丝与刺入纤维的摩擦力作用使纤维仍留在聚酰胺丝的毛刷内,这部分纤维在针刺毡表面形成一层天鹅绒,这类针刺机的针板运动动程一般为 40 mm。与传统固定托网板相比较,毛刷表面不存在与针刺一一对应的小孔,植针时的随机程度可进一步提高,与利用槽型托网板加工而形成的绒面比较,采用毛刷形成的绒毛,在布面上分布的随机程度大幅提高,可产生

独特的视觉效果。

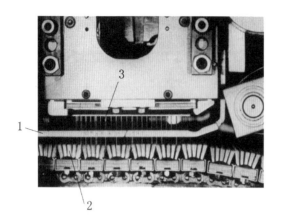

图 4-22　绒面针刺机的毛刷帘子托网结构

1-剥网板　2-毛刷帘子　3-刺针

图 4-23　毛刷帘子上的聚酰胺丝

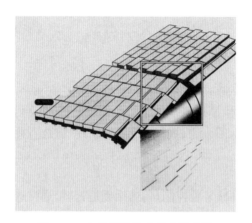

图 4-24　小毛刷板排列成毛刷帘子

　　毛刷板在排列上采用偏过一个角度的设计,可避免绒面上产生横向针迹,影响绒毛的杂乱排列效果。同时为了避免针刺过程中刺针刺入和退出毛刷时由于冲击力和摩擦力造成毛刷板上下移动,在针刺工作区域,采用磁场控制毛刷板的定位系统,使毛刷板在上下针刺过程中始终受到磁场吸力的作用,防止毛刷板随刺针作上下移动,有效地避免了最终形成的绒面高低不平的现象。图 4-25 为 Asselin 公司设计的磁场控制毛刷板跳动的定位装置,这类针刺机技术生产的产品一般用在装饰要求比较高的场合,如轿车用内饰材料。

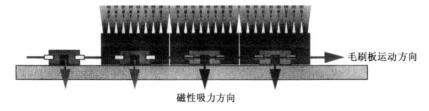

毛刷板运动方向

磁性吸力方向

图 4-25　磁场控制毛刷板的定位系统

4.3.4 造纸毛毯针刺机

造纸毛毯要求有良好的弹性、过滤性,足够的抗张强力和极小的延伸性,针刺法生产造纸毛毯具有极佳的适合性。造纸毛毯一般使用锦纶。经过梳理及铺网后的纤维层经预针刺后成卷,然后再将预刺纤网移至造纸毛毯针刺机上一层或多层地铺在基布上进行主针刺。基布需事先在针刺机上套好,为了对环状基布里外两面进行针刺,造纸毛毯针刺机配有多块针板,有的针板从外向里刺,有的针板从里向外刺(见表 4-4)。

表 4-4 典型造纸毛毯针刺机的性能

序号	针刺方式	工作幅宽/m	布针密度/枚·m^{-1}	针刺频率/次·min^{-1}	针刺动程/mm
1		最大 16	3 000~12 000	800	60
2		最大 16	4 500~18 000	800	60
3		最大 16	4 500~18 000	800	60
4		最大 16	6 000~24 000	800	60

因为造纸毛毯在造纸机上作为传送带使用,因而要求环状,且圆周很长,并要求环状无接缝。造纸毛毯针刺机配有一支架,针刺机的中间横梁可以从主机上分离,并一边悬挂在支架上。这样,刺好的毛毯可以从一边取下,同样基布也可以从一边套上去。造纸毛毯在针刺过程中被游车拉紧,如图 4-26 所示。

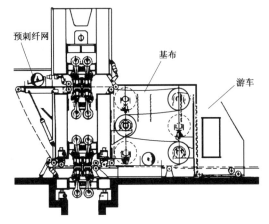

图 4-26 PMF 造纸毛毯针刺机

BELTEX 也是生产造纸毛毯的专用针刺机,结构组成见图 4-27。它的工艺过程与前面介绍的造纸毛毯针刺机不同。如图 4-28 所示,它是将从道夫上剥下来的纤网分裂成四条并分别折转 90°叠在一起,形成宽约 0.5 m 的纤维网,该纤网跨越滚筒 I 喂入幅宽只有 1.2 m 的针刺机,经针刺后的纤网随滚筒的转动环绕于滚筒 II、I 之外,形成一个无接缝的环状带。在滚筒转动的同时,滚筒上周边分布的链条作纵向移动,以便使刚喂入的纤网与已针刺的纤网均匀地衔接成具有一定宽度的环状毛毯。可加工的最大宽度为 16 m。该针刺机为悬臂式,共有四块针板,两块从外向里刺,两块从里向外刺。

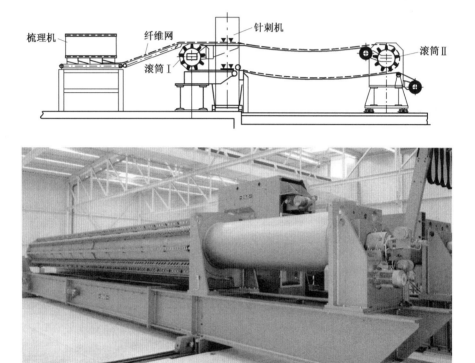

图 4-27　BELTEX 造纸毛毯针刺机

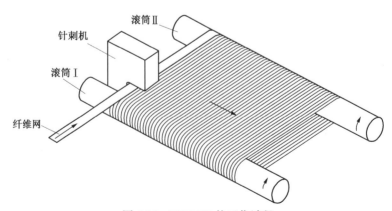

图 4-28　BELTEX 的工作过程

由于纤维是纵向喂入针刺区的,因此纤维是沿毛毯的周向分布的,从而使BELTEX造纸毛毯具有强度高、伸长小、脱水性能好、表面平整致密的特点。如果把BELTEX毯坯在其他造纸毛毯针刺机上套上基布进行主针刺可以得到档次更高的造纸毛毯。

BELTEX的布针密度为8 000~20 000枚/m,针刺频率为1 800次/min,针刺动程为40~60 mm。

4.3.5 管状和衬垫针刺机

RONTEX是一种典型的管状针刺机(见图4-29),它生产的非织造纤维管的长度不受限制,根据应用场合要求,有的管状针刺机生产的非织造纤维管(筒)的长度是固定的。

图4-29 RONTEX75管状针刺机

管状针刺机是一种以单针刺区为主的针刺机,用来生产各种不同直径非织造管状材料。非织造管状材料的直径最小为4 mm,可制造外科手术用的人造血管。管状针刺机由送网机构、成型机构和卷绕机构三部分组成。喂入的纤网经传动罗拉,将纤网卷绕在固定芯轴上形成管状,芯轴上钻有网孔,供刺针穿过,刺针向下(或向上)针刺时,使纤网中纤维相互缠结起来,产生抗张强力。这样,后面喂入的纤网不断地卷绕在纤维管的一端,并由于刺针的作用,纤网与已制成的纤维管结合成一体,而使管壁逐渐增厚、管长逐渐增加。管状针刺机的性能见表4-5。

还有专门用于生产服饰用垫肩的SKE型和SKR型针刺机。SKE型针刺机是用来生产垫肩填料的。针刺填料可用化纤或天然纤维为原料,先将其制成250 mm宽的预针刺纤维卷,再将纤维卷喂入SKE针刺机,经成型、针刺即得到一定几何形状和密度的垫肩填料,该针刺机产量最高可达500个/h。

SKR型针刺机是把垫肩的三层(上基布、中间填料、下基布)针刺复合在一起的专用针刺机。它的托网装置为槽辊,刺针恰好刺在槽辊的凹槽内,因此垫肩的外形是与槽辊直径相吻合的弯曲状。工作时,将已剪好外形轮廓的上、下预针刺基布和中间针刺填料用手工叠好,

短纤维成网工艺和原理(Staple Fiber Web Formation)

表 4-5　典型管状针刺机的性能

型　号	布针密度/枚·m⁻¹	针刺频率/次·min⁻¹	管径范围/mm	圆管长度/m	针刺方式
RONTEX50	3 000	1 800	25～170	连续	
RONTEK 75	3 560	800	4～500	连续	
DI-LOOM OR	1 600～4 000	1 000	300～20 000	2.5/3.5/4.5/6.5	
ORC	3 000	750	内径 10～1 200 外径 800	最大 0.8	

如图 4-30 所示,然后送入 SKR 型针刺机针刺复合,经针刺后的垫肩通常需从中间剪开,使其成为具有极佳对称性的一双服饰用垫肩材料。

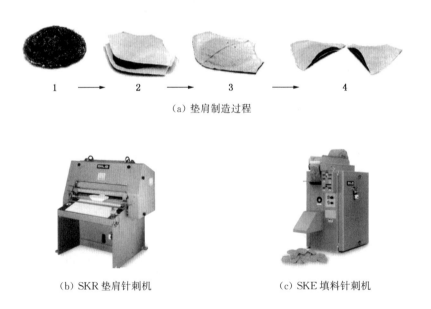

（a）垫肩制造过程

（b）SKR 垫肩针刺机　　　　（c）SKE 填料针刺机

图 4-30　垫肩针刺机及制造过程

4.4　刺针

4.4.1　概述

刺针是针刺机最重要的机件,它的规格、质量对产品有直接的影响。因此,对刺针的形状、规格设计、选材以及制造工艺都有一定要求:(1)针的几何尺寸要正确,针杆要平直,表面要光洁、无毛刺;(2)针尖应光滑,针的弹性要好,表面硬度要高、耐磨。而且,还要求刺针不能"宁弯不断",也就是说如果刺针弯到一定程度最好能从针柄处断裂,否则弯曲的刺针将会损伤纤网或托网板或碰弯其他的刺针。鉴于对刺针的种种要求以及刺针在穿刺纤网时要经受较大的针刺阻力,刺针一般都是用优质钢丝借成型模具冲压,并经热处理而成。

刺针由带有弯头的针柄、针腰(有的无针腰)、针叶和针尖四部分组成。其中针叶为刺针的工作段,是刺针的主要区段。按针叶的截面及外观形状可将刺针分为四种,如图 4-31 所示,其中(a)为普通刺针,是应用最多的一种,其针叶的截面为三角形,三个棱边上一般各有三个相互错开的钩刺(也称倒刺或刺钩),它主要用于预针刺或一般针刺毡的加工;(b)为单刺针,仅在一个棱上有一个倒刺,可用于成圈加工;(c)为侧向叉形针,集中了单刺针与开叉针的结构特点,可用于长绒毛型花色生产;(d)为叉形针,在针头上有一倒叉口,可冲带大量纤维,使之形成毛圈。

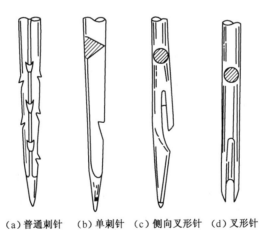

(a)普通刺针　(b)单刺针　(c)侧向叉形针　(d)叉形针
图 4-31　刺针种类

4.4.2　刺针的结构

对于每一种刺针,任何一个细小部分的变化,都会影响刺针的性能和用途。

1. 针尖形状

针尖形状可以有许多变化。图 4-32(a)为常见的 6 种刺针针尖形状(不包括叉形针),其中:(1)为 PP 磨光针尖(Polished point);(2)为 RSP 圆角针尖(Rounded set point);(3)为 LBP 小球头针尖(Light ball point);(4)为 BP 球头针尖(Ball point);(5)为 HBP 大球头针尖(Heavy ball point);(6)为 SNP 剪裁针尖(Snip Point)。在加工有底布或有纱线层的产品时,一般用球头针尖,而不用尖锐的针尖,以减少针尖对纱线的损伤。利用 SNP 剪裁针尖,可减轻刺针穿刺纤网时的弯曲现象。

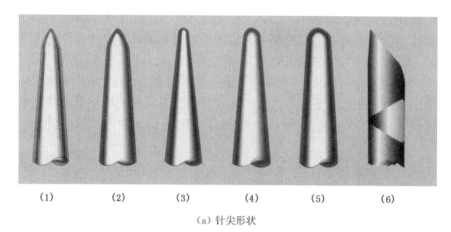

| (1) | (2) | (3) | (4) | (5) | (6) |

(a) 针尖形状

(b) 新刺针针尖与工作过刺针针尖(正常磨损)的对比

(c) 失效针尖(非正常磨损)

图 4-32 针尖形状与磨损

在针刺非织造加工过程中,由于刺针穿刺纤网时与纤网中纤维发生摩擦,在使用一定时间后,会造成刺针针尖的磨损,见图 4-32(b)。图 4-32(c)为非正常磨损的失效针尖。

2. 钩刺结构

钩刺的结构可以有许多变化。图 4-33 为钩刺的结构与参数。其中,L 为刺喉长度;l 为钩刺的下凹深度;H 为钩刺的总高度;h 为钩刺的翘起高度;β 为钩刺的下切角度。钩刺越大,针刺时每个钩刺带动的纤维量越多,针刺效率越高,同时针刺力也越大,因此刺针的损伤和磨损也越严重。根据钩刺的结构,可将钩刺分为标准式钩刺、圆角钩刺、无突钩刺、中突钩刺等若干种。

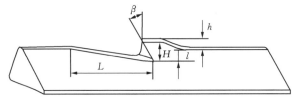

图 4-33　钩刺的结构与参数

传统的冲齿钩刺存在较锋利的锐边,易引起钩刺冲带纤维的断裂,因此,目前刺针大多采用模压钩刺结构,该钩刺结构针刺时对纤维的损伤较轻,参见图 4-34。

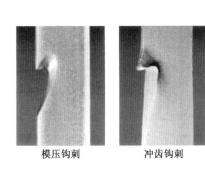

模压钩刺　　冲齿钩刺

模压钩刺　　冲齿钩刺

（a）典型的钩刺结构　　（b）钩刺对纤维的损伤作用

图 4-34　典型的钩刺结构及其对纤维的损伤作用

在针刺非织造加工过程中,钩刺冲带纤维时发生摩擦,在使用一定时间后,会造成刺针钩刺的磨损。当钩刺磨损发展到图 4-35(b)所示的情形时,已完全失效,不能冲带纤维。

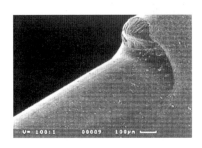

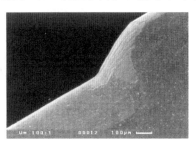

（a）初期磨损　　　　　　　　（b）后期磨损

图 4-35　钩刺的磨损

3. 针柄弯头的相对弯曲方向

针柄弯头的相对弯曲方向也可以有几种变化。图4-36为普通刺针的弯头不同的偏转角度。因为有的针板背面带有凹槽,刺针的弯头只能嵌在凹槽内,不能随意安放。另外,针板植针孔既要保证刺针插入后不摇动,又要便于刺针拆卸。为了防止刺针频繁拆装引起针板植针孔磨损,大多数针板的植针孔中设置有用塑料或金属制成的针柄套(如图4-37所示),一定工作周期后,更换磨损的针柄套即可。

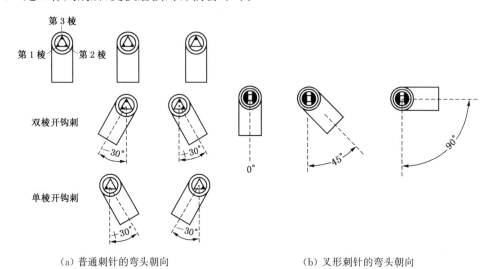

（a）普通刺针的弯头朝向　　　　　　　（b）叉形刺针的弯头朝向

图4-36　针柄弯头的朝向示意图

如果生产非织造材料需要衬有经纬纱层,则须考虑刺针对衬基布的损伤,不同截面形状的刺针,如单棱边钩刺、两棱边钩刺、三棱边钩刺或多棱边钩刺的刺针结构,均会造成衬基布的经纬纱损伤。图4-38(a)为不同截面形状刺针和开钩刺棱排列角度对经纬纱损伤的影响。针刺机针板上必须设置定向沟槽,针柄弯头的朝向应使刺针钩刺的朝向符合排列角度的要求,以减少钩刺对纱线的损伤。如图4-38(b)所示,单棱钩刺针开钩刺棱与纤网喂入方向之间的夹角(θ)为40°左右时,针刺后机织基布的纵横向强力可剩余50%左右。如果用叉形针加工地毯,不同弯头朝向可改变叉口的方向,从而可生产出绒面或毛圈条纹地毯。

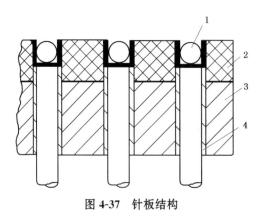

图4-37　针板结构

1-针柄弯头　2-弯头定位板　3-针板　4-针柄套

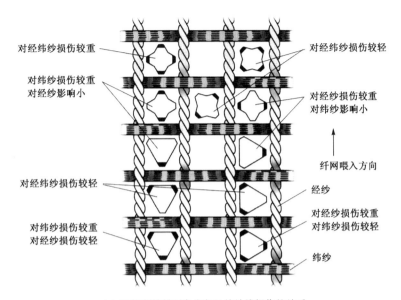

对经纬纱损伤较重

对纬纱损伤较重
对经纱影响小

对经纬纱损伤较轻

对纬纱损伤较重
对经纱损伤较轻

对经纬纱损伤较轻

对经纱损伤较重
对纬纱影响小

纤网喂入方向

经纱

对经纱损伤较重
对纬纱损伤较轻

纬纱

（a）开钩刺棱排列角度与经纬纱线损伤的关系

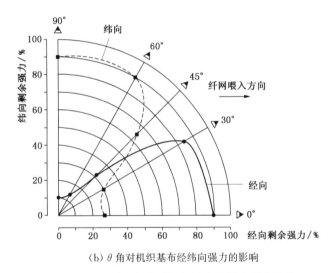

（b）θ 角对机织基布经纬向强力的影响

图 4-38　钩刺排列角度对机织基布经纬向强力的影响

4. 针叶截面形状

针叶的截面形状有圆形、三角形、正方形、菱形等，并可在一个或多个棱边上开钩刺。

图 4-39 为典型的刺针针叶截面，其中(a)为常用的三角形截面，在各个方向上均有良好的抗弯强度；(b)为三叶形截面，有利于钩刺冲带更多的纤维；(c)为十字星形截面，四个棱边均可开钩刺，利于提高冲带纤维的效率；(d)为水滴形截面，单棱边开钩刺，常用于机织物增强的造纸毛毯、过滤材料等针刺，可减轻对机织物损伤。

5. 刺针的几何尺寸

刺针的几何尺寸是表达刺针规格的重要参数。图 4-40 为普通刺针的形状及尺寸。刺针总长度一般在 76～114 mm 之间。其中，L 为刺针总长度，R 为针柄长度，S 为针腰长度，

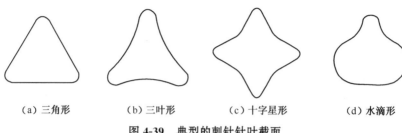

(a) 三角形　　　　(b) 三叶形　　　　(c) 十字星形　　　　(d) 水滴形

图 4-39　典型的刺针针叶截面

T 为针叶长度, l 为第一个钩刺至针尖的距离, m 为同一棱边上相邻钩刺间距, n 为相邻两棱边上钩刺间距。

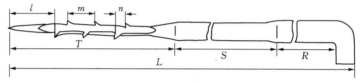

图 4-40　刺针的形状及几何尺寸

图 4-41(a)所示为叉形针的形状及尺寸。叉形针的总长度一般在 63～76 mm 之间。A 为针柄长度, B 为针叶长度, D 为刺针总长度, F 为开叉深度, G 为开叉宽度。

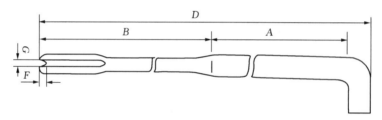

(a) 形状与尺寸

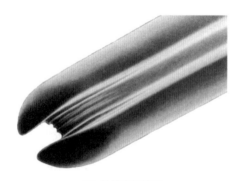

(b) 针槽磨损情况

图 4-41　叉形针结构与针槽的磨损

刺针的针叶、针腰和针柄的粗细分别以针叶号、针腰号和针柄号表示。号越大,表示刺针越细。生产中经常提到的是针叶号(有时简称针号)。普通刺针针叶号的大小与针叶截面三角形的高相对应。例如 Groz-Beckert 公司 14 号针所对应的截面三角形的高为 2.15 mm。

钩刺的排列规格以刺针制造公司不同而有所不同,一般分为标准、中等、加密、超密和单刺(冠状)等类型,表 4-6 所示为 Groz-Beckert 公司刺针钩刺的相互排列间距尺寸。

刺针每一棱边齿数与齿距的疏密会直接影响钩齿带纤维量的多少,包括对针刺深度等工艺的调整。

表 4-6　典型钩刺的排列间距　　　　　　　　　　单位:mm

类　　型		Groz-Beckert 公司	类　　型		Groz-Beckert 公司
标准型(R)	m	6.36	加密型(C)	m	3.18
	n	2.12		n	1.06
中等型(M)	m	4.80	超密型(F)	m	1.35
	n	1.60		n	0.45
			单刺型(冠状针)(S)	n	0.1

4.4.3　刺针规格的表示

刺针规格一般按下列顺序和方式表示:

针柄号 × 针腰号 × 针叶号 × 刺针总长度 × 刺针类型 × 厂家编号

例如一枚 Groz-Beckert 公司生产的刺针的标号为:

15×18×32×3½R330G91002,其代号的含义分别为:

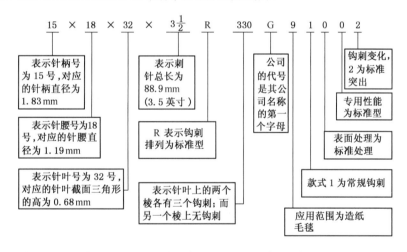

但是,不同的公司在刺针的表示上有一些细小的差别,如德国 Singer 公司推荐的一种能使纤网得到较高针刺密度的刺针,规格为 15×18×40×3.5RB22,A06/06B222PP。其中,B22 表示针叶长度是 22 mm;A06/06 表示模压刺针,钩刺的高度和深度均为 0.6 mm;B222 是表示针叶的三个棱上均各有两个钩刺;PP 则表示针尖经过磨光处理。所以在具体选购刺针时,可参考制造厂家提供的刺针规格参数说明书。

4.4.4　刺针的选用

针刺非织造材料生产中,主要根据纤维线密度选择刺针的号数,通常纤维较细时,选用大号的刺针,反之则选用小号的刺针。表 4-7 为不同纤维线密度适用的刺针号数,号数越大,针叶的外接圆直径(外径)越小。

表 4-7　不同纤维线密度适用的刺针号数

纤维线密度/dtex	针　　号	针叶三角高/mm	纤维线密度/dtex	针　　号	针叶三角高/mm
0.1～1.5	42	0.43	10～18	36～34	0.58～0.63
1.5～6	40～38	0.48～0.53	18～30	36～32	0.58～0.68
6～10	38	0.53	>30	30 或更大	0.73 或更大

当数台针刺机组成一条生产线时,为了减少针刺产品表面的条痕(针痕)现象,刺针选用一般应掌握"细—粗—细"的原则。即预针刺的刺针可以选的略细,以使纤网在较缓和针刺作用下压缩加固。而在主针刺时,按"先粗后细"的顺序选用刺针,以减少针刺产品表面的针痕。

只有一台针刺机但需要对非织造材料反复进行针刺加工时,可在针刺机的针板的前几列(喂入侧)植入较细的刺针,有利于产品的加固。

刺针的新旧程度显著地影响到针刺效率,同时也影响到产品的性能。因此,应定期更换刺针。在换针时,一般采用逐渐替换的办法,以减少刺针更新造成的产品性能的突然波动。实际工艺经验表明,在规定的时间内先更换整个针板上全部刺针的 $1/4～1/3$,过一段时间再更换 $1/4～1/3$,依此类推,可保证针刺非织造材料的质量稳定性。

4.5　针刺工艺与产品性能

4.5.1　针刺工艺参数

1. 针刺密度

针刺密度 D_n(刺/cm^2)是指纤网在单位面积上受到的理论针刺数,它是针刺工艺的重要参数。

假设针刺机的针刺频率为 n(刺/min),纤网输出速度为 V(m/min),植针密度为 N(枚/m),则:

$$D_n = N \times n/(10\,000\,V) \tag{4-1}$$

由于植针密度往往是固定的,因此,一般情况下是通过调整针刺频率和输出速度这两个工艺参数来满足产品对不同针刺密度的要求。

与针刺密度相关的另一工艺参数为针刺道数 M,针刺道数为纤网在相同植针密度、输出速度与针刺频率的针刺机上受到针刺的遍数。一般说来,针刺密度越大,产品的强度越大、越硬挺。但是,如果纤网已达到足够紧密度,继续针刺就会造成纤网中纤维的过度损伤或断针,反而会使产品的强度下降。图 4-42 为针刺非织造材料的断裂强力与针刺道数 M 的关系曲线。其工艺是:纤网经交叉铺网,设每台针刺机的针刺密度均为 76.7 刺/cm^2,总针刺密度 D_n 应为每台针刺机的针刺密度乘以总针刺机台数,纤网面密度为 265 g/cm^2。从实验曲线上看出:针

刺道数在 M_1（相当于针刺密度 460 刺/cm²）和 M_2（相当于针刺密度 690 刺/cm²）处时，出现该工艺条件下针刺密度的临界点，针刺非织造材料具有最大的横向或纵向断裂拉伸强力。针刺非织造工艺中，如果原料发生变化，关系曲线和最佳针刺密度也会发生相应的变化。表 4-8 为典型产品所采用的针刺密度，应当指出，针刺密度相同时，如果刺针的型号规格不同，针刺效果也往往不同，表现在非织造材料的机械物理性能也有差别。因此在针刺生产工艺中，针刺密度应根据不同原料、不同的刺针型号规格和产品要求通过实验来确定。

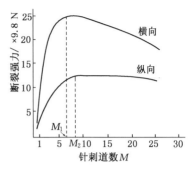

图 4-42　针刺道数与产品断裂强力的关系

表 4-8　典型产品的针刺密度

项目	涤纶土工布	丙纶土工布	丙纶地毯	普通合成革基布	超细纤维合成革基布
线密度/dtex	3.3~6.6	3.3~6.6	16	1.67~2.2	3.3~3.8
纤维长度/mm	65	65	51	51~65	51~65
面密度/g·m⁻²	160~500	160~500	200	220~300	500
针刺密度/刺·cm⁻²	200~220	250~360	180~250	1 200~1 500	1 500~2 500

针刺密度与产品力学性能的关系为：随针刺密度的增加，针刺非织造材料的密度（g/cm³）增加，断裂强力增加；但针刺密度达到一定临界值后，纤网中纤维损伤加剧，产品强力反而下降。

2. 针刺深度

针刺深度是刺针穿刺纤网至极限位置后，突出在纤网外的长度，单位为 mm。

在一定范围内，随着针刺深度的增加，三角刺针每个棱边上钩刺带动的纤维量和纤维移动的距离增加，纤维之间的缠结更充分，产品的强力有所提高，但是刺得过深，部分移动困难的纤维在钩刺作用下发生断裂，非织造产品强力降低，结构变松。针刺深度通常掌握在 3~17 mm，具体确定时，应掌握以下原则：

（1）对由粗、长纤维组成的纤网，应选择较大的针刺深度。

（2）对厚型纤网应选择较大的针刺深度，有利于纤维在厚度范围内有效缠结。

（3）对致密度高的产品，针刺深度可选择大一些，反之可小一些。

（4）预针刺时，针刺深度可选择大一些，随着主针刺道数的增加可逐渐减少针刺深度。

（5）合理选择刺针的型号和规格。

3. 步进量

针刺步进量是指针刺机每针刺一个循环，非织造纤网所前进的距离。一般短纤非织造材料针刺的步进量为 3~6 mm/针。一旦针板的布针方式确定，步进量会对布面的平整和光洁性产生相当大的影响。如果步进量与刺针之间的间距成整数倍，就有可能导致重复针刺而产生针刺条痕。布针方式和植针密度保持不变时，步进量不同，针迹效果亦完全不一样。

布针方式可以归结为纵向基本等距和纵向杂乱两种。纵向基本等距布针方式早期为人字形方式较多，如图 4-43(a)所示。近年来，纵向杂乱方式已有两种，如图 4-43(b)、(c)所示。

假定针板植针密度为3 000针/m、步进量为5 mm,用计算机模拟的上述三种布针方式的针迹图,见图4-44。可见,三种布针方式中,B、C型布针效果较好。

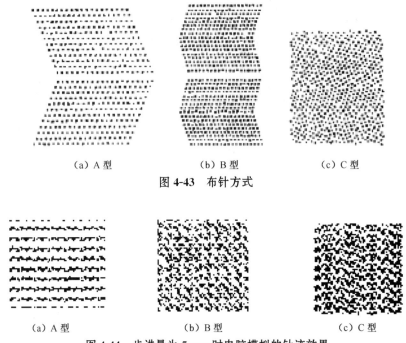

(a) A型　　　　　　　(b) B型　　　　　　　(c) C型

图 4-43　布针方式

(a) A型　　　　　　　(b) B型　　　　　　　(c) C型

图 4-44　步进量为 5 mm 时电脑模拟的针迹效果

研究表明,A型布针方式的理想步进量范围过窄,在生产中易出现纵横向的针迹。而B、C型布针方式的理想步进量范围较广,基本上能满足针刺产品对表面质量的要求,但不是所有的步进量都能适用,生产中如果选用的步进量不当就可能产生条纹。需要指出的是,生产中如果牵伸不大,产品表面产生的针迹与计算机模拟的针迹完全一致;而牵伸较大时,产品表面的针迹就与电脑模拟的针迹差异较大。在实际生产中,若发现产品表面有明显的纵横向针迹,可以适当提高或降低针刺频率,以改变步进量,从而改善针刺非织造产品的表面质量。

4.5.2　针刺力

针刺力是指刺针穿刺纤网时受到的阻力。图4-45为多钩刺针在一定条件下测得的针刺力动态曲线。刺针刚开始刺入纤网时针刺力增加缓慢,当第一个钩刺带住纤维时,针刺力迅速增加。随着针刺深度的增加,刺入纤网中的钩刺数增加,被钩刺带住的纤维量也增加,针刺力继续增加。当刺到一定深度时,纤网中纤维被钩刺有效握持而受到的摩擦阻力增大,针刺力达到最大值,随后因部分纤维断裂或钩刺穿过纤维网,针刺力逐渐下降。针刺力在一定程度上反映了纤网的可针刺性。一般来说,纤网中的纤维越长、越细、纤维间摩擦因数越大,针刺力就越大。

如果针刺力过大,一方面会损伤纤维,另一方面会使刺针断裂。因此,在纤网结构和纤维性能一定的情况下,可通过调整针刺工艺,如针刺深度、针刺密度、施加油剂等改变针刺

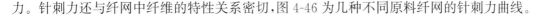

力。针刺力还与纤网中纤维的特性关系密切,图 4-46 为几种不同原料纤网的针刺力曲线。

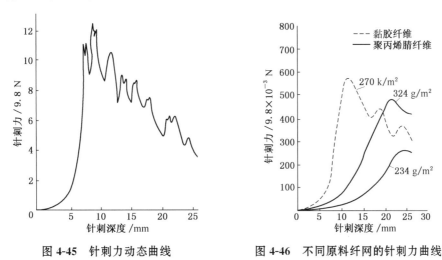

图 4-45　针刺力动态曲线　　　　图 4-46　不同原料纤网的针刺力曲线

据测试,普通刺针的最大针刺力可达 10 N,而叉形针可达 50 N。

4.5.3　针刺工艺流程设计

针刺工艺流程灵活多变,便于柔性设计。仅一台针刺机也能生产出针刺加固非织造材料,但是在多数情况下,为了提高生产效率,满足产品质量要求及某些特殊要求,需要将数台针刺机及有关设备(复合机、热定型机等)按一定顺序排成一个工艺流程进行工业化生产。工艺流程的基本模式大致有两种。一种模式是将预针刺机与数台甚至十几台主针刺机连成一条流水线,参见图 4-47,经过预针刺的纤网可以直接喂入主针刺机。这样排列有利于连续化生产,提高生产效率,减轻劳动强度。另一种模式是间断式,将预针刺机和主针刺机分开安装,经预针刺的纤网先进行卷绕,然后再运至主针刺机前退卷、喂入主针刺机。如果有两台以上主针刺机,可以将主针刺机排成一条生产线。间断式排列应变性好,翻改品种方便,

图 4-47　非织造针刺生产线

例如为了提高产品的均匀度,可将两层预刺纤网同时喂入主针刺机。在设计时,如何安排工艺流程,应针对具体情况具体分析,不能一概而论。

通常主要考虑的因素有:

(1) 产量、产品性能和外观要求;

(2) 针刺机的生产能力及自动化程度;

(3) 场地状况。

思考题

1. 试述针刺机构的技术要求与性能指标。
2. 花纹针刺机是如何实现花纹针刺的?
3. 阐明主针刺机与预针刺机的主要差别。
4. 刺针在结构上可有哪些变化? 这些变化对针刺产品有什么影响?
5. 选用刺针的原则是什么?
6. 针刺密度和针刺深度对产品质量有什么影响?
7. 试比较连续式和间歇式针刺工艺流程的特点。
8. 针刺工艺对机织基布损伤程度如何控制?

第 5 章 水刺加固工艺和原理
(Water Jet Process)

水刺非织造工艺是一种新型的非织造材料加工技术,也称为射流喷网(Spunlace)或水力缠结工艺(Hydroentanglement),20 世纪 70 年代中期由美国 DuPont 和 Chicopee 公司开发成功。近几十年来,水刺非织造工艺技术发展迅速,水刺非织造材料的性能随着水刺技术的突破而不断提高。水刺非织造工艺通过高压水流对纤网进行连续喷射,在水力作用下,使纤网中的纤维运动、位移而重新排列和相互缠结,使纤网得以加固而获得一定的物理力学性能。水刺非织造材料具有强度高、手感柔软、悬垂性好、无化学黏合剂以及透气性好等特点。水刺非织造工艺技术与其他非织造工艺相比有其自身的特点和发展潜力,越来越受到重视。水刺工艺技术已被移植应用到塑料、纺织、造纸等领域。

5.1 水刺加固原理

水刺工艺技术路线主要由纤维成网系统、水刺加固系统、水循环及过滤系统和干燥系统四大部分组成。用于水刺加固的纤网可以是干法成网、聚合物纺丝成网、浆粕气流成网、湿法成网,也可以将上述几种成网方法进行组合,然后经水刺加固成型。

水刺工艺与针刺工艺一样,均为机械加固。针刺是用刺针上的倒向钩刺在运动时带动纤网中被钩住的纤维向网内运动,造成纤网内纤维相互缠结抱合,使纤网得到加固,详见第 4 章。水刺加固工艺是依靠高压水,经过水刺头中的喷水板,形成微细的高压水针射流,对托网帘或转鼓上运动的纤网进行连续喷射,在水针直接冲击力和反射水流作用力的双重作用下,纤网中的纤维发生位移、穿插、相互缠结抱合,形成无数的机械结合,从而使纤网得到加固。水针通常垂直于纤网进行喷射,因垂直喷射可最大程度地利用水的喷射能量,同时不破坏纤网外观结构。水针使纤网中一部分表层纤维发生位移,相对垂直朝网底运动,当水针穿透纤网后,受到托网帘或转鼓表面的阻挡,形成水流的反射,并呈不同的方位散射到纤网的反面。图 5-1 为水刺加固原理图和机器照片,水刺头下方配置真空抽吸水装置,利用负压作用,将托网帘或转鼓上的水经孔眼迅速吸入真空脱水箱内腔,然后被抽至水气分离器处理,进入水处理系统。

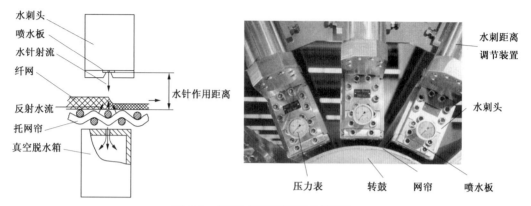

图 5-1　水刺加固原理图和机器照片

研究水刺加固工艺和技术的目的,主要是了解纤网中纤维受水流作用的运动及其规律。水流体的流动形式种类很多,可以是定常的或非定常的,均匀的或非均匀的,层流的或湍流的,一维的、二维的或三维的,有旋的或无旋的。水刺工艺,可以认为喷水孔射出的水针属孔口出流现象,根据流体动力学理论分析,尽管有三维的结构,而且在垂直于流动的任一截面内速度会存在差异,但为便于实际的工程应用,则可近似地认为水射流从喷水板喷水孔垂直喷射相距很近的纤网平面,水针流动参数主要依赖于一维空间坐标。按照水刺非织造工艺对水针质量的要求,根据工程流体力学中常见的伯努利(D. Bernoulli)积分,对于恒定流,孔口水针的流速 u 不随时间改变,此时 $\frac{\partial u_x}{\partial t}=\frac{\partial u_y}{\partial t}=\frac{\partial u_z}{\partial t}=\frac{\partial p}{\partial t}=0$,流体为不可压缩的,即 $\rho=$ 常数。u_x,u_y,u_z 为某时刻通过一点 $A(x,y,z)$ 流体质点的三个流速分量。沿流线积分,此时 $\frac{\mathrm{d}x}{\mathrm{d}t}=u_x$,$\frac{\mathrm{d}y}{\mathrm{d}t}=u_y$,$\frac{\mathrm{d}z}{\mathrm{d}t}=u_z$。式中,$p$ 为水压强,ρ 为水的密度。在实际的工程中,根据所设计的产量和加工纤网面密度范围,合理配置水泵压力和流量参数是工艺质量的保证。在水刺作用距离内一喷水板喷水孔流出的水针是以自由流线为界的射流形式流出的,由于水压强在数百万帕以上,沿此流线速度是恒定的(忽略空气阻力),有利于水针的能量利用,参见图 5-2,Y 为深度,d 为水针直径,x、y 为平面坐标系。由伯努利积分式可得到对于质量力仅有重力的恒定不可压缩流体,沿流线各流动能量之间的关系式:

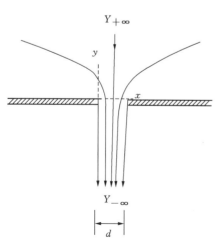

图 5-2　射流水孔口流线的运动形态

$$Z+\frac{p}{r}+\frac{u^2}{2g}=\text{常数} \tag{5-1}$$

对于同一流线上的任意两点 1 与 2 而言，上式可改写成：

$$Z_1 + \frac{p_1}{r} + \frac{u_1^2}{2g} = Z_2 + \frac{p_2}{r} + \frac{u_2^2}{2g} \tag{5-2}$$

从物理角度看，Z 表示单位质量流体相对于某基准面所具有的位能；$\frac{p}{r}$ 表示单位质量流体具有的压能或称压强势能；$\frac{u^2}{2g}$ 表示单位质量流体具有的动能；p 表示水的相对压强；g 为重力加速度。其物理意义是，对于重力作用下的恒定不可压缩理想水流体，单位质量流体所具有的机械能沿流线为一常数，即机械能是守恒的。

由于水刺工艺水中往往会有一定的纤维油剂和水溶性聚合物等，所以实际流体具有黏性，同时在工艺水循环过程中流层间内摩擦阻力作功，将消耗一部分机械能，使其不可逆地转化为热能等能量形式而耗散掉，因此实际水刺工艺中流体的机械能将沿程减少。设 ΔP 为高压水泵至水刺头喷水板的机械能损失，亦称水头损失，则根据能量守恒原理，可得到实际流体恒定元流的伯努利方程为：

$$Z_1 + \frac{p_1}{r} + \frac{u_1^2}{2g} = Z_2 + \frac{p_2}{r} + \frac{u_2^2}{2g} + \Delta P \tag{5-3}$$

式(5-3)反映了恒定流中沿流线各点的位置高度 Z 或称位置水头、压强 p 和流速 u 三个水力要素之间的变化规律。从工艺角度上看，如要提高水刺工艺中水针的速度，必须增大水泵的工艺压力和减少管路中的阻力损失。

水刺工艺利用高压高速的微细水针射流连续不断地冲击纤网，水针结构基本呈圆柱状为主，单位面积内冲带的纤维量很高，而且不受纤维的排列方向和纤网运动方向的影响。

5.2　水刺工艺与设备

水刺系统中的机械设备主要由水刺头、喷水板、高压水泵、输网帘(托网帘)或水刺转鼓、真空脱水箱、水过滤装置与水循环(低压水泵、储水器等)装置等组成。

5.2.1　水刺工艺与设备

水刺机类型可分为平网式水刺加固机、转鼓式水刺加固机和转鼓与平网相结合的水刺加固机几种形式，工程应用可根据成网(干法、湿法、聚合物挤压成网)工艺和产品结构(复合、叠合、加筋等)要求，合理地选择水刺加固机的类型。水刺非织造加固工艺中，纤网需按工艺要求合理控制水的喷射能量，即纤网的水刺次数、水压强、水流量、喷水孔径、喷水孔排列密度、水刺距离、纤网运行速度等工艺参数，以保证非织造材料的力学性能、外观质量和风格。

水刺加固机简称水刺机主要由预湿器、水刺头、输网帘(托网帘)或转鼓、真空脱水箱、水气分离器等组成。经成网后的纤网首先被送入水刺区进行预加湿处理，预湿使蓬松纤网压实，排除纤网中的空气,使得纤网将能更有效地吸收水针能量,加强水刺过程中纤维的缠结效果。预湿使加工纤网的表面张力变大,即保持润湿角较小。纤网的预湿工艺应根据不同纤维的表面张力和润湿效果来确定,关键是要选择如预湿水刺头的流量、水压强和抽吸真空度等参数。纤网的致密度、吸湿性、纤维截面形状和纺丝油剂等影响预湿效果,在预湿时必须加以考虑。

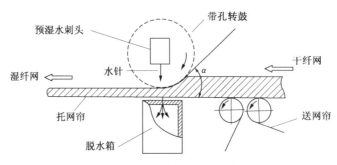

(a) 带孔转鼓与输网帘夹持式

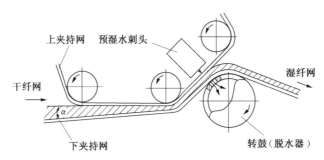

(b) 双网夹持式

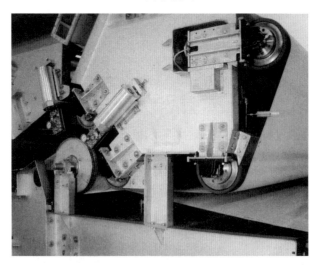

(c) 双网夹持式预湿装置

图 5-3 水刺法预湿装置

　　图 5-3(a)所示是一种带孔转鼓与输网帘夹持式预湿装置,机械构造简单。在输送纤网进入预湿区过程中,预湿水刺头根据纤维种类、吸湿性能、纤网面密度、生产速度等合理设定水压强及流量,水针通过带孔转鼓和脱水箱的抽吸作用使纤网被迅速而充分地润湿。

图 5-3(b)是双网夹持式预湿装置,该装置特点是可减少纤网在预湿过程中产生意外的位移,有效地压缩蓬松纤网输入预湿区。双网夹持式预湿装置与带孔转鼓预湿装置适合不同面密度的纤网层,另外夹持角 α 大小会影响纤网表面质量。当喂入纤网层密度增加时,带孔转鼓与输网帘夹持角 α 增大,纤网层与带孔转鼓接触弧长增大,当接触弧长过大时,造成无法有效对纤网层握持,形成对纤网表面纤维摩擦打滑,破坏纤网的表面结构。所以对于高面密度纤网喂入,宜采用双网夹持式预湿方式,预湿工艺水压强一般在 0.5~6.0 MPa。

随着预湿纤网含湿率的增加,纤维的塑性变形增加,而且变得柔软,纤维的表面摩擦因数随着含湿率的增加而变大,这是由于纤维吸湿后水分子进入纤维,改变了纤维分子间的结合状态所引起的。这种预湿工艺使高压水流冲击下纤维易于相互缠结,纤维间摩擦因数增大,可有效地使原先强度极弱的纤网顺利进入水刺区,减少了纤网在加固过程中由张力引起的意外牵伸,保持纤网的结构稳定。

1. 平网式水刺机

平网式水刺工艺流程见图 5-4,水刺头位于输网帘(托网帘)上,输网帘下方配置着各自所对应水刺头和脱水箱,经输网帘输送,纤网作平面运动,其正反两面接受多次水刺头的水针喷射能量。输网帘的织物组织结构可根据产品外观等要求进行设计或更换。平网式水刺机的机械构造简练,占地面积大。

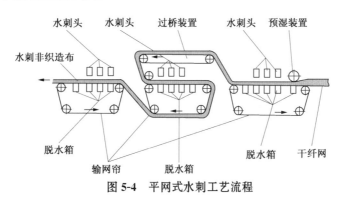

图 5-4　平网式水刺工艺流程

平网式水刺机在运行过程中要求输网帘有一定的张力,而且张力大小可调节。当输网帘被牵引运动时,存在一种朝横向移动的倾向。松边、张力变化以及导辊不平行等都是致使网帘游动的原因,况且平网式水刺机的机械加工精度及网帘编织不可能是完美的,因此要用纠偏装置来保持网帘在横向上居中走正运动。

平网式水刺机网帘纠偏系统由传感装置、控制器、触发动力装置三个主要部分组成。纠边校正器使网帘移动并校正它原来的横向位置。所以从严格意义上说,纤网在输送过程中相对纵向居中线略呈蛇形运动。随着水刺生产速度的提高,对平网水刺机纠偏装置、传感器和输网帘的性能提出了更高要求。

2. 转鼓式水刺机

转鼓式水刺机中,水刺头沿着转鼓圆周排列(参见图 5-1),转鼓表面开有随机排列或有规律排列的微孔,转鼓内胆对应每个水刺头装有各自固定的悬臂式真空脱水器。输送网帘金属套在真空脱水器的外面并随着转鼓转动,纤网接受来自呈圆周式排列的水刺头中的高压水针喷射能量。图 5-5 为转鼓式水刺工艺流程及机器图。

工艺过程中纤网吸附在转鼓上水刺，因转鼓呈圆周运动，不存在跑偏现象，有利于高速生产。同时，纤网呈圆弧状弯曲，形成外周密度较小、内周密度较大的纤网结构，有利于水针在纤网中的穿透，致使纤维有效缠结。转鼓表面微孔结构、转鼓的金属材料对水针的反弹效果、真空脱水箱的真空度，均会对纤网缠结加固产生一定的影响。

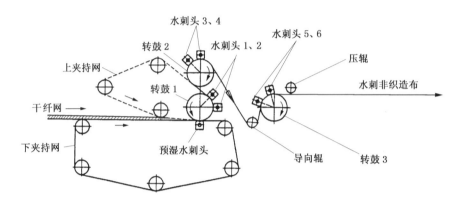

图 5-5　转鼓式水刺装置

转鼓式水刺机可在较小空间位置内完成对非织造材料的多次正反水刺，只要配置适当的转鼓和水刺头即可。在相同水刺头数量情况下，平网水刺机占地面积是转鼓水刺机的两倍多。

3. 转鼓加平网式水刺机

因在转鼓式水刺工艺中加工多种花纹或开孔非织造材料需要更换转鼓套，成本昂贵，灵活性差，单一转鼓式机组工艺就显得不足了，主要表现在：

（1）在操作程度上，转鼓的更换比输网帘困难，尤其是在宽幅套鼓拔出时容易造成套鼓的损坏。

（2）转鼓表面的微孔结构非常适合加固纤网，但不适宜加工带有清晰网孔的非织造材料，缺少按经纬线排列编织而成的输网帘织物结构,和制成的非织造材料所具有的风格。

(3) 输网帘的编织方法可采用平纹、半斜纹和斜纹等织物结构的变化,制造出各自织物结构相对应的水刺非织造材料的外观图案。输网帘可以是聚合物长丝或金属丝材料编织而成,相比之下,金属转鼓就相形见绌了。

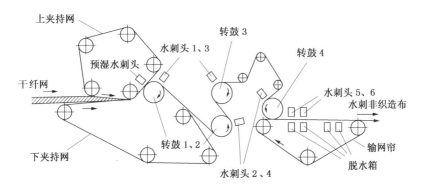

图 5-6　转鼓与平网相结合式水刺机

因此,在水刺工艺中,将转鼓式与平网式技术组合可扬长避短,发挥各自的优势,图 5-6 为转鼓与平网式水刺工艺流程及机器照片,转鼓 1 为预湿和加固工艺用,水刺头 1~4 和其对应的转鼓组成了多级转鼓式水刺加固,即对纤维网进行多次正反面水刺,水刺头 5、6 为平网式水刺,主要用来加工网孔非织造材料或表面修饰。

5.2.2　水刺头装置

1. 水刺头的结构

水刺头是水刺非织造工艺中产生高压集束水针的关键部件,它由进水管腔、高压密封装置、喷水板和水刺头外壳等构成。水刺头的高压密封方式分为两类:一类是油压密封,结构如图 5-7(a);另外一类是水压自密封,结构和外观参见图 5-7(b)、(c)。

在图 5-7(b)中,高压泵输送过来的高压水通过过滤腔过滤后进入动态水腔,再经均流孔均匀进入均流腔,或称静态水腔,使水刺头系统内水流更均匀分布以保证水针射流质量的一致性。高压水通过喷水板上的微孔向纤网喷射,使纤网加固。水刺头均采用优质不锈钢材料制造,水刺头结构设计须考虑可快速更换喷水板的因素。水刺用工艺水经高压水泵、高压软管至水刺头,水刺头与转鼓的相对位置见图 5-7(d)。水刺生产线压强配置根据最终产品面密度大小和力学性能的要求通常设有两大范围,即低压水刺工艺压强范围在 3.0～15 MPa 或高压水刺工艺压强为 3.0～30 MPa。

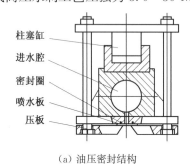

（a）油压密封结构

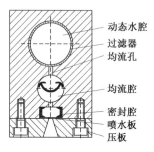

（b）水压自密封结构

（c）水压自密封水刺头

（d）水刺头与转鼓的相对位置

图 5-7　水刺头结构和其在转鼓水刺机上的工作位置

2. 喷水板

喷水板是一条长方形金属薄片,厚度为 0.8～1.5 mm,宽度为 20～30 mm。根据水刺头结构尺寸设计,喷水板多用优质不锈钢材料 AISI430 或 AISI316 制成,硬度 HV160～250。喷水板喷水孔排列形式分单排和多排两种,通常的微孔孔径范围为 0.08～1.5 mm。生产中应根据产品要求和水流量大小来配置。

喷水孔的结构对水针集束性有很大影响,选择良好的喷水孔结构,可减少水针的扩散程度,使水针喷射能量集中,提高效能。

1）喷水孔的基本结构

由工程流体力学可知,水针射流从喷水板小孔中喷出,称为管嘴出流,按其形状可分为图 5-8 中(a)圆柱型喷水孔、(b)圆锥收缩型喷水孔、(c)流线收缩型喷水孔三类基本结构。受制造工艺局限,以上三种喷水孔出口端均为圆柱型。喷水孔由导孔 D 和微孔 d 组成,在导孔与微孔的联接处应使流体的收敛比较缓和,避免在入口处产生死角和出现涡流的流体,保证水流体流动的连续稳定,L 为微孔长度。

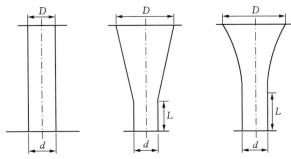

（a）圆柱型喷水孔　（b）圆锥收缩型喷水孔　（c）流线收缩型喷水孔

图 5-8　喷水孔的基本结构

2）喷水孔的选择

各种不同类型的喷水孔的孔口系数可由工程流体力学实验来确定,表 5-1 所示为上述三种类型喷水孔孔口系数。

表 5-1　各种不同类型喷水孔孔口系数实验值

种　类	名　称			
	流速系数 ϕ	流量系数 μ	效率系数 e	阻力系数 ξ
圆柱型	0.82	0.82	0.67	0.50
圆锥收缩型	0.96	0.94	0.92	0.09
流线收缩型	0.98	0.98	0.96	0.04

由表 5-1 可知:

在流速系数上: $\phi_{流线} > \phi_{圆锥} > \phi_{圆柱}$;

在流量系数上: $\mu_{流线} > \mu_{圆锥} > \mu_{圆柱}$;

在阻力系数上: $\xi_{流线} < \xi_{圆锥} < \xi_{圆柱}$;

在效率系数上: $e_{流线} > e_{圆锥} > e_{圆柱}$。

此外,在水针射流扩散程度上:流线收缩型<圆锥收缩型<圆柱型,根据不同类型喷水孔孔口系数,流线型喷水孔水流集束性好。通过实验可观察到,喷水孔的机械加工精度影响水针质量。通常要求,喷水孔孔径公差范围±0.001～±0.002 mm,微孔长度公差范围±0.01～±0.02 mm,孔壁粗糙度 Ra 为 0.025 μm。

5.2.3　输网帘

输网帘是用高强低伸聚酯或聚酰胺长丝按工艺参数所要求的目数、花纹、规格编织而成,也有采用金属丝织造的。

根据水刺加固工序,输网帘托持纤网喂入水刺区,高压水针连续喷射及水针穿透纤网冲击在输网帘的经纬丝上形成反射水流,使纤网中纤维间产生相互缠结。因此输网帘具有三个重要功能:首先,顺利输送和有效托持纤网进入水刺区;其二,输网帘结构能有效滤水、排气并有利于水针的反弹,提高纤网的缠结效果;其三,按不同的网眼结构(目数与花纹)产生相应外观结构的产品。输网帘采用高强度聚合物材料编织定型处理而成,而转鼓式水刺鼓套采用多层结构组成,外层为耐冲击金属镍微孔圆网或目数较大的金属丝编织网,内层为多层金属丝编织网,目数由外向里逐渐减小。

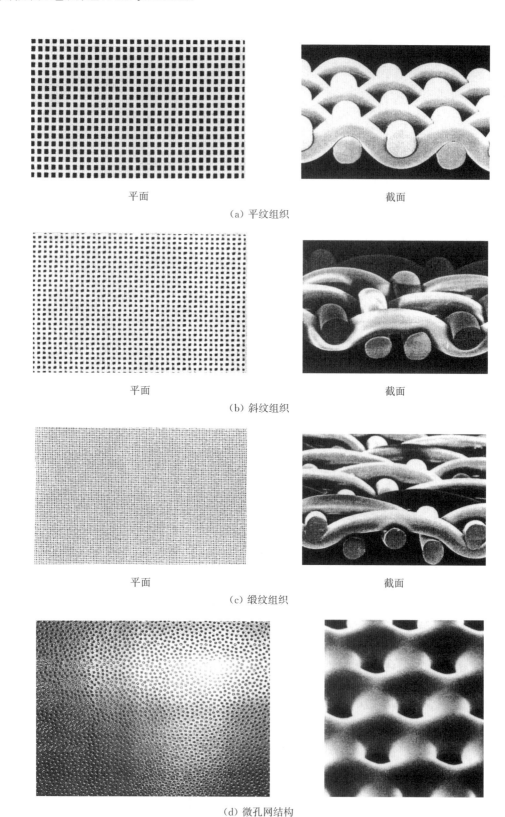

平面   截面

（a）平纹组织

平面   截面

（b）斜纹组织

平面   截面

（c）缎纹组织

（d）微孔网结构

图 5-9　水刺机输网帘和微孔网组织结构与种类

几种常用类型的输网帘编织结构有平纹组织、斜纹组织、缎纹组织,分别如图 5-9(a)、(b)、(c),微孔圆网结构见图 5-9(d)所示。水刺工艺中输网帘以及打孔网帘种类很多,不在此一一举例。通常为了改善非织造布的产品结构和性能,水刺用输网帘和打孔网帘需要进行专门设计。

目前水刺工艺中所用的聚酯和聚酰胺输网帘,它们与早期的金属网丝相比较,在负重情况下具有疲劳延伸性小、强度高的特点。在温度和湿度有变化的非织造水刺工艺生产环境中,输网帘需要性能稳定,不易变形;耐磨性和耐腐蚀性好。另外通过对输网帘表面树脂和定型处理,可有效防止油剂和微细纤维的附着。

输送帘编织可分为循环编织和开式编织法两种。循环编织,编织时经线为纵方向线,纵向呈不弯曲变形,横向的纬线呈弯曲状,由于经线弯曲少,减少了网的延伸和幅缩,磨损仅产生于纬线,使经线保持应有的强度,从图 5-10 可清晰地观察到输网帘编织丝的磨损现象。开式编织,纵向线在编织时为经线,横向线为纬线,编织成网后经线为磨损状,加工形式与环织相同,接头是在网的末端。

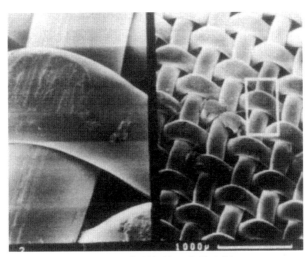

图 5-10　水刺机输网帘的磨损

采用不同编织工艺的输网帘可制造不同经纬密度、网眼、花纹的水刺法非织造材料,尤其是在制造小目数非织造材料时,正确选配输网帘是至关重要的。另据实验表明,采用金属微孔圆网转鼓加固纤网,水针的反弹和对纤网的缠结效果显著,与聚酯或金属平网相比水刺非织造材料的强度提高了约 15%。

5.2.4　真空脱水箱

真空脱水箱的脱水机理是:靠纤网两面压力差挤压脱水及空气流穿过纤网层时将水带走。输网帘或转鼓微孔网的厚度影响抽吸气流的速度,同样的负压条件下,网帘厚度、面密度增加,抽吸气流的速度减小。

水刺机中的真空脱水箱是一种靠鼓风机抽吸作用进行脱水(吸水)的强制脱水器件,由真空箱主体和真空系统两部分组成。真空箱主体对已经水刺的纤网和水刺下来的水进行抽吸脱水,真空系统则提供真空箱主体脱水过程所需的真空度并将脱水过程脱出的水及空气带走。脱水箱的面板设计必须满足两个条件，第一是要保证沿纤网横向脱水均匀一致，第二是要避免抽吸力的局部集中，否则会造成输网帘与面板的局部磨损。

脱水面板开孔形状可设计成圆孔形、长孔形、长条形等，不同面板开孔形状有不同开孔面积，所以孔的形状及形式对真空脱水箱的脱水性能有很大的影响。长条缝形吸水箱的抽吸面积最大，而且抽吸作用分布于整个水刺头幅宽度上，脱水量大，脱水均匀，脱水过程中网帘受吸力和水针冲击力作用而产生的轻微凹陷，可以将附于网底来不及被吸走的水刮下。

5.2.5　水过滤与水循环系统

非织造水刺工艺的用水量，一般日产 10～15 t 水刺非织造材料规模生产线，每小时需用循环水 150～250 m³。为节约用水，减少生产成本，必须将其中 95% 左右的循环的工艺水经过水处理后再使用。由于生产中高压水针对纤网冲击时会发生纤维脱落，尤其是棉纤维和木浆粕纤维，杂质和短绒比化学纤维多得多。另外，水刺后遗留在水中的各类化学纤维油（助）剂、水中微生物的繁殖等，均会影响水质，造成喷水板喷水孔堵塞，影响产品的质量和外观。根据工艺要求必须对水质进行处理，故水的循环过滤系统是水刺工艺的一个重要部分。

1. 水刺工艺用水的要求

水刺非织造工艺用水，可取地表水或地下水。这些取自自然界的水不可避免地含有一定杂质，比如泥砂、悬浮物、溶解的有机物和无机物以及微生物等。这些杂质对非织造材料的生产和产品的质量会造成下列影响：

（1）水中悬浮物含量高时，会增加过滤器的负担，缩短滤袋、滤芯的使用寿命。

（2）水中的有机物可以呈溶解状态，也可以呈胶体分散状态，易使水产生颜色浑浊。这些物质易沉积在喷水板上堵塞喷水孔，黏附在纤网上，也会影响纤网的外观。

（3）水中的微生物会在整个水循环过滤系统的容器和管路中产生黏液和腐浆，腐浆脱落后成为腐浆团，经高压水泵输送，会快速堵塞喷水孔，造成水刺头压力突然上升，严重时造成停车。

（4）溶解在水中的无机盐类，不管是其中的阴离子还是阳离子，对水刺工艺都有影响。钙、镁离子在水管路中和设备上产生污垢；铁、锰、铜等离子有颜色，容易生成有色物质，对于白色卫生材料生产，应严格控制其含量；氯离子含量较多时容易引起设备腐蚀。

2. 水刺工艺用水的质量指标

由上述可知，水的质量对水刺生产及产品质量有重要影响，因此水刺工艺用水必须保证一定的质量，对于达不到质量要求的水，应给予必要的水处理。同时，须考虑水处理的经济性。

水刺工艺用水标准：酸碱度 pH 值 6.5～7.5，水中固体含量小于等于 5×10^{-4}%，颗粒尺寸小于等于 10 μm，氯化物含量小于等于 100 mg/L，碳酸钙含量小于 40 mg/L。如果水质硬度（以碳酸钙计）过高，应安装水软化装置，如有较大杂质，可在进水口安装 5 μm 精度的预过滤装置。

3. 水过滤与水循环

现代水处理方法主要分为物理处理法、化学处理法和生物处理法三类。工艺水中的污染物是多种多样的，用一种处理单元不可能把所有的污染物除尽，往往需要通过几种方法或由几个处理单元组成的处理系统处理，才能达到工艺用水要求。

水刺工艺中，水的循环量很大，因此充分回收和利用工艺水，可以减少新鲜水的补充量，

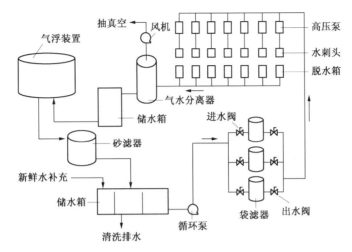

（a）典型工艺水过滤循环系统

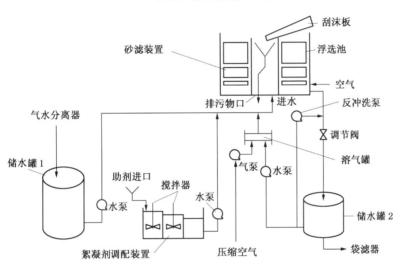

（b）典型气浮和砂过滤系统

（c）水过滤和水循环系统

图5-11 水过滤封闭循环系统

减轻直接排放污染,降低生产成本,有重要的经济效益和社会效益。

水刺工艺水过滤装置按所加工纤维原料原则上可分为两大系统:一是化学纤维用水过滤系统,适合合成纤维类和再生纤维素纤维例如黏胶纤维等,因为化学纤维的长度比较整齐,短绒和杂质少,过滤要求比棉和浆粕类纤维低;二是棉纤维包括浆粕类纤维用水过滤系统。图 5-11(a)是典型水刺工艺水过滤循环系统示意图。

棉纤维、浆粕纤维水过滤系统增加了气浮装置和砂过滤装置等,是针对过滤天然纤维的短绒杂质而设计的。图 5-11(b)是一种较普遍采用化学和物理方法相结合的气浮和砂过滤装置。经各段水刺后的水被抽吸至真空脱水箱中,然后分送至相连接的水气分离器,气体由真空泵抽入大气层,回用水由循环泵送至气浮器和砂过滤器进行连续自动过滤,杂质自动排除。过滤后的水再由过滤水泵送至袋式过滤器进行精过滤。经过上述多段过滤处理后的水达到了生产工艺用水的要求,和补充的新鲜水一起进入储水箱,再由给水泵将水抽送至各高压水泵循环使用。水刺工艺中水处理应注重加工原料的不同特性、污染负荷、污染物质来源等,提出水处理技术措施。对水过滤的精度要求可以不同,这涉及经济成本,必须合理选配水过滤系统来满足水刺工艺条件。

1) 气浮法和絮凝法

气浮原理是向被处理水中通入空气,并以微小气泡形式从水中析出成为载体,使水中的乳化油、微小悬浮颗粒等污染物黏附在气泡上,固体物吸附空气后,其表观密度降低,使表面能减少,转化为挤开水膜所做的功,从而漂浮集聚于液面而与水分离。气浮法的适用性广、效率高,水净化度也高,据介绍经处理后水中悬浮物(SS)可达 30 mg/L 以下。其气浮过程是,水刺后水首先进入相应的反应池,与加入絮凝剂(又称混凝剂)的溶气水反应而形成较大的纤维絮团,然后进入气浮池。另一方面经压缩空气或经过溶气罐在气浮池中减压释放时,溶解的空气便析出形成气泡,被反应来的水中的纤维和固体物、乳化油所吸附,形成泡沫、水、颗粒(油)三相混合物,并上浮到表面而被刮沫板刮入排污口,通过刮沫板收集泡沫达到分离杂质、净化水质的目的,澄清水通过下方溢流管进入下道过滤系统。当压力为 0.3 MPa 时,20 ℃下空气在水中的溶解度为 62 mL/L,而常压下的溶解度为 20 mL/L。

疏水性纤维(物质)不易被水润湿,易附着于气泡上,容易气浮。而亲水性较强的颗粒表面被水润湿,在水中不易黏附到气泡上。要使这些颗粒附着在气泡上,常进行疏水化处理,即加入浮选剂。典型的气浮池,池深为 1.5~2.5 m,固体物上升速度为 4~10 cm/min。

通常把通过双电层作用而使胶体颗粒相互聚集过程的絮凝和通过高分子聚合物的吸附架桥作用而使胶体颗粒相互黏结过程的絮凝,总称为絮凝。向处理水中投加药剂,进行水和药剂的混合,而使水中的胶体物质产生凝聚和混凝,这一综合过程称为絮凝过程。

能够使水中的胶体微粒相互黏结的物质称为絮凝剂,它具有破坏胶体的稳定性和促进胶体絮凝的功能。絮凝剂可分为无机类和有机类。

聚丙烯酰胺在水刺过滤工艺中经常使用,它是一种高聚合度高分子絮凝剂,具有凝聚速度快、用量少、絮凝体粒大强韧的特点,常与铁、铝盐合用。利用无机絮凝剂对胶体微粒电荷的中和作用和高分子絮凝剂优异的絮凝功能,从而得到满意的水处理效果。

可应用于水刺工艺的其他过滤方法很多,如沉淀式、筛分式。过滤方法包括袋式过滤、芯式过滤、膜过滤等,本教材中不作详细介绍。在实际应用时,应坚持从经济和环境保护的角度出发,力争做到水处理与工艺用水质量要求的平衡,水处理与经济成本的平衡。

2）高压水泵类型及其结构

水刺工艺中常用卧式高压三柱塞泵,卧式柱塞泵比立式更稳,振动小,装拆维修方便。高压三柱塞泵通常具有均匀的流量,压力脉动小。高压三柱塞泵由动力端和液体端两部分组成。

动力端结构为闭式箱形铸造结构,泵体材料有合金钢、马氏体奥氏体不锈钢等。其刚性好,结构简单,对称设计,按润滑方式不同,分为飞溅润滑和压力润滑两种。润滑动力端构造见图5-12(a),它由机身、曲轴、连杆、十字头、衬套、联接杆、基座等部件构成。

立式液力端的构造见图5-12(b)。它由压板、压盖、上阀罩、排压阀座、中间弹簧、下阀罩、阀片、进液阀座、填料箱等部件构成。高压水泵的主要技术参数有泵推力(N),泵行程(mm),柱塞直径(mm),工作压力(MPa),泵转速(r/min),泵流量(L/min)和泵功率(kW)等。水泵排出压力与流量成反比关系,在同样泵速条件下,柱塞直径与流量成正比。水刺高压泵须经配置相关的附件,如进水口稳压器、出水口稳压器、循环阀、出口止回阀、公共基座、高压软管等,方能满足水刺工艺的操作要求,图5-13为水刺生产线中的高压水泵系统实物照片。

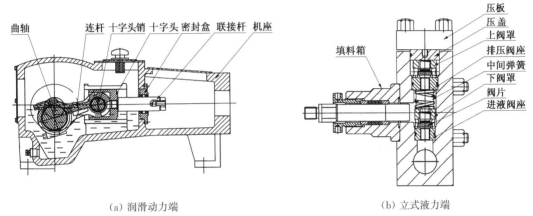

（a）润滑动力端　　　　　　　　　　（b）立式液力端

图 5-12　高压水泵机构

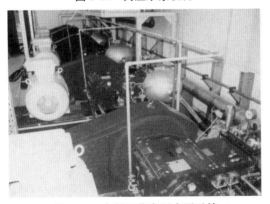

图 5-13　水刺工艺高压水泵系统

5.2.6　烘燥装置

经水刺加固后的非织造材料或纤网中水分的存在形式有三种,即游离水、毛细管水和结合水。游离水存在于纤维细胞腔体中和纤网的毛细管中。需提出的是纤维素纤维的非织造材料通常是一种吸湿材料，当它长时间和一定温度与湿度的空气环境接触时，材料的含湿量会达到一种平衡状态。结合水是以化学结合的形式存在于非织造材料中的，有严格的质量比。它实质上是属于纤维材料本身结构的一个部分。这种水不能用加热干燥的方法除去，而只是通过燃烧或其他的化学作用来破坏和除去。结合水占纤维素纤维非织造材料质量的1%左右。吸附水和纤维之间的结合形式具有物理—化学性质，它没有严格的质量比，但在吸附过程中常常伴有热效应和纤网收缩现象。

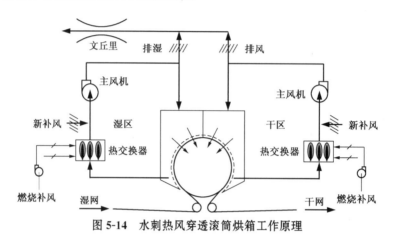

图 5-14　水刺热风穿透滚筒烘箱工作原理

图 5-15　水刺热风穿透滚筒烘燥机组

　　水刺工艺主要采用烘缸式烘燥和热风气流穿透式烘燥等方法，这取决于非织造材料产品规格、性能要求、产量、车速等因素。多缸烘燥机的烘干过程是间歇的，由一系列反复循环的周期性干燥过程所组成，在每个周期中都有短暂的升温和蒸发的过程，其时间只有十分之几到百分之几秒。多烘缸式烘燥机的干燥存在升温、降温的周期循环过程，这是多烘缸干燥效率较低的主要原因。但该方法特别适合烘燥上黏合剂的水刺非织造材料。而圆鼓气流穿透干燥时，湿的水刺非织造材料没有降温过程，所以它的干燥效率明显高于多烘缸干燥。图 5-14 为专用于水刺生产的热风穿透烘箱工作原理，与其他烘燥机相比，该装置将干、湿区分离，排湿性能好,干燥效率高。圆鼓直径从 1 500 mm 到 5 400 mm,开孔率达 92％左右。水刺非织造纤网包覆在圆鼓上方的筛网上,热气流自外向里穿透。设计包覆角度为 270°呈"Ω"形,进一步提高烘燥面积和产能。图 5-15 为大型高产的热风穿透式干燥机组图片。加热方式可用燃气加热、导热油加热、蒸汽加热、电加热等。

要制得性能优良的非织造材料,除了解水刺系统中的设备,认识机构特征外,理解和掌握水刺过程的特殊规律和工艺参数是关键,它们是稳定非织造材料品质性能的基础。

5.3　水刺工艺与产品性能

水刺加固工艺对非织造材料性能的影响主要工艺参数有:水刺道(级)数、水刺头数量、水压强、水针作用距离、喷水孔的直径与流量、水针排列密度、生产速度、网帘结构、产品面密度、脱水器的真空度等,而且这些工艺参数相互关联,影响着水刺生产和非织造产品的结构与性能。

5.3.1　输网帘结构和水针作用距离

纤网输送至水刺头下方时,高压水针在穿透纤网后,遇到输网帘编织丝相交的交叉接点时,根据输网帘或转鼓的结构和规格,水针受到了阻碍,水流向上和四周无规则反射分溅,迫使交织点上的纤维向四周运动并互相集结缠绕,造成纤网所对应编织丝交织点的凸出部位处无纤维分布而产生网孔结构,见图 5-16 网孔型水刺非织造材料结构电镜照片。相反在输网帘的有孔部位由于水针直接穿透,纤网中的纤维主要是向下运动,同时接受输网帘上编织丝交织点处纤维挤压,而形成纵横向纤维集合区域,从电镜照片上可清晰地观察到水刺非织造材料所呈现的网状结构。

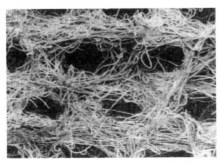

图 5-16　带网孔的水刺非织造材料结构电镜照片(×100)

分析输网帘上编织丝交织点处纤维受力情况,可得知在水针作用下的纤维运动机理。参见图 5-17,水针冲击输网帘上的纤网时,假设水针以垂直于纤网方向喷射输网帘或转鼓上的纤网,在某一编织丝曲面 A 处,根据工程流体力学原理,水针主体将沿曲面分散,设此时沿曲面切线方向水针速度为 V_a,作用于纤维的质量流量为 Q_a,则可知道水针射流在 A 处对

纤维的作用力 P_a。纤维的运动分为两大部分：一是纤维在水针射流冲击作用，纤维产生横向平面运动；二是垂直方向的运动，部分纤维在射流的冲击下，从纤网表面带到纤网反面。

A 处纤维的运动阻力 $\sum F_a$ 也可归纳为两大部分，一是因纤维与周边纤维之间的缠绕而引起的握持力；二是纤网中下层纤维的托持作用，编织丝表面对纤维的运动摩擦阻力可忽略不计。

当 $P_a > \sum F_a$ 时，纤维向编织丝凹处运动。对于 B 处的纤维，水针射流由于推动纤维使得动能减弱，速度由 V_a 降至 V_b，同时由于水针射流在运动过程中扩散，作用于纤维的流量减少，则 $P_b < P_a$，即水针射流在 B 处对纤维的作用力减小。而 B 处纤维的运动阻力 $\sum F_b$ 同样发生了变化，由于纤维运动引起纤维聚集，因此纤维缠绕作用逐渐增强，握持力加大；编织丝凹处纤维聚集度增加，造成托持力也加大，即 $\sum F_b > \sum F_a$。当 $P_b \leqslant \sum F_b$ 时，即纤维停止向编织丝凹处运动。

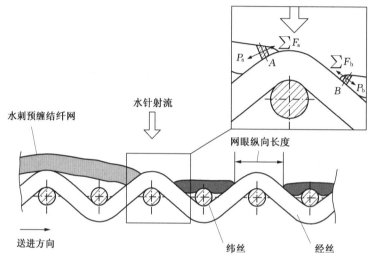

图 5-17　水刺时纤网中纤维在网帘上的运动机理

以上分析可知，在水针冲击过程中，纤维向网帘编织丝交织凹处运动聚集，造成经纬编织丝凸处无纤维而形成网眼，其主要影响因素是水针射流的流量和速度，适当提高水流量可使水刺非织造材料的网眼变得清晰。编织丝凹凸尺寸差异与纤网面密度的配伍非常重要，采用不同粗细的编织丝经纬排列编织或采用特别的编织结构可使输网帘凹凸尺寸差异变大，凹处容积变大，容纳纤维的能力加大，使水刺非织造材料的网眼加大，接触网帘表面处产生凹凸起伏的立体效果。采用目数大的网帘以及纤网面密度很大时，会使水刺非织造材料不易形成清晰的网眼结构。

水的喷射运动，在给水加高压条件，水从喷水板的喷水小孔中喷出；由于空气作用，水针射流结构状态是变化的。图 5-18 为从喷水孔喷出的水针射流结构，d 为喷水孔微孔直径，区域 1 为核心区，即在锥形内部和其表面上各点的轴向速度保持射流出口速度所产生的射流能量最大，2 为掺气区，其和空气冲突而膨胀，AA' 截面以下掺气区

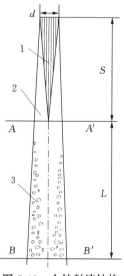

图 5-18　水针射流结构

会慢慢变细,逐渐粒化变成水滴,空气阻力增加,速度逐渐下降,3 为滴水区。S 为起始段长度,L 为主体段长度,即 AA' 至 BB' 的空间距离。主体段中虽已掺入空气,但仍可保持较紧密的射流结构。根据工程流体力学圆截面射流的运动分析,雷诺数 $Re > 2\,300$ 等水温的圆截面水针可称为轴对称非淹没射流。水针动量方程可用下式表示:

$$\sum \boldsymbol{F} = \frac{\partial}{\partial t}\int_{v}\rho U\mathrm{d}v + \oint_{A}\rho Uu\,\mathrm{d}A \tag{5-4}$$

式中,$\sum \boldsymbol{F}$ 为作用在控制体内流体上所有外力的矢量和;$\dfrac{\partial}{\partial t}\int_{v}\rho U\mathrm{d}V$ 为控制体内流体动量对时间的变化率,设水针流体为恒定流时,该一项为零;$\oint_{A}\rho Uu\,\mathrm{d}A$ 为单位时间内通过全部控制面的动量矢量和,即

$$\sum \boldsymbol{F} = \oint_{A}\rho Uu\,\mathrm{d}A = \rho\left(\int_{A2}\boldsymbol{U}_2 u_2\mathrm{d}A_2 - \int_{A1}\boldsymbol{U}_1 u_1\mathrm{d}A_1\right) \tag{5-5}$$

在实际工程中,流速 u 在流过某一断面上分布难以确定,常采用平均流速 v 代替 u 来计算总流的动量。设 AA' 至 BB' 均为渐变流过流断面,v 与 u 的方向相同,这样:

$$\sum F = \rho(\alpha_2 \boldsymbol{V}_2 v_2 A_2 - \alpha_1 \boldsymbol{V}_1 v_1 A_1) \tag{5-6}$$

考虑恒定不可压缩($\rho =$ 常数)总流,$Q = v_2 A_2 = v_1 A_1$,则水针恒定不可压缩总流的动量方程成为:

$$\sum F = \rho Q(\alpha_2 \boldsymbol{V}_2 - \alpha_1 \boldsymbol{V}_1) \tag{5-7}$$

式中:v_1——水针初始速度,m/s;

v_2——水针主体段任意一点的速度,m/s;

A_1——喷水孔出口圆截面积,m^2;

A_2——水针主体段任意一点处的圆截面积,m^2;

Q——每孔水针流量,m^3/s;

α_1、α_2——动量修正系数;

ρ——水的密度,$\mathrm{kg/m}^3$;

F——水针对纤网的冲击力,N。

因为动量方程是个矢量方程,故在实际应用上一般是利用它在某坐标系上的投影式进行计算,并注意各项的正负号。α 值的大小与总流过流断面上的流速有关,一般流动的 $\alpha = 1.02 \sim 1.05$,但有时可达到 1.33 或更大。

表 5-2 显示了在两种水针初始速度时,纤网在不同水针作用距离条件下所受到的冲击力大小。在同样水刺工艺压强条件下,水针冲击力在水针作用距离 10 mm 处比 20 mm 处约大 4 倍。

表 5-2　两种水针初始速度 v_1 时水刺冲击力 F

$v_1 = 100$ m/s	水针作用距离/mm	20	15	10
	水刺冲击力/N	13.1K	23.1K	51.3K
$v_1 = 124$ m/s	水针作用距离/mm	20	15	10
	水刺冲击力/N	19.6K	35.5K	78.9K

※K——修正系数

在实际生产中,合理控制喷水板喷水孔出口至托网帘的距离(见图 5-1),即水针作用距离,是非常重要的。相关实验表明,如果把水刺头压力由原来的 6.5～7.0 MPa 提高到 7.5～8.5 MPa,同时又使水针作用距离增大一倍,则水刺非织造材料的强度变化不大。

造成强度增加不明显的原因,因喷水板至托网帘的距离变大后,水针高速运动,空气对流束表面产生较大的摩擦阻力,形成涡流现象严重。此时水针表面张力不能与摩擦力相平衡,水射流流束表面某处开始断裂、破碎并渗入空气,水针集束性变差。另外,其水针的轴心速度随着水针作用距离的增大而减小。

根据研究,在水刺工艺压强小于 30 MPa、喷水孔孔径为 0.8～1.0 mm 等条件下,水针的冲击力明显小于针刺力。

5.3.2 水针能量与缠结性能

水压强是水刺法中的重要工艺参数,在纤网速度、喷水板规格、纤网面密度、水针作用距离等相关工艺不变的条件下,水针的水压强提高,单位面积内纤网吸收的水针能量就越多,发生位移的纤维量或冲带量增加,易造成更多的纤维参与缠结。

水刺中衡量纤网受水针冲击的力度可用水的喷射能量或称水针能量来表达。与针刺工艺中的针刺密度概念不同,水刺非织造纤网接收水的喷射能量由水刺遍数和水压强、水流量、喷水孔径、水针排列密度、纤网运行速度等因素决定。

水刺工艺中纤网接受水针喷射能量可用下列公式求得:

$$E_m = \frac{\sum_{i=1}^{n}(P_i V_i A_i + \frac{1}{2}m_i V_i^2)}{V_W \times G_W \times W_B} \tag{5-8}$$

式中:E_m——纤网接受水针喷射总能量,kJ/kg;

P_i——第 i 只水刺头的水压强,Pa;

V_i——第 i 只水刺头的水流速度,m/s;

A_i——第 i 只水刺头喷水孔总面积,m^2;

m_i——第 i 只水刺头单位时间内水流的质量,kg/s;

V_W——输网帘或转鼓的线速度,m/s;

G_W——水刺后纤网面密度,g/m^2;

W_B——纤网宽度,m。

水刺头高压水腔内的水流在未形成水针之前,其能量主要表现为压能,其速度很小,可忽略不计,此时公式(5-8)可简化为下式:

$$E_m = \frac{\sum_{i=1}^{n}P_i Q_i}{G_W \times V_W \times W_B} \tag{5-9}$$

式中:E_m——纤网接受水针喷射总能量,kJ/kg;

P_i——第 i 只水刺头腔内的水压强,Pa;

Q_i——第 i 只水刺头腔内水流量,m^3/s;

V_W——输网帘或转鼓的线速度，m/s；

G_W——水刺后纤网面密度，g/m²；

W_B——纤网宽度，m。

水刺头水腔内压力和流量的关系如式(5-10)所示：

$$P=(\frac{Q}{0.66 \times a \times d_z^2})^2 \times 10^{-5}$$ (5-10)

式中：P——水刺头水腔内压强，Pa；

　　α——流量系数；

　　d_z——水针板总开孔等效直径。

d_z按式(5-11)计算：

$$d_z=d\sqrt{n}$$ (5-11)

式中：d——水针板喷孔直径，m；

　　n——水针板喷孔数，个。

当水刺头高压水腔内水流经由喷水孔转化为高速水针进入大气中后，高压水流的压能转化为水针的动能，则公式(5-8)可简化为：

$$E_m=\frac{\sum_{i=1}^{n}\frac{1}{2}m_iV_i^2}{V_W \times G_W \times W_B}$$ (5-12)

式中：E_m——纤网接受水针喷射总能量，kJ/kg；

　　V_i——第i只水刺头的水针速度，m/s；

　　m_i——第i只水刺头单位时间内水流的质量，kg/s；

　　V_W——输网帘或转鼓的线速度，m/s；

　　G_W——水刺后纤网面密度，g/m²；

　　W_B——纤网宽度，m。

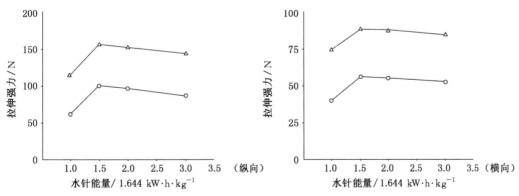

图 5-19　水针能量对非织造材料强力的影响

△—PET/PA复合纤维（55 g/m²）　○—PET纤维（50 g/m²）

根据成网工艺条件，初始喂入水刺区阶段时的纤网结构相对比较疏松且抱合力极低，过高的水针能量纤网无法完全吸收,严重时造成纤网结构破坏,故宜采用低水压强工艺;随着纤网中纤维的不断缠结,纤网结构越来越紧密,非织造材料强度不断提高,然后可逐渐加大水针压强,但各个水刺头的压强设置不一定是连续的递增。水针能量与水刺非织造材料强力关系如图 5-19 所示,水针总能量设定过大,会损伤纤维,造成非织造材料力学性能降低。

在工艺范围内,纤网正反面交替水刺的次数与强度成正比关系,水刺头的数量及交替水刺的次数对水刺非织造材料的性能和网面质量有重要的影响。纤网宽度和高压水泵压强、流量的增加,水刺机能耗功率呈线性增加,尤其是当泵压强高于 25 MPa 时,能耗急剧上升。水刺工艺压强和产品宽度与水刺机组能耗的关系参见图 5-20,图中所示的水刺头和纤网宽度分别为 3.5 m、4.5 m 和 6.0 m。

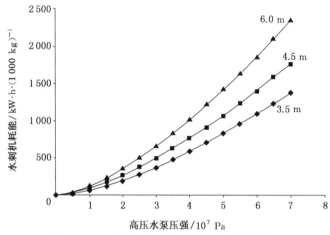

图 5-20 水刺机压强和纤网宽度与能耗的关系

在一定的水针喷射能量条件下,纤网中纤维的线密度和纤维的截面形状对非织造材料强度影响明显。在高压水针冲击下,复合纤维由原来的 3.3 dtex 圆截面分裂后呈三角扁平形截面,纤维被分裂成超细纤维(约 0.2~0.05 dtex),具体根据复合纤维规格而定。图 5-21 为水刺聚酯/聚酰胺复合橘瓣型分裂纤维非织造材料截面结构,纤维线密度迅速下降,使得纤维与纤维之间接触面积大于原圆形截面纤维之间的接触面积,纤维相互之间摩擦力增大,加强了握持力的作用和效果。

图 5-21 水刺聚酯/聚酰胺复合橘瓣型分裂纤维非织造材料

水针的喷射能量对橘瓣型分裂纤维网作用,影响纤网中每根纤维的分裂情况,即开裂程度大小。纤网的面密度、生产速度、纤维弱节的形态和内部结构特征以及复合纤维中弱节纤维所占的比例等都可用来解释、分析和评价水针能量对纤维网性能的影响。

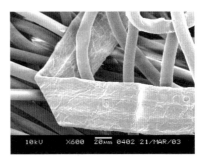

图 5-22　木浆粕/聚酯纤维水刺复合非织造材料

图 5-22 为木浆粕/聚酯纤维水刺纤网结构电镜照片，木浆纤维在水力作用下，穿插到聚酯纤网内并与之缠结，并明显存在扁平状木浆纤维对其他纤维的钩接和大面积抱合现象。

5.3.3　水刺非织造材料的力学性能

非织造材料受到张力时，纤维伸直，而纤维的伸直又受到周围纤维的阻碍，形成径向压力，如果纤维间的集合程度能产生足够的压力，以握持这根纤维，则产生纤维运动自锁现象。在自锁现象情况下，受到的张力越大，握持纤维的力也越大。水刺非织造材料与针刺非织造材料存

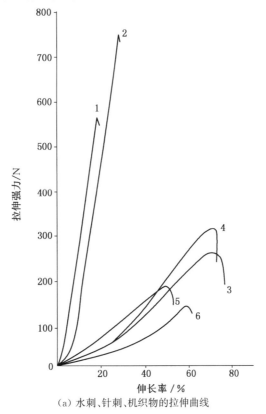

（a）水刺、针刺、机织物的拉伸曲线

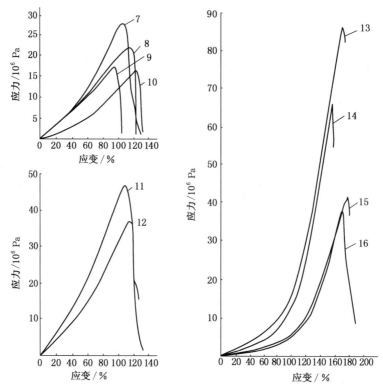

（b）不同纤维水刺非织造材料的应力-应变曲线

图 5-23　水刺非织造材料的拉伸性能

1-机织物纵向拉伸强力（320 g/mm²）　2-机织物横向拉伸强力　3-针刺非织造纵向拉伸强力（230 g/m²）
4-针刺非织造布横向拉伸强力　5-水刺非织造布纵向位向强力（90 g/m²）　6-水刺非织造布横向拉伸强力
7-脱脂棉 65 g/m²　8-脱脂棉 60 g/m²　9-脱脂棉 34 g/m²　10-脱脂棉 35 g/m²　11-黏/涤/棉 85 g/m²
12-黏/涤/棉 60 g/m²　13-PET 70 g/m²　14-PET 65 g/m²　15-PET 42 g/m²　16-PET 47 g/m²

在相同现象,产生自锁现象前,纤维之间有一定的滑动,而机织物由于纱线排列整齐,且加以捻度,结合程度明显大,故自锁现象出现得早,纤维之间的滑动也少,如图 5-23(a)所示,机织物反映在拉伸曲线上初始阶段斜率大,伸长小,针刺非织造材料中纤维呈三维空间排列,纤网结构中纤维位移空间大,自锁现象前纤维之间滑动较大,拉伸曲线的初始阶段斜率小,伸长大。而水刺非织造材料由于纤维的缠结紧密,纤维间相互包缠,拉伸时比针刺法非织造材料早出现自锁现象,反映在拉伸曲线上,初始阶段斜率与针刺非织造材料相近。水刺非织造材料的拉伸强度和初始模量随水针冲击能量增加而增加,伸长却是呈下降的趋势。

水刺非织造材料的拉伸弹性模量均比较小,受拉伸力很小时抵抗变形的能力小。图 5-23(b)为脱脂棉、黏胶纤维和聚酯纤维的水刺非织造材料的应力-应变曲线,随着纤网强度的增加,初始模量上升。水刺脱脂棉纤维非织造材料的初始模量相对比较高,这与使用的棉纤维经脱脂和漂白,油蜡等被除去,纤维变得较为粗糙,而且不可避免地残存一些碱性化学物质有直接关系。

纤网中纤维排列的杂乱状况影响水刺非织造材料各向拉伸性能,图 5-24 和图 5-25 所示为水刺非织造材料取样角 0°（横向）至 90°（纵向）与强力的关系,水刺非织造材料的拉伸强力随着取样角度变化而变化。纤网中纤维与纤维按不同取向排列并相互缠结、抱合而成的结构网络,使得非织造材料表现出各向异性的力学性能。因此,平行网与杂乱或凝聚网排列结构会影响水刺非织造材料的力学性能。

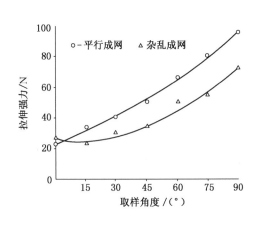

图 5-24 水刺非织造材料取样角度
与强力的关系(PET 100%, 57 g/m²)

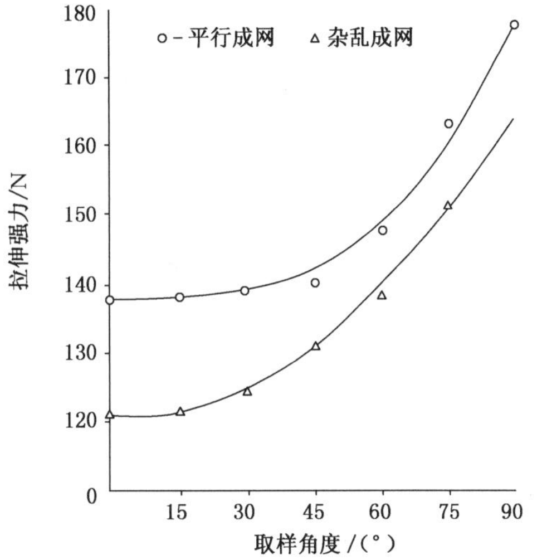

图 5-25 水刺复合纤维非织造材料取样角度
与强力的关系(PET/PA, 90 g/m²)

机织布的撕裂强度曲线初始斜率很大,其实质仍然是纱线受控屈服变形较小。水刺非织造材料撕裂强度曲线先小后大,然后产生滑溜现象,强度呈波动上升趋势,达到最大值后强度继续波动而下降。

水刺法非织造材料的撕破强力曲线斜率比传统织物小,这是由于水刺非织造纤网结构不同于织物几何结构的缘故,其中机织物是利用纱线的交叉排列,屈曲起伏形成稳定的交织结构;针织物是由纱线的相互圈套、缠结而形成织物的稳定结构;水刺非织造材料则以纤维作为基本体,通过水针作用使纤网中纤维相互缠结形成稳定的纤网结构。水刺非织造材料的纵向撕裂强度曲线同样呈较明显的锯齿波峰,横向撕裂强度由于受水针射流作用方向与纤网的运动轨迹和输送帘的结构所决定,撕裂强度曲线锯齿波形不明显。水刺人造革基布的纵向撕破强力曲线见图5-26。水刺非织造材料的撕破过程:假设沿纵向拉伸,横向撕裂随非织造材料的试样受力裂缝逐渐开张,非直接受力横向排列的纤维开始与受力的纵向纤维做相对滑动,横向排列纤维渐渐聚集,并集体承担外

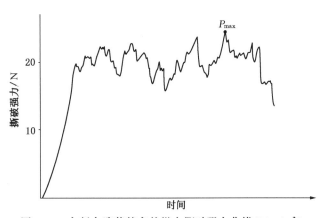

图 5-26 水刺人造革基布的纵向撕破强力曲线(90 g/m²)

力的撕破负荷。随着纵向和横向纤维相对滑移的程度增加,纤维之间抵抗这种滑移的阻力也在迅速增大,至纤维之间的摩擦力与滑移力达到平衡。

随着非织造材料张力增加,非织造材料的拉伸变形也增加,直到其断裂时,这些纤维发

生断裂,从而获得撕破负荷的某一极值 P_{max},裂口随机扩展及撕破。水刺非织造材料的撕破强度不随水针冲击能量的增加而增加。

水刺加固非织造材料随纤网面密度的增加,非织造材料的强度呈线性增加,纵向伸长减小,纤维的缠结(抱合)紧密,横向伸长增大,见图 5-27。同时要注意,纤维原料性能的差异对水刺非织造材料的力学性能影响十分明显。

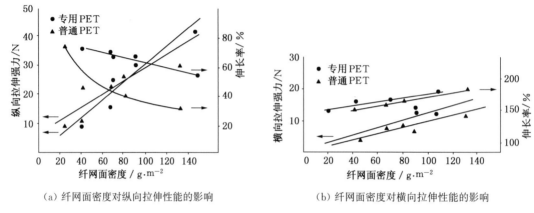

(a) 纤网面密度对纵向拉伸性能的影响　　(b) 纤网面密度对横向拉伸性能的影响

图 5-27　水刺非织造材料面密度对拉伸性能的影响

在顶破力作用下,水刺法非织造材料根据纤网内纤维的排列取向朝各向伸长,沿剪切应力处纤网变形大,强度薄弱处的纤网开始断裂,其裂口形呈半圆形为主。随着面密度的增加,纤网内纤维抱合力显著增加,顶破强力也越大,则变形能力小的横向首先破裂,裂口呈近似直线的弧状。这是由于纤网面密度增加,非织造材料的纵向拉伸强力已远远大于顶破强力,虽纵向排列纤维发挥较大作用,但仍从相对非织造材料纵向强度较弱的横向处顶裂。非织造材料顶破强力随面密度增加而显著提高,图 5-28 所示聚酯纤维非织造材料比脱脂棉纤维非织造材料顶破强力高得多。

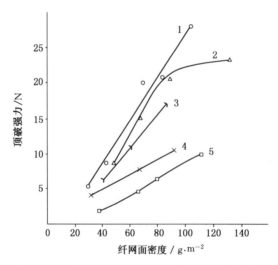

图 5-28　水刺非织造材料面密度与顶破强力的关系

1-专用 PET　2-普通 PET　3-普通 PET/黏胶/棉　4-精梳棉　5-普通棉

机织物和针织物的弯曲变形是以纤维和纱线的滑移、转动及弯曲扭转为主导,应力传递以摩擦为主。通过电镜观察水刺法非织造材料的结构,由于纤网加固全依赖于纤维的缠结和钩接,包缠螺旋结构远比纱线松散,纤维是在缺乏积极的握持条件下进行水刺加固缠结的。另外纤网内纤维的滑动和转动自由度大,受力变形时纤维和钩接区的伸长及压缩变形能力强,反映在水刺非织造材料的性能上,弯曲性和悬垂性好。

思考题

1. 试阐述水刺加固缠结的基本原理。
2. 试讨论预湿工艺对缠结性能的影响。
3. 根据流体力学的原理和水针射流的结构,分析水针对纤网的冲击现象。
4. 阐述转鼓水刺工艺和平网水刺工艺的区别。
5. 试分析输送网帘的结构对产品性能的影响。
6. 水过滤的主要作用包括哪些?
7. 试比较水刺非织造材料和机织物的结构与性能差别。
8. 水刺冲击过程对纤网中纤维的微结构有何影响?
9. 水针从喷水孔中水平射向一相距很近的静止铅垂平面体,水流随即在平面体向四周散开,试求水针射流对平面体的冲击力 F。

第6章 热黏合工艺和原理
(Thermal Bonding Process)

热黏合加固纤网是非织造工艺中的一种重要方法,随着合成纤维工业的技术进步而获得迅速发展。该工艺技术的发展主要基于下述几方面的特点:

(1) 利用高分子聚合物原料的熔融特性黏结纤网,取代了化学黏合剂,因此热黏合非织造材料更加符合卫生要求。

(2) 非织造干法成网速度已经超过 300 m/min,热黏合加固工艺是与之相匹配的工艺方法。

(3) 热黏合专用纤维的应用,使热黏合非织造材料性能提高、生产成本降低。

热黏合法非织造工艺具有生产速度快、产品不含化学黏合剂、能耗低等特点,其产品广泛用于医疗卫生、服装衬布、绝缘材料、箱包衬里、服用保暖材料、家具填充材料、过滤材料、隔音材料、减震材料等。热黏合工艺路线根据产品有薄型与厚型之分,是一种有发展前景的非织造生产工艺。

6.1 热黏合原理与分类

6.1.1 热黏合原理

高分子聚合物材料大都具有热塑性,即加热到一定温度后会软化熔融,变成具有一定流动性的黏流体,冷却后又重新固化,变成固体。热黏合非织造工艺就是利用热塑性高分子聚合物材料这一特性,使纤网受热后部分纤维或热熔粉末软化熔融,纤维间产生黏连,冷却后纤网得到加固而成为热黏合非织造材料。

6.1.2　热黏合工艺分类

热黏合非织造工艺可分为热轧黏合、热熔黏合和超声波黏合。热轧黏合按热轧辊(亦称轧辊)加热方式可分为电加热、油加热和电磁感应加热黏合工艺。热熔黏合按热风穿透形式可分为热风穿透式黏合和热风喷射式黏合工艺,其原理参见图6-1。

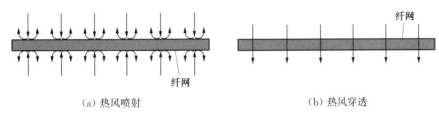

（a）热风喷射　　　　　　　　　　　　（b）热风穿透

图 6-1　热风穿透与热风喷射示意

热轧黏合是指利用一对加热钢辊对纤网进行加热,同时加以一定的压力使纤网得到热黏合。热熔黏合是指利用烘箱加热纤网同时在一定风压条件下使之得到融熔黏合加固。热轧黏合适用于薄型和中厚型产品,干法成网的产品面密度大多在 $15 \sim 100$ g/m^2,而热熔黏合适合于生产薄型、厚型以及蓬松型产品,产品干法成网的面密度为 $15 \sim 1\,000$ g/m^2,两者产品的黏合结构和风格存在较大的差异。

超声波黏合是一种新型的热黏合工艺技术,其将电能通过专用装置转换成高频机械振动,然后传送到纤网上,导致纤网中纤维内部的分子运动加剧而产生热能,使纤维产生软化、熔融、流动和固化,从而使纤网得到黏合。超声波黏合工艺特别适合于蓬松、柔软的非织造产品的后道复合深加工,用于装饰、保暖材料等,可替代绗缝工艺。

6.2　热轧黏合工艺

6.2.1　概述

热轧黏合在热黏合非织造工艺中的应用较晚,其借用了印染工业中的研光、烫光技术,由于其生产速度快、无三废问题,随着 20 世纪 80 年代初美国的用即弃尿布崛起,聚丙烯热轧非织造材料作为尿布面料替代了原来以黏胶、聚酯纤维为主体的化学黏合法非织造材料。热轧黏合特别适合于薄型非织造材料的加固,因而发展迅速。

热轧非织造材料广泛应用于用即弃产品的制造,如手术衣帽、口罩、妇女卫生巾、婴儿尿裤、成人失禁垫以及各种工作服和防护服等。此外,热轧非织造材料还大量应用于服装衬布、电缆包布、电机绝缘材料、电池隔膜、箱包衬里、包装材料、涂层基布等。

6.2.2 热轧黏合工艺过程及机理

热轧黏合非织造工艺是利用一对或两对加热钢辊或包有其他材料的钢辊对纤网进行加热加压,导致纤网中部分纤维熔融、流动、扩散而产生黏结,冷却后,纤网得到加固而成为热轧非织造材料,纤网进入一对热轧辊钳口区过程参见图6-2。

热轧黏合是一个迅速而复杂的工艺过程,纤网进入钳口区后,发生了一系列的变化,包括纤网被压紧加热,纤网产生形变,纤网中部分纤维产生熔融,熔融的高分子聚合物的流动以及冷却成型等等。

1. 纤网变形与热传递过程

当纤网进入由热轧辊组成的热轧黏合区域时,由于轧辊具有较高的温度,因此热量将从轧辊表面传向纤网表面,并逐渐传递到纤网的内层。在热传递的过程中,产生诸多物理变化,原来蓬松的纤网进入轧辊的钳口区后,纤网的密度和厚度均产生变化,热传递系数也必然随之变化,热传导的性能也将发生变化。

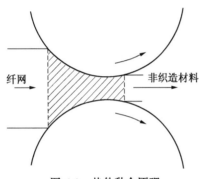

图6-2 热轧黏合原理

向纤网提供热量的另一个重要来源是形变热。轧辊间的压力使处于轧辊钳口的高聚物产生宏观放热效应,导致纤网温度进一步上升。据研究,对于面密度为 18 g/m² 的纤网,在轧辊间线压力为 $2.5 \times 10^3 \sim 7 \times 10^3$ N/cm 下,纤网轧点处厚度将从 300 μm 压缩到 33 μm,纤网产生的形变热可使纤网内层的温度上升 35~40 ℃。但由于聚合物熔融要消耗部分热量,形变热实际上会使纤网内层温度上升 30~35 ℃左右。

热轧黏合的轧辊具有一定的压缩弹性,在一定的辊间压力作用下,轧辊与轧辊间的接触不是一条直线,而是具有一定宽度的接触区。设该接触区的宽度为 b(mm),纤网通过的线速度为 v(m/s),则纤网位于接触区内的时间 t(s)为:

$$t = b \times 10^{-3} / v \qquad (6-1)$$

非织造热轧工艺中,设上、下轧辊分别保持恒温 T_1 和 T_2,T_s 为纤维的软化点。由于热轧辊会向周围大气散发热量,其表面周围的温度呈一定的梯度分布,蓬松的纤网还未进入轧辊钳口区时,首先开始吸收来自热空气的传导热和轧辊的辐射热,然后与轧辊接触的表层纤维接受传热作用。当纤网进入热轧区的时间为 t_i,具有的温度为 T_n,出热轧区的时间为 t_d,则纤网由于受热传递而导致纤网沿厚度方向不同位置处(图6-3中所示上表面,1/4处,1/2处,3/4处,下表面位置)的温度分布不同,纤网中各层的温度并没有达到上轧辊的表面温度,但由于压力和剪切力产生的形变热促使了部分纤维发生熔融。图6-3所示,即使在纤网离开热轧钳口区的时刻 t_d,纤网上表面层纤维的温度也未达到上轧辊的表面温度。

由式(6-1)和图6-3可知,随着生产速度的提高将导致 $t = t_d - t_i$ 减小,接触时间缩短,纤网中纤维受热温度降低,因此需要适当提高轧辊的温度和压力来弥补纤维熔融所需热量的不足。

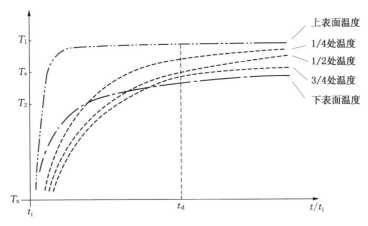

图 6-3　纤网通过轧辊钳口区时沿厚度方向的温度分布

2. Clapeyron 效应

高聚物分子受压时熔融所需的热量远比常压下多,这就是 Clapeyron 效应。对聚丙烯纤维来说,压力使其熔融温度提高的范围约为 38 ℃ /100 MPa。在热轧黏合过程中,轧辊钳口将使聚合物的熔融温度提高,因此,合理选择轧辊温度和压力的配合是非常重要的。

3. 流动过程

在热轧黏合过程中,纤网中部分纤维在温度和压力的作用下发生熔融,同时还伴随着熔融的高聚物的流动过程,这也是形成良好黏合结构的条件之一。轧辊温度升高将有利于熔融高聚物的流动。

4. 扩散过程

热轧黏合时,在熔融高聚物的流动过程中,同时存在着高聚物分子向相邻纤维表面的扩散,纤维熔融相互接触部分会产生扩散过程,扩散作用有利于形成良好的黏合。研究结果表明,高聚物在黏合过程中的扩散距离仅为 1 nm 左右,但对于纤网形成良好的黏合有重要的作用。

5. 冷却过程

在热轧黏合过程中,由于纤网中纤维受到热和机械作用,因此纤维的微观结构将发生一定的变化,纤维的性能也必然会产生一定程度的变化。热轧黏合后纤网的冷却工艺,可使纤网中纤维稳定度较低的结构单元转变为稳定度较高的结构单元,提高纤网的尺寸稳定性,有利于改善产品的物理力学性能。

6.2.3　热轧黏合的方式

非织造热轧黏合根据其黏合方式,可分为点黏合、面黏合与表面黏合(轧光)三种加固形式。

1. 点黏合热轧

点黏合热轧是通过对纤网的局部融熔热黏合而达到加固纤网的目的,点黏合热轧加固通常适合中低面密度的非织造产品,最高面密度通常不大于 100 g/m²,适合于生产用即弃卫生产品的包覆材料、服装衬基布、鞋衬、家用装饰材料、台布、擦布、地板革基布等。

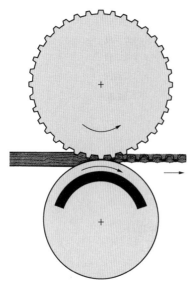

图6-4 点黏合热轧示意图

点黏合热轧工艺采用一对钢辊进行热轧,如图6-4所示,其中一根为刻花辊,另一根为光辊,所以热轧后纤网中仅有局部区域被黏合加固,未黏合区域仍保持纤网原来的蓬松性,因此产品的手感比面黏合要好。

在点黏合热轧中,刻花辊的轧点形状和大小及其分布决定了点黏合热轧的黏合面积占总面积的比例。目前黏合面积比例一般控制在8%~30%。黏合面积比例小时,主要用于热轧复合工艺;黏合面积比例越大,产品的强度就越大,伸长率变小,但产品手感同时会变差。生产高档服装衬基布时,黏合面积比例一般较小,为8%~12%。大黏合面积比例只有要求产品强度高、硬挺时才用。

以聚烯烃和聚酯为原料的薄型纺丝成网非织造材料常采用点黏合热轧加固纤网。

2. 面黏合热轧

面黏合热轧适合于生产婴儿尿片和妇女卫生巾包覆材料、药膏基布、胶带基布及其他薄型非织造材料,其纤网的面密度通常为$18\sim25\ g/m^2$,少数甚至在$10\ g/m^2$以下。面黏合热轧制成的非织造材料表面结构比较光滑。

图6-5为面黏合热轧工艺流程,面黏合热轧采用了两台热轧机。纤网通过输网帘送至第一台热轧机,第一台热轧机加热光钢辊在上,棉辊在下,纤网通过轧辊钳口后,其上表面先黏合,然后由一对牵拉辊将纤网从棉辊上剥下,经过补偿装置后再送至第二台热轧机。第二台热轧机的加热光钢辊在下,棉辊在上,对纤网的下表面进行黏合加固。经过两台热轧机黏合加固后,纤网通过一对水冷却辊冷却,然后再送至卷绕装置卷绕。

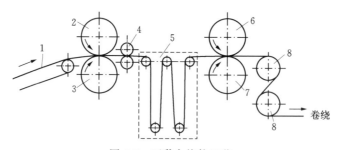

图6-5 面黏合热轧工艺

1-纤网 2-光钢辊1 3-棉辊1 4-牵拉辊 5-补偿装置 6-棉辊2 7-光钢辊2 8-水冷却辊

面黏合热轧加固时,纤网中热熔纤维的含量通常超过50%,否则会造成产品的强度不足。同时热轧机不能采用一对钢辊,以防止纤网受到损伤或造成产品纸质的感觉。

面黏合热轧生产线的生产速度可达到$200\ m/min$,一台$2.2\ m$的轧机,正常的总线压力可达到$400\ kN$左右。

3. 表面黏合热轧

表面黏合热轧方式适合于加工厚型的过滤材料、合成革基布、地毯基布和其他厚重型非织造材料。在表面黏合时,由于输入的非织造材料比较厚,并且具有一定的隔热作用,因此轧辊的热量无法深入到非织造材料的内层,只仅仅对非织造材料的表面进行加热处理。通常,轧辊工艺温度必须达到热熔纤维的熔点,生产速度快时甚至超过纤维的熔点。表面热轧处理,突起的纤维绒头均被压平,因此非织造材料表面显得很光滑,但纤网表面并不完全熔融封闭,仍具有透通性。

表面黏合热轧采用的热轧机一般采用钢-棉-钢三辊形式,两根钢辊均需加热,轧辊线压力视所需非织造材料的密度而定,通常设计为 981~2 452 N/cm。

6.2.4　热轧黏合设备

1. 热轧机的基本要求

热轧黏合工艺对热轧机最关键的技术要求是:热轧辊表面工作温度要均匀,轴向均匀,圆周方向也要均匀,特别是进行宽幅纤网热轧加工时,轧辊在巨大压力作用下,仍要保持温度均匀,一台良好的热轧机其热轧辊表面温度之差要控制在±1 ℃之内。另一个要求是在加压条件下,一对轧辊的热轧钳口压力要均匀,即纤网在整个工作宽度要受到一致的压力作用,否则在工作宽度上会出现局部热黏合效果的差异,从而导致产品横向强度的差异。因此典型的热轧机必须具备下列条件:

(1) 良好的加热系统。电加热、导热油或电感应加热方式,要求热效率高。如采用导热油加热,则要求油温控制精度高、操作方便、过滤系统、输油管路接头及密封件要耐高温。

(2) 设计良好、加工精度高、材质好的热轧辊。热轧辊的导热油回路设计十分重要,要保证导热油所载热量可均匀地传导至轧辊。轧辊的圆度、圆柱度、纵向跳动都有严格的要求,轧辊表面均须精密磨削加工。为补偿轧辊受力时的变形,一般的热轧机采取了中凸式轧辊,其中间呈弧面。如果轧辊表面有微小变形,就不可能达到均匀加压,如果轧辊轴向有微小弯曲,则轧辊的钳口会出现压力波动。另外,轧辊表面任何的机械隆起或缺陷将引起较大的温度偏差,例如一个直径 600 mm 的轧辊,如果其表面有 0.02 mm 的隆起,其表面轴向就会产生 3 ℃的温度差。因此,对热轧辊表面精度要求控制在 0.003 mm 之下。

热轧辊材料质量要求很高,一般使用铬钼铝合金钢,内部材质要求均匀,轧辊毛坯要经锻压加工和良好调质处理。

(3) 热轧机墙板要坚固,加压和调整轧辊要方便。热轧辊主轴承要耐高温。

2. 热轧辊加热方式

热轧辊加热方式目前主要有电加热、油加热和电感应加热三种类型。

电加热方式是最传统的加热方式,其利用电热管或电热丝元件发热使轧辊受热,特点是结构简单,维修方便,升温速度也比较快,但加热均匀性差,温度控制精度较低,不适用于宽幅点黏合热轧工艺。

油加热是目前最常用的加热方式,其采用导热油作为热媒体对轧辊进行加热。导热油可由燃油或燃煤锅炉加热,也可直接采用安装在热轧机边上的导热油电加热系统加热,典型的热轧机轧辊的热油回路见图 6-6。导热油经电加热器 6 加热后通过油泵 7 经热轧辊的芯轴的长孔输入热轧辊 1,热轧辊呈一定壁厚的钢管状,管壁内设有热油导孔,并形成循环的热油回路。导热油通过轧辊内部的热油回路传递热量,使轧辊升温。导热油从轧辊流出后经过滤器8、加热后再输入轧辊形成闭路循环系统。图 6-6 中 3 为工艺温度控制器,5 为热电偶,4 为膨胀槽。

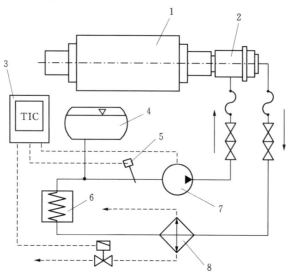

图 6-6　典型的热轧辊热油回路

1-热轧辊　2-旋转接头　3-温度控制器　4-膨胀槽　5-热电偶　6-电加热器　7-油泵　8-过滤器

图 6-7 是德国 Küsters 公司的热轧机配置的均匀辊 S-Roll250 的加热系统示意图,其采用逆流加热原理,来保证辊筒各点的温度均匀。如导热油加热到 260 ℃,由图 6-7 中 a 处流入均匀辊高压腔 2,到达压差控制器 6,这时导热油温度降为 258 ℃;258 ℃导热油再经低压回流腔 3 由出口 b 处流出,这时导热油温度降为 256 ℃,由于辊筒体是转动的,因此,辊筒体各点表面温度可稳定在 258 ℃左右。

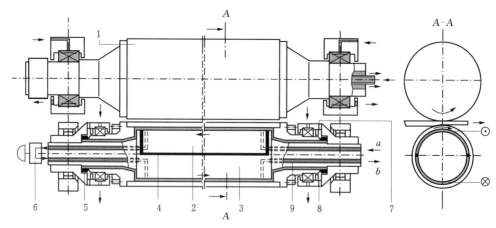

图 6-7　S-Roll250 均匀辊加热系统

1-上轧辊　2-高压腔　3-低压回流腔　4-初级密封　5-次级密封　6-压差控制器　7-视孔　8-可控式泄露液出口　9-管路绝热

目前,导热油加热轧辊的热轧机技术上已经成熟,工作温度可高达 300 ℃,但是,如果要求进一步提高工作温度,则采用导热油传热将受到限制。如采用耐高温纤维制造高性能的复合非织造材料,其热黏合温度将超过 300 ℃,同时,热轧机的轧辊、旋转接头、密封件、轴承等零部件的材质和加工精度以及维修等要求均大大提高。日本 Tokuden 公司电磁感应加热的热轧机,具有温度控制精确、加热温度高达 420 ℃、升温快、轧辊表面温度均匀、控温方便等特点。

电感应加热基本原理:用变压器工作时产生的负效应——感应发热作为轧辊的热源。图 6-8 为电感应加热轧辊的工作原理,其中 1 为感应线圈,它绕在轧辊的芯轴上,相当于变压器的初级线圈,并固定不动,以轴承支承套在芯轴感应线圈外部的钢辊,即相当于变压器的次级线圈,它可以转动,当感应线圈通以交流电时,就产生了交变磁场,它使辊体表面产生感应电流,因而辊体自身产生焦耳发热,即轧辊自身成为发热体。

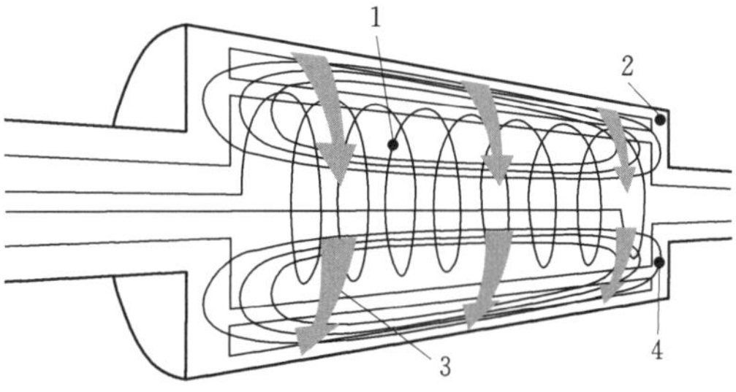

图 6-8 电感应加热轧辊工作原理
1-感应线圈 2-辊体 3-感应电流 4-磁力线

图 6-9 为电感应加热轧辊结构,图中 1 为温度检测输出的回转接头,2 为温度传感器,3 为感应线圈,4 为钢辊体的轴向长圆孔,5 为感应线圈铁芯,外辊体通过轴承套及轴承可绕固定芯轴回转。钢辊体的轴向长圆孔 4 有数十个,沿圆周方向均匀排列,孔的直径、数量与排列均需精密计算。孔内热媒体(主要为纯水)封闭成真空状态,分别进行着蒸发与液化,反复循环,这样就形成了具有巨大热传输能力的特殊装置"热管",当轧辊受电感应作用被感应电流加热时,轧辊升温至所需的设定温度,在这一温度条件下"热管"内热媒体蒸发形成饱和蒸汽压,如果轧辊某部分表面因热负荷而降温,则其相邻区域"热管"内的饱和蒸汽压相应降低,这样就使周围的高压蒸汽流向这个区域,使蒸汽发生降压液化,释放部分潜热,起到提高这一区域温度的作用。反之,如果轧辊表面某一部分温度高于相邻区域,那么这部分"热管"内的热媒体即发生沸腾、蒸发,带走部分热量,从而使轧辊该部位的温度降低。

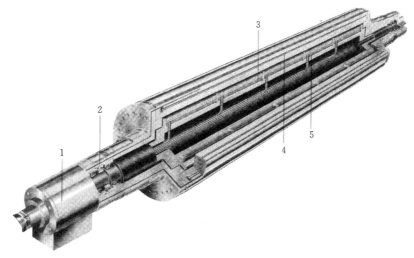

图 6-9 电感应加热轧辊结构
1-旋转接头 2-温度传感器 3-感应线圈 4-轴向长圆孔 5-感应线圈铁芯

轧辊长圆孔在两端密封形成"热管"以补偿轧辊轴向的温差,另一部分深孔则按径向在两端连通,形成补偿圆周方向温差的"热管"。这样轧辊表面无论轴向与圆周方向均能获得快速有效的自动温差补偿。

电感应加热热轧机具有以下优点:

(1) 采用电感应加热,可省去油加热装置、输油管道及阀门等部件,占地少。

(2) 与其他热轧机的加热方式相比,电感应加热方式具有精确的温度控制能力,并且加热温度最高可达到 420 ℃。

(3) 不用导热油加热,无漏油弊病,工作环境干净,符合环保要求。

(4) 避免了导热油加热热轧机旋转接头、导热油管路等的常规保养维修。

(5) 通过将感应线圈分段设置、分段控制,可按热轧工艺要求使热轧辊在加温时中央部分凸起,以补偿由于加压造成的轧辊变形,消除轧辊钳口压力不匀的问题,这样就无需在热轧辊机械加工时预先制成腰鼓状,省却了复杂的机械加工工序。这点对制造宽幅的热轧辊特别重要,目前电感应加热轧辊长度已达到 5.6 m,直径已达到 0.75 m。

3. 热轧辊变形补偿方式

在热轧黏合时,由于压力较高,热轧辊发生弯曲变形是不可避免的。轧辊发生弯曲变形,将导致整个轧辊钳口压力分布不均匀,造成纤网局部受不到热轧黏合加固或黏合效果较差现象,参见图 6-10。在图 6-10 中,(b)为左端轧点压力过大,(c)为右端轧点压力过大,(d)为两端轧点受力过低,(e)为中段轧点受力过低,而(a)为整根轧辊钳口受力均匀。因此要采取种种措施以减少变形或对变形进行补偿。

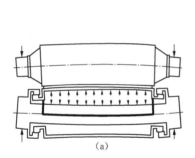
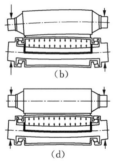
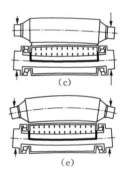

图 6-10 轧辊钳口压力分布

常用的补偿方式有中凸辊(腰鼓状)补偿、轴向交叉补偿、外加弯矩补偿和液压支承芯轴补偿。

图 6-11 中凸辊补偿弯曲变形

图 6-11 为中凸辊补偿弯曲变形示意图。下辊为腰鼓状的中凸辊,用来补偿弯曲变形,是一种简单而有效的方式,但其仅仅适合于特定的轧辊工作压力,因此该补偿方法有一定的局限性。

轴向交叉补偿是指将轧辊的主轴承侧向移位,从而使两轧辊的轴线产生一定角度 θ 的交叉,这样轧辊两端的钳口尺寸变大,当施加压力时,可达到补偿弯曲变形的目的,参见图 6-12。调节主轴承的侧向位移大小,可补偿不同工作压力产生的轧辊弯曲变形,该方法适合于窄幅(3 m)和低速(250 m/min 以下)热轧机。

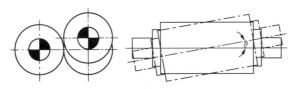

图 6-12　轴向交叉补偿弯曲变形

热轧机可采用中凸和交叉相结合的方式来补偿轧辊的弯曲挠度。其设计原理是,根据热轧工艺的最低工作线压力来确定光辊的中凸值,当刻花辊为直辊、光辊为中凸辊时,光辊的中凸值应为两辊挠度之和,参见图 6-13(b)。热轧工艺所需的最低工作线压力一般为490 N/cm,最高工作线压力一般为 1 960 N/cm。中凸值确定后,根据轧辊结构与尺寸、所用材料的性能等可计算出不同工作线压力下光辊轴承座补偿弯曲变形的位移值。

图 6-13(a)为外加弯矩补偿变形示意图。这种方法是通过在轧辊外端施加弯矩来补偿正常工作压力引起的轧辊弯曲变形,补偿系统是纯机械式的,可根据不同工作压力来调节。

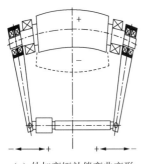
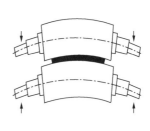

(a)外加弯矩补偿弯曲变形　　(b)轧辊钳口中段轧点受力过低　　(c)轧辊钳口受力均匀

图 6-13　外加弯矩补偿弯曲变形

液压支承芯轴是补偿轧辊弯曲变形的可靠、精确的方法。如图 6-14 所示为德国 Küsters 公司的 S-Roll 浮动轧辊。轧辊外壳 2 围绕固定芯轴 3 旋转,一特殊的密封件将轧辊外壳与固定芯轴之间的圆柱状空间分隔成两个半圆柱形空间,在面向轧辊钳口的半圆柱形空间 1 为压力腔,并采用油加压,轧辊钳口受压,则固定芯轴也受压,参见图 6-10(a),由此来保证整个轧辊钳口受力均匀。另一个半圆柱形空间 4 称为回流腔,研究表明,压力腔与回流腔之间的压力差与轧辊加压系统油缸的压力成正比,参见图 6-15,因此压力腔与回流腔之间的压力差 P_{Diff} 可作为轧辊加压系统油缸压力 P_{ZyL} 的调节信号。如没有这样的技术手段,则轧辊钳口压力就无法保证一致。

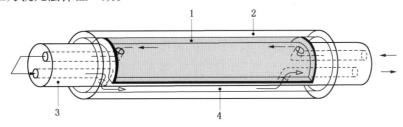

图 6-14　S-Roll 浮动轧辊逆流原理

1-高压腔　2-轧辊外壳　3-固定芯轴　4-低压回流腔

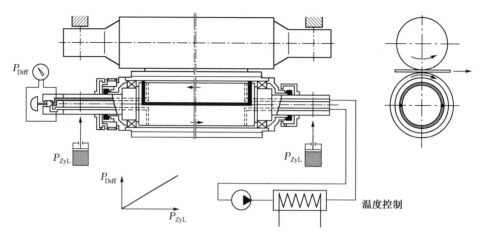

图 6-15　S-Roll 浮动轧辊工作原理

浮动轧辊工作时,油除了充满压力腔以产生线压力外,还以进油的逆向流入回流腔。这对带走运转时轧辊弹性包覆层上所产生的热量以防止热膨胀是非常必要的。为了更好地保护轧辊两端的包覆层,可以适当提高压力腔的工作压力,这样,可以做到轧辊弹性包覆层中段与钢辊接触(接触长度为 L)而两端不接触,参见图 6-16(a),通过调节压力腔的压力,可使轧辊适应不同幅宽的纤网,参见图 6-16(b)。

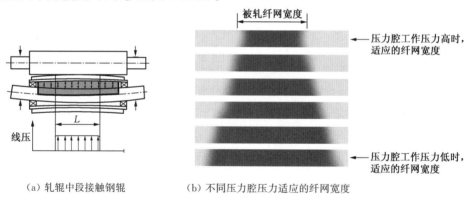

(a) 轧辊中段接触钢辊　　　　(b) 不同压力腔压力适应的纤网宽度

图 6-16　S-Roll 浮动轧辊工作幅宽控制原理

Ramisch 公司的 Nip-Co 轧辊是另一种液压支承芯轴轧辊,图 6-17 是其结构图。Nip-Co 轧辊的芯轴固定不转,而外壳回转。固定芯轴上设有呈横向排列的柱塞式油缸组,通过高压油缸对薄壁轧辊外壳施加压力,以补偿轧辊钳口的变形。图 6-18 中,(a)为补偿均匀载荷引起的变形,所有柱塞式油缸均采用同一压力;(b)为补偿非均匀性载荷,这时,柱塞油缸可分成 4~6 个区域,每个区域的柱塞式油缸的油压不同。

图 6-19 是电感应加热轧辊补偿变形的原理图,通过将感应线圈分段(A、B、C、A'、B'、C')设置,分段控制,可按热轧工艺要求使热轧辊在加温时相应位置凸起(如 A 段),以补偿加压造成的轧辊变形。

4. 刻花辊的轧点结构

在点黏合热轧非织造工艺中,刻花辊的轧点结构是至关重要的。

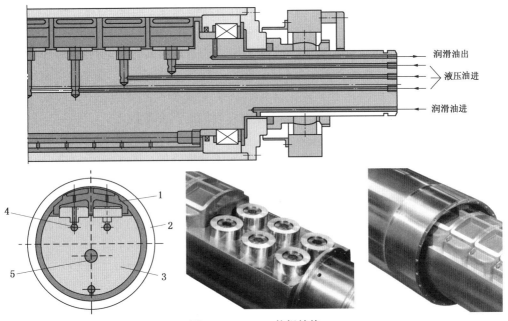

图 6-17　Nip-Co 轧辊结构

1-双柱塞滑动轴承　2-辊体　3-固定芯轴　4-液压油管路　5-导热油管路

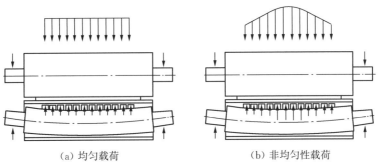

（a）均匀载荷　　　　　　　　　（b）非均匀性载荷

图 6-18　Nip-Co 轧辊补偿变形原理

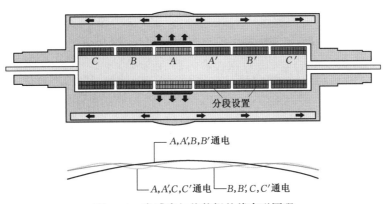

图 6-19　电感应加热轧辊补偿变形原理

　　热轧非织造材料的力学性能和手感受黏合点面积及其分布的影响极大,非织造材料的强度决定于黏合点的数量、黏合面积比例和黏合牢度,而柔软度则决定于黏合点间桥连纤维实际长度(桥连纤维指连接相邻黏合点的纤维,由于纤维具有卷曲度,桥连纤维实际长度大于黏合点之间的距离,如一根 38 mm 长的纤维通常穿越多个黏合点),所以热轧非织造材料的强度与柔软度是矛盾的。研究表明:为了使热轧非织造材料具有一定的物理性能、力学性能和外观特征,热轧黏合点的密度应为 $15.5 \times 10^4 \sim 77.5 \times 10^4$ 个/m^2,而黏合点面积比例应占纤网总面积的 8%~30%。

刻花轧辊上轧点高度(h)也是影响非织造材料性能的重要参数之一。图 6-20 为传统轧点的剖面图,其凸台边与轧辊径向夹角 α 较大,热轧时非黏合点处的纤网也能与轧辊相接触而得到轻微的黏合,这就使非织造材料强度增加而柔软度降低。图 6-21 为改进后的轧点剖面图,其凸台边分两段,A 段角度较小,可以减少对黏合点边缘外纤维的接触热传导,该区域的纤维结构性能受热的影响较小,可以改善非织造材料的柔软度和弹性;B 段角度较大,可提高轧点的强度。也有将 A 段和 B 段连成圆弧状的加工方法,轧点顶面与边接近垂直。改进型轧点的 A 段角度较小,有利于在修磨轧辊后仍保持轧点总面积不变。

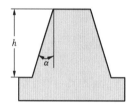 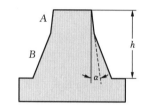

图 6-20　传统轧点剖面示意　　图 6-21　新型轧点剖面示意

常规轧点加工方式采用冷挤压成型和切削加工,同时轧点边缘处应带有小的圆角,以免压伤纤维。刻花辊的热处理也是至关重要的,处理不当,轧点周围将出现微细裂缝,影响轧点的疲劳强度,参见图 6-22(b)。刻花辊的热处理必须防止脱碳,通常热处理后表面硬度会大于 HRC60 以上,通过精密磨削加工除去表面最硬的一层,轧辊尺寸达到要求,同时轧点的硬度也达到 HRC57 的要求,该硬度将不致损伤光辊的表面。

　　(a)热处理质量高　　　　　　　　(b)热处理不当

图 6-22　轧点放大照片

当生产不同面密度或不同性能要求的热轧非织造材料时,应选择不同轧辊轧点花纹和不同轧点高度的轧辊。图 6-23 为热轧非织造工艺常用刻花辊的轧点形状。图 6-24 为非织造复合用刻花辊花纹和产品外观。

图 6-23　常用轧点形状　　　　图 6-24　复合用轧辊花纹(上)和产品(下)外观

5. 非织造热轧机类型

热轧机包括轧辊、加压油缸、冷却辊、机架以及传动系统等,主要有 2 辊、3 辊和 4 辊热轧机以及带浮动轧辊等类型的热轧机。图 6-25 为 Ramisch 公司的 2 辊热轧机,轧辊表面最高温度可达到 250 ℃,温度误差≤±1 ℃,轧辊钳口压力调节范围为 15～150 N/mm。

图 6-26 为 Ramisch 公司的 3 辊热轧机,一般配置一根点黏合刻花辊和一根复合用刻花辊,其轧辊钳口变换非常迅速,变换工艺时无需花很多时间更换刻花辊。

德国 Küsters 公司的热轧机均配有 S-Roll 浮动轧辊,具有轧辊变形补偿能力,能在整个辊幅的范围内保持均匀的压力,而且与压力的大小无关。图 6-27 为 Küsters 公司的热轧机,其中(a)为 2 辊热轧机,(b)为 3 辊热轧机,(c)为 4 辊热轧机。4 辊热轧机中,下钳口是预黏合,上钳口为主黏合,工作幅宽可达 6 m。

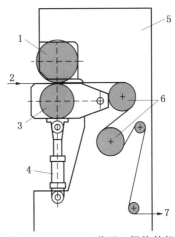

图 6-25　Ramisch 公司 2 辊热轧机

1-上轧辊　2-纤网　3-下轧辊　4-油缸
5-机架　6-冷却辊　7-热轧非织造材料

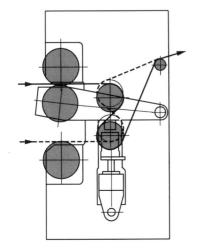

图 6-26　Ramisch 公司 3 辊热轧机

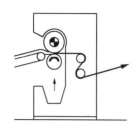

（a）2 辊热轧机

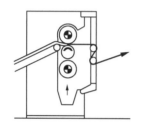

（b）3 辊热轧机

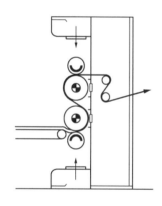

（c）4 辊热轧机

图 6-27　Küsters 公司的热轧机

图 6-28 为意大利 Comerio 公司的 2 辊非织造用热轧机，其采用中凸和轴向交叉方法来补偿轧辊变形，如轧辊工作幅宽为 2.5 m，轧辊直径为 410 mm，轧辊线压力与主轴承侧向位移的关系见图 6-29。

Comerio 公司热轧机的上轧辊和下轧辊分别采用独立的油加热系统，加热系统最高工作温度可达到 300 ℃。导热油对轧辊进行循环加热，可保证轧辊表面温度误差范围≤±1 ℃。图 6-30 为 Comerio 公司热轧机的主轴承的润滑系统，其包括润滑油的循环、过滤、温度检测、冷却等功能。

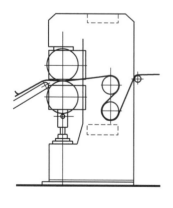

图 6-28　Comerio 公司的 2 辊热轧机

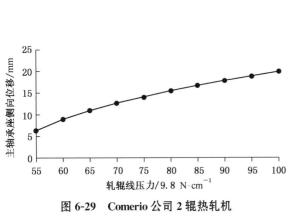

图 6-29 Comerio 公司 2 辊热轧机
轧辊线压力与主轴承位移的关系

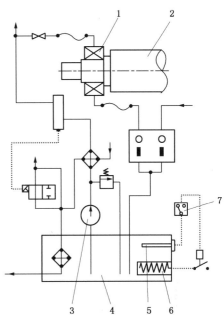

图 6-30 Comerio 公司热轧机的主轴承润滑系统
1-主轴承　2-热轧辊　3-油泵　4-油槽
5-热电偶　6-热交换器　7-温度控制器

6.3　热熔黏合工艺

6.3.1　概述

热熔黏合纤维的开发拓展了热熔黏合非织造材料的应用,热熔黏合纤维的选择和配比主要取决于产品应用,常用热熔纤维及其性能详见第 2 章。

热熔黏合纤维的混合比通常为 10%～50%,作为预黏合时为 5%～10%,也可 100% 采用热熔纤维。实际生产中应按非织造材料的最终应用要求来配比,卫生巾和尿布包覆材料通常采用 100% 的热熔黏合纤维。

6.3.2　热熔黏合工艺过程及机理

热熔黏合工艺是指利用烘箱对含有纤维状或粉末状热熔介质的纤网进行加热,使纤网中的热熔纤维或热熔粉末受热熔融,熔融的聚合物流动并凝聚在纤维交叉点上,冷却后纤网得到黏合加固而成为非织造材料。

1. 热传递过程

热熔黏合工艺中的传热过程与热轧黏合有所区别。热轧黏合时,轧辊热量主要通过传导和辐射施加到纤网上,同时,由于轧辊钳口的压力作用,纤网内部出现形变热。而热熔黏合工艺主要是利用纤网两侧的空气压力差使热空气穿透纤网对热熔纤维进行加热,少数采用如红外辐射的加热方式。辐射加热仅用在特殊场合,因为要得到高的辐射热,并促使纤网中热熔纤维达到熔融温度是很困难的。对于较厚的纤网,辐射加热只能黏合其表面。而热风循环穿透式加热方式则具有较高的热传导效率,其适应性也较强,可广泛应用于 $20\sim2\,000\ \mathrm{g/m^2}$,甚至更厚的纤网黏合加固,薄型产品生产速度可达到 $300\sim500\ \mathrm{m/min}$。

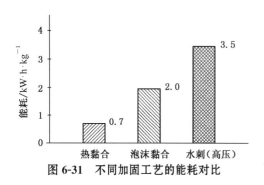

图 6-31 不同加固工艺的能耗对比

如图 6-31 所示,从能量消耗的角度来观察,热熔黏合工艺与化学黏合工艺比较仅需相当少的能量。实验表明:

热熔黏合耗能:浸渍黏合耗能=1:4.7

热熔黏合耗能:泡沫浸渍黏合耗能=1:3.0

实验时,热熔黏合工艺采用 80%聚酯纤维和 20%聚丙烯纤维(热熔黏合纤维)混合,热熔黏合工艺温度为 170 ℃制成热熔纤网;浸渍黏合中,纤网浸渍黏合剂时吸收了 80%的水分,采用 170 ℃的干燥焙烘温度制成化学黏合非织造材料,其中聚酯为纤网质量的 80%,化学黏合剂占 20%。

2. 流动过程

热熔黏合时存在与热轧黏合相同的聚合物流动过程。

3. 扩散过程

热熔黏合时存在与热轧黏合相同的聚合物扩散过程。

4. 加压和冷却过程

在热熔黏合过程中,热风穿透时存在一定的抽吸风负压,负压大小影响风速和风量,并对纤网热熔产生影响。纤网离开烘箱的热熔区域后应立即采用一对轧辊对纤网加压,轧辊的机械作用,可改善纤网的黏合效果,同时提高产品的结构、尺寸的稳定性。热熔黏合工艺中对纤网的冷却过程采用冷风穿透方式。与热轧黏合工艺相同,热熔黏合后纤网的冷却工艺,有利于改善产品的物理力学性能。

6.3.3 热熔黏合的方式

热熔黏合工艺按热风穿透形式可分为热风穿透式黏合和热风喷射式黏合。

1. 热风穿透式

1)单层平网热风穿透式

平网热风穿透式黏合是一种成熟的热熔黏合工艺,其与平网热风穿透式烘燥的原理基本相同。如图 6-32 所示,经热交换器 2 加热的热风 3 从烘箱的上部吹入,穿过纤网后由下部旁侧的风机 1 抽出,然后经加热器加热后再进入烘箱,热空气是循环工作的。这种热熔黏合方式采用了单层帘网,纤网在没有加压作用下熔融黏合,因此产品蓬松、弹性好。

2）双网夹持热风穿透式

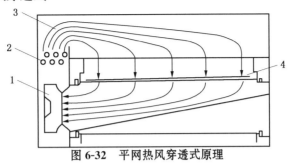

图 6-32　平网热风穿透式原理

1-风机　2-热交换器　3-热风　4-纤网

图 6-33 为双网夹持热风穿透式黏合工艺,纤网在热风穿透黏合时,由上下两层帘网夹持,这样,在生产较大面密度的厚型产品时,可控制产品的厚度和密度。热风穿透黏合后,纤网可经过一道热轧处理,进一步控制产品厚度,热轧后,纤网必须经过冷却辊冷却或风冷,然后才成卷。

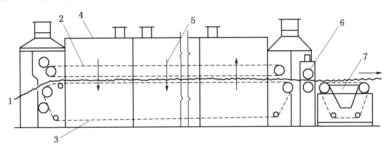

图 6-33　双网夹持热风穿透工艺过程

1-纤网　2-上网帘　3-下网帘　4-箱体　5-热风　6-轧辊　7-风冷

3）滚筒圆网热风穿透式

圆网热风穿透式黏合是近年来迅速发展的一种工艺,与圆网穿透对流式烘燥原理基本相同,如图 6-34 所示。滚筒圆网热风穿透烘箱主要由开孔滚筒、金属圆网、送网帘、压网帘、

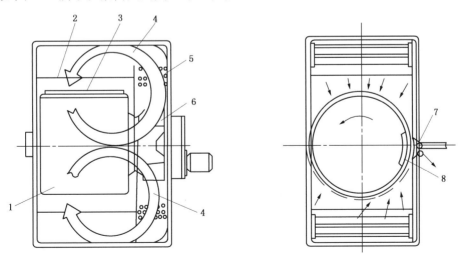

图 6-34　圆网热风穿透式原理

1-圆网滚筒　2-匀风板　3-纤网　4-循环热风　5-热交换器　6-风机　7-喂入帘　8-密封板

热风循环加热系统等组成。纤网送入圆网热风穿透烘箱后,热风从圆网的四周向滚筒内径方向喷入,对纤网进行加热。而进入滚筒内部的热风被滚筒一侧的风机抽出,所以在滚筒的内部形成负压。由于该负压的存在,面密度较小的纤网被吸附在金属圆网上。当纤网热黏合后,在离开滚筒的区域内,滚筒内部要设气流密封挡板,使该区域滚筒表面无热空气吸入,因此热黏合的非织造材料能顺利离开加热区。

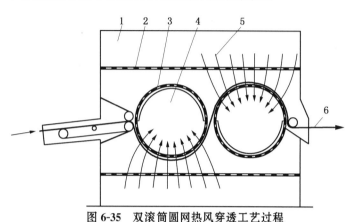

图6-35 双滚筒圆网热风穿透工艺过程

1-热交换室 2-均风板 3-圆网 4-密封板 5-热风 6-纤网

滚筒圆网热风穿透烘箱的热风温度、热风循环速度、滚筒转速均可调节。滚筒最大直径可达3 500 mm,最大工作宽度可达4 000 mm,250 ℃工作温度时的温度误差可控制在±1.5 ℃,整个工作宽度上,气流速度偏差不超过±5%。

当生产较厚型产品及产量较高时,需要使用多个滚筒对较厚型纤网进行加热,才能得到良好的黏合效果。如图6-35所示,为双滚筒热风穿透黏合工艺,热风交替穿过纤网的两面,加热效果较理想。加大滚筒直径,可提高其生产能力。

2. 热风喷射式

1) 单网帘热风喷射式

单网帘热风喷射式热熔黏合可采用热熔粉末或热熔纤维进行热熔黏合,在烘箱中采用单网帘输送纤网。如图6-36所示,纤维混和后经喂料斗均匀地喂给梳理机,梳理机输出的薄网经撒粉装置加入热熔粉末,然后由交叉铺网装置铺成较厚的纤网,再输入到烘箱中进行热风喷射加热融熔黏合。热熔黏合后的纤网离开烘箱后,再经冷却轧辊加压作用,使产品结构进一步稳定并改善非织造材料的表面质量。

如果在纤网中混入一定比例的热熔纤维,则无需使用撒粉装置。

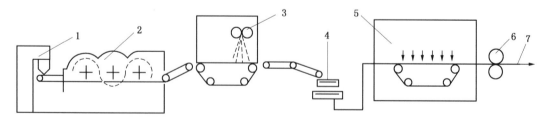

图6-36 单帘网热风喷射式热熔黏合工艺过程

1-喂入 2-梳理 3-撒粉装置 4-铺网 5-烘房 6-冷却轧辊 7-非织造材料

2) 双网帘夹持热风喷射式

双网帘夹持热风喷射式热熔黏合可采用热熔粉末或热熔纤维进行热熔黏合,适合生产厚型非织造材料,在烘箱中采用双网帘夹持输送纤网。如图6-37所示,混合后的纤维由喂料机输出到输网帘上,同时撒粉装置将热熔粉末均匀地撒在纤维层中,然后纤维层输入到气流成网机中进行气流成网。气流成网后的纤网由双网帘夹持喂入烘箱,由喷射的热风进行热熔黏合。双网帘夹持方式可使产品不受热风喷射的影响而变形,同时可调节产品密度并形成稳定的纤网结构。

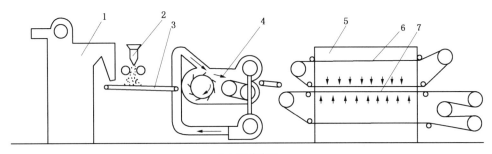

（a）工艺流程

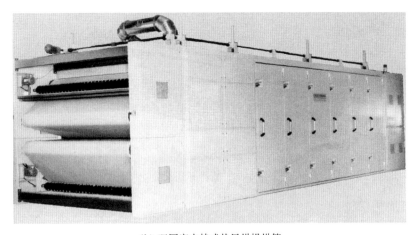

（b）双网帘夹持式热风烘燥烘箱

图 6-37　双网帘夹持热风喷射式

1-喂入　2-撒粉装置　3-输网帘　4-气流成网　5-烘箱　6-上夹持网帘　7-下夹持网帘

与单网帘热风喷射式热熔黏合相同,如果在纤网中混入一定比例的热熔纤维或低熔点纤维进行热熔黏合,则无需使用撒粉装置。

6.3.4　热熔黏合设备

1. 热熔黏合设备的基本要求

热熔黏合工艺中,对纤网的加热可采用单层平幅烘箱、穿透式圆网滚筒烘箱等,而红外辐射加热烘箱已很少应用。对烘箱的基本要求是:

（1）能对纤网整个宽度进行迅速而均匀的加热和温度控制,烘箱内各处温度偏差应≤1.5 ℃。

（2）热风的速度和方向均能控制,热风在循环流动过程中不破坏纤网的结构。

（3）有效控制最终产品的密度和厚度。

（4）为了获得良好的热黏合效果和较高的生产速度,烘箱应有足够的通过长度,以保证纤网有足够的受热时间。

（5）加热能耗应合理控制,并具有优良的隔热效果以降低生产成本。

2. 圆网热风穿透黏合用滚筒

开孔滚筒是圆网热风穿透黏合的关键部件。普通开孔滚筒一般由薄钢板制成,首先在薄钢板上均匀地冲孔,然后卷成一定直径的圆筒,再在两端加上固定边盘。这种开孔滚筒结构较简单,制造成本较低,加工方便,但缺点是表面开孔率不高,最高仅48%左右。常用的热风黏合机大都使用这种结构的开孔滚筒,通常在这种滚筒的外圆面上加上等距轴向排列的盘片,再在其外套上金属圆网,金属圆网的目数应按加工纤网的面密度来选择,一般为14～18目,目数越大,孔径越小。

图6-38所示的是一种比较新型的开孔滚筒,其不采用冲孔薄钢板卷制,而是利用折成半六角形的扁钢条和直扁钢条通过点焊组成表面呈蜂巢状开孔的滚筒结构件,其结构强度高,抗变形能力强,表面开孔率高,一般可达到90%左右。该滚筒外面套上金属圆网即可用于热风穿透黏合。

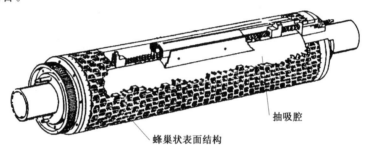

抽吸腔

蜂巢状表面结构

图6-38　新型开孔滚筒

3. 烘箱加热系统

烘箱的加热系统是非常重要的,根据具体条件选择适当的加热方式,对于节省能源是非常有意义的。烘箱选择加热系统时,必须考虑:

（1）当地何种能源供应最方便、有效;

（2）烘箱所需的工作温度;

（3）可供能源的价格比较;

（4）设备投资大小和维修成本;

（5）必须遵守的国家安全和环保法规。

烘箱的常用热源有蒸汽、热油、电热、煤气加热和气体直接燃烧。接触烘燥只能用蒸汽和热油,辐射烘燥可用煤气或电热。表6-1为各种热源的热效率比较。

表6-1　各种热源的热效率比较

热　源	热效率/%	热　源	热效率/%
电热	90～98	热水	80
气体直接燃烧	85～90	蒸汽	70
热油	80～85		

表 6-1 中虽以电热的热效率最高,但电是二次能源,在由其他能源转变为电能时,能源已经有较大的损失,因此在实际应用中,直接燃烧加热的热效率才是最高的。

4. 热风循环系统

热熔黏合烘箱中,热风的循环均利用风机来进行,参见图 6-32。

从图 6-32 中可观察到热风在工作区域内的循环过程。风机 1 将纤网下方的热空气抽出并送至热交换器 2 加热,然后再送至纤网进行加热热熔黏合。

图 6-39 为圆网热风循环示意图,轴流风机由滚筒的侧面抽风,形成循环热风,热风经过热交换器时得到加热。当采用气体直接燃烧加热方式时,由燃烧室出来的热空气在风机之前与烘箱中气流混合,这样可达到与其他加热方式一样的温度控制精度,通常温度控制范围为±1 ℃。

5. 纤网输送系统

热熔烘箱常用的纤网输送系统可采用链条传动带支杆的网帘,纤网由网帘托持输送,该输送方式的生产速度较低,网帘仅随两端固定在链条上的支杆移动,如图 6-40(a)所示。另一种纤网输送方式如图 6-40(b)所示,采用烘箱一端的传动辊传动网帘,在传动辊上设有防止网帘跑偏的纠偏装置,并设有一系列的导辊,而且可有上下两套网帘组成输送系统,纤网夹在上下网帘中输送,这种输送方式要求网帘的强度较高。采用两层网帘输送纤网时,可控制产品的密度。

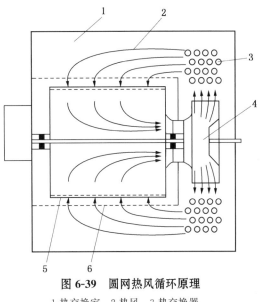

图 6-39　圆网热风循环原理
1-热交换室　2-热风　3-热交换器
4-风机　5-圆网　6-均风板

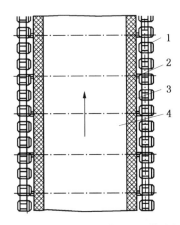

（a）支杆分别与网帘和链条固定的传动方式

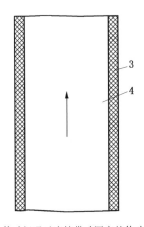

（b）传动辊通过摩擦带动网帘的传动方式

图 6-40　纤网输送方式
1-链条　2-支杆　3-网帘　4-纤网

6.4 超声波黏合工艺

6.4.1 概述

人类听觉上限频率约为 20 000 Hz,高于此频率的声波通常称为超声波,或称为超声。最早的超声是 1883 年由通过狭缝的高速气流吹到一锐利的刀口上产生的,称为 Galton Hartmann 哨。以后又出现了各种形式的气哨、汽哨、液哨等机械型超声发生器。超声发生器又称为换能器。随着材料科学的发展,应用最广泛的压电换能器已从天然压电晶体过渡到价格更低廉、性能更良好的压电陶瓷、人工压电单晶、压电半导体以及塑料压电薄膜等,并使超声频率的范围从几十千赫提高到上千兆赫。

6.4.2 超声波黏合工艺过程及机理

超声波用于各种工业生产已有 40 多年的历史。美国杰姆士·亨特机械公司在 20 世纪 70 年代后期研制成功了称为 Pinsonic 的超声波热黏合技术,用以取代传统的绗缝机,生产床毯、垫褥、滑雪衫等绗缝产品。超声波黏合技术发展至今,已经可取代某些热轧黏合工艺,如生产叠层复合类非织造材料。

超声波黏合的能量来自电能转换的机械振动能,如图 6-41 所示,换能器 3 将电能转换为 20 kHz 的高频机械振动,经过变幅杆 4 振动传递到传振器 5,振幅进一步放大,达到 30～100 μm。在传振器的下方,安装有钢辊筒,其表面按照黏合点的设计花纹图案,植入许多钢销钉,销钉的直径约为 2 mm,露出辊筒约为 2 mm。超声波黏合时,被黏合的高分子聚合物纤维网或叠层材料(塑料膜)喂入传振器和辊筒之间形成的缝隙,纤网或叠层材料在植入

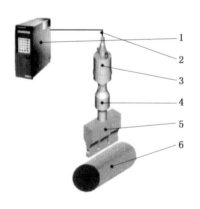

图 6-41 超声波黏合原理

1-超声波控制电源 2-高频电缆 3-换能器 4-变幅杆 5-传振器 6-带销钉的辊筒

销钉的局部区域将受到一定的压力,在该区域内纤网中的纤维材料受到超声波的激励作用,纤维内部高分子之间急剧摩擦而产生热量,当温度达到被黏合材料的熔点时,与销钉接触区域的纤维迅速熔融,在压力的作用下,该区域高分子聚合物材料发生流动、扩散过程,当纤网与销钉脱开后,不再受到超声波的激励作用,纤网或叠层材料冷却定型,形成良好的热黏合点。

超声波黏合技术具有以下一些特点:

(1)与热轧黏合工艺相比,设备上无加热部件,因为其不采用从纤网材料的外表面传递热量来达到熔融黏合的方式。超声波能量直接传送到纤网内部,能量损失较少,生产条件大大改善。

(2)根据产品性能要求,超声波黏合点可以设计成圆点、条状或其他几何形状和黏合面积,如图 6-42 所示。

(3)超声波黏合设备的可靠性高、机械磨损较小、操作简便、维修方便。

(4)与绗缝机相比,产量要高得多,一般约高 5～10 倍,并且不用缝线,黏合缝的强度比较高,洗涤后无缝线收缩之缺陷。

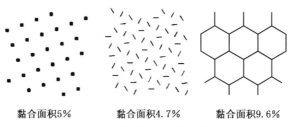

黏合面积5%　　黏合面积4.7%　　黏合面积9.6%

图 6-42　超声波黏合点形状与黏合面积

6.4.3　超声波黏合设备

超声波黏合设备通常由超声波控制电源、超声波发生及施加系统、托网辊筒以及辊筒传动系统等组成,其关键部件是超声波发生及施加系统,包括换能器、变幅杆、传振器及加压装置。

1. 换能器

换能器是进行能量转换的器件,超声波黏合工艺中使用的换能器是一种将电能转换成高频声能的器件。

换能器按能量转换原理,分为磁性换能器和电性换能器。磁性换能器包括电动式、电磁式、磁致伸缩式。电性换能器包括压电式、电容式、电致伸缩式。磁致伸缩换能器基于磁场的磁-力效应来实现机电能量互换。电致伸缩换能器是基于某些晶体或极化了的陶瓷体的电致伸缩效应来实现电声能量转换的一种电性换能器。极化的电致伸缩换能器,从换能原理和处理方法上,可以看作压电换能器,一般也可将其称作压电换能器。所谓压电换能器是基于某些晶体的压电效应来实现电声能量转换的一种电性换能器。

2. 变幅杆和传振器

超声波黏合所用的变幅杆和传振器具有不同的用途。变幅杆又称为波导杆,用来耦合换能器与负载的参数,同时起到固定整个机械系统的作用。传振器则用于在黏合区域激发振动。

在机械结构上,传振器应尽量避免应力集中现象。在选材上,通常考虑损耗系数小、疲劳强度极限较高的材料。

3. 超声波热黏合机

图 6-43 为典型的超声波热黏合机,当喂入纤网厚度变化时,该机仍可保持良好的黏合效果。其原理是,力传感器 1 可间接测出传振器和辊筒销钉加压纤网的力,当纤网变厚时,如传振器 5 与带销钉的辊筒 7 之间的间隙 δ 值不变,则传振器和辊筒销钉加压纤网的力变大,此时,力传感器 1 发信号给控制系统驱动调节电机 2 通过连杆 3、支架 4 使传振器 5 上升,则 δ 变大,传振器和辊筒销钉加压纤网的力变小。

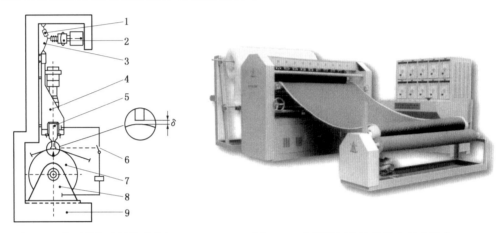

图 6-43　典型的超声波热黏合机　　　　图 6-44　典型的超声波热黏合复合设备

1-力传感器　2-调节电机　3-连杆　4-支架　5-传振器
6-金属检测装置安全开关　7-带销钉的辊筒　8-辊筒支架　9-机架

图 6-44 所示为典型的超声波热黏合复合设备,工作幅宽为 2.2 m,复合速度为 5 m/min,采用气缸加压,装机容量为 12 kW,配有 10 套超声波黏合单元。整套设备还设有退卷、张力控制和卷绕装置等。

6.5　热黏合工艺与产品性能

6.5.1　热轧黏合工艺与产品性能

影响热轧黏合非织造材料性能的主要因素有纤维特性、热熔纤维与主体纤维的配比、热轧黏合形式、热轧辊温度、热轧辊压力、生产速度、纤网面密度、刻花辊轧点尺寸和分布以及冷却条件等。

在设备一定的条件下,热轧辊温度、热轧辊压力、生产速度、纤网面密度以及热熔纤维与主体纤维的配比是影响热轧黏合非织造材料性能的主要因素。

1. 热轧非织造材料结构

图 6-45(a)为点黏合热轧非织造材料的电镜照片,从中可观察到,点黏合热轧非织造材料中存在着黏合比较好的区域和纤维间黏合很弱而仅交叉排列着组成的区域。

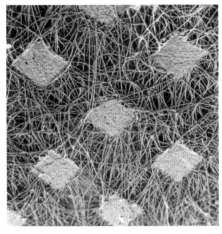

(a) 点黏合结构   (b) 面黏合结构

图 6-45 热轧非织造材料电镜照片

通过电镜观察可知,点黏合热轧非织造材料是由规则形状的黏合区或近黏合区和纤维区或无黏合区两种结构部分组成。黏合区对应于刻花辊凸起的轧点,纤维区对应于轧辊的凹进部分。黏合区是由于纤维受热、压力及剪切力作用后,部分或全部熔融流动而形成的。而纤维区内的纤维在热轧黏合工艺过程中并未熔融,从而基本上保持了原来结构状态。若轧辊线压力过大,则黏合区与纤维区相邻边界受损伤产生弱黏合,将影响产品强度。适当的压力与温度的配合则能保证良好黏结且无边界损伤。黏合区和纤维区的尺寸及其排列由刻花辊的轧点形状与排列决定,黏合区的黏合效果由热轧工艺条件决定。轧点尺寸及形状与产品的强度和柔软性密切相关。对于 35 g/m² 以上的中厚型非织造材料,黏合区较厚,且纤维区内部分纤维间也有少量的黏合作用。

对于面黏合热轧非织造材料,其由许多纤维熔融流动变形后的扁状体组成,参见图 6-45(b)。拉伸时扁状纤维依然能够分离开,扁状纤维黏连的区域可称为紧密区。在另外一些区域,其总是由交叉排列的纤维构成,且纤维间仍保留有小的间隙或缝隙,纤维间基本无黏合。当非织造材料发生小变形时该部分可发生纤维间相互移动,该区可称为疏松区。紧密区是由于纤网内部分纤维受热轧后熔融流动而形成的,非织造材料变形时纤维间相互作用力大,而疏松区内纤网间无黏合作用,仅存在作用程度很小的摩擦力。从材料结构可看到,一根纤维可穿过多个区域,即从紧密区到疏松区或从疏松区到紧密区。一定长度的纤维若位于紧密区内的部分越多,则其对非织造材料整体强度的贡献越大。纤维两个区域形成的原因是由于热轧时压力、温度和速度的工艺配合仅保证了纤网中部分纤维熔融,而部分熔融的原因在于成网技术无法使得小区域的纤维量达到理想均匀,从而在热轧黏合时,造成小区域内不同位置处受到的压力及温度升幅不同。而且,紧密区与疏松区的尺寸及排列为随机分布,两者所占的比例与纤网结构及工艺条件有关。

2. 纤维品种及配比对热轧非织造材料性能的影响

薄型热轧非织造材料用作卫生材料时，使用的纤维原料为聚烯烃纤维。常规纺纱型聚丙烯短纤维用于热轧非织造材料，其问题是不能适应热轧黏合工艺高速生产的要求，纤维熔点高，产品手感硬，强度低，而且不符合卫生要求。由此，国内外推出了热轧黏合卫材的专用纤维原料，聚丙烯 Soft61、聚丙烯 Soft71 以及聚丙烯/聚乙烯双组分（ES）纤维是具有代表性的纤维。

图 6-46 为几种热轧黏合纤维的拉伸性能曲线。Regular 是传统纺纱用聚丙烯纤维。该纤维的单纤维强度比其他非织造常用聚丙烯纤维更高，在同样热轧非织造工艺条件下，其非织造材料强度明显要低，而且弹性差。所以薄型非织造材料的强度主要取决于纤网的黏合效果，并不是由单纤维强度高低决定的，这与传统纺织品存在明显的不同。

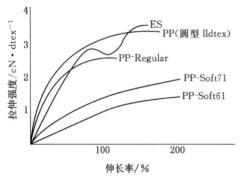

图 6-46 几种热黏合纤维的拉伸性能　　图 6-47 热黏合纤维含量与非织造材料拉伸强度的关系

由图 6-47 可见，Soft61 热轧非织造材料纵向拉伸强力明显高于普通聚丙烯纤维与聚酯纤维相混合的非织造材料。Soft61 热轧非织造材料的拉伸伸长较大的原因是纤维本身伸长率较大，纤维卷曲度也高，热轧黏合后，轧点间纤维的自由长度较大，拉伸时可充分伸长来抵御外力的作用。同时，纤维较大的卷曲度可保证热轧非织造材料具有较好的柔软性。图 6-48 为不同纤维品种及其配比的热轧聚丙烯非织造材料的拉伸性能。

当聚丙烯纤维和聚酯纤维相混热轧黏合时，拉伸强力随其含量增加而升高，这是因为纤网中热熔纤维含量增加，使黏合区域内纤网中纤维之间黏合效果增加而使纤网强力升高。

图 6-49 为热轧聚丙烯非织造材料面密度与纵向拉伸断裂强力的关系。对于薄型聚丙烯

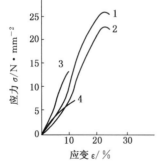

图 6-48 热轧聚丙烯纤维非织造材料拉伸性能

1-100% Soft61　2-75% PET，25% ES
3-50% PET，50% PP　4-75% PET，25% PP

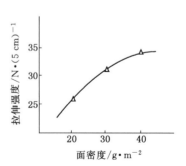

图 6-49 纤网面密度与热轧非织造材料拉伸强度的关系

纤维热轧非织造材料,其拉伸强力随纤网面密度增加而升高,其增长率趋于平缓。

薄型热轧非织造材料用作服装黏合衬基布时,使用的纤维原料为聚酯纤维和尼龙纤维。100%尼龙纤维或尼龙纤维与聚酯纤维相混的热轧黏合衬布,手感、弹性均有改善,是高档的服装黏合衬基布。服装黏合衬基布使用的聚酯纤维已经向细旦化拓展,纤维线密度已降到1 dtex 以下,可使衬布手感更柔软、飘逸,布面更丰满。

3. 工艺参数对热轧非织造材料性能的影响

热轧黏合工艺参数中,黏合温度、轧辊压力和生产速度三要素对热轧非织造材料的性能具有很大影响。

1) 热轧温度

热轧温度主要取决于纤维的软化温度和熔融温度,它们直接影响热轧非织造材料的黏合强度。

图 6-50 所示,聚丙烯纤维热轧非织造材料的横向拉伸强力和伸长率随轧辊温度升高而增大,其主要原因是该工艺范围内温度提高改善了纤维表面熔融效果,使纤维间的黏结牢度增加。当轧辊温度过高时,会使纤维熔融并失去纤维结构而形成结晶和取向均很差的薄膜结构,将导致热轧非织造材料的纵向拉伸强力显著下降,参见图 6-51。

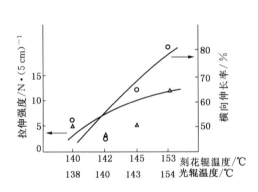

图 6-50 Soft61 热轧非织造材料
横向拉伸强度与轧辊温度的关系

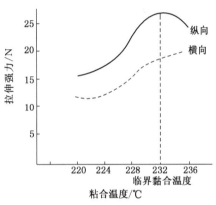

图 6-51 热轧温度与聚酯热轧
非织造材料拉伸强力的关系

研究表明聚丙烯纤维热轧非织造材料的拉伸性能,在轧辊压力和速度等其他工艺条件相同时,存在一个临界黏合温度,这时的非织造材料强度达到最大值。分析认为,在热轧黏合温度较低时,非织造材料手感柔软、容易弯曲,但拉伸强度较低,因为纤维间黏结较差,拉伸时纤维从黏结点抽出的数量增多,黏结点由于纤维抽出而解体;热轧黏合温度过高时,纤维虽能充分接触熔融,但纤维的再度结晶过程使结晶颗粒变大而发脆,且由于黏结点处纤维结构的变化,产生应力集中,使黏结点边缘处的纤维易于断裂。故每一种类纤维都存在相应的临界热黏合温度,超过这一温度时,热轧非织造材料的性能将恶化。

2) 轧辊压力

轧辊压力关系到热量传递、热熔纤维的熔融流动,是形成良好黏结的重要条件。

图 6-52 显示,聚丙烯纤维热轧非织造材料的纵向断裂强力随轧辊线压力增加而升高,这是由于在该压力范围内轧辊线压力的提高改善了轧辊与纤维间接触热量的传递,也改善了纤维表面熔融黏结的效果。

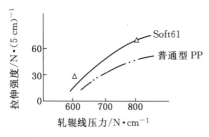

图 6-52 聚丙烯纤维热轧非织造
材料拉伸强度与轧辊线压力的关系

研究表明,轧辊线压力并不影响非织造材料的临界温度,但同样存在着影响非织造材料拉伸强力的临界线压力,且线压力超过临界值时,非织造材料强度降低,参见图 6-53。轧辊线压力对热轧非织造材料性能的影响有以下几个方面:(a)线压力改善纤网的热传递性能。纤网在线压力作用下,纤网密度增加,由于纤网内空气减少,使轧辊热量能迅速传递到纤网内层,从而得到良好的黏结效果。(b)线压力将使纤维产生形变热。对于聚烯烃、聚酯、聚酰胺类纤维因压力的作用可使温度增加 35~

40 ℃。(c)线压力促使软化或熔融的高分子聚合物渗入纤网内部并沿纤维表面流动,改善纤维间的黏合效果。

国外有关文献报导,聚丙烯纤维热轧非织造材料强度与轧辊线压力间存在下列经验公式:

$$LRt = F \times 10^{-3} + 0.12 \qquad (6\text{-}2)$$

式中:LRt——非织造材料横向断裂长度,km;

F——轧辊线压力,N/cm。

研究表明,在适当的轧辊线压力范围内,线压力提高,热轧非织造材料的强度呈线性增加,但轧辊线压力对热轧非织造材料强度的影响程度比轧辊温度和线速度对强度的影响要小。

3)生产速度

生产速度即纤网通过轧辊表面时的热轧时间,主要取决于轧辊温度、线速度和线压力,当轧辊温度、直径和线压力已定时,热轧黏合时间取决于轧辊速度。

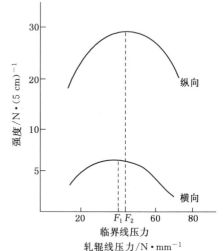

图 6-53 热轧非织造材料纵横向
强度与轧辊线压力的关系

F_1——非织造材料横向强力的临界线压力
F_2——非织造材料纵向强力的临界线压力

在轧辊线压力和温度一定时,热轧非织造材料的强度与生产速度的倒数呈线性关系,五种不同生产速度与非织造材料的强力关系参见图 6-54。因而,在提高热轧黏合生产速度时,要保证非织造材料强度不下降,就必须适当提高轧辊温度。

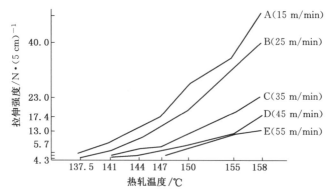

图 6-54 热轧温度和生产速度对热轧非织造材料强度的影响

增加轧辊速度相当于轧辊与纤网的接触时间减少,而接触时间还与轧辊直径有关。对轧辊速度、温度、压力与热轧非织造材料强度之间的关系研究发现,轧辊温度、线压力和速度等工艺参数对非织造材料性能的影响因素是复杂的,它们之间有着交互作用,其中温度的影响最为重要。

通过试验,公式(6-3)给出了热轧非织造材料断裂长度 LR_t 与热轧生产速度等之间的理论近似关系:

$$LR_t = A(T_s - T_f)^m \left[\frac{BF^{\frac{1}{2}} - Vt_0}{V\left(t_0 + CWI\left(\frac{T_s - T_2}{T_1 - T_2}\right)\right)} \right]^n \tag{6-3}$$

式中:W——非织造材料面密度;

I——非织造材料厚度;

C——与纤维热熔性能相关的系数;

A、B——依赖于热熔纤维含量、性能以及纤维取向和黏结点形状的系数;

m、n——与工艺参数和纤网组成相关的常数;

T_s——纤维软化点;

T_1——上轧辊温度;

T_2——下轧辊温度;

F——轧辊线压力;

V——生产速度;

t_0——初始温度。

6.5.2 热熔黏合工艺与产品性能

影响热熔非织造材料性能的主要因素有纤维特性、热熔纤维与主体纤维的配比、热风温度与穿透速度、生产速度及冷却条件等。

在设备已定和工艺优化的条件下,纤维特性以及热熔纤维与主体纤维的配比是影响热熔非织造材料性能的主要因素。

1. 热熔非织造材料结构

采用单组分热熔纤维或热熔粉末所制成的热熔非织造材料,由于热收缩较大,一般形成团块状黏合纤网结构,参见图 6-55。对于团块状黏合结构,黏合组分利用率不高,并不能完全发挥作用,由于低熔点高聚物的相对分子质量一般都较低,所以黏结区的强度也较低,影响了热熔非织造材料的强度。

目前,双组分纤维已大量用于热熔非织造材料的生产。以皮芯型 ES 纤维为例,其芯是聚丙烯材料,起主体纤维的作用,其皮是聚乙烯材料,起热熔黏合的作用。当热熔黏合时,聚乙烯皮层熔融流动,冷却后在纤维交叉处形成点黏合结构,而聚丙烯芯层则保持原来的特性。点

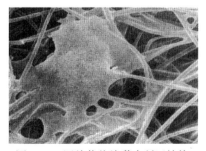

图 6-55　团块状热熔黏合纤网结构

状黏合结构是较理想的热熔黏合结构,热熔组分利用率高,主体纤维性能受影响较小,热收缩也较小,因此,热熔非织造材料的性能显著提高。

与热轧黏合结构相比,热熔黏合在纤网中纤维与纤维交叉点上产生黏合,综合黏合效果提高,使非织造材料具有更佳的强度、弹性、蓬松性以及透通性。

2. 影响热熔非织造材料产品性能的主要因素

1）热熔纤维特性

对于单组分热熔纤维,如聚丙烯纤维或聚乙烯纤维,要获得产品最大的强度,必须使热熔工艺黏合温度接近纤维的熔点温度。但是,热熔温度稍高于纤维熔点温度时,纤维的热收缩就会增大,因此,热熔烘箱的温度控制精度要求很高。同时,选择热熔黏合温度范围较大的纤维,可有效降低纤维网热收缩率,有利于烘箱工艺温度控制和生产操作。此外,双组分纤维的热收缩较小,热熔黏合后非织造材料的尺寸变化小,强度高,并有利于高速生产。

2）热熔纤维配比

图 6-56 为 ES 热熔纤维含量与热熔非织造材料拉伸断裂强力的关系。从图6-56 中可观察到,随着 ES 热熔纤维含量的增加,热熔非织造材料的强力增加,并且高于以聚丙烯纤维和聚乙烯纤维作为热熔纤维的非织造材料。热熔黏合工艺中,纤网中 ES 热熔纤维的含量通常应超过50%。

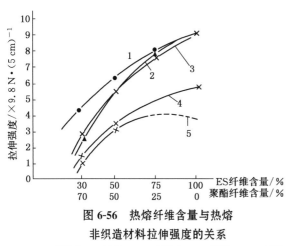

图 6-56　热熔纤维含量与热熔非织造材料拉伸强度的关系

1-ES 纤维与 PP 纤维　2-ES 纤维与 PET 纤维　3-ES 纤维与黏胶纤维　4-PP 与 PET 纤维　5-聚乙烯与 PET 纤维

图 6-57 表示了热熔纤维混合比和黏合温度与热熔非织造材料强力的关系,图中 T_m 点表示热熔纤维的熔点。

热熔黏合温度接近纤维熔点时,非织造材料可获得最大强度。当热熔黏合温度超出纤维的熔点时,非织造材料的强度反而下降,这是纤维结构遭破坏而引起的必然结果。

当该种热熔纤维含量仅 30% 时,纤网内部黏结区域显著减少,非织造材料强度显著下降。如果热熔黏合温度超出热熔纤维的熔点,则强力更低。

当采用 30% 的双组分纤维时,由于该纤维的外层熔融温度低于芯层,热熔黏合温度超过外层聚合物熔点但不超过芯层聚合物熔点时,非织造材料强度随热熔黏合温度上升而增加。

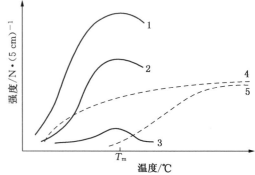

图 6-57　热熔纤维混合比和黏合温度与热熔非织造材料强度的关系

1-100%单组分热熔纤维　2-60%单组分热熔纤维　3-30%单组分热熔纤维　4-30%双组分热熔纤维　5-30%单组分热熔纤维（双网帘夹持）

采用30%单组分热熔纤维以及双网帘加压夹持工艺生产高面密度和厚型产品时,由于厚度和高面密度、热风温度的传递等因素,烘箱温度达到热熔纤维熔点时,纤网中热熔纤维尚未良好熔融黏合,则随热熔黏合温度上升非织造材料强度增加。因为加压促使熔融的热熔组分流动,并增加了纤网内部纤维接触点,从而使纤网内热熔黏结区域增加。不同成分热熔纤维和热熔工艺条件其非织造材料的性能是有差异的。

3）热风温度、速度和加热时间

热风温度、热风穿透速度和纤网输送速度与热熔非织造材料的强度有密切关系。通常根据热熔纤维的熔点来设定热风温度。当热风温度较高时,可适当减少纤网的加热时间,即提高纤网输送速度,只要热熔纤维发生熔融或软化即可。在相同加热时间的条件下,热风温度高时,可改善纤网中热熔黏结效果,热熔非织造材料强力上升。但是,热风温度超出纤维熔点时,非织造材料强度反而下降。图6-58反映了两种热风温度下,加热时间与热熔非织造材料强力的关系。

在热熔黏合生产中,一般根据纤网的面密度来选择热风穿透速度或风压。穿透速度高,则单位时间内赋予纤网的热量多,热熔非织造材料的强度也高。在相同加热时间的条件下,热风穿透速度提高,最终反映在非织造材料强力的提高,但过高的热风穿透速度会破坏纤网结构。图6-59反映了两种热风穿透速度下,加热时间与热熔非织造材料强度的关系。

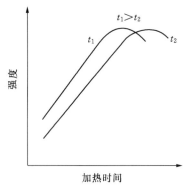

图6-58 不同热风温度下加热时间与
热熔非织造材料强度的关系

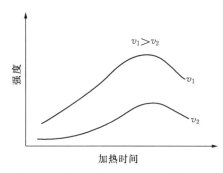

图6-59 不同热风穿透速度下加热时间
与热熔非织造材料强度的关系

对聚丙烯纤维热熔黏合过程中,150℃黏合温度时,纤网开始产生收缩。这是由于纤维中无定型区分子链松弛的结果。在温度150℃以上时,由于微小的带有缺陷的晶体部分熔融,将导致纤维产生突然而迅速的收缩。这说明无定型分子链解取向的程度与热熔黏合温度有关。热熔黏合温度越高,分子链解取向的程度越高,则纤网的收缩越大。图6-60和图6-61反映了热熔黏合温度对纤网收缩率的影响。聚丙烯纤维的取向程度较低,由此解取向后收缩也较小。不同纺丝工艺的聚丙烯纤维构成的纤网的热收缩存在差异。

图6-62反映了热黏合时聚丙烯纤维结晶度和晶粒尺寸与热熔黏合温度的关系。在低于纤维熔点热熔黏合时,结晶度随黏合温度提高而增加。随着黏合温度的上升,无定型区的分子运动变得越来越容易,使得各晶区都有生长,反映在晶面方向的平均晶粒尺寸增大。当热熔黏合温度超过聚丙烯纤维的熔点时,纤维发生熔融,若纤网再急剧冷却,将导致相对结晶速率减慢,结晶度降低。

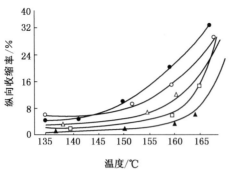

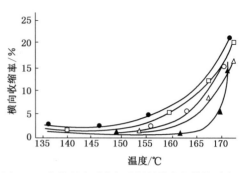

图 6-60 热熔温度对非织造材料纵向收缩的影响　　图 6-61 热熔温度对非织造材料横向收缩的影响

▲T-151,1.65 dtex(双折射率 $\Delta_n = 0.027$)　　▲T-151,1.65 dtex(双折射率 $\Delta_n = 0.027$)

●T-123,1.65 dtex(双折射率 $\Delta_n = 0.033$)　　●T-123,1.65 dtex(双折射率 $\Delta_n = 0.033$)

△T-151,3.3 dtex(双折射率 $\Delta_n = 0.027$)　　△T-151,3.3 dtex(双折射率 $\Delta_n = 0.027$)

○T-123,3.3 dtex(双折射率 $\Delta_n = 0.031$)　　○T-123,3.3 dtex(双折射率 $\Delta_n = 0.031$)

□Marvess,1.65 dtex(双折射率 $\Delta_n = 0.030$)　　□Marvess,1.65 dtex(双折射率 $\Delta_n = 0.030$)

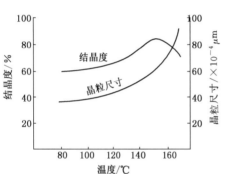

图 6-62　热熔温度与聚丙烯
纤维结晶度和晶粒尺寸的关系

4）冷却速率

冷却速率大小直接影响纤维微观结构的形成,从而对热黏合非织造材料的性能产生影响。刚加工好的热黏合非织造卷子,在不同直径处的力学性能存在差异。图 6-63 为聚酯纤维和 ES 纤维混和热黏合非织造卷材的强度与冷却速率的关系,图 6-64 则反映了 100%ES 纤维构成的热黏合非织造卷材的强度与冷却速率的关系。两图反映了相同的变化趋势,即冷却速率存在一个最佳的范围,冷却速率小于或大于此范围,非织造材料的强度均减小。两图中最佳冷却速率范围的不同,反映了聚酯纤维和 ES 纤维结晶过程存在差异。

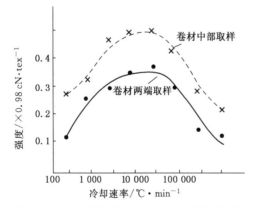

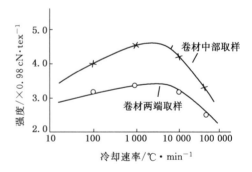

图 6-63　80%聚酯纤维和 20%ES 纤维混和热
黏合非织造卷材的强度与冷却速率的关系

图 6-64　100%ES 纤维构成的热黏合
非织造卷材强度与冷却速率的关系

综上所述,热黏合非织造材料的性能受诸多因素的影响,但常见的影响因素可归纳为积极因素和消极因素,详见表6-2。

表6-2　影响热黏合非织造材料性能的因素

性　　能	积　极　因　素	消　极　因　素
最大干强力	1. 黏合温度适当 2. 热熔纤维含量增加 3. 主体纤维长度增加,线密度减小 4. 黏合压力增大,预加固、黏合时间适当	1. 主体纤维线密度增加 2. 热黏合温度过低
最大湿强力	1. 热熔纤维含量增加 2. 黏合压力增大,预加固 3. 主体纤维长度增加,线密度减小	1. 主体纤维线密度增加 2. 热黏合温度过低
最大干强力伸长	1. 主体纤维卷曲度增加 2. 预加固	黏合温度增加
最大湿强力伸长	1. 主体纤维卷曲度增加 2. 预加固	黏合温度增加
撕破强力	1. 主体纤维长度增加 2. 黏合温度适当 3. 热熔纤维含量增加 4. 纤网面密度增加 5. 预加固	主体纤维线密度增加
耐磨牢度	1. 纤网密度增加 2. 主体纤维长度增加 3. 热熔纤维含量增加	1. 黏合温度过低 2. 热熔纤维含量减少
干弹性模量	1. 黏合温度增加 2. 黏合压力增加 3. 热熔纤维含量增加	1. 主体纤维卷曲度减小 2. 选用热熔纤维类型不当
湿弹性模量	1. 热熔纤维含量增加 2. 黏合压力增加 3. 主体纤维线密度减小	1. 主体纤维卷曲度减小 2. 主体纤维线密度增加
防皱性(弹性回复角)	1. 热熔纤维性能良好 2. 主体纤维弹性良好 3. 主体纤维线密度减小	1. 黏合温度过低 2. 黏合压力过低 3. 热熔纤维含量过多
弯曲刚度(悬臂梁试验法)	1. 黏合温度增加 2. 热熔纤维含量增加 3. 纤网密度增加 4. 黏合压力增加	1. 黏合温度过低 2. 纤维线密度增加 3. 主体纤维卷曲度增加 4. 选用热熔纤维类型不当
密度	1. 黏合压力增加 2. 纤网针刺和主体纤维长度交互作用 3. 热熔纤维类型和黏合温度交互作用 4. 主体纤维卷曲度减小 5. 热熔纤维含量增加 6. 纤网面密度增加	1. 纤维卷曲度增加 2. 纤维线密度减小
透气性	1. 主体纤维线密度减小 2. 热熔纤维黏合性能较弱	1. 主体纤维卷曲度增加 2. 预加固后密度增加 3. 黏合压力增加

思考题

1. 试从工艺原理、产品结构、性能角度,论述热轧与热熔工艺的异同。
2. 分析热轧工艺三要素对非织造材料结构与性能的影响。
3. 根据热力学原理,分析热轧工艺中纤网的受热机理。
4. 与普通合成纤维相比,低熔点(双组分)纤维用于热黏合非织造工艺的特点是什么?
5. 试述热轧设备的基本要求,并举例加以说明。
6. 分析轧点区域纤网结构和聚合物微结构的变化。
7. 试述超声波黏合的工作原理。

第7章　化学黏合工艺和原理
(Chemical Bonding Process)

以化学黏合剂将纤维基体—纤维网黏合形成非织造材料的方法,称之为化学黏合法加固纤网方法。纤维、黏合剂是这种非织造材料的两种基本成分,它们的结构和性能及两者相互作用是化学黏合非织造材料成型原理讨论的核心,也是非织造材料结构和性能的决定因素。

根据非织造材料的性能和应用要求,选用不同种类的纤维,包括天然纤维、合成纤维和再生纤维,再确定黏合剂的选择。采用不同的黏合工艺,如浸渍法、喷洒法、泡沫法、印花法等,形成不同结构和性能的非织造材料。黏合成型后的非织造材料需进一步处理,如功能性处理等,使其达到要求的性能。

化学黏合成型方法是非织造生产中应用历史最长、产品使用范围最广的方法之一,其成型原理涉及精细化学、高分子化学及物理、化学工程学、纺织工程学等,它是多门学科交叉的综合性技术。随着目前纤维科学、精细化学化工和非织造材料技术研究的深入和创新,非织造化学黏合成型技术将以其不可替代的地位和作用获得新的发展。如高功能、高技术纤维的出现,功能性黏合剂的研究开发及其利用,高性能非织造材料技术与设备的开发,高技术领域、产业用领域对各种化学黏合法非织造材料的需求越来越大。这些都为化学黏合法非织造材料的发展提供了巨大的空间。

本章主要学习和讨论化学黏合剂结构与性能,纤维表面结构与界面黏合,黏合机理等。而所涉及的相关原理如纤维的结构与性能,纤维网黏合,黏合(成型)设备及控制等在相关章节中介绍。

7.1　黏合剂的种类及其性能

黏合剂是化学黏合成型非织造材料中的主要成分,它的结构和性能是非织造材料性能和质量的决定性因素。通过黏附作用,将两个相同或不同的被黏物结合在一起的物质叫黏合剂。它的标准术语为黏合剂或胶黏剂。

黏合剂的品种繁多,组分各异,至今尚无统一的分类方法。从天然高分子材料到合成树脂类材料,主要有按黏合剂的化学成分、黏合剂的形态、黏合剂的用途等分类方法。这里仅介绍适用于纤维材料的黏合剂。

7.1.1 以黏合剂的化学成分分类

黏合剂按化学成分分类由图 7-1 所示。

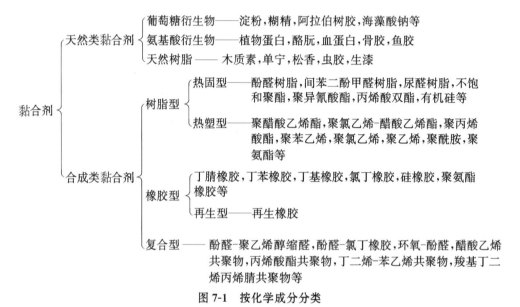

图 7-1 按化学成分分类

图 7-1 所示的黏合剂由两大类即天然类黏合剂和合成类黏合剂构成。天然类黏合剂,其原料取自于自然生物材料,包括动物和植物,是经一定的加工制造而得到的黏合剂。合成类黏合剂,由来自天然气、石油、煤等的有机化学原料经化学合成,具有一定分子结构和一定相对分子质量。

天然类黏合剂分为葡萄糖衍生物、氨基酸衍生物和天然树脂。葡萄糖衍生物来自植物中的淀粉、纤维素、阿拉伯树胶和海藻酸钠等碳水化合物,它们的分子结构为葡萄糖及其衍生物,故以此命名。氨基酸衍生物黏合剂的原料为植物蛋白和动物蛋白,主要有骨胶、鱼胶、血朊胶、酪朊胶和植物蛋白。它们的分子基本结构为氨基酸分子。天然树脂来源于木材,如木质素是木材的主要组分之一,资源极为丰富。单宁广泛存在于植物的干、皮、根、叶和果实中,是木材加工中的下脚料的提取物;松香是由松树分泌的黏性物经干燥制得;虫胶是虫胶树上紫胶虫吸食和消化树汁后的分泌液的干燥产物;生漆是漆树割取乳白色液体除去水、橡胶质和含氮化合物后的高黏度材料。上述材料均为天然的高分子树脂,制备成的黏合剂具有很好的黏合性能。

与天然黏合剂相比较,合成黏合剂品种多,性能特殊,某些性能已超过天然黏合剂。合成类黏合剂有树脂型、橡胶型和复合型。合成类黏合剂实际上是一定相对分子质量的高分子材料。它的外观、特性和天然植物分泌的树脂相似,故把合成高分子材料称为树脂。树脂型黏合剂中又分为热固型树脂和热塑型树脂。热固型树脂具有网状交联的立体分子结构,它是由相对分子质量大、分子含有反应性强的基团,经加热加压、催化剂作用而形成不溶不熔的材料,表现在性能上的刚性、坚硬和脆性。对各种材料有很好的黏结强度,有良好的耐溶剂性、耐热性以及突出的抗蠕变性。热塑型树脂为线性分子链结构,无分子交联,物理性能较热固型树脂柔软、弹性好、强度高、伸长率适中。热塑型树脂一般有很好的初黏力,但加热软化或熔融耐热性差,耐溶剂性能较差,常温下易发生蠕变。橡胶类黏合剂主要有合成类橡胶和再生橡胶。它们以乳胶的形态出现,施工容易,黏合力大。

复合型黏合剂区别于树脂型和橡胶型黏合剂,它是为获得特殊的材料性能,经分子设计由两种或两种以上不同特性的单体(高分子树脂的基本原料)经共聚合反应得到的高分子合成树脂材料。如聚丁二烯-苯乙烯树脂,它是由两种单体即硬单体苯乙烯和软单体丁二烯共聚合反应的产物,这里的硬、软是指两种单体相对性能的差别。共聚树脂的性能由软硬两种单体的比例调节来决定,它们的特性决定非织造材料的性能。

7.1.2 黏合剂按形态分类

黏合剂按形态分类,如表 7-1 所示。

表 7-1 黏合剂不同的形态分类

黏合剂形态	特 点	黏 合 剂 品 种
溶 液	在适当的有机溶剂或水中溶解为黏稠溶液。黏合剂干燥快,初期黏合力大	热固型树脂:酚醛,脲醛,聚丙烯酸双酯等 热塑型树脂:聚醋酸乙烯,聚丙烯酸酯,纤维素衍生物,聚氰基丙烯酸酯,饱和聚酯 橡胶:丁苯,氯丁,腈基橡胶
乳液或乳胶	以水为介质,无毒,不燃烧,水蒸发后成膜形成黏结,可在乳液中加填充剂而不影响乳液稳定性,乳液固含量高	热塑型树脂:聚醋酸乙烯,聚丙烯酸酯,环氧 橡胶:丁苯,氯丁,天然橡胶
粉 末	水溶性树脂在使用前加溶剂(水或有机溶剂),制成溶液。价格低,适合于热压加工	热塑型树脂:乙烯或丙烯基聚合物 热固型树脂:酚类热固化树脂 天然物:淀粉,酪朊,虫胶
纤 维 状	可自黏或与其他纤维进行热黏合	热塑型树脂:低熔点聚酯,改性聚酰胺,醋酯纤维,聚氯乙烯,聚乙烯,聚丙烯

表 7-2 给出了不同形态、不同品种和不同黏合特点的黏合剂。适合于纤维用的黏合剂形态有表中的四种。黏合剂的形态直接决定非织造材料的黏合成型加工工艺。了解黏合剂的形态有助于理解非织造材料结构和性能的关系以及非织造材料结构、性能与黏合工艺的关系。

形成黏合剂的高分子树脂的聚合反应方法及树脂的结构和性能决定了黏合剂的形态;

天然高分子黏合剂的形态是它的结构特性与制作方法所决定的。常用的大部分黏合剂为溶液或乳液状。溶液型黏合剂的溶剂为有机溶液或水,乳液或胶乳型黏合剂也为溶液型黏合剂。而粉末状或纤维状的黏合剂只占很少一部分。

以聚醋酸乙烯酯(PVAC 树脂)为例,采用不同的聚合反应方法,有不同的产品形态的黏合剂。因此,PVAC 黏合剂有溶液型、乳液型、粉末型和共聚复合型。

溶液型 PVAC 的合成是将其单体醋酸乙烯使用溶液聚合反应直接制得;乳液型 PVAC 黏合剂采用乳液聚合法制成,将单体醋酸乙烯、水、乳化剂、引发剂等主要成分按比例在一定的反应条件下获得的;粉末型 PVAC 黏合剂通过将 PVAC 乳液喷雾、干燥得到;直接将 PVAC 树脂溶解于它的溶剂丙酮、醋酸乙酯、甲苯或无水乙醇制成溶液型黏合剂;为改变 PVAC 黏合剂的特性,如提高 PVAC 的耐水性、耐碱性,提高难黏物的黏结性,用乳液共聚方法得到醋酸乙烯-丙烯酸酯共聚树脂乳液黏合剂,醋酸乙烯-乙烯共聚乳液黏合剂,醋酸乙烯-羟甲基丙烯酰胺共聚乳液黏合剂等。

PVAC 不同类型的黏合剂具有不同的结构和特性,使用于不同性能要求的产品。溶剂型黏合剂因其溶剂沸点低,有产品固化速度快、干燥固化工艺简化的优点,但有增加溶剂回收,增加成本以解决生产安全的问题;水溶液黏合剂无有毒溶剂的挥发,不燃烧,使用安全,但黏合剂的干燥、黏结、固化需消耗大量能源;乳化型黏合剂除有水溶液型黏合剂的优点外,因它的固含量大,减少了干燥工艺所需的能源消耗。同时,由乳液聚合生产的黏合剂乳胶粒很小,一般为 $0.05 \sim 1.00\ \mu m$,它在黏合过程中可部分渗入纤维的微观裂缝和毛细孔内,可以获得良好的黏结和涂敷效果,得到较高质量的黏合产品。乳液聚合速度较溶液聚合快且容易控制;共聚型乳液黏合剂的特性优于单组分黏合剂,可弥补单组分黏合剂性能的不足。因此,乳液黏合剂代表了黏合剂当今的发展方向。另外,粉末型黏合剂和纤维状黏合剂使用方便,可直接加热熔融黏结固化。

其他树脂也有不同类型的黏合剂,具有不同的形态和特点,这将在随后的章节中分别进行讨论。

7.2　常用非织造黏合剂

常用非织造材料用的黏合剂,按照产品的性能、用途和纤维的种类而要求不同。一般有胶乳、乳液类,水溶性类,溶剂型类和热熔型类黏合剂。从时间的远近来看,20 世纪的 50 年代前,非织造材料黏合剂以水分散性的酚醛树脂、脲醛树脂和天然淀粉为主。50 年代初非织造材料用天然及合成橡胶胶乳,也有热塑型树脂的溶剂型黏合剂。以后,非织造材料用黏合剂大约总量的 $85\% \sim 90\%$ 采用合成树脂乳液黏合剂,主要品种为聚醋酸乙烯酯类、聚氯乙烯类、聚丙烯酸酯类及合成橡胶胶乳,其中聚丙烯酸酯类约占 $75\% \sim 85\%$。合成树脂乳液黏合剂中又以两种或两种以上的单体共聚树脂为主。共聚树脂赋予黏合剂独特优良的功能,适应市场对各种非织造材料性能、价格的要求。

7.2.1　聚丙烯酸酯乳液黏合剂

聚丙烯酸酯类黏合剂包括聚丙烯酸及其酯以及在分子结构上包含有丙烯酸酯类的大量化合物。聚丙烯酸酯的分子结构式为：

$$\left[CH_2 - \underset{\underset{R'OOC}{|}}{\overset{\overset{R}{|}}{C}} \right]_n$$

式中：R 为 H 或 CH_3，R' 为 H 或 CH_3、C_2H_5、C_3H_7……。n 为单体丙烯酸酯数目，如，当 $n = 100$ 时，上式表示由 100 个相同的丙烯酸酯组成的聚丙烯酸酯。上式中当 R 和 R' 同时为 H 时，为聚丙烯酸，当 R 为 CH_3，R' 为 H 时，即为聚甲基丙烯酸，R，R' 同为 CH_3 时，为聚甲基丙烯酸甲酯即有机玻璃。

聚丙烯酸甲酯的原料来源于石油、天然气等，由这些石油化工原料制得的乙炔、丙烯或丙烯腈，经有机化学反应得到单体丙烯酸酯。在单体、水、引发剂、乳化剂四种基本原料的乳液体系中进行聚合反应，获得聚合物乳胶粒分散于水或其他介质中的乳液。

制造聚丙烯酸酯乳液常用的原料丙烯酸酯单体有：丙烯酸甲酯（或乙酯、正丁酯、2-乙基乙酯、异丁酯等）。聚丙烯酸酯共聚乳液的共聚单体很多，常用的单体为醋酸乙烯酯、苯乙烯、丙烯腈、顺丁烯二酸二丁酯、偏二氯乙烯、氯丁烯、丁二烯、乙烯等。加入的功能性单体有甲基丙烯酸、马来酸、富马酸、衣康酸、（甲基）丙烯酰胺、丁烯酸等。具有交联功能性单体有（甲基）丙烯酸羟乙酯、（甲基）丙烯酸羟丙酯、N-羟甲基丙烯酰胺、双（甲基）丙烯酸乙二醇酯、双（甲基）丙烯酸丁二醇酯、三羟甲基丙烷三丙烯酸酯等。

丙烯酸系单体很容易进行乳液共聚合反应，可以根据性能要求通过分子设计和乳液粒子的设计，合成出软硬程度不同的聚丙烯酸酯共聚物。如在聚丙烯酸酯大分子链上引入羟基，乳液可获得稳定性，碱增稠性，可增加分子交联点。大分子链间的交联反应发生在分子链上的羧基、羟基、氨基、酰胺基、氰基、环氧基、双键上，在分子链上引入反应基可提高聚丙烯酸酯的耐水性、耐磨性、拉伸强度、附着强度、耐溶剂性和耐油性等。不同的单体将赋予乳液聚合不同的性能，如表 7-2 所示。

表 7-2　不同单体赋予乳液聚丙烯酸酯的性能

单　　　体	赋予的特性
甲基丙烯酸甲酯，苯乙烯，丙烯腈，（甲基）丙烯酸	硬度，附着力
丙烯腈，（甲基）丙烯酰胺，（甲基）丙烯酸	耐溶剂性，耐油性
丙烯酸乙酯，丙烯酸丁酯，丙烯酸-2-乙基乙酯	柔韧性
（甲基）丙烯酸，高级酯，苯乙烯	耐水性
甲基丙烯酰胺，丙烯腈	耐磨性，抗折性
甲基丙烯酸酯	耐候性，耐久性，透明性
低级丙烯酸酯，甲基丙烯酸酯，苯乙烯	抗沾污性

用于非织造材料化学黏合成型的聚丙烯酸酯乳液黏合剂,必须满足非织造材料的强度、弹性、白度、耐热、耐溶剂及耐洗等多方面的要求。聚丙烯酸酯的物理性质与它的结构有关,它的相对分子质量一般在 1 万～5 万,相对分子质量越大,分子间的内聚力越大,黏结强度越大。聚丙烯酸酯共聚物中,其单体或功能性单体的加入量一般为单体总量的 1.5%～5%。聚丙烯酸酯耐候性、耐老化性好,既耐紫外线老化,又耐热老化,并且具有优良的抗氧化性。它的黏结强度高,耐水性好,弹性比聚醋酸乙烯酯高,具有很大的断裂伸长。随酯基增大,耐油性和耐溶剂性逐渐变差,柔性增大,耐水性和黏结强度增大。

国内外大量使用的聚丙烯酸酯共聚乳液黏合剂,如醋酸乙烯-丙烯酸酯共聚乳液黏合剂,柔软,黏结强度高,适用于聚酯非织造材料,制成装饰用材料等;丙烯酸酯-羧甲基丙烯酰胺共聚乳液,主要有丙烯酸乙酯(或丁酯)-羧甲基丙烯酰胺共聚物,具有较高的耐热、耐光、耐臭氧的降解性能,耐老化性好。以酸为自交联剂的共聚物黏合剂,其非织造材料的用途为汽车、室内装饰用布;高级服装内衬的非织造材料,多采用丙烯酸酯-甲基丙烯酸酯共聚乳液作黏合剂,耐变色性优良,柔软,黏结力强,耐溶剂性强。另外,丙烯酸酯-甲基丙烯酸酯缩水甘油酯共聚乳液因为含有环氧官能团,具有很好的交联性,力学性能较好。我国生产的内增塑自交联型黏合剂丙烯酸酯-醋酸乙烯酯-羟甲基丙烯胺共聚乳液,性能优良,耐湿热性好。

7.2.2 聚醋酸乙烯酯乳液黏合剂

聚醋酸乙烯酯乳液黏合剂是非织造材料化学黏合成型的首选黏合剂之一。它具有性能优良、黏度小、无易燃溶剂、使用简便安全、黏结力强且稳定性好的特点,用途十分广泛。其分子结构式为:

$$\begin{array}{c} \text{\large{$\left.\!\!\!\vphantom{\big|}\right.$}} \\ \end{array}$$

$$-\!\!\!\!\left[\!\!\begin{array}{c} CH_2 - CH \\ | \\ H_3COCO \end{array}\!\!\right]_{\!n}$$

它的单体为醋酸乙烯,来源于石油、煤或石灰石。醋酸乙烯可通过本体、溶液、乳液、悬浮液等聚合反应制成聚醋酸乙烯酯,所得产物各具特色。目前,聚醋酸乙烯酯的工业产品主要由溶液聚合和乳液聚合反应获得。

在聚醋酸乙烯酯乳液聚合中,以聚乙烯醇作保护胶体。以较少量的阴离子或非离子型表面活性剂作乳化剂,过硫酸盐为代表的游离基引发剂,控制一定的 pH 值、温度、时间、搅拌速度等反应条件进行反应,得到性能优良的聚合物乳液。纯组分的聚醋酸乙烯酯乳液即市售的白胶或称白乳胶,它对纤维素材料、木材及多孔性材料有很好的黏结强度。

非织造的化学黏合主要使用聚醋酸乙烯酯的共聚物溶液,根据不同的非织造材料的用途和性能的要求,聚合成不同种类的醋酸乙烯酯共聚物。醋酸乙烯酯的反应活性很强,可与之反应的共聚单体相当多。以不同的共聚物单体举例,它们有:乙烯酯类、不饱和羧酸酯类、不饱和酰胺化合物类、不饱和腈、不饱和羧酸类、丙烯基化合物类、含氮化合物类、不饱和磺酸类、碳氢化合物类以及含卤化合物类等。

国内外用于非织造化学黏合的醋酸乙烯酯共聚物主要有以下几个大品种:

1) 醋酸乙烯酯-丙烯酸酯共聚乳液

醋酸乙烯酯共聚物的单体分子结构式为：

$$—CH_2—CH—CH_2—CH$$
$$O—C—CH_3 \quad C=O$$
$$O \qquad OR$$

结构式中 R 为 C_2H_5、$—C_4H_9$、$—C_8H_{17}$ 等。即丙烯酸乙酯、丁酯、异辛酯等,可根据产品的需要采用不同的酯基。

黏合剂中丙烯酸酯的加入,增加了分子链的柔性,它的玻璃化温度较原均聚的聚醋酸乙烯酯降低。玻璃化温度是聚合物链段开始运动的温度点,它的高低直接反映了链的硬和柔的特性。链越柔,玻璃化温度越低,反之越高。另外,丙烯酸酯的加入增加了乳液的黏结强度,改变了原均聚乳液黏结非织造材料手感发硬、伸长率低、弹性差的性能。

2) 醋酸乙烯酯-甲基丙烯酸共聚乳液

醋酸乙烯酯-甲基丙烯酸共聚物的单体分子结构式为：

$$CH_3$$
$$—CH_2—CH—CH_2—C—$$
$$O—C—CH_3 \quad C=O$$
$$O \qquad OH$$

甲基丙烯酸在共聚物中的含量约为 5%,通过改变它的含量或调节乳液的 pH 值,可以控制乳液的黏接强度。加入甲基丙烯酸后,乳液共聚物分子发生分子交联,有利于提高非织造材料的耐水性和耐热性,交联基团的加入又可提高乳液的稳定性。使用这类乳液也能提高对金属等材料的黏接性。

3) 醋酸乙烯-羟甲基丙烯酰胺共聚乳液

醋酸乙烯-羟甲基丙烯酰胺共聚物的单体分子结构式为：

$$—CH_2—CH—CH_2—CH—$$
$$H_3C—C—O \qquad C=O$$
$$O \qquad\qquad NH—CH_2OH$$

羟甲基丙烯酰胺是分子交联反应性共聚单体,它可通过加热反应发生交联固化,也可在酸性催化剂作用下受热缩合,形成自交联反应。加入质量分数为 10% 左右,交联反应也可在室温发生固化。聚醋酸乙烯酯与羟甲基丙烯酰胺共聚反应后,黏合剂的耐化学性、耐水性、耐热性提高,黏结强度提高。其非织造材料适合做卫生用布、擦拭布,也适合于人造革、皮革的黏接。

4) 其他三元共聚乳液

为进一步提高性能,简化非织造材料加工工艺,降低成本,对许多醋酸乙烯的三元(即第三组分)共聚物进行了研究开发,并实施了工业规模的生产。如醋酸乙烯-丙烯酸酯-氯乙烯共聚乳液,醋酸乙烯-乙烯-氯乙烯共聚乳液,醋酸乙烯-丙烯酸酯-羟甲基丙烯酰胺共聚乳液等。

7.2.3 橡胶型乳液黏合剂

橡胶型乳液黏合剂分为合成橡胶类和天然橡胶类。橡胶型乳液黏合剂又被称为胶乳黏合剂。非织造化学黏合成型中常用的有丁苯、丁腈和天然橡胶等乳液黏合剂。目前,橡胶型乳液黏合剂面临醋酸乙烯共聚物和丙烯酸酯共聚乳液黏合剂的强大竞争,随着后者产量的增加,它的用量大大减少。

1) 丁苯乳胶黏合剂

丁苯乳胶黏合剂是由丁二烯与苯乙烯聚合制得的无规结构的共聚物,其分子结构式为:

$$\left[CH_2-CH=CH-CH_2\right]_n\left[CH-CH\right]_m$$

设分子式左边的丁二烯为 A,右边的苯乙烯为 B,则如 AABAABBBAABBBA 的分子排列中,AB 无规排列称这种共聚物为无规共聚物。通用型丁苯胶的 B 的摩尔分数在 $20\%\sim30\%$,丁苯胶乳液黏合剂 B 含量较小。随 B 含量减小,胶乳柔性和弹性增加。另外,以合成丁苯胶乳的聚合工艺,分为高温(50 ℃)丁苯胶乳和低温(5 ℃)丁苯胶乳。后者的性能优于前者,其强度高、耐寒性好,即低温下保持弹性的性能好。丁苯橡胶黏合剂的耐热性和耐老化性均比天然橡胶胶乳黏合剂好,即使老化后也不发黏,不软化,而是变硬。

由于丁苯胶乳的大分子极性较小,故它的黏结强度较小。通过加入松香、松香酯、古马隆树脂、多异氰酸酯和一些热塑性酚醛树脂来改进丁苯胶乳的黏性。羧基丁苯胶乳就是在丁苯胶乳的大分子链上引入了羧基极性基团,较大地提高了它的黏着力。

丁苯乳胶以其柔软、弹性、价廉的特点,用于非织造的空气过滤材料、研磨材料和人造革基布等产品。

2) 丁腈胶乳黏合剂

丁腈胶乳黏合剂是丁二烯和丙烯腈的聚合反应的共聚物,它的分子结构式为:

$$\left[CH_2-CH=CH-CH_2\right]_n\left[CH_2-CH\right]_m \\ | \\ CN$$

分子结构中左式和右式分别为丁二烯单体和丙烯腈单体,两者的比例不同,可得到性能不同的丁腈胶乳黏合剂。腈基摩尔分数在 $35\%\sim42\%$ 的为高腈含量胶乳,$25\%\sim33\%$ 为中腈含量胶乳,$20\%\sim25\%$ 为低腈含量胶乳。

因为丁腈胶乳含强极性的腈基基团,黏结性高,抗(张)拉强度高,耐油性、耐溶剂性、耐磨性、导电性、耐老化性高,黏连性低,蠕变性低。在一定的范围内,黏合剂的上述性能随胶乳分子腈基含量的增加而增加。丁腈胶乳的黏接强度还能够通过在胶乳中加入其他树脂而调节。如:加入酪素后可用作聚氯乙烯薄膜与尼龙、人造纤维织物或纸张的黏合剂;加入甲基纤维素、乙基纤维素和乙氧基纤维素等可作为合成纤维、天然纤维及皮革的黏合剂;加入硼砂、酪蛋白后可作为尼龙织物与聚乙烯膜的黏合剂。

作为非织造用化学黏合剂,丁腈胶乳黏合的非织造材料柔软,有弹性,强度高。

3)天然橡胶胶乳

天然橡胶是橡胶树产出的胶乳,其主要成分是异戊二烯(即 2-甲基丁二烯)。从三叶橡胶树上取下的白色乳浊液,含固量约 35%。直接采用这种胶乳黏合初黏力较低。为增加黏附力,一般与酪朊、明胶、淀粉、海藻酸钠、甲基纤维素、聚乙烯醇、聚丙烯酰胺等水溶性的黏附物质混合后使用。天然橡胶胶乳与间苯二酚-甲醛树脂共混胶乳黏合剂用于轮胎帘子布的黏合。

作为非织造材料的黏合剂,天然橡胶胶乳黏合的非织造材料柔软性、弹性好,强力较高。其缺点是耐热性差,易变色,价格高,因此限制了天然橡胶胶乳黏合剂的使用。

4)其他水基黏合剂

根据非织造材料化学黏合工艺的特点,水基黏合剂当为首选材料。由能够溶解或分散在水中的高分子物质(包括天然的和合成的)制成的黏合剂,都可称之为水基黏合剂。上述乳液和胶乳黏合剂也为水基黏合剂。

能够在水中溶解的天然高分子有动物胶、淀粉、糊精、松香等。合成的水溶性高分子材料有聚乙烯醇、聚乙烯醇缩醛、聚丙烯酰胺、聚环氧乙烷等,可溶于水中的热固型高分子材料有酚醛树脂、尿醛树脂、间苯二酚-甲醛树脂等。这些高分子材料都能够黏结纤维,或者单独使用,或者混合复配使用,可作为非织造材料的黏合剂。但由于性能和价格等因素,它们缺乏与醋酸乙烯共聚物、丙烯酸酯共聚物黏合剂的竞争力,因此未见有大规模的工业化应用。黏合剂结构和性能与产品的应用关系,是黏合剂学科研究中的重要内容,也是分子设计、产品创新的基础。

7.2.4 黏合剂的选择原则

如何选择非织造材料用黏合剂,在工艺学中是一个非常重要的问题。黏合剂的特性决定非织造材料的性能和质量,决定非织造材料的成型工艺以及非织造材料的生产成本。黏合剂的选择原则:(1)非织造材料的性能对黏合剂的要求;(2)非织造黏合成型工艺及其设备对所选黏合剂的要求;(3)非织造产品成本对黏合剂的要求。

1. 非织造材料性能与黏合剂的选用

目前非织造材料的品种有几百种,使用化学黏合法成型的非织造品种有很多种,它们广泛用于产业、装饰和服装三大应用领域。主要产品有以下几种:

(1)产业用:抛光材料,过滤材料,绝缘材料,垫片,土工合成材料,医用绷带,手术衣,手术包布,防护口罩,保健用品材料等。

(2)装饰用:贴墙布,窗帘,桌布,沙发布,汽车用内装饰材料,地毯等。

(3)服装用:服装内衬,保暖絮片,床上用品,合成革基布,鞋帽衬等。

产业用非织造产品,各种行业的应用性能各异。一般来说,工业用如土工合成材料,绝缘材料等要求强度高,模量大,耐气候性、耐化学药品性能高。

装饰用非织造材料的强度和模量通常可低于工业用织物,对于弹性、悬垂性能、染色性能等有较高的要求。

服用非织造材料要求与装饰用织物相似的强度、弹性及染色性能,并要求手感、透气、卫生性能、耐洗涤性能、耐干洗性等性能。

根据非织造材料的使用性能要求,选择纤维和黏合剂。由于化学黏合法的实施工艺和特点,决定了它应采用力学性能优良的纤维和与之相适应的溶液型黏合剂。常用的化学黏合法的纤维与黏合剂性能关系如表 7-3 所示。

表7-3　常用黏合剂的性能及用途

黏合剂类别	硬度	强度	耐洗性	耐气候性	产品手感	产 品 用 途
聚丙烯酸酯及其共聚物	软	好	好	优	软	尿布,衬料,室内装饰材料,卫生用品等
聚醋酸乙烯及其共聚物	软	尚好	尚好	优	硬	过滤材料,卫生用品,尿布,装饰用布等
丁二烯-苯乙烯共聚胶乳	软	尚好	尚好	中等	稍好	卫生用品,尿布,抛光材料,衬里,医用材料等
聚氯乙烯	硬	好	尚好	良好	硬	车用装饰织物,合成革基材等
丁二烯-丙烯腈共聚乳液	稍硬	好	优	中等	稍硬	衬里,鞋帽衬,运输带基材,帘子布等

从表 7-4 可以看到常用黏合剂的种类与非织造材料性能的基本关系。一般来说,黏合剂的硬度与形成膜后的强度、伸长、弹性模量等性能对非织造材料性能有直接影响。

黏合剂的硬度增加,它的玻璃化温度提高,结晶度高,相应的非织造材料的断裂强度增加、撕破强力减小、硬度提高,非织造材料的柔软性下降,一定温度范围内抗皱性提高;黏合剂的薄膜强度提高,它的非织造材料的强度提高。

提高黏合剂薄膜强度是提高非织造材料的强度的有效途径,通过黏合剂的改性和选择直接可影响非织造材料强度。但随黏合剂薄膜强度的提高,必然向着它的伸长率降低,脆性增加方向变化。另外,黏合剂成膜后伸长率增加,可使非织造材料的伸长率增加;黏合剂膜的弹性模量的增加使非织造材料的断裂强度增加、初始弹性模量(伸长率达原长度 1% 时的应力、应变比值或此时应力-应变曲线斜率 $\tan \alpha$)增加,断裂伸长减小。黏合剂膜的初始模量与非织造材料的弯曲硬度的关系见图 7-2。

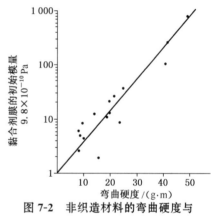

图 7-2　非织造材料的弯曲硬度与黏合剂膜初始模量的关系

根据产品性能的要求,黏合剂与纤维间的关系应满足:

(1)所选黏合剂应与纤维表面具有较大的亲和力,当溶剂除去后,黏合剂分子与纤维在黏合界面上形成次价键力或化学键力,产生优良的结构,获得最佳的黏合效果。

(2)黏合剂具有较高的综合性能如强度、模量、柔韧性、弹性、耐老化性、耐化学药品性能。根据产品应用要求,控制所选用的黏合剂相对分子质量、主侧链结构及交联性能、结晶性能等对产品性能的影响。

(3)要求黏合剂具有特殊性能,以赋予非织造材料以特别的功能。如一次性使用产品,要求黏合剂和纤维可降解可回收;阻燃、抗静电等产品要求黏合剂具有阻燃、抗静电性能。一般有特殊功能的黏合剂,一定为含功能基团的共聚或共混产品;或在黏合剂中添加可降解、阻燃、抗静电的材料以获得特殊性能。

2. 黏合工艺及设备与黏合剂的选用

生产工艺对黏合剂的要求是：(1)能对纤维表面产生良好的润湿作用，自发地铺展于表面，并填平表面上不平，产生最大面积的紧密接触，并能达到产生分子作用力的近程距离；(2)能在黏合剂纤维界面上起扩散作用，形成分子的缠结或交联，得到较高的黏合效果；(3)形成界面黏合后能迅速凝胶固化，并随之产生交联形成分子间或分子内的结合，保持稳定持久的黏合。黏合剂对纤维的润湿和扩散作用是由它的表面张力和流动性决定的。常用纤维中除表面能较低的聚乙烯纤维和聚丙烯纤维外，一般纤维都能被上述的黏合剂所润湿，并有很好的扩散作用。在工艺实施中，黏合剂的流动性是需要十分关注的工艺参数。流动性可用黏度来衡量，黏度大流动性差，黏度小流动性好。一般来说，黏度高低与黏合剂的相对分子质量大小和固含量高低有关。黏合剂选定后，固含量即浓度成为黏合剂流动性调节的关键。不同成型工艺对黏合剂有不同的要求。饱和浸渍工艺一般采用固含量高、黏度低的乳液型黏合剂；喷洒法、泡沫法和印花法的黏合剂固含量和黏度根据产品特性进行调整，低黏度、低固含量的产品用于一次性用即弃产品、轻薄的衬里产品等。

3. 产品成本与黏合剂选择

黏合剂的选择既要满足产品的工艺性能，又要成本低廉。如选择溶剂型黏合剂与溶液黏合剂，前者加工工艺因溶剂挥发速度快，加工速度快，可减少干燥设备，但因需要安装和使用溶剂的回收设备增加了成本，否则因溶剂的损失造成的成本花费更高。为此，一般非织造材料化学黏合剂都用水基黏合剂，其中乳液黏合剂使用最多。乳液黏合剂在纤维的界面上能进行化学反应形成网状交联结构、界面层结构，获得很高的黏接强度。使用这种高效黏合剂可以降低黏合剂用量，降低成本。目前，聚丙烯酸酯共聚物类、聚醋酸乙烯酯类乳液黏合剂有许多品种可供选择。另外，对黏合剂进行共混改性是较为简单的方法，如选用合成反应型共聚类黏合剂与价廉的天然黏合剂进行混合，可改变和提高黏合效果；利用分子设计进行化学反应，也可改变和提高黏合效果，如将水溶性高聚物进行接枝改性，获得含反应性基团的高聚物黏合剂。

7.3 非织造材料的黏合机理

非织造材料化学黏合法的黏合成型，研究和讨论的是纤维与黏合剂相互作用的本质及其规律。化学黏合非织造材料的成型过程，是将纤维用一定的技术形成纤网即成网，然后借黏合剂在网中构成无数独立的黏合点，把纤维黏合在一起。这个过程与纸张的成型是相同的。只是后者的纤维更短些，纸张的纤维彼此之间的相互作用点是由氢键及分子的范德华力吸引形成的。纤维表面性能与黏合剂结构是影响非织造材料化学黏合效果主要因素。

将材料的表层面称为表面，将两种或两种以上物质的表面或相与相之间的交界面称为界面，自然界存在固/固、液/液、气/固、固/液和气/液五种界面。两相中有一相为气体的界面习惯上也称为表面，如纤维表面实质是纤维表面与空气的界面，但我们称之为纤维表面。

纤维与黏合剂的黏合能力的本质由物质的黏合理论所揭示,它的特点是两种不同高聚物间的黏合。从物质的浸润角热力学概念提出的 1805 年算起,已将近 200 年。目前,关于黏合理论主要有表面能为基础的吸附理论,弱界层理论,以分子运动为基础的扩散理论与扩散作用,静电理论,分子理论,流变理论等。这些理论对黏结规律本质的理解和发现作出了重大的贡献,为它的进一步发展起了指导作用。至今远未达到用一个统一的理论来解释各种特殊黏合情况,但是这些理论作为指导新型黏合剂的合成,制定纤维黏合成型的条件和工艺,有着十分重要的地位。本章节就重要的黏合理论进行讨论。

7.3.1　吸附理论

吸附理论以材料的分子结构与分子作用力的认识为基础,认为黏合力主要来源于黏合体系的分子作用力,黏合剂-被黏物表面的黏合力与吸附力具有某种相同的性质。吸附理论把黏合现象与分子力的作用联系起来,黏合效果的好坏不决定于黏合剂与被黏物界层接触,即不决定于界面层上两种材料的互相浸润好坏。

固体表面能的经典定义是,在真空中使相邻两原子平面分开并分离到很远所需单位面积能量的二分之一。此定义是假定固体为完全弹性体,并处于热力学平衡态,且无任何气体存在。在热力学平衡时高聚物的表面发生黏合的黏合功为 W_A,与在真空中接触单位面积上液体与另一液体 L(或固体 S)的表面能(γ)具有定量的关系。液体(L)在固体(S)表面上最大黏合功定义为:

$$W_A = \gamma_{L\gamma} + \gamma_{S\gamma} - \gamma_{SL} \tag{7-1}$$

式中:γ——表面能,脚标 Lγ、Sγ、SL 分别表示液体、固体和固液界面。

将此方程变成广义的 a、b 两界面,则上式成为:

$$W_A = \gamma_a + \gamma_b - \gamma_{ab} \tag{7-2}$$

根据 Owens 等人的理论,a、b 间相互作用力由次价键力即极性分子的引力偶极力(P)和非极性分子作用力色散力(D)组成,则 a、b 的界面能为:

$$\gamma_{ab} = \gamma_a + \gamma_b - 2(\gamma_a^D \cdot \gamma_b^D)^{1/2} - 2(\gamma_a^P \cdot \gamma_b^P)^{1/2} \tag{7-3}$$

合并式(7-2)和式(7-3):

$$W_A = 2(\gamma_a^D \cdot \gamma_b^D)^{1/2} + 2(\gamma_a^P \cdot \gamma_b^P)^{1/2} \tag{7-4}$$

式(7-4)说明最大黏合功由两黏合体的相互作用的偶极力与色散力决定,且直接与材料的表面能相关。两物质间发生黏合时,体系的总表面能减少,其结果是两个自由表面消失并形成一个新的界面。根据定义,新生界面的原子间的相互作用是偶极力和色散力的贡献,则自由能的减少即为热力学黏合功 W_A。

近年来,许多研究表明,在充分湿润的情况下,聚合物及被黏物的色散力作用已能产生足够高的黏接力。另外,实验证实聚合物黏接力随聚合物表面能的增大而增大,而黏接力与偶极力和色散力的函数关系比较复杂。说明聚合物的黏接力取决于全部分子力的总和,而与分子力中的色散力或偶极力的单独作用不是直接关系。

分子间作用力即吸附力是提供黏合力的必要因素,但不是唯一因素。在某些特殊情况下,其他因素也能起主导作用。依照吸附理论的解释,纤维与黏合剂在浸渍法生产中的吸附黏合过程应该有这样两个阶段,第一阶段是液体黏合剂分子借助于热布朗运动向纤维表面扩散,使两者的极性基团或分子链靠近,随溶剂的挥发和施加压力的作用,分子作用距离缩小;第二阶段,当分子间距离达 $(5 \sim 10) \times 10^{-4}\ \mu m$ 时,两分子间产生相互吸引作用,并随之稳定在作用力的距离内,黏合剂与纤维完成黏合过程。

7.3.2 扩散理论

扩散理论也称为分子渗透理论,它的基础是高聚物的分子运动以及与分子运动有关的高聚物结构特征。当黏合剂与被黏的高聚物如纤维发生作用时,由于黏合剂与纤维表面分子或键段彼此之间处于不停的热运动状态而引起的相互扩散作用,使黏合剂和高聚物之间的界面消失,形成相互"交织"的牢固结合,黏合强度随时间增加而提高。有实验证实,黏合强度是高聚物间接触时间、温度、聚合物种类、相对分子质量、黏度等的函数,也即黏合强度随着这些参数的变化而按一定的关系变化。按此概念推断,两种聚合物界面的黏合不是发生在界面间,而是在体积中进行的,不是表面现象。因此这里所讨论的两黏合面的接触距内的扩散,包括了表面和体积,既有一相对另一相的扩散,也有两相间的扩散;有低分子物质在高聚物中的扩散,也有高聚物链段对另一高聚物的相互扩散。

扩散理论强调两点:一是黏合剂与被黏物的兼容性的问题,聚合物间的相互扩散,兼容性起着基本的作用;二是强调扩散问题,强调扩散条件对扩散系数的影响,对形成界面区的网络结构层影响。对两种高聚物能否混合,可采用热力学自由能的判断式进行判断:

$$\Delta F = \Delta H - T\Delta S \tag{7-5}$$

式中:ΔF——混合自由能;

$\quad T$——绝对温度,K;

$\quad \Delta H$——混合热;

$\quad \Delta S$——混合熵变。

如果 $\Delta F < 0$,即混合过程(扩散过程)能自发进行;$\Delta F = 0$,过程为平衡态;$\Delta F > 0$,混合过程不能进行。要使 $\Delta F < 0$,必须使式(7-5)中的 $\Delta H = 0$ 或 $\Delta H < 0$。

两聚合物能否相容,可以溶解度参数 δ 的差异来判断。两高聚物的溶解度参数 δ 相近,高聚物互容,且混合扩散性能趋向于自发进行。混合热 ΔH 与溶解度参数 δ 的关系为:

$$\Delta H = V_m V_1 V_2 (\delta_1 - \delta_2)^2 \tag{7-6}$$

式中:V_m——混合体系总体积;

$\quad V_1$、V_2——两物质体积分数;

$\quad \delta_1$、δ_2——两物质的溶解度参数。

当两高聚物的 δ 相等,即 $\delta_1 - \delta_2 = 0$,则式(7-6)中 ΔH 为零。代入式(7-5)计算,ΔF 值小于 0,则两高聚物混合扩散过程可自发进行。实验证实,不相容聚合物(即溶解度参数差异较大)间的扩散速度,要比相应条件下相容高聚物间的扩散小两个数量级。

从以上热力学自由能和溶解度参数的判断讨论了两高聚物的混合和扩散过程。从扩散的动力学过程的研究也可获得许多高聚物混合扩散规律。根据扩散过程的动力学公式,可以得到单位时间内体系扩散物质的数量与体系扩散系数的关系:

$$\frac{\mathrm{d}m}{\mathrm{d}t} = -D\frac{\mathrm{d}c}{\mathrm{d}x} \tag{7-7}$$

式中:m——单位面积扩散系数物质的量;

$\quad\ D$——扩散系数;

$\quad\ t$——时间;

$\quad\ \mathrm{d}c/\mathrm{d}x$——浓度梯度。

两高聚物扩散时的扩散系数 D 受诸多因素的影响,相对分子质量、分子结构、高聚物的结晶和取向结构、表面形态结构等都影响扩散系数。相对分子质量低,结构松散,分子间作用力较小,表面含空洞和缝隙的高聚物都有较大的扩散系数,获得较大的黏结强度。聚合物的扩散系数同样受黏合条件如接触时间、温度等的影响。因此,有利于扩散系数提高的条件,都可以提高黏合强度。

扩散理论对于聚合物的黏合规律有比较好的解释,但还未达到理想的程度,还有一些聚合物的黏合规律不能完全得到说明。另外,对于非聚合物体系的黏合规律研究还有待于深入。

7.3.3　电子理论

电子理论将黏合剂与被黏材料看成是一个电容器,由于两种不同物质之间的接触而充电,而要将这电容器分开,即将黏合面撕开,就将发生电容器的电荷分离,从而产生电位差,此电位差逐步升高直至发生放电。在金属表面干燥时、快速剥离黏合层时,确实发现有放电的现象,这证实了黏合层静电的存在。黏合剂和被黏物形成的含给电子或受电子基团的双电子层,相当于电容器的两个极片。它们之间产生静电引力而产生黏合力,两黏合材料的黏合功与两极片的能量相等,极片的分离功即黏合功可根据下式计算:

$$W = 2\pi\delta_0 h \tag{7-8}$$

式中:W——分离功;

$\quad\ \delta_0$——表面电荷密度;

$\quad\ h$——两极片拉开的距离。

以电子理论解释黏合规律存在一定的局限性,特别是对于高聚合物体系黏合规律缺乏一定的说服力,如许多高聚物在黏结剥离时无放电现象;两个属性相同或相近的高聚物,黏合力较大,但它们的接触电势却较小;黏合剂与被黏物皆为电解质时,它们的界面上很难设想有大量的电子移动,它们之间无法建立起足够大的电动势。

7.3.4　化学键理论

在黏合过程中,黏合剂与被黏物之间能生成化学键,则能较大地增加两界面间的相互作用,获得很高的黏合强度。界面生成的化学键越多,黏合强度越高。黏合强度(P)与界面化学反应基团的浓度(C)的关系为:

$$P = KC^n \tag{7-9}$$

式中:P——黏合强度;

    C——界面的反应基团浓度;

    K、n——常数。

高聚物含有许多可反应的活性基团,如 α-活性氢原子、—COOH、—OH、卤族原子、—CN 等,还有加入的各种含反应基团的添加剂或助剂,它们大量存在于界面上。当它们相互接触时,能生成化学键,使黏结强度提高。化学键理论阐明了黏合剂结构、高聚物的化学结构对形成黏合结构界面的机理。

利用化学键理论可以解释许多黏合的例子。如高聚物与金属的黏合,在硫化橡胶与铜的黏合的过程中,发现铜与硫化橡胶的黏合界面上有硫与铜生成的硫化亚铜分子。聚乙烯为无活性的非极性高聚物,将聚乙烯用乙烯基三甲基硅烷接枝反应后,生成的甲氧基可与—OH 反应,大大提高了聚乙烯与环氧树脂的黏合强度。碳纤维表面经氧化处理后生成—COOH、—CHO 等基团,用氧化碳纤维制成的复合材料强度有显著的提高。使用偶联剂可以较大程度地提高黏合性能,偶联剂是既能与被黏物发生化学反应,又能与黏合剂反应的试剂。如用甲基丙烯酸氯代铬盐或用钛酸酯处理玻璃纤维,使其表面生成含双键的官能团,与含双键的聚酯进行反应,可制成强度较高的聚酯-玻纤复合材料。

7.4　纤维的表面性质与界面黏结

化学黏合非织造材料基本上是以纤维和黏合剂为组成的二元体系。纤维是大分子的聚集体,它所具有的分子官能团、分子间作用力、聚集态结构和形态结构等构成了与黏合剂发生黏合作用的必要条件,以液状(乳液、水溶液等)为主的非织造材料黏合剂也是高聚物。因此,非织造材料是聚合物黏合的特殊形式,它的黏合成型规律是高聚物黏合研究的一个组成部分。界面层的作用是黏合科学中最基本研究问题之一,高聚物的界面张力、表面能、官能基团的电子性质对高聚物界面反应的影响等,从理论上和实验上求出这些因素与黏合强度以及界面层结构与性能的关系,不仅是黏合理论的基础,也是表面科学以至固体物理及化学的重要组成部分。

7.4.1　纤维的表面张力

研究非织造材料的纤维(a)和黏合剂高聚物(b)的表面能是了解其黏结行为的基础,从热力学的理论出发可获得 a 和 b 的黏结功 W。W 分别与 a、b 的表面能和 a、b 之间的结合能直接相关[见公式(7-1)],而表面能又包括色散力、极性和氢键分量。测定 a 和 b 的表面张力可以表示表面能,并由此可计算出 a、b 的界面功,即可获得黏结功。这里需要说明的是表面张力单位为 N/m,表面能为单位面积上的自由能,单位为 J/cm²。表面张力和表面能在数学上是相等的,实验证明表面张力既可看成单位面积的自由能(表面能),又可作为用于单位长度上的力。

不同的材料由于其组成和结构不同,其表面张力不同。根据表面张力值的大小,可将大多数物质分为两类:第一类物质表面张力 $\gamma \geqslant 100 \times 10^{-3}$ N/m,在常温下有较高硬度和熔点,包括大多数金属物质,无机材料如金属氧化物、氮化物、硫化物、氧化硅等;第二类物质表面张力 $\gamma \leqslant 100 \times 10^{-3}$ N/m,有机化合物液体以及较低熔点的材料,如石蜡等。

1. 成纤高聚物结构对表面张力的影响

成纤高聚物的结构对表面张力的影响,主要包括成纤高聚物的相对分子质量、链节化学结构、聚集态结构、共聚共混高聚物、接枝高聚物结构等。成纤高聚物指能形成纤维的高聚物,因为成纤高聚物与普通高聚物对表面张力的影响没有差别,因此下面的讨论中两者不作严格区分。成纤高聚物的表面张力与相对分子质量的关系为:

$$\frac{1}{\gamma^n} = \frac{1}{\gamma_\infty^n} + K_s \frac{1}{M_n} \tag{7-10}$$

式中:γ——表面张力;

γ_∞——相对分子质量为无穷时的表面张力;

K_s——常数,高聚物 $K_s = 8$;

n——常数,约为 300~4 000。

符合该关系的聚合物有聚二甲基硅氧烷、聚苯乙烯等。另外,也有学者提出高聚物表面张力 γ 与其相对分子质量 $M_n^{-2/3}$ 成直线关系,且实验证实了许多高聚物符合这种关系。

成纤高聚物的结构对表面张力的影响都与它的密度相关联,密度(ρ)与表面张力(γ)的关系为:

$$\gamma = \gamma_0 \cdot \rho^n \tag{7-11}$$

式中:γ_0——与温度无关系的常数,$\gamma_0 = (P/M)^n$;

P——等张力比容;

M——相对分子质量;

n——Macleod 常数,小分子液体 $n = 4$,高聚物 $n = 3 \sim 4$。

高聚物链结构对表面张力有较大的影响。在密度相同的情况下,相类似的化学结构有相近的表面张力。另外,在链结构上引入基团或元素,会改变高聚物的聚集态结构及表面结构,导致表面张力变化。聚乙烯的氯化、氟化后的表面张力变化说明了这一点。表 7-4 为氯化、氟化聚乙烯表面张力的变化。

表 7-4 中随聚乙烯氯化程度的增大,表面张力值增大;随聚乙烯氟化程度增大,表面张力下降。除卤化影响聚乙烯的结构从而引起表面张力变化外,氯和氟元素的表面张力有较大的差异,致使高聚物的表面张力变化。

表 7-3　卤化对聚乙烯表面张力的影响

氯化物	表面张力/$\times 10^{-3} \cdot \mathrm{N} \cdot \mathrm{m}^{-1}$	氟化物	表面张力/$\times 10^{-3} \cdot \mathrm{N} \cdot \mathrm{m}^{-1}$
聚乙烯	35.09	聚氟乙烯	39.5
聚氯乙烯	43.8	聚二氟乙烯	36.5
聚二氯乙烯	45.2	聚三氟乙烯	29.5
聚三氯乙烯	53.0	聚四氟乙烯	22.6
聚四氯乙烯	55.0		

高聚物链结构中加入其他分子结构后,两种分子的无规共聚物组成影响高聚物的表面张力,其表面张力随两者的比例不同而变化,可以用下式表示:

$$\gamma = x_1\gamma_1 + x_2\gamma_2 \tag{7-12}$$

式中:γ——表面张力;

x_1、x_2——分别为 1 组元、2 组元的摩尔分数;

γ_1、γ_2——分别为 1 组元、2 组元的表面张力。

如果将不同的高聚物共混,其效果(1)随两者的相溶性变化影响表面张力;(2)随两者的组分比变化表面张力变化。实验发现,低表面张力的共混组分在表面上优先吸附,共混高聚物比相同比例的无规共聚物的表面张力低。

嵌段共聚物由高表面能的 A 和低表面能的 B 组成 ABA 高聚物,随 B 的摩尔分数增加,B 的聚合度增加,嵌段共聚物的表面张力值下降。共混高聚物所表现的表面张力有相似的规律,其原因是低表面张力的组分优先分布在高聚物的表面,从而降低了材料的表面张力。另外,将 A 与 B 通过接枝聚合获得的高聚物的表面张力,其规律也与嵌段高聚物相类似。

2. 温度对高聚物表面张力的影响

高聚物表面张力随温度的上升而下降。前人曾总结过许多经验规律,近期的实验获得关系:

$$\gamma = \gamma_0 \left(1 - \frac{T}{T_c}\right)^n \tag{7-13}$$

式中:γ_0—— $T = 0\ \mathrm{K}$ 时的表面张力;

T——测试热力学温度;

T_c——临界热力学温度;

n——常数,通常有机液体 $n = 11/9$,许多金属 $n \approx 1$。

7.4.2　纤维的浸润性质

纤维黏结功是判断纤维黏合能力的依据。然而,仅仅通过表面的黏结功还不能反映整个黏合能力,因为通常情况下,纤维与液状黏合剂的黏合过程首先发生的是纤维的浸润,然后将液态黏合剂与高聚物固化成为一个黏合体系。因此浸润过程是黏合行为的重要组成部分,在非织造材料化学黏合成型规律中具有十分重要地位。

1. 纤维表面的浸润

纤维表面的浸润是指它同特定的液体在特定的条件下接触的状态和过程。润湿性指纤维表面同特定性能的液体相互作用的势能。纤维的润湿现象有两类:一是平衡润湿,即纤维接触液体后,不再发生状态变化;二是动态润湿,即纤维与液体接触后液固界面一直相对变化、移动。液体浸润纤维表面的平衡状态是固相、液相和气相三相的平衡状态,根据图 7-3 所示的液滴

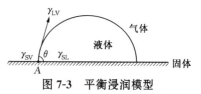

图 7-3　平衡浸润模型

在固体(纤维)表面上的平衡状态图,平衡接触点(A)可以由固-液、液-气和固-气三种界面的相交点来描述。

根据 Young-Dupye 方程来描述平衡浸润状态,并对应用于图 7-3 中各表面张力和接触角。

$$\gamma_{SV} - \gamma_{SL} = \gamma_{LV}\cos\theta \tag{7-14}$$

式中:θ——接触角;

γ——表面张力。

脚标 S、L、V 分别表示固、液、(蒸)气态,即 γ_{SV} 为固气界面张力,γ_{SL} 为固液界面张力,γ_{LV} 为液气界面张力。$\cos\theta = (\gamma_{SV} - \gamma_{SL})/\gamma_{LV}$ 又可以表示纤维的浸润性。纤维浸润性的判断可以用接触角 θ 的大小或黏着功 W 来表示。

1) 接触角 θ

根据接触角的大小可将浸润分为几种状态:

(1) 完全浸润,或称铺展,$\theta = 0$;

(2) 可浸润或称正浸润 $(0 < \cos\theta < 1)$,$0 < \theta < 90°$;

(3) 零浸润,$(\cos\theta = 0)$,$\theta = 90°$;

(4) 不可浸润或负浸润,$(-1 < \cos\theta < 0)$,$90° < \theta < 180°$;

(5) 完全不可浸润,$\cos\theta = 180°$。

纤维的最大平衡浸润发生在 $\theta = 0$,这时液体的表面张力等于纤维的表面张力 $\gamma_{LV} = \gamma_{SV} = \gamma_c$。

接触角表达了纤维的相对浸润性,但不同的浸润体系有一定的差异。①前、后浸润性差,发现预浸后再浸的 θ_a 与干浸的 θ_b 有差异。将 $\Delta\theta(=\theta_a - \theta_b)$ 定义为纤维浸润滞后性;②粗糙表面的浸润差异;③不同固体组分的浸润差异;④不同液体的浸润差异。

2) 黏合功

纤维(固)与黏合剂(液)之间的吸附作用可以用黏合功 W_{SL} 来表示,(脚标 S、L 分别表示固体、液体),它反映的是单位面积上的总吸附能。黏合功可以用热力学量定义,由 Dupye 方程表达:

$$W_{SL} = \gamma_{LV} + \gamma_{SV} - \gamma_{SL} \tag{7-15}$$

由于液体或固体自身的结合可用内聚功表示(W_{LL} 或 W_{SS}),其值根据 Dupye 方程可得,其值为表面张力的两倍,即:

$$W_{LL} = 2\gamma_{LV} \text{ 或 } W_{SS} = 2\gamma_{SV}$$

式中:W_{LL}——液体自身内聚功。

根据接触角公式(7-14),公式(7-15)可以变为:

$$W_{SL} = \gamma_{LV} + \gamma_{LV}\cos\theta \qquad (7\text{-}16)$$

根据式(7-16)可看出,液固黏合功由两部分构成,一部分为液体本身的性能 γ_{LV},另一部分为液体和固体的相互作用 $\gamma_{LV}\cos\theta$,称 $\gamma_{LV}\cos\theta$ 为黏合张力或相对润湿性。

用黏合功对纤维润湿性作判断时,关注 W_{SL} 和 W_{LL} 的差值:

$$W_{SL} - W_{LL} = P \qquad (7\text{-}17)$$

将 P 称为铺展系数或称铺展压、铺展张力。它反映的是在此压力或张力作用下,液体分子克服自身的内聚能作用展开于表面,同时在表面快速扩散的能力。$P>0$ 是液体铺展的必要条件。根据公式(7-16),浸润分为几种情况:

(1) 完全浸润 $\cos\theta=1$ $\qquad W_{SL}=W_{LL}=2\gamma_{LV}$

(2) 正浸润 $0<\cos\theta<1$ $\qquad \gamma_{LV}<W_{SL}<W_{LL}$

(3) 零浸润 $\cos\theta=0$ $\qquad W_{SL}=\gamma_{LV}$

(4) 负浸润 $-1<\cos\theta<0$ $\qquad 0<W_{SL}\leqslant\gamma_{LV}$

(5) 完全不可浸润 $\cos\theta=-1$ $\qquad W_{SL}=0$

这几种情况的判断与用接触角 θ 判断的情况完全一致。

不同液体浸润的纤维吸附功 W_{SL} 和接触角 θ 的比较如表7-6所示。

表7-6 纤维与不同液体的吸附功 W_{SL} 与接触角 θ 比较

W_{SL} 单位:10^{-7}J·cm^{-2}

纤维类别	吸附功 W_{SL} 接触角 θ	乙醇(95%)	甲苯	乙二醇	水
锦纶	W_{SL}	43.6	43.9	73.5	95.7
	θ	18°	59°	57°	71°
聚酯纤维	W_{SL}	42.6	44.3	70.4	90.9
	θ	26°	56°	61°	75°
丙纶	W_{SL}	37.7	—	61.0	77.4
	θ	47°	—	74°	86°

由表7-6可知,根据不同纤维与同一溶液,同一纤维与不同溶液的 W_{SL} 和 θ 可以判断溶液对纤维的黏附作用。如水对纤维的黏附,对锦纶的作用大于丙纶。其原因可以从锦纶与丙纶的结构差异分析获得原因,锦纶分子含有大量亲水的酰胺键基团,丙纶分子结构无亲水基团,且结晶度大于锦纶。因此,锦纶的吸附功 W_{SL} 大于丙纶,接触角 θ 小于丙纶。对于同一纤维在不同溶液的作用下,根据表7-6可作出溶液对纤维黏附的选择。以锦纶为例,水对锦纶的 W_{SL} 大于其他三种溶液,但它在纤维上的接触角 θ 小于其他三种溶液。

2. 纤维集合体的浸润性

对于单一纤维或单一固体表面的浸润,可以用上述讨论,解释并说明其规律。非织造材料是一种或多种类型的纤维组成的集合体,它的组成和结构极大地影响某种液体浸润它的规律,原来单纤维的浸润平衡态将会向非织造纤维集合体的非平衡态的浸润变化。非织造材料因含孔洞、缝隙,纤维间相互联接缚结等结构因素,造成毛细吸水现象或称芯吸效应。芯吸效应除了受单纤维的浸润作用的影响外(包括 $\cos\theta$ 以及铺展压 P),还取决于非织造材料孔隙结构的几何特征。相同的纤维和液体,其芯吸效应随孔隙尺寸变化而变化。根据毛细管压力方程,可以得到压力与孔形状的关系:

$$P = (2\gamma_{LV} \cdot \cos\theta)/r \tag{7-18}$$

式中:r——毛细管的等效半径;

$\quad\gamma_{LV}$——液体表面张力;

$\quad\theta$——液体接触角。

毛细管压 P 与其孔形状大小 r 成反比关系。P 的大小与浸润作用为正比关系,即随 P 的增大浸润作用增大。这里 r 减小,即压力 P 增大,毛细浸润作用增加。

将非织造材料结构中的孔洞和缝隙粗略地分为垂直方向和水平方向,液体在垂直方向孔隙的浸润,芯吸达一定高度后形成稳定状态;而在水平方向的孔隙中,在毛细作用和铺展张力作用下使液体不断地扩展,为非稳定态。而由不同孔隙大小(毛细吸水方向由大孔向小孔流动)和不同排向的毛细管的作用,使液体选择不同方向的扩散或铺展。因此,液体由毛细效应在非织造材料中的浸润扩散和铺展具有平衡态和非平衡态的浸润特性,又有方向性和选择性的特征。

7.4.3 纤维黏合的界面性质与界面黏结

以上讨论了纤维(高聚物)的表面性质和纤维及非织造材料或织物的浸润,从单一的黏合材料基础在理论上及实验上试图回答纤维(或高聚物)能否黏合,黏合的能力有多大。

这里讨论纤维、黏合剂两种不同高聚物界面上的黏合,界面层的结构和性能的关系。由于纤维、黏合剂体系的复杂性,形成的界面层的结构和性能有很大的不同。界面层的结构直接决定着材料的整体综合性能,如力学性能、热性能、化学性能等,并由此确定了黏合体系的耐久性和使用寿命。

界面层结构研究具有相当大的复杂性,有黏合层本身结构随黏合方法、条件及使用的变化,还有被黏材料界面结构的变化。界面层结构与性能的关系,大约包括几个问题:

1. 界面张力

界面张力的定义可以由黏附功 W_a,即 Dupre 方程给出:

$$W_a = \gamma_1 + \gamma_2 - \gamma_{12} \quad 即 \quad \gamma_{12} = \gamma_1 + \gamma_2 - W_a \tag{7-19}$$

W_a 即将 1 和 2 表面形成的界面可逆地分离所需的能量,γ_{12} 为 1 和 2 表面相结合的界面张力,当两相物质相同时,界面消失,$\gamma_{12}=0$,$\gamma_1=\gamma_2$,这时的黏附功等于内聚能 W_c,$W_c = W_a = 2\gamma_1$。

关于界面张力的理论计算,有 Good 和 Girifales 理论计算的界面张力公式:

$$\gamma_{12} = \gamma_1 + \gamma_2 - 2\phi(\gamma_1\gamma_2)^{1/2} \tag{7-20}$$

上式中,γ 为表面张力;1、2 脚标分别代表 1、2 两个表面;ϕ 为分子相互作用系数,即黏

附功 W_a 和各内聚功 W_{c1} 和 W_{c2} 之积的均方根比,它是相互作用单元摩尔体积、分子极化度、分子电离势、分子永久偶极矩的函数。

另外,研究表明分子间作用能由非极性(色散力)部分和极性部分组成,即 $\gamma_i = \gamma_i^d \gamma_i^p$ 以及各相的极性度这个宏观量来代替分子相互作用参数 ϕ,得到适用于低表面能体系的界面张力方程:

$$\gamma_{12} = \gamma_1 + \gamma_2 - \frac{4\gamma_1^d \gamma_2^d}{\gamma_1^d + \gamma_2^d} - \frac{4\gamma_1^p \gamma_2^p}{\gamma_1^p + \gamma_2^p} \qquad (7\text{-}21)$$

式中:γ——表面张力;

$\quad \gamma_i^d$——色散力贡献的表面张力;

$\quad \gamma_i^p$——极性部分贡献的表面张力。

式(7-21)适合于低表面能体系(如高聚物),因此计算结果与实验测定值相接近。

2. 界面上大分子聚集体的相互作用

高聚物在界面上大分子间的相互作用很大,这是大分子的结构本身的原因所致。当高聚物与被黏表面接触后,两表面的基团表面能存在的差异越大,所产生的相互作用越小,所能形成的黏合强度越小。但是,如果两表面基团间能相互作用生成离子键、络合物,有时能达到很大的键合能;强的络合物键可达到 2.09×10^5 J/mol,相当于化学键能。较弱的络合物键能只有 $8\,368 \sim 12\,552$ J/mol。另外,基团间的距离对它们的相互作用有很大的影响,一般与相互间的距离的 3 次方成正比,当黏合剂与被黏体分子相互接近达 $3 \times 10^{-4} \sim 5 \times 10^{-4}$ μm 时,偶极与氢键等作用而产生的力,它对界面黏结强度的贡献可达 $7.0 \times 10^2 \sim 7.0 \times 10^3$ MPa。因此,减少基团间距离的措施,可增大相互作用。

3. 界面上化学键生成

黏合剂与纤维(高聚物)在界面能够生成化学键,即发生化学反应,则较大地增加界面的相互作用。纤维或高聚物表面大分子链上含有能进行化学反应的活性基团,如 a—活性氢原子,—COOH、—OH、—CN,卤素原子等可以与黏合剂发生化学反应;而表面无极性基团的聚乙烯或聚丙烯纤维,极性基团较少的涤纶纤维,可通过表面改性(如表面接枝化学改性,表面等离子体处理等方法),引入极性基团,与黏合剂反应生成化学键,从而使黏合强度大大提高。

有许多实例可说明纤维与黏合剂分子在界面上的化学反应,如:纤维素含大量的羟基,可以与环氧基或异氰酸酯等基团进行交联反应。环氧化物在酸或碱催化下,先开环,作纤维素的交联剂,生成交联产物。如 3-氯 1,2-环氧丙烷与纤维素反应,生成的最简单的交联产物为:

$$R_{cell}—O—CH_2—CH—(OH)—CH_2—O—R_{cell}$$

二异氰酸亚烃酯与纤维素反应,形成二酯形式的交联:

$$R_{cell}—O—\overset{\|}{\underset{O}{C}}—(CH_2)_n—\overset{\|}{\underset{O}{C}}—O—R_{cell}$$

锦纶上氨基的氢反应能力很弱,但与异腈酸酯(如六次甲基二异腈酸酯)反应使大分子产生交联。

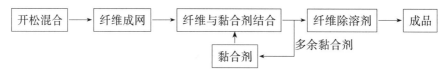

同样的实例非常多,在黏合剂和纤维之间通过建立化学键而提高黏合强度,并将它运用到其他应用领域,如玻璃纤维-树脂的复合、碳纤维-树脂等复合材料的研究和开发。

7.5 化学黏合工艺与产品性能

将纤维和黏合剂连续、自动地黏合制成非织造材料的工艺过程包括三个关键步骤:(1)纤维成网;(2)纤维与黏合剂的结合(浸渍法、喷洒法、印花法等);(3)溶剂的去除与整理(热处理法)。其工艺流程如图7-4所示。

开松混合 → 纤维成网 → 纤维与黏合剂结合 → 纤维除溶剂 → 成品
黏合剂 ← 多余黏合剂

图7-4 化学黏合法非织造材料工艺流程

要获得优良性能的非织造材料,除黏合剂和纤维的选择外,理解和掌握上述三个步骤中的特殊规律是至关重要的,它们是制定化学黏合非织造工艺的基础和依据。

7.5.1 纤维性能与纤网

纤维网的制备对非织造材料的性能的影响因素很多。纤维的选择、混合、开松、梳理、成网以及各个工序的设备机器操作对纤维网质量的影响,已在第3章论述。这里的介绍是从纤维或纤维网与黏合剂作用对非织造产品性能影响的角度对纤维成网提出工艺要求。如纤维的选择,包括纤维的种类、线密度、长度、纤维截面的几何形状、纤维卷曲度等;纤维成网工艺,包括纤维网的密度、纤维网面密度等对黏合剂黏合工艺的影响。

纤维的线密度越小,制成的化学黏合非织造材料强度越大,非织造材料断裂强度随纤维线密度的变化规律由下列经验函数来描述:

$$X = \frac{2C}{Y} \tag{7-22}$$

式中:X——非织造材料断裂强度;

Y——纤维线密度;

C——为常数。

纤维的线密度减小,断裂强度增加。另外,化学黏合非织造材料顶破强度随纤维的线密度增加而下降,撕破强度减小。

纤维的长度变化对化学黏合非织造材料的力学性能的影响与线密度的影响不同。纤维长度增加,非织造材料强度提高,顶破强力增加,撕破强度增加,但它们增加至纤维一定长度后不再变化。

纤维卷曲度的增加,使非织造材料的柔软性增加,初始模量减小,密度减小。

细而长的纤维的比表面积大,与黏合剂的接触总面积大于粗纤维,且细长纤维的交叉缠结机会大大增加,这些因素都贡献于非织造材料的力学性能的提高。但纤维过长导致成网困难,纤维网均匀度下降,使得非织造材料的强度反而下降。另外,要提高化学黏合非织造材料强度,选用非圆形截面的纤维是一种有效方法,其原因是随纤维截面几何形状的变化,纤维截面的外圆周长增大,纤维比表面积增大,提高了与黏合剂的接触面积,特别是空心三叶形截面的纤维,它的外表面积是圆形截面纤维的 1.5 倍,当空心程度达 95%,外表面较圆形纤维增加 4 倍。

7.5.2 纤维网的浸渍

纤维网的黏合剂浸渍亦称为浸胶工艺。纤维在前道工序准备后,经成网工艺制成一定规格(网宽度、厚度)和纤维排列取向的纤维网,然后对纤维网进行浸胶。浸胶工艺的重要参数包括:黏合剂(胶液)的含固量,浸渍时间,轧液辊压力或真空吸液量等,通过上述参数的控制,保证一定量黏合剂在纤维网上的分布均匀性和充分浸润性。化学黏合法非织造材料黏合成型,有饱和浸渍法、喷洒、泡沫黏合和印花等实施方法。不管是哪种方法,其实质都是黏合剂经施加、吸附、扩散、流动与纤维黏合的过程,这里仅以饱和浸渍方法为例进行讨论。

1. 胶液固含量

固含量是在规定条件下,测得黏合剂中非挥发性物质的质量分数。胶液固含量的调节和控制直接影响非织造材料的结构和性能,影响浸胶工艺的操作。

化学黏合的非织造材料是由黏合剂在纤维网中构成片膜状黏合结构或在纤维交叉点形成无数独立的黏合结构,将无序随机排列的纤维结合在一起所形成。图 7-5 为化学黏合非织造材料结构。除纤维网的结构外,胶液固含量是影响非织造材料黏合点的密度与分布、黏合点尺寸大小以及黏合强度的重要因素,它决定了非织造材料的性能。

与胶液固含量直接相关的性质是胶液的黏度。一般来说,乳液型黏合剂的固含量为 40%~50%,其黏度受固含量的影响相对较小,其原因是高聚物存在于乳液滴中间,高聚物分子间互相作用较小所致。而高聚物的水溶液黏度对固含量的影响很大。如聚乙烯醇水溶液的黏度与固含量成正比关系,它在工艺实施中固含量只在 8%左右。不同的高聚物由于分子结构不同,分子间的作用力不同,含固量与黏度呈不同比例的变化,在工艺实施中可以根据不同的黏度,配制不同固含量的黏合剂。

胶液黏度的变化影响胶液对纤维的浸润性、渗透性和流动性。随着质量分数增大,黏度增大,胶液的这些性能降低,纤维上的黏结点变少,黏结点尺寸变大,纤维网芯层的胶液量相对减少,同时要注意黏合剂 pH 值控制。由于浸胶过程中胶液由表及里的渗入纤维网内,黏度相对较大的黏合剂容易在纤维网表层形成浓集层,从而阻碍随后黏合剂的扩散渗透,使获得的非织造材料有明显的"皮芯"差异的结构。这种结构化程度随着胶液质量分数的提高和非织造材料厚度增加而加大。胶液固含量低的工艺一般见于薄型非织造材料生产,但固含量过低使非织造材料强度降低。胶液固含量的增加,直接增加了非织造材料的黏合剂含量,影响产品的结构性能。

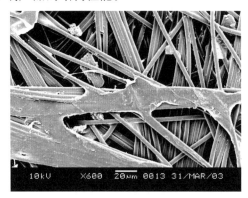
(a) 片膜状黏合结构

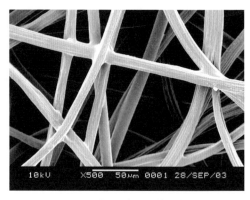
(b) 纤维交叉处点黏合结构

图 7-5　化学黏合非织造材料的结构

2. 浸渍时间

浸渍时间指纤维网在胶液槽中的停留时间。在胶液槽长度确定的条件下,通过改变纤维网的夹持网的行进速度来调节浸渍时间。另外,根据工艺需要通过改变槽内胶液浸渍长度,改变或调节浸渍时间。如调节纤维网的浸渍均匀性,调节纤维网的带胶量等。

浸渍时间的确定是根据胶液固含量、非织造材料的性能和规格来确定的。黏度较大的胶液可通过适当增加浸渍时间,减低夹持网走速来调节;反之,对黏度较小的胶液,加工产品要求带胶量低的薄型纤网,应减少浸渍时间。

纤维网浸胶后经轧液辊加压或真空吸液去除多余的带胶,是与浸胶胶液含量、浸胶时间相互配合调节纤维网带胶量的有效手段。浸胶纤维网经适当的轧辊压力,促使纤维网上胶液的扩散、渗透和流动,达到胶液在纤维网上均匀分布的目的。同时除去多余胶液,减少了水分干燥量,节省了能源消耗。

3. 黏合剂含量对非织造材料性能的影响

通过黏合剂的含固量、浸渍时间、轧液辊的压力等调节,可直接控制非织造材料的结构和性能。黏合剂含量对非织造材料结构的影响是一个较复杂的问题。目前,对它的认识和掌握处于经验阶段,只是从黏合剂的含量与性能的关系来推测非织造材料结构的变化。

随带胶量的增加,非织造材料的性能发生的变化如表 7-6 所示。

表 7-6　黏合剂含量对非织造材料性能的影响

黏合剂	非织造材料性能的影响
含量增加	断裂强度可达最大值 断裂伸长增加(低质量分数黏合剂除外) 初始模量增加
	撕破强力增加 顶破强力增加 硬度增加

由表 7-6 所知,随黏合剂含量增加,非织造材料的力学性能呈上升趋势,即断裂强度上升,伸长增加,初始模量、撕破强力、顶破强力增加,但硬度增加。黏合剂的增加必然增加纤维网上的黏结点,随黏结点的增加,由纤维体现非织造材料力学性质的状况逐步转化为由黏合剂决定非织造材料的力学性质。由表 7-6 所示的黏合剂固含量对非织造材料性能的影响,只是在一定的质量分数范围内,超过临界点以后,固含量增大产生的黏度增大将影响和改变黏合剂在纤维网中的均匀分布,导致非织造材料性能的恶化。

7.5.3 化学黏合工艺

1. 泡沫浸渍法

1) 泡沫浸渍法的特点

泡沫浸渍法就是用发泡剂和发泡机械装置(图 7-6)使黏合剂浓溶液成为泡沫状态,并将发泡的黏合剂涂于纤网上,经加压和热处理,由于泡沫的破裂,泡沫中的黏合剂微粒在纤维交叉点成为很小的黏膜状粒子沉积,使纤网黏合后形成多孔性结构。泡沫浸渍法主要用于薄型非织造材料,与一般浸渍法相比,其优点如下:

(1) 结构蓬松、弹性好;

(2) 浸渍以后,纤网含水量低,烘燥时能耗小,比饱和浸渍低 33%~40%;

(3) 黏合结构在纤维的交叉点上,成为点状黏膜粒子;

(4) 黏合剂水分少,质量分数高,烘燥时避免产生泳移现象;

(5) 漏水少,污染小;

(6) 生产速度高(大于 80 m/min)。

2) 发泡机理

泡沫由大量的分散在黏合剂液体中的气泡所组成,这些气泡由液膜隔开,其中大部分是气相,它们具有某些特定的几何形状,实质上是微观多相的胶体体系,其中气体是分散相,它分散在液体介质中,纯液体不会形成泡沫,必须在该液体中至少加入一种能在气液界面上形成界面吸附的物质——表面活性剂。在表面活性剂溶液中通入空气,气泡被一层表面活性剂的单分子膜包围,当该气泡冲破了表面活性剂溶液/空气的界面时,则第二层表面活性剂包围着第一层表面活性剂膜而形成一种含有中间液层的泡沫薄膜层,在这种泡沫薄膜层中含有黏合剂液体,当各个气泡相邻地聚集在一起时,就成为泡沫集合体。泡沫黏合剂的产生:

影响泡沫稳定性的主要因素有:

(1) 气泡的破裂。当泡沫的壁膜或其局部区域因为排液而变薄,泡沫即由亚稳定状态变为不稳定。此时外界的扰动,如机械或热的冲击,或泡沫壁膜内分子的无规则运动都会引起膜的破裂。

(2) 泡沫的并合。气泡的半径与气泡内外的压差成反比。气泡半径越小,气泡内气体压强对液壁的压强差越大,即气泡越小,其中泡内气体压强越大,因而气体将透过液膜由小泡向大泡扩散,结果小泡逐渐缩小以致消失,而大泡则逐渐扩大。

（3）泡沫中液体的流失。泡沫中的液体除了表面蒸发减少外,主要流失渠道是沿泡壁的重力流动,向几个气泡的结合处汇集,并向底部排液形成泡液分离等。

图 7-6　典型的发泡装置

3）泡沫黏合剂的技术指标

（1）发泡率。是指一定体积待发泡液体的质量(G_0)与同体积泡沫的质量(G_1)之比,或发泡前液体密度(ρ_0)与发泡后泡沫的密度(ρ_1)之比。也称发泡比、发泡度或吹泡率。

随发泡率的提高,泡沫的密度降低,黏度相应提高。因此,必须根据纤维种类、纤网面密度和产量要求,选择最佳的发泡率。发泡率可以根据导入空气的量加以调节,通常机械式发泡机的发泡率能控制在 5 : 1 ～ 25 : 1 之间。

（2）泡沫的半衰期。是指一定的泡沫容积内部所含的液体流出一半所需要的时间。它表征了泡沫的排液速度和稳定性。半衰期是掌握泡沫稳定性的重要参数,与发泡比有密切关系,发泡比高,泡沫半衰期就长。生产工艺中应严格控制泡沫的半衰期,使之在施加到纤网之前不产生排液或很少排液。泡沫的半衰期可通过加入稳定剂控制,一般控制在 2～12 min 之间。常用的稳定剂有月桂醇、十二烷基醇和羟乙基纤维素等。

（3）气泡直径。气泡的大小要尽可能均匀,以利于泡沫在纤网上均匀地分布。气泡越小,泡沫越稳定。气泡的大小以确保泡沫为亚稳态为最佳。所谓亚稳态泡沫,就是其稳定程度介于稳定泡沫和不稳定泡沫之间,它在施加于纤网之前稳定,而在施加于纤网之后易于破裂。气泡直径一般在 50 μm 左右。

（4）泡沫的润湿性。泡沫在施加到纤网之前,必须处于稳定状态,一旦施加到纤网上,即要求在纤维表面迅速破裂、润湿并渗透到纤网中去。泡沫的这种特性称为润湿性,它受很多因素影响,如发泡比、半衰期、发泡剂与纤维类型、纤维网结构及前处理情况等。例如,对于憎水性纤维,浸渍时可采用在分散液中高质量分数、高倍数(低体积密度)和高稳定性的泡沫黏合剂;与此相反,浸渍亲水性纤维网时,则要求采用在分散液中质量分数较低、倍数低、稳定性不高的泡沫黏合剂,这种泡沫黏合剂含水量高,可促进亲水性纤维膨润,因而在浸渍时能快速黏合。

4）泡沫浸渍方法及其设备

图 7-7 为典型的泡沫浸渍工艺过程。其中的浸渍部分由泡沫发生(施加)装置、涂胶刮刀、双辊筒上胶和轧液输送装置组成。浸渍泡沫黏合剂后的纤网经烘箱烘燥、固化。刮涂式泡沫施加装置见图 7-8，是将泡沫用刮刀直接施加在纤网上。图 7-9 是轧液式施加泡沫原理示意图(a)和双辊泡沫浸渍机(b)。

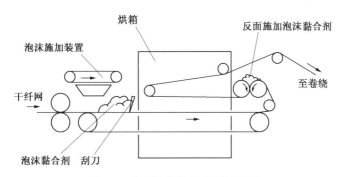

图 7-7　典型的泡沫浸渍工艺过程

图 7-8(a)中，两轧辊的间距可根据纤网面密度调节。泡沫黏合剂施加管可借机械或气动进行左右往复运动，向轧面施加泡沫黏合剂。在两轧辊的两端面有两块挡板，防止泡沫黏合剂从两轧辊上部形成的带浆凹面中流失。经过泡沫黏合剂浸渍的纤网由不锈钢丝输送网帘送入烘燥装置。单面施加泡沫的双辊式泡沫浸渍机适用于面密度为 $20\sim100$ g/m^2 的纤网，而双面施加泡沫的双辊式泡沫浸渍机适用于面密度大于 120 g/m^2 的纤网。

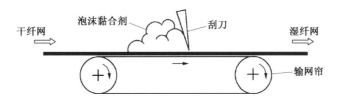

图 7-8　刮涂式泡沫施加装置

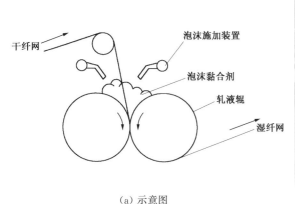 

（a）示意图　　　　　　　　　　　　（b）泡沫浸渍机照片

图 7-9　轧液式施加泡沫的双辊式泡沫浸渍机

图 7-10(a)为德国 Monforts 浸渍机原理示意图。它是利用刮刀将泡沫黏合剂均匀地涂布在具有一定透气性的橡胶输送带上,随着橡胶输送带的回转,纤网与涂布的泡沫黏合剂接触,并紧贴压在真空滚筒的表面,泡沫黏合剂在真空的作用下膨胀破裂并渗透到纤网内部。图 7-10(b)是 Eimmer 泡沫浸渍设备原理示意图,其原理与 Monforts 浸渍机类似,只是将橡胶输送带换成一对带有电磁铁的磁性辊,用磁性辊式刮刀将泡沫加在磁性辊上,利用该辊的回转将泡沫转移到纤网上。这两种设备都是一种间接施加泡沫的方法。泡沫黏合剂的施加量与纤网的线速度大小无关,且真空滚筒可改善黏合剂在纤网中的分布,从而可提高中厚及厚重纤网的浸渍效果。

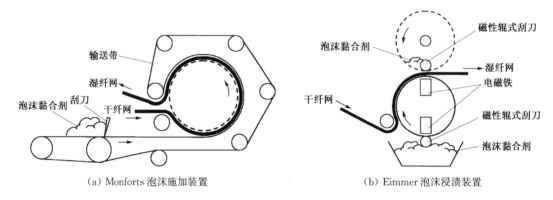

(a) Monforts 泡沫施加装置   (b) Eimmer 泡沫浸渍装置

图 7-10　转移式泡沫浸渍设备

泡沫浸渍法对纤网中液体的增重不大,不易破坏运动的纤网结构,而且黏合剂的分布比较均匀,用量也较少。因此,所得产品比较蓬松、柔软,悬垂性好,用途广泛。

2. 饱和浸渍法

连续自动将一定质量、厚度的均匀纤维网上胶,应保证①未经预加固的纤维网不受损伤,因为此时的纤维网强力极低,在一定张力条件下易产生变形。②纤维网在一定黏度的胶液(黏合剂)中均匀地与胶液结合。

最简单的浸渍机是单网浸渍机如图 7-11 所示,常用的双网浸渍机如图 7-12 所示。

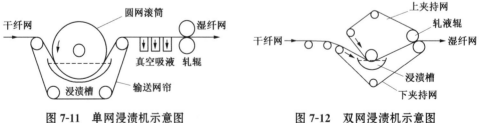

图 7-11　单网浸渍机示意图　　　　**图 7-12　双网浸渍机示意图**

两种浸渍机的基本组成为输送辊、夹持网帘(滚筒)、浸渍槽、轧液辊等。它们的工作方法是纤维网在夹持网的夹持下,送入浸渍槽,上胶后的纤维网经轧辊挤压或真空吸液将多余的胶液除去,再经烘干、整理制成为非织造材料。两种浸渍机的主要差异是,单网浸渍机将双网机的上夹持网改成了圆网滚筒,纤维网经过浸渍槽时受网帘和滚筒的夹持,再送至真空吸液和轧辊,去除多余的胶液。

3. 喷洒黏合法

利用压缩空气通过喷头或喷枪,将液体胶液喷洒在纤维网上经烘干成非织造材料。喷洒方法有多头往复式喷洒、旋转式喷洒、椭圆轨迹喷洒、固定喷洒等方法。由这种方法生产的产品具有高膨松,多孔性,保暖性等。其产品有保暖絮片(喷胶棉),沙发垫层,过滤材料等。以双面式喷洒机为例介绍,如图 7-13 所示。

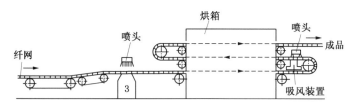

图 7-13   典型的双面式喷洒机

它的喷头用往复移动喷洒,喷头下方的吸风保证了黏合剂对纤网的扩散和渗透。

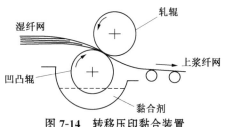

图 7-14   转移压印黏合装置

4. 印花黏合法

如果将胶液浸渍的方法改成由圆网滚筒表面施胶,即通过圆网滚筒表面的几何槽将黏合剂转移施胶给纤维网,经轧辊压制成型,烘干;或者使纤维网先经一定的轧辊给湿,然后进入二辊印花机装置,利用凹凸辊涂上一层花纹分布的黏合剂,经烘干可获得柔软而美观的非织造产品。采用花纹辊筒或圆网印花滚筒向纤网施加黏合剂的方法称为印花黏合法。其原理示意如图 7-14 所示。

这种方法常用于针刺、水刺生产工艺中的后整理,用来加工揩布类产品。印花黏合法制得的非织造材料的特点既有一定的强度,又有一定的柔软蓬松感且具有美观的特性。

7.6   烘燥工艺

7.6.1   烘燥工艺的基本技术要求

经过化学黏合剂浸渍或喷洒的纤网必须经过烘燥、焙烘热处理,黏合剂才能对纤网起黏合加固作用。含有热熔纤维的纤网只有经过烘箱(房)或热轧机等设备的热处理,纤维网才可能熔融黏合而加固。因此,烘燥是非织造材料化学黏合法工艺过程中不可缺少的一个加工阶段。

非织造材料所用烘燥设备的基本原理与传统纺织生产后整理中的烘燥设备相似,但在非织造材料烘燥中对设备和工艺有一些独特的要求。

1) 选择合适的热处理温度和生产速度

温度选择的主要依据是黏合剂的交联、固化温度与纤维的熔点、软化点,生产速度则根据烘燥或热熔温度所需的处理时间来确定。

2）尽可能减少黏合剂的泳移

所谓泳移即是在烘燥过程中黏合剂聚合物在加热时随水蒸发一起移向纤网的表层，因而烘燥后纤网的表面黏合剂含量多，导致纤网内部黏合剂含量减少，非织造材料得不到均匀加固，产生纤网分层的弊病。烘燥方式、烘燥温度的配置及黏合剂乳液的性能等因素对黏合剂泳移有着显著影响。特别明显的是烘燥第一阶段，如果这阶段温度过高，纤网一进入烘燥区水分子便急剧蒸发，引起黏合剂泳移现象的产生与加大，所以第一阶段烘燥温度不宜过高，一般都设有预烘装置。为了减少黏合剂泳移可使用热敏黏合剂，这种黏合剂在 40～60 ℃时，即在纤网内还含有大量水分时黏合剂就能凝聚，这也能减少黏合剂的泳移。

另外，为了保证纤网受热均匀，使产品的各项性能均一稳定，纤网各处的温度偏差控制在±1.5 ℃范围内。

3）防止纤网均匀度在烘燥过程中受到破坏

含黏合剂的纤网在进入烘房的初始阶段，它的强度极低，热气流导入方式、张力和速度如果不合适，就会破坏纤网结构，纤网中纤维会发生位移、牵伸、收缩和定型，导致非织造材料不均匀，这需要通过烘燥设备上有关机械措施来加以控制。

4）根据非织造材料的面密度和性能要求选择烘燥方式和工艺条件

化学黏合法非织造材料的机械物理性能，在很大程度上取决于烘燥方式与工艺条件，而温度则是其中最重要的条件。烘燥工艺条件的选择必须考虑以下因素：所用黏合剂的类型、加工特性及含量；烘燥前纤网的面密度、纤网中纤维的排列方式、纵横向强度比、纤网密度、纤维的热性能；最终产品的密度与柔软性等。

5）减少黏合剂对网帘的沾污

烘燥中最棘手的问题是纤网中的黏合剂对帘网的沾污。选择合适的烘燥工艺，采取必要的措施，可以减少沾污的程度。

7.6.2　烘燥工艺与设备

烘燥是热量与质量传递同时进行的过程。烘燥过程是一种复杂的现象，因为热和质的传递可能由若干种不同的机理综合进行。非织造材料的传热方式主要有对流式、接触式和辐射式。

1. 对流式烘燥工艺

1）工作原理及工艺特征

对流式烘燥是非织造材料生产应用最多的一种热处理方式。它应用空气作为热载体，将热转移至纤网或非织造材料上，使水分蒸发、黏合剂凝聚交联（或使热熔纤维熔融）固化而达到黏合加固目的。

按照空气流动的方式，对流式烘燥可分成三种：平流式、喷射式和穿透式。这三种烘燥工艺与非织造材料水分蒸发量的关系见图 7-15。穿透式烘燥的蒸发效率最高，被广泛应用于非织造工艺中，平流式和喷射对流式通常在实际生产中结合起来应用，具有较好的效果。表 7-7 显示了三种烘燥工艺特征以及适用范围。

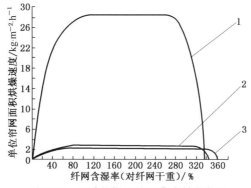

图 7-15　三种烘燥工艺与蒸发量的关系

1-穿透式　2-喷射对流式　3-平流式

表 7-7　三种烘燥的工艺特征

工艺特征	穿透式	喷射对流式	平流式
烘燥机内空气流动方式	热气流单向穿透，（抽吸方式）	热气流喷射流动（单向或双向）	热气流平行流动（单向或双向）
蒸发效率	高	中等	低
典型的空气流速/(m·s⁻¹)	<3.5	$\leqslant 30$	<40
纤网的输送方式	平网、圆网滚筒	传送导辊、平网帘、金属链棒、拉幅链条	同喷射式
典型结构	单只或多只滚筒或平幅单层帘网	单层或多层平幅烘房以及悬挂式	同喷射式
黏合剂泳移倾向	小	小至中等	大
烘燥要求	纤网要有足够的透气性，否则会增加能耗	防止轻薄纤网出现波状皱纹，采用微差回流技术	厚纤网的烘燥效率差，易造成纤网表面烘燥过度，内层未能达到工艺要求
应用范围	水刺、热黏合等工艺的烘燥、定型热熔等，特别适用于轻薄型易起波状皱纹的纤网	适用于纤网在输送过程中不能接触的烘燥、化学黏合或焙烘	焙烘、拉幅定型和化学黏合

2）穿透式烘燥

　　穿透式烘燥是非织造材料生产中应用最广泛的一种热处理技术。其工作原理是将烘箱中均匀分布在通气帘网上的纤网，经热空气气流穿透纤网进入帘网内，经循环风机作用重复使用。当热空气穿过纤网时，水分蒸发，黏合剂在一定温度下交联（或低熔点纤维熔化）固化，纤网加固，形成了具有一定强力的非织造材料，然后由冷却导辊导出烘房。穿透式烘燥的蒸发效率比其他方式烘燥要高几倍，见图 7-14，轻薄型纤网也可用这种方式烘燥。按照纤网在烘房内运行方式，可分为圆网滚筒式和平网式两大类。

　　图 7-16 为三圆网滚筒工作示意图（a）和烘燥机（b）。轴流风机从滚筒侧面抽风，形成循环气流，部分湿气经排气风机排入大气。气流经过热交换器时进行加热。由于滚筒内部有吸风气流，使纤网贴附在滚筒上，不易变形，比较适合未经预加固的纤网（尤其是薄型纤网）的烘燥。

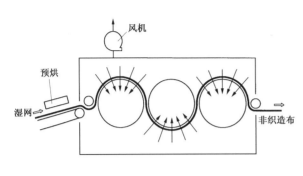

（a）工作示意图

（b）烘燥机

图 7-16   三圆网滚筒烘燥

圆网滚筒除了多滚筒外,也有采用单滚筒。多滚筒的排列方式可采用垂直排列或水平排列,图 7-15(b)为三滚筒水平排列的圆网烘燥机。多滚筒烘燥机的特点在于可将烘燥过程分阶段进行,即可分成烘干和焙烘区域,烘干区域的温度相对较低,防止黏合剂泳移,焙烘区的温度较高,使黏合剂充分交联。

这两种形式都可以使热风交替穿过纤网的两面,加热效果较理想。另外,通过改变滚筒直径,可增加其加热能力。一般滚筒直径在 1 000～3 500 mm,最大工作宽度可达 6 500 mm。每只滚筒都可单独调速,以适应不同规格的非织造材料。为保证在整个工作宽度上温度均匀,温度偏差控制在 ±1.5 ℃。为了防止纤网变形,可在圆网滚筒上附加一层压网帘,纤网由压网帘和滚筒夹持运行。

图 7-17 为平网穿透式烘燥机,从图中可看到气流在烘燥区内的循环方式。经热交换器的热空气从位于帘网上的纤网上方穿过,进行热空气穿透烘燥,同时须有排湿气装置。烘燥时,在纤网的正反面之间会形成压力梯度,它取决于纤网的透气性大小。

3）喷射对流式

喷射对流式烘燥方法是采用喷嘴向纤网垂直或成一定角度地喷洒热空气,其蒸发效率取决于热空气离开喷嘴的速度、喷嘴与纤网的距离、喷嘴形状及空气温度。这种烘燥方法中,纤网的上下面有时需要不同的烘燥温度,因此,系统采用上下层分开的空气加热与送风装置以及喷射热空气速度可调节系统。喷嘴形式主要有两种,即开孔式和开槽式。排列方式一般是上下对排或单面排列。图 7-18 为双排喷嘴、双面送风的喷射对流式烘燥机。

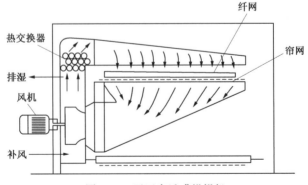

图 7-17   平网穿透式烘燥机

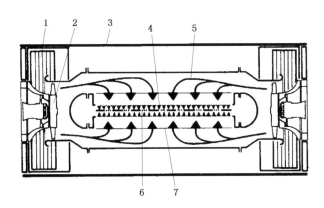

图 7-18 双排喷嘴、双面送风的喷射对流式烘燥机
1-热交换器 2-循环风机 3-箱体 4-喷嘴 5-热气流 6-纤网 7-均风板

喷射对流式烘燥机可分成单层式、多层式与悬挂式。多层式以二层式、三层式最多,其优点是占地面积小,在保持一定的生产速度的前提下,能增加纤网受热时间,从而保证材料有良好的黏合。为了既提高蒸发效率,又能防止高速气流所造成的薄型纤网的波状皱纹,喷射对流烘燥采用了微差回流技术,即使纤网上下的空气回流速度不同,造成上下压差为 10 Pa 左右,这样可避免纤网表面的皱纹。这种烘燥机一般与喷洒黏合剂装置组合,形成喷洒黏合法非织造生产线。

2. 辐射式烘燥工艺

辐射式烘燥主要指红外或远红外辐射烘燥。其原理是利用某些材料的辐射能力,发出一定波长的射线,被烘燥物体能吸收这种特定波长的红外线,并转变为热能,对纤网加固烘燥。当红外线辐射到纤网上时,能穿透表面,从纤维内部进行烘燥,从而达到短时间内纤维内外层同时烘燥的目的。其优点是干燥能力大,效率高;无接触式加热,不破坏纤网结构;材料里外同时干燥,无泳移现象,干燥均匀性好;设备体积小。这种烘燥方式可以作为预烘装置,放在最前面,也可以与热风穿透式烘燥组合起来,组成红外辐射→热风穿透→红外辐射的组合烘燥工艺,以达到产品性能要求。

3. 接触式烘燥工艺

接触式烘燥是一种传统的烘燥方法,利用热传导原理进行烘燥。接触式烘燥一般采用烘筒,其原理如图 7-19 所示。纤维与高温的金属烘筒表面接触后,从烘筒表面获得热量,向纤维网表面传递,使水分不断蒸发和黏合剂交联固化,达到加固非织造材料的目的。

按烘筒与非织造材料的接触方式来分,有单面接触和双面接触两种,按烘筒的排列方式来分,有水平式和立柱式。

接触式烘燥的优点是非织造材料直接与高温烘筒表面接触,操作方便,机械结构比较简单。缺点是烘筒存在一定弧度,容易破坏纤维网内部(截面)的

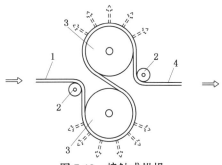

图 7-19 接触式烘燥
1-湿纤网 2-导辊 3-烘筒 4-非织造材料

均匀性;生产厚型非织造材料,产品表面易产生皱纹;烘干后的产品表面比较光硬,手感较差。

思考题

1. 天然类、合成类黏合剂的种类、品种有哪些？树脂型、橡胶型、复合型黏合剂的结构、性能异同点有哪些？

2. 举例说明同一个树脂黏合剂不同的形态、不同性能和应用,为什么采用不同共聚单体会获得不同黏合性能？

3. 化学黏合法非织造材料的工艺设计应考虑哪些因素？

4. 天然黏合剂,如用橡胶乳胶作非织造材料黏合剂有哪些优缺点？

5. 论述高聚物和纤维黏合理论,说明吸附理论、扩散理论、电子理论、化学键理论的特点、适用范围、存在的不足,说明黏合剂高聚物的相对分子质量、大分子链上极性反应基团、共聚组成对黏合强度的影响。

6. 从纤维表面浸润性、接触角的结构因素理解,如何提高纤维表面性能,从而提高纤维的黏合性能？

7. 简述纤维表面形状(宏观截面形状和表面微观形状)与黏合性能的关系。

8. 叙述黏合剂的含固量、玻璃化温度与非织造材料性能的关系。

9. 阐述泡沫浸渍法和饱和浸渍法非织造材料加工工艺的异同点,并说明对各自产品性能的影响。

第8章 纺丝成网工艺和原理
（Spunlaid Process）

纺丝成网法是聚合物挤压成网法制造非织造材料的主要工艺，它充分利用了化学纤维纺丝成型原理，采用高聚物的熔体进行熔融纺丝成网，或浓溶液进行纺丝和成网，纤网经机械、化学、热黏合加固后制成非织造材料。纺丝成网非织造材料结构特点是由连续长丝随机组成纤网（纤维集合体），具有很好的物理力学性能，是短纤维干法成网非织造材料无法相比的。因此，大量用作土工合成材料、油毡基材、尿布和卫生巾面料、医疗用品、过滤材料、农作物覆盖材料、包装材料和水果套袋等。表 8-1 列举了各类纺丝成网工艺、产品主要用途以及所用聚合物原料，表中 S 和 M 分别表示纺丝成网工艺和熔喷工艺。

表 8-1 纺丝成网原料、加固工艺及产品用途

公 司	商 标	原料与加固工艺	用 途
Fiberweb（美国、法国）	Securon	聚丙烯纺丝成网/复合材料（热黏合）	消毒绷带，卫生材料
Kimberly Clark（美国）	Comform	聚丙烯纺丝成网/复合材料（热黏合）	卫生巾，尿布面料
	Demique	聚酯醚纺丝成网/浆粕纤维（水刺加固）	卫生用弹性材料
J&J（美国）	Microwove	聚酯/聚酰胺复合纺丝成网（水刺加固）	高档揩布
Dupont（美国）	Tyvek	聚乙烯闪蒸法（热黏合）	工业防护服
	Zemdrain	聚丙烯纺丝成网/聚乙烯闪蒸法非织造材料复合（热黏合）	屋顶材料
Hoechst Celanese（美国）		聚丙烯纺丝成网/玻璃纤网复合（针刺加固）	屋顶材料
Asahi（日本）	Luxer	聚丙烯纺丝成网/聚乙烯闪蒸法非织造材料复合（热黏合）	包装材料
Toyobo（日本）	ODS-1000	聚酯纺丝成网/聚丙烯短纤网针刺，聚酰胺胶黏合（化学黏合）	土工合成材料

（续表）

公　　司	商　标	原料与加固工艺	用　　途
Akzo Nobel(荷兰)	Colback	聚酯/聚酰胺复合纺丝成网（热黏合、化学黏合）	地毯背衬，屋顶，农作物覆盖材料
	Coltron	聚酯纺丝成网/聚丙烯熔喷网（热黏合）	高强超细滤材
Polybond(美国)		聚丙烯纺丝成网/不同线密度非织造材料叠合（热黏合）	卫生材料
		聚丙烯纺丝成网/聚乙烯纺丝成网复合（热黏合）	卫生材料
		聚丙烯纺丝成网/黏胶纤网复合（针刺或水刺加固）	高档揩布
旭化成,二村化学(日本)		湿法纺丝成网（铜氨纤维）（机械、化学黏合）	精密揩布,装饰材料,羽绒服内衬
Unitika(日本)	Eleves	聚酰胺纺丝成网/梳理纤网复合（水刺加固）	卫生材料,包装材料
		聚丙烯/聚乙烯双组分纺丝成网（热黏合）	
南新(PGI)(中国)		聚丙烯纺丝成网/熔喷复合材料（S/M/S）（热黏合）	卫生巾,尿布,防护材料

  非织造纺丝成网过程主要可分为纺丝（挤压、拉伸）和成网（长丝的分丝和加固）两大工艺过程。代表性的纺丝方法有熔融纺丝、溶液纺丝中的干法纺丝和湿法纺丝。成网工艺主要有机械分丝成网、静电分丝成网、气流扩散分丝成网等。各种纺丝工艺方法和特点如下：

  熔融纺丝是将高分子聚合物加热熔融，经挤出机熔体从纺丝孔挤出进入空气中，熔体细流在空气中冷却的同时，以一定速度拉伸变细变长（气流或机械作用），在该阶段高分子熔体细化，同时凝固，而形成纤维后成网。目前常见的聚丙烯、聚酯、聚酰胺和聚丙烯/聚乙烯双组分等纺丝成网非织造材料，均属熔融纺丝成网工艺，也称纺黏法（Spunbond Process）。

  干法纺丝是高分子聚合物溶液从喷丝孔挤入加热气体中，使溶剂蒸发凝固形成纤维的工艺过程，当然在该过程中聚合物是以一定速度拉伸而细化纤维。非织造中的闪蒸溶剂纺丝成网法，也称闪蒸法（Flash Spinning Process）与传统干法纺丝部分工艺相似。

  湿法纺丝是将所选用的高分子聚合物或高分子变性体的溶液从喷丝孔挤出进入凝固浴中，然后进行脱溶剂或伴有化学反应的脱溶剂而凝固成纤的工艺过程。为提高纤维的力学等性能，可采用进一步热拉伸工艺。纤维素纤维纺丝成网就是采用了传统湿法纺丝方法，然后经特殊的成网和加固制成非织造材料，典型的有铜氨纺丝成网非织造材料。表 8-2 说明了这几种纺丝工艺内容和特性，以利于学习过程中的工艺区分和理解。

表 8-2　熔融、干法、湿法纺丝的内容和特征

纺　丝　方　法	熔　融　法	干　　法	湿　　法
纺丝原液的状态	熔融体	溶液	溶液或改性溶液
原液的黏度/Pa·s	1 000～10 000	200～4 000	20～2 000
喷丝孔直径/mm	0.1～0.8	0.02～0.2	0.01～0.1
凝固介质	冷却空气	加热空气	凝固液

（续表）

纺 丝 方 法	熔 融 法	干 法	湿 法
凝固机理	冷却	溶剂蒸发	脱溶剂和伴有反应的脱溶剂
一般特征	卷取速度高 或纺丝速度高 喷丝孔孔数少或中	卷取速度中 或纺丝速度中 喷丝孔孔数少或中	卷取速度小 或纺丝速度低 喷丝孔孔数少或多
回收工序配备	无需回收工序	要回收、再生工序	要回收、再生工序
典型的聚合物原料	聚丙烯、聚酯、聚酰胺6、聚酰胺66	醋酯、聚乙烯 聚氨酯 聚丙烯腈（一部分）	维纶（短纤维） 黏胶、铜氨纤维 聚丙烯腈（大部分）

从上述几种工艺特征所知，溶液纺丝中的干法纺丝和湿法纺丝的溶剂均需进行回收，因此与熔融纺丝成网相比，湿法纺丝成型过程中除有传热外，传质十分突出，有时还伴有化学反应，因此其设备、工艺是复杂的。另外当有些高聚物的熔融温度过高（大于400℃以上）时，易产生热分解和其设备条件的限制，故不宜采用螺杆挤出熔融纺丝成网。湿法纺丝是将纺丝液挤入液体中，因此具有与熔融纺丝和干法纺丝极不相同的特性。因湿法纺丝的纺丝原液黏度比干法和熔融纺的小，喷丝孔的孔径也小。湿法成纤时受纤维与凝固溶液的摩擦阻力的影响，成纤工艺速度不能过高。另外湿法喷丝孔间距比其他方法的小，由于孔与孔间充满着液体，纤维之间不易产生黏连等状况，所以在较小的表面上可集中大量的纺丝孔。非织造熔融、干法、湿法纺丝成网后均需对纤网进行加固处理，如热轧、针刺、水刺、化学黏合等。本章将对纺丝成网用的原料，即成纤高聚物结构及一般特征，纺丝成网工艺基本原理及其纤网结构性能等作基本叙述。

8.1 成纤聚合物熔（溶）体基本性质

非织造材料的基本力学性能涵盖诸多方面内容，如纤维和纤网的力学性质，包括静态和动态力学性质等，其用来表征非织造材料的基本力学特征。根据纺丝成网非织造材料的应力-应变曲线如图8-1所示，其特点是非织造材料的初始模量明显要小于机织物。另外经热轧加固的纺丝成网非织造材料的初始模量大于纺丝成网针刺加固非织造材料，这与长丝纤网中纤维之间固结处理方法也有重要关系。因为它影响纤网中纤维间摩擦作用和黏合加固区域的纤维伸长和滑移作用等，图8-2为薄型纺丝成网纤网经热轧点黏合非织造材料的结构照片。从某种意义上而言，纺丝成网非织造材料的结构单元是纤网，而纤网的结构单元又是纤维，纤维又是细小的结构单元——成纤高聚物的长链分子所构成。因此讨论纺丝成网非织造材料结构和性能时，研究成纤高聚物基本性质如相对分子质量、分子链、分子间力、结晶能力、聚集态结构等具有相同的重要性。

纺丝成网非织造纤网的性质既取决于原料高聚物的性质，亦取决于由纺丝成型、成网以及加固条件所决定的纤网结构。总而言之,用于熔体纺丝成网法或溶液纺丝成网法制备非织造材料的高聚物,尽可能在熔融时不产生分解或者能在普通的溶剂中溶解而形成浓溶液,具有充分的成纤能力,提高成纤高聚物性质利用的程度。保证成网加固后,非织造材料或纤网具有良好的综合性能。

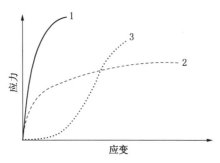

图8-1　纺丝成网非织造材料应力-应变曲线
1-机织物　2-纺丝成网热轧非织造材料
3-纺丝成网针刺非织造材料

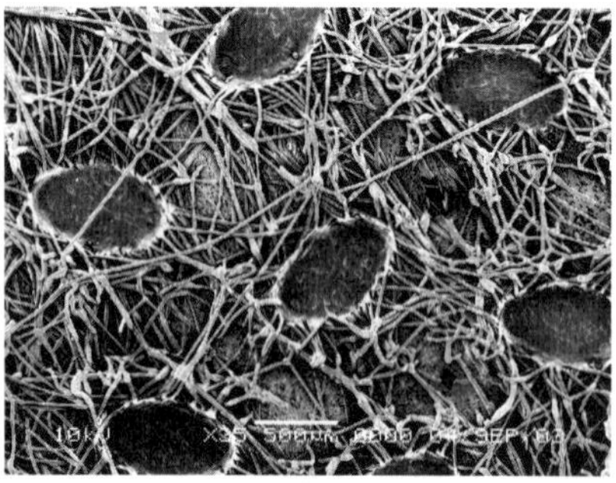

图8-2　纺丝成网热轧非织造纤网结构

纺丝成网非织造材料由于成纤高聚物原料不同,会对纤网性能产生影响,主要表现在非织造材料的抗拉强度,弹性模量,熔点以及对水分、染料、助剂的吸收性能等。所以成纤高聚物结构与性能间的关系是高分子材料分子设计的基础,同时也是确定非织造纺丝成网加工工艺的依据。

8.1.1　成纤高聚物相对分子质量及其分布

与普通化合物相比,高聚物具有很高的相对分子质量,使有可能得到黏度适当的熔体或浓度足够高的溶液。相对分子质量在很大程度上决定了制得纤维的强度,因为分子链的末端仿佛是一个纤维结构中的薄弱环节,其他许多性质也同样决定于分子链的长度。普通低相对分子质量有机化合物中较大分子的相对分子质量通常不超过400。用作纤维原料的高分子聚合物,其相对分子质量一般不低于10 000。目前常用的几种成纤高聚物,其相对分子质量在10 000至300 000之间,相对分子质量的高低使高聚物会表现出不相同的性质,在决定聚合物的熔纺特性及纺出纤维的力学性能方面,也有极重要的作用。纺丝成网工艺中必须研究相对分子质量和相对分子质量分布对非织造材料的加工和使用性能的影响,并对实际生产和理论研究具有重要的意义。

高聚物的相对分子质量具有两个特点:一是它具有比小分子大得多的相对分子质量,一般在$10^3 \sim 10^7$之间;另一是除了有限的几种蛋白质高分子以外,无论是天然的还是合成的高聚物,相对分子质量都是不均一的,具有多分散性。这意味着,不是所有分子都具有相同的尺寸。单用一个相对分子质量的平均值不足以描述一个多分散的高聚物材料,理想的是能知道试样的相对分子质量分布曲线。图8-3为典型的

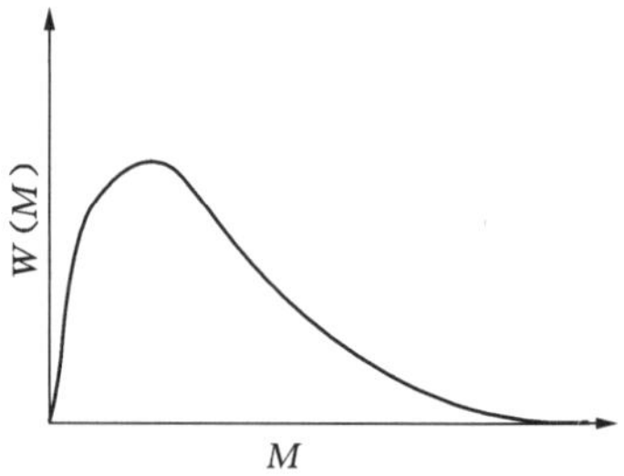

图8-3　典型的聚丙烯微分相对分子质量分布曲线

聚丙烯微分相对分子质量分布曲线。图中横坐标是聚丙烯相对分子质量 M,是一个连续变量,纵坐标是聚丙烯相对分子质量为 M 的组分的相对重量,它是相对分子质量的函数,用 $W(M)$ 表示。纤维的实际相对分子质量分布由催化剂的种类和数量、反应时间、反应装置的类型、原料中含杂量等条件决定。

高聚物熔体出现非牛顿流动时的切变速率亦称剪切速率,随相对分子质量的加大而向低切变速率 $\dot{\gamma}$ 值移动。相同相对分子质量时,相对分子质量分布宽的出现非牛顿流动的切变速率值比相对分子质量分布窄的要低得多,聚合物流体是非牛顿型的但非牛顿流动现象呈现在某一特定切变速率范围内,当 $\dot{\gamma}$ 值较低时,流动是牛顿型的,如图 8-4 所示。这一点在实际纺丝成网生产中具有重要意义。当相对分子质量分布宽度增加时,切变速率 $\dot{\gamma}$ 向低值移动,曲线在非牛顿区的负斜率下降。流动曲线可以作为判断聚合物质量波动程度的依据。

有关分析可得出各种统计平均相对分子质量之间的关系,见图 8-5。有时为简单起见,常用分布宽度指数 σ^2 来表征高聚物试样的多分散程度。所谓分布宽度指数是指试样中各个相对分子质量与平均相对分子质量之间的差值的平方平均值。当然,分布愈宽则 σ^2 愈大。$\sigma_n^2 \equiv \overline{[(M-\overline{M}_n)^2]}_n$,展开后:$\sigma_n^2 = \overline{M}_n^2 \left(\dfrac{\overline{M}_w}{\overline{M}_n} - 1 \right)$。 因为 $\sigma_n^2 \geqslant 0$,所以 $\left(\dfrac{\overline{M}_w}{\overline{M}_n} - 1 \right) \geqslant 0, \overline{M}_w \geqslant \overline{M}_n$,假如相对分子质量均一,则 $\sigma_n^2 = 0$,$\overline{M}_w = \overline{M}_n$。 经分析得出,相对分子质量不均一的聚合物试样存在:$\overline{M}_z \geqslant \overline{M}_w \geqslant \overline{M}_\eta \geqslant \overline{M}_n$。 式中,$\overline{M}_n$ 为数均相对分子质量,$\overline{M}_\eta$ 为黏均相对分子质量,$\overline{M}_w$ 为质均相对分子质量,$\overline{M}_z$ 为 Z 均相对分子质量。高聚物试样的多分散性也可采用多分散系数 d 来表征:$d = \dfrac{\overline{M}_w}{\overline{M}_n}$ (或 $d = \dfrac{\overline{M}_z}{\overline{M}_w}$),分布愈宽,$d$ 愈大,对于单分散试样,$d=1$。

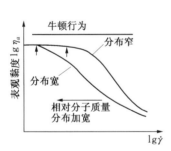

图 8-4　平均相对分子质量相近时,相对
分子质量分布对流动曲线的影响

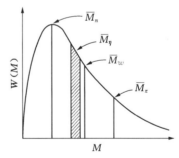

图 8-5　相对分子质量分布曲线和
各种统计平均相对分子质量

聚合物相对分子质量分布对纤维结构的均一性产生很大影响,如在同样工艺条件下制得的纤维,相对分子质量分布宽的纤维,表面有相当大的不均匀裂痕,相对分子质量分布比较窄的纤维,无论是拉伸丝还是未拉伸丝,其表面基本是均一的。相对分子质量分布对熔体弹性也具有影响,相对分子质量分布越宽,熔体弹性越显著,挤出膨化现象越严重,黏度剪切速率的依赖性也越大。

假定在某一高分子材料中含有若干种相对分子质量不相等的分子,种类数用 i 表示,M_i 为各组分的相对分子质量,N、N_i、W、W_i 分别为相应的分子数、分子分数、质量、质量分数,则这些量之间存在下列关系:

$$\sum_i N_i = N \qquad \sum_i W_i = W \tag{8-1}$$

$$\frac{N_i}{N} = \mathbb{N}_i \qquad \frac{W_i}{W} = \mathbb{W}_i \tag{8-2}$$

$$\sum_i \mathbb{N}_i = 1 \qquad \sum_i \mathbb{W}_i = 1 \tag{8-3}$$

1. 数均相对分子质量($\overline{M}_n$)

成纤高聚物的相对分子质量用平均相对分子质量表示,按分子数的统计平均相对分子质量,定义为:

$$\overline{M}_n = \frac{\sum\limits_i N_i M_i}{\sum\limits_i N_i} = \sum_i \mathbb{N}_i M_i \tag{8-4}$$

或

$$\frac{1}{\overline{M}_n} = \sum_i \frac{\mathbb{W}_i}{M_i} = \overline{\left(\frac{1}{M}\right)}_w \tag{8-5}$$

即数均相对分子质量的倒数等于相对分子质量(M)倒数的质量平均。

表8-3 几种典型的成纤高聚物的数均相对分子质量

高 聚 物	数均相对分子质量	高 聚 物	数均相对分子质量
聚酰胺(6 或 66)(PA)	16 000~22 000	聚氯乙烯(PVC)	60 000~150 000
聚酯(PET)	19 000~21 000	聚乙烯醇(PVA)	60 000~80 000
聚丙烯腈(PAN)	53 000~106 000	等规聚丙烯(IPP)	180 000~300 000

由表 8-3 可知聚酰胺材料由于分子间有氢键作用,结合力较大,故数均相对分子质量较小。而聚烯烃类其主链仅由碳—碳键形成,分子间相互作用小,为赋予成纤性,需增大平均相对分子质量,立体规整性也要高些,所需的数均相对分子质量则要大得多。

2. 质均相对分子质量($\overline{M}_w$)

按质量的统计平均相对分子质量定义为:

$$\overline{M}_w = \frac{\sum\limits_i W_i M_i}{\sum\limits_i W_i} = \sum_i \mathbb{W}_i M_i \tag{8-6}$$

$\overline{M}_w$ 的表示式也可写为:

$$\overline{M}_w = \frac{\sum\limits_i N_i M_i^2}{\sum\limits_i N_i M_i} = \frac{\sum\limits_i N_i M_i^2 \Big/ \sum\limits_i N_i}{\sum\limits_i N_i M_i \Big/ \sum\limits_i N_i} = \frac{(\overline{M^2})_n}{\overline{M}_n}$$

所以:
$$(\overline{M^2})_n = \overline{M}_n \cdot \overline{M}_w \tag{8-7}$$

即相对分子质量平方的数量平均值等于数均相对分子质量和重均相对分子质量的乘积。

3. Z 均相对分子质量($\overline{M}_z$)

按 Z 量的统计平均相对分子质量,Z 均相对分子质量定义为:$Z_i \equiv M_i W_i$

则：
$$\overline{M}_z = \frac{\sum_i Z_i M_i}{\sum_i Z_i} = \frac{\sum_i W_i M_i^2}{\sum_i W_i M_i} = \frac{\sum W_i M_i^2}{\sum W_i M_i} \tag{8-8}$$

$\overline{M}_z$ 的表示式也可写为：$\overline{M}_z = \dfrac{\sum_i W_i M_i^2}{\sum_i W_i M_i} = \dfrac{\sum_i W_i M_i^2 / \sum_i W_i}{\sum_i W_i M_i / \sum_i W_i} = \dfrac{(\overline{M^2})_w}{\overline{M}_w}$

所以：
$$(\overline{M^2})_w = \overline{M}_w \cdot \overline{M}_z \tag{8-9}$$

即相对分子质量平方的质量平均值等于质均相对分子质量和 Z 均相对分子质量的乘积。

4. 黏均相对分子质量($\overline{M}_\eta$)

聚合物溶液的黏度,如同其他一些参数一样都是相对分子质量的函数,因此可用以作为测定相对分子质量的间接方法。用稀溶液黏度法测得的平均相对分子质量为黏均相对分子质量,定义为：
$$\overline{M}_\eta = \left[\int_0^\infty M^a W(M) \, \mathrm{d}M\right]^{1/a} \tag{8-10}$$

或
$$\overline{M}_\eta = \left[\sum W_i M_i^a\right]^{1/a} \tag{8-11}$$

这里 a 是指各种高聚物零切变速率黏度的经验公式 $[\eta] = KM^a$ 中的经验指数,其中 $[\eta]$ 为特性黏度,K 为经验常数,即在一定温度下,高聚物熔体的黏度随相对分子质量的增加呈指数函数增加或零切变黏度 $\lg \eta_0$ 与 $\lg \overline{M}$ 呈直线关系。所以当 $a = -1$ 时,$\overline{M}_\eta = \overline{M}_n$；当 $a = 1$ 时,$\overline{M}_\eta = \overline{M}_w$。通常 a 值在 $0.5 \sim 1$ 之间,因此 $\overline{M}_n < \overline{M}_\eta < \overline{M}_w$,即 $\overline{M}_\eta$ 介于 $\overline{M}_w$ 和 $\overline{M}_n$ 之间,而更接近于 $\overline{M}_w$。纺丝成网常用的聚丙烯切片的 a 约为 0.8,聚酯为 0.86。

黏均相对分子质量是一种有实际意义的平均值,高聚物熔体的黏度依赖于相对分子质量和相对分子质量分布,在实验上,这可能是测定相对分子质量的最容易的方法。典型的聚合物纺丝成网中纤维的黏均相对分子质量参见表 8-4。

表 8-4　典型纤维材料的黏均相对分子质量

纤　维　材　料	$M_\eta \times 10^{-4}$	纤　维　材　料	$M_\eta \times 10^{-4}$
聚对苯二甲酸乙二醇酯(PET)	$3.5 \sim 4.5$	聚乙烯(PE)	$10 \sim 13$
聚酰胺 6(PA6)	$4 \sim 6$	二醋酸纤维素	$8 \sim 13$
聚酰胺 66(PA66)	$4 \sim 6$	三醋酸纤维素	$10 \sim 15$
聚丙烯腈(PAN)	$7 \sim 13$	黏胶	$8 \sim 10$
聚丙烯(PP)	$10 \sim 15$		

高聚物相对分子质量的大小对其黏性流动影响极大,相对分子质量的增加能够引起表观黏度的急剧增加和熔体指数大幅下降。纺丝成网用高聚物应具有适中的相对分子质量,使有可能得到黏度适当的熔体或浓度足够高的溶液。聚合物的相对分子质量是聚合度高低的体现,在一定的平均相对分子质量范围内,所得纤维的强度是随着构成该纤维用成纤高聚物平均相对分子质量的提高而提高的,高聚物长链分子能产生的最大形变量随之增大,改善

纤维的弹性和抗疲劳性,通常要求分子链的平均长度为 200～400 nm。

相对分子质量及其分布也影响高聚物熔体出现非牛顿流动切变速率的高低,随着相对分子质量的增高将在较低的切变速率下出现非牛顿流动。相对分子质量分布对高聚物熔体流动特性的影响也表现在表观黏度与切变速率的关系上。

熔体指数(MFI)是纺丝成网、熔喷法实际生产中对原料性能的主要指标,其定义为:在一定的温度下,熔融状态的高聚物在一定负荷下,10 min 内从规定直径和长度的标准毛细管中流出的质量,单位为 g/(10 min),熔体指数越大,流动性越好。从熔体指数的定义可知,它实际上测定的是给定切变速率下的流度(即黏度的倒数 $1/\eta$)。图 8-6 为不同的 MFI 聚丙烯的熔体的表观黏度与切变速率的关系,聚合物毛细管流变性随 MFI 的增大,表观黏度下降。切变速率随黏度下降而变大。一般来说,一定结构的聚合物,其 MFI 小,平均相对分子质量大,则聚合物的断裂强度、硬度等性能有所提高,而 MFI 大平均相对分子质量就小,加工流动性能就好。当聚合物相对分子质量分布相似时,流动曲线随平均相对分子质量 M 的增大而上移,参见图 8-7。此时,表观黏度 η_a 随切变速率 $\dot{\gamma}$ 的增大而下降,开始呈现"切力变稀"现象,临界切变速率 $\dot{\gamma}_{cr}$ 则向低值移动。

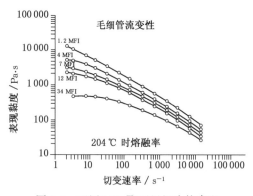
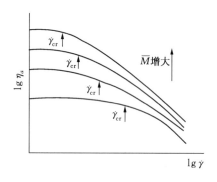

图 8-6　不同 MFI 聚丙烯切片的表观
　　　黏度与切变速率的关系

图 8-7　相对分子质量分布相似时,平均相对
　　　分子质量对流动曲线的影响

因此,流动曲线可以作为衡量聚合物流体质量是否正常的依据,也可以作为判断聚合物质量波动程度的依据。成纤高聚物的平均相对分子质量和相对分子质量分布,是表征该高聚物远程链结构的重要参数。它对于该高聚物的加工性能以及所得纤维的性能等具有明显的影响。

8.1.2　高分子链结构对成纤高聚物性质影响

成纤高聚物大分子必须是线形的、能伸直的分子,支链应尽可能少,没有庞大的侧基,且大分子之间无化学键。

1. 主链结构

当聚合物主链结构引入双键时,由于诱导效应或共轭效应,链中原子间的相互作用会改变。引入与主链原子不同价的原子、双键或环结构,则会改变链的柔性。高聚物链的结构变化,均会改变分子间相互作用力的大小、链的构型和晶格以及分子间距离。

2. 大分子链中侧基的性质

改变大分子链中侧基的性质,使分子中的电子云密度重新分布,改变键的长度、能量和极性。未结合原子和基团相互作用,会引起大分子链的柔性发生改变,同时对大分子链的平衡构型、分子间的相互作用力和晶格产生显著影响。

所有上述的结构变化使高聚物的一系列性质,如相转变温度、力学性能、电性能、光学性能以及周围介质相作用的特性等发生改变。高聚物性质对成网后纤维性质的影响见表8-5。高聚物性质只表明一种潜力,成网后纤维性质则是加工后的结果,即产品加工质量可以用高聚物性质被利用的程度高低来衡量。

表8-5 高聚物特性支配的纤维性质

高聚物的特性	纤 维 性 质			
	抗拉强度	弹性模量	熔 点	扩散和吸湿
相对分子质量(链长)	☆	☆	/	/
链刚性	/	☆	☆	/
结构规整性	☆	☆	☆	☆
分子间力	☆	☆	☆	☆
结晶能力	☆	☆	☆	☆
极性基团含量	☆	☆	☆	☆

☆—影响　　　/—无影响

8.1.3 成纤高聚物分子间的作用力

由于分子间存在着相互作用,相同或不同的高分子能聚集在一起而成为有用的高分子材料。高聚物分子中有极性基团存在,对于大分子与溶剂的相互作用、分子间的相互作用、相转变温度以及纤维的一系列其他性能(包括材料的亲水性、吸湿性等)都有很大影响。

分子间的作用力包括范德华力(静电力、诱导力和色散力)和氢键。范德华力是存在于分子间或分子内非键合原子间的相互作用力。它没有方向性和饱和性,范德华力作用能为每摩尔2~8 kJ,比化学键的键能小一至二个数量级。静电力是极性分子之间的引力,极性分子都具有永久偶极,永久偶极之间的静电相互作用的大小与分子偶极的大小和定向程度有关。静电力与分子间距离的六次方成反比,静电力的作用能量一般在13~24 kJ/mol,比化学键键能小得多,与范德华力具有相同数量级。极性高聚物如聚氯乙烯(PVC)、聚乙烯醇(PVA)等的分子间作用力主要是静电力。

诱导力是极性分子的永久偶极与它在其他分子上引起的诱导偶极之间的相互作用力。诱导力的作用能量一般在6~13 kJ/mol。色散力是分子瞬时偶极之间的相互作用力。在一切分子中,电子在诸原子周围不停地旋转着,原子核也在不停地振动着,某一瞬间,分子的正、负电荷中心不相重合,使产生瞬时偶极。色散力是范德华力中最普通的一种,色散力的作用能一般在0.8~8 kJ/mol。聚乙烯、聚丙烯、聚苯乙烯等非极性高聚物中的分子间作用力主要是色散力。

大分子间的相互作用以氢键为最强。氢键可以在分子间形成,如极性的液体水、醇、氢氟酸和有机酸等都有分子间的氢键,在极性的高聚物如聚酰胺、纤维素、蛋白质等中,也都有分子间的氢键。表 8-6 为常见氢键的键长和键能。氢键的强度与形成氢键的原子的负电性有关。它的负电性越大,所形成氢键的强度也越大。另外也和原子半径的大小有关,半径越小,越容易靠近,使所形成的氢键越强。氢键强弱的变化顺序从表 8-6 中得知。

氢键也可以在分子内形成,如邻羟基苯甲酸、邻硝基苯酚和纤维素等,都存在内氢键。若在纺丝成网工艺中应用的高聚物分子中存在侧基,则减少了形成氢键的可能性,并相应的降低了大分子间的相互作用。如果大分子中存在侧基,则其在空间排列的规律性(立体规整性)对成纤性能有很大影响,纺丝成网生产中常用等规聚丙烯就是一个典型例子。通常纤维级的等规聚丙烯的等规度高达 96%～98%,容易结晶,能纺制优质聚丙烯非织造材料。而无规聚丙烯却是一种橡胶状的弹性体,没有成纤性能。

表 8-6 常见氢键的键长和键能

氢　键	键　长/nm	键　能/kJ·mol^{-1}	化　合　物
F—H⋯F	0.24	28.0	(HF)$_n$
O—H⋯O	0.27	18.8	冰,H$_2$O$_2$
		25.9	CH$_3$OH,C$_2$H$_5$OH
		29.3	(HCOOH)$_2$
		34.3	(CH$_3$-COOH)$_2$
N—H⋯F	0.28	20.9	NH$_4$F
N—H⋯O	0.29	16.7	
N—H⋯N	0.31	5.44	NH$_3$
O—H⋯Cl	0.31	16.3	Cl⋯H —O
C—H⋯N		13.7	(HCN)$_2$
		18.2	(HCN)$_3$

8.1.4　高分子结构与结晶能力

高聚物应具有一定规律性的化学结构和空间结构,这样才有可能形成最佳超分子结构的纤维。为制得具有最佳综合性能的纤维,成纤高聚物应有形成半结晶结构的能力。高聚物中无定型区的存在,决定了纤网中纤维的柔软性、染色性、吸收性等。

成纤高聚物的结晶能力之所以非常重要,不仅由于结晶度在很大程度上影响着纺丝成网纤维的物理力学性能,而且在于由非晶态结构到晶态结构的转变有助于取向状态的固定。在形成初生纤维的过程中,优先产生的是非晶态结构或稳定的结晶结构,取向拉伸可使纤维中的大分子与其聚集体沿着纤维轴向排列起来,但只有通过结晶作用,纤维的这一取向状态才能固定下来。

高聚物结晶的可能性与诸多因素有关,其中主要有:
(1)高分子链化学结构的规律性;
(2)高分子链空间(立体)结构的规律性;
(3)高分子链有足够柔性;
(4)结晶的温度、时间条件以及机械应力的影响。

前两个因素与得到结晶状态高聚物的热力学可能性有关;后两个因素决定发生结晶过

程的动力学可能性和速度。

纺丝成网制造纤维应该采用结晶性高聚物最为适当,根据非织造工艺特点,高聚物性能要求可适当比常规化纤生产放宽。取向对纤维提供强度,而结晶则提供纤维以高模量,建立结构中的网络点,提供弹性回复、耐蠕变性、耐溶剂性,以及足够的耐温性。与结晶共存的非晶区则赋予纤维耐疲劳性、弹性伸长和染色性能。

聚丙烯、聚乙烯、聚甲醛等高聚物,只有当它们具有相当有规律的结构和高结晶度(不低于80%)时,加工性能才会变好。但要注意成纤高聚物的结晶能力过大也有负面作用,像聚酯、聚酰胺、聚丙烯或用来熔融纺丝成网的聚合物,其结晶度过高就不易熔融,必须提高熔融温度和纺丝熔体温度,使高聚物易发生热分解,不利于纺丝成网过程的进行。而初生纤维结晶度过高,其后拉伸能力就减少,所得纤维网的性能也往往较差。纺丝成网过程中应尽量避免生成结晶度过高或具有稳定结晶变化的初生纤维。

8.1.5 成纤高聚物的热性质

高聚物制造纺丝成网非织造材料的可能性和纤维的性质与高聚物的热性质关系密切,高聚物的热性质取决于分子链结构。高聚物在受热过程中将产生两类变化。

(1)物理变化:软化、熔融。

(2)化学变化:环化、交联、降解、分解、氧化、水解等。

这些是高聚物受热后性能变坏的主要原因。表征这些变化的温度参数是:玻璃化温度(T_g)、熔点温度(T_m)和热分解温度(T_d)。从非织造材料应用的角度来看,聚合物耐高温的要求不仅是能耐多高温度的问题,还必须同时给出耐温的时间、使用环境以及性能变化的允许范围。

熔融纺丝成网时,总要进行拉伸,以提高纤维的强度。对于结晶高聚物,拉伸能帮助高聚物结晶,结果提高了结晶度,同时也提高了熔点。从热力学观点,因为要使高聚物能自动地进行结晶,必须使结晶过程自由能 ΔF 的变化小于零,即:$\Delta F < 0$,$\Delta F = \Delta H - T\Delta S$。要使 $\Delta F < 0$,必须使 $\Delta H < 0$,而且 $|\Delta H| > T|\Delta S|$。所以对结晶性高聚物,拉伸有利于结晶。在熔点、晶相和非晶相达到热力学平衡,即 $\Delta F = 0$,因此,高聚物的熔点可以用熔融热(ΔH)与熔融熵(ΔS)之比表示:

$$T_m = \frac{\Delta H}{\Delta S} \tag{8-12}$$

高聚物的熔点尤其与分子间力的强度、大分子链的刚性、单体单元位置的规整性等有关。结晶高聚物和半结晶高聚物的熔融是由于两种因素而发生的,即克服了分子间的作用力和提高大分子链的柔性(熵的因素)。因此,增加脂肪族聚酯、聚酰胺、聚氨酯重复单元中主碳原子数和增强分子间相互作用的基团数量(增大 ΔH)和限制大分子柔性的基团数量(减少 ΔS),就可以制得熔点很高的聚合物。

耐热性是成纤高聚物另一重要的特征之一,它可以反映纤维在制造过程中或在使用中,可能发生的热裂解和热氧化裂解过程所进行的速度。在很多情况下,高聚物是否能采用熔融纺丝以及纤维受热处理的条件,受到可能发生热裂解或热氧化裂解的限制。实验证明,结晶高聚物的熔化过程是热力学的一级相转变过程,与低分子晶体的熔化现象只有程度的差别,而没有本质的不同。图 8-8 为线性聚乙烯比容-温度曲线,曲线上熔融终点处对应的温度为高聚物的平衡熔点(137.5 ℃),图中 a 和 b 分别为熔体缓慢冷却结晶与 130 ℃结晶 40 d后缓慢冷却的试样。

原则上说,结晶熔融时发生不连续变化的各种物理性质,如密度、折光指数、热容、透明性等,都可以利用来测定熔点。有利用结晶熔融过程中发生的相当大的热效应测定熔点,即差热分析法(简称 DTA 法),还有在它的基础上发展来的,可以定量测量熔融过程热效应的差动扫描量热法(简称 DSC 法),这些都是目前研究结晶高聚物最常用的方法。

纤维素是熔融温度很高的一种天然高聚物(熔融前先发生分解),这一方面是由于有氢键存在,另一方面是由于基本链节为环状,妨碍链节绕单键自由旋转,即大分子呈刚性。表 8-7 为典型成纤高聚物的熔点(T_m)和热分解温度(T_d)。

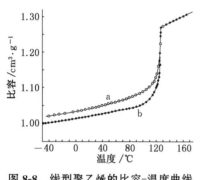

图 8-8　线型聚乙烯的比容-温度曲线

表 8-7　典型成纤高聚物的 T_d 和 T_m

高　聚　物	T_d / ℃	T_m / ℃
聚乙烯	350~400	138
等规聚丙烯	350~380	176
聚丙烯腈	200~250	320
聚氯乙烯	150~200	170~220
聚乙烯醇	200~220	225~230
聚己内酰胺	300~350	215
聚对苯二甲酸乙二醇酯	300~350	265
纤维素	180~220	/
醋酸纤维	200~230	/

从表 8-7 可见,高聚物聚丙烯腈、聚氯乙烯、聚乙烯醇等材料的热分解温度可能比其熔点为低,这类聚合物通常不采用常规的熔融纺丝成网工艺。有关高聚物的其他方面性质,可参考高分子物理化学的相关文献资料。

8.2　聚合物熔融纺丝成网基本原理

8.2.1　聚合物的预结晶与干燥

熔融纺丝成网法(亦称纺黏)用于非织造纺丝成网工业生产中可有两种方法:一是切片纺丝,即将聚合或缩聚得到的高聚物熔体经铸带、切粒、包装,然后送至非织造制造工厂生产;另一种是直接将聚合或缩聚得到的高聚物熔体送至纺丝机上进行生产,这种方法称为熔体直接纺丝,该方法目前在非织造生产中采用较少,故本章节不详细论述。

经铸带切粒所得的大多数高聚物切片在熔融之前,必须先经干燥。切片干燥的目的主要是除去其中的水分。

（1）除去切片的水分

切片中含有水分，即使是微量的，也会对纤维质量带来不利的影响，这是因为在切片熔融过程中，高聚物在高温下易发生热裂解、热氧化和水解等反应。尤其是聚酯纺丝成网生产，因聚酯分子结构中存在着酯基（—COOR），熔融时极易水解，使相对分子质量下降，影响纺丝成网质量。另外水分在高温下汽化形成气泡丝，造成纺丝断头或毛丝，严重时甚至使纺丝无法进行，严重影响成网均匀度。因此在聚酯和聚酰胺等生产过程中，事先必须将切片充分仔细干燥以除去水分，对干燥后切片的含水率要求，视聚合物切片种类而异。目前生产厂一般规定聚酯的干燥切片含水率低于 0.01%，以防止聚酯在高温下水解；对于聚酰胺切片干燥后含水率一般低于 0.05%。聚合物含水率的控制不但要求精度高而且波动范围要小，以便保证纺丝成网工艺稳定。

（2）提高切片结晶度和软化点

未干燥切片是无定型结构，软化点较低，在螺杆挤压纺丝进料区很快软化黏结，从而造成环结阻料，影响正常生产。无定型结构切片在一定温度下会结晶，在结晶过程中，随切片结晶度增加软化点也相应提高，这种干燥切片熔程狭窄，熔融纺丝时熔体质量均匀，不会因切片软化不均一而发生黏结阻料的情况。例如采用有光聚酯切片，可看到随着切片逐渐加热，原来透明切片变成半透明，最后成为乳白色的不透明体，此现象表明，聚酯切片在加热干燥过程中已由原来的无定型结构转变为具有一定结晶度的晶体结构。

（3）干燥设备和工艺

切片干燥的方法主要有真空转鼓干燥和气流干燥两种。

真空转鼓干燥是在减压状态下进行，以便及时排除鼓内空气和水分，且在真空下可防止热氧化降解和降低水的沸点，加快干燥速度。转鼓真空干燥热效率较低。

1. 转鼓真空干燥设备

转鼓真空干燥主要由转鼓、真空系统和热系统组成，典型的真空转鼓干燥机见图 8-9 所示。

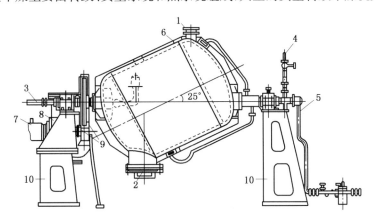

图 8-9　典型的真空转鼓干燥机

1-进、出料口　2-入孔口　3-抽真空管　4-热载体进入管
5-热载体回流管　6-转鼓夹套　7-电动机　8-减速器　9-齿轮　10-支座

1）转鼓部分

转鼓是圆筒状，分内外两层，其间称为加热夹套。内层为不锈钢材料制成，装有抽真空管道；外层为一般钢板制造，在鼓外用保温材料，防止转鼓散热。聚酯用转鼓容积一般为

4 m³左右,装料量常为容积的50%～60%。转鼓与轴成25°倾角,以利切片在鼓内翻滚,从而使加热均匀,同时也便于出料。电机通过减速箱带动转鼓旋转,转速很慢,以减少切片间磨损和避免产生粉末等。

2) 真空系统

主要由真空泵和分离器等组成,从转鼓抽出的切片粉末和湿热空气,途径转鼓转动轴一端中心的真空管进入粉末分离器,后由真空泵排除,粉末分离器的功能是防止真空泵管路堵塞。转鼓内真空度通常大于98.7 kPa,越高越有利于干燥,缩短干燥周期。

3) 加热系统

常用的加热载体有水蒸气和导热油类。

2. 真空转鼓干燥工艺

由于真空转鼓干燥是间接方式加热,切片温度的提高是逐步上升的。实际中在转鼓内的整个干燥周期工艺分为升温和保温两个阶段。

升温阶段主要使湿切片开始受热而脱水,发生预结晶、提高软化点。工艺中主要控制好切片的起始受热温度和升温速度(时间)。如果初温高或者升温速度太快,特别是聚酯切片,会使尚处于无定型结构软化点较低的切片出现表面软化,产生相互黏结呈球或黏着在鼓壁上。聚酯一般升温时间为4～6 h,蒸汽压力从0～392 kPa,鼓内中心温度从50 ℃升到150 ℃左右,脱去湿切片表面吸附的水分,最后达到保温阶段工艺要求的温度。

保温阶段主要是进一步除去切片内部水分和提高结晶度,从而使其软化点相应提升,以符合纺丝的工艺要求。聚酯通常时间控制在6～8 h,蒸汽压力保持在196～392 kPa,鼓内中心温度为120～150 ℃。

上述工艺过程中,关键是要控制好真空度、干燥温度和所需时间。真空度是转鼓干燥切片的必要条件,真空度越高,抽出鼓内水分的能力就越强,并可减少聚合物切片在长时间高温下的氧化,有利于干燥时间的缩短和提升聚合物切片质量稳定性。

3. 热空气干燥设备

利用循环高温热空气在干燥机内直接与切片接触干燥,热风向下向上通过孔板,连续穿透,使切片悬浮在热气流中或将气流穿过切片以进行热交换,使切片中的水分汽化并被热气流带走。气流干燥时,由于切片与加热空气直接接触,供热效果好,可在较短时间内去除切片中的水分。其原理是利用切片对空气中氧具有一定的稳定性,在高温下,切片和空气接触使切片呈流态化进行气固热交换,达到切片结晶和干燥之目的。对较易氧化的高聚物如聚酰胺切片可用氮气作为隔热介质。

1) 热空气干燥流程

图8-10为典型的连续式气流干燥流程,主机结构:干燥塔连预结晶和干燥为一体,预结晶部分有一搅拌器,以防止切片受热发生黏结。筛选过的切片由脉冲式输送设备送到干燥塔上部的料仓1中,靠自重落入干燥塔2内的预结晶段。在搅拌状态下,切片通过预结晶后,进入干燥段。经过干燥的切片从干燥塔底12出料,供螺杆挤出机使用或进入干切片料仓贮存。

干燥用空气由进风风机从大气中吸入,经过空气过滤器11除尘后进入空气冷却器10脱湿。脱出的冷凝水由水分离器9排出。脱湿后的空气,主要进入脱湿器8的干燥轮干燥区被进一步吸附脱湿,成为露点小于-10 ℃的干空气。干空气与干燥塔排出的含湿热空气在热交换器7中进行热交换升温后,被进风风机4送至干空气加热器3。加热到工艺温度的干热空气从干燥塔底部进入干燥塔,与切片逆向流动,对切片进行干燥和预结晶。吸风风机 5 将塔内的湿空气从干燥塔顶部抽出,通过旋风分离器 6 将气体中粉末分离,换热降温后由 13 处排出。

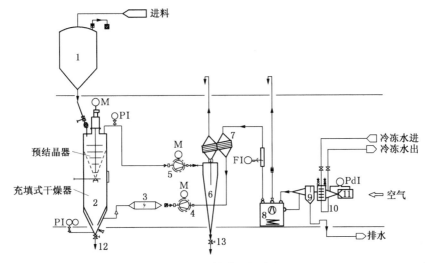

图 8-10　连续式干燥流程

1-料仓　2-干燥塔　3-干空气加热器　4-进风风机　5-吸风风机　6-旋风分离器　7-热交换器　8-脱湿器　9-水分离器
10-空气冷却器　11-空气过滤器　12-出料口　13-粉末出口　M-电动机　PI-压力表　PdI-压差表　FI-流量计

2)热空气干燥工艺

(1)冷冻脱湿。纺聚酯时采用 6～10 ℃的冷冻水间接冷冻,空气离开冷冻脱湿器时,温度控制在 10 ℃以下。

(2)风温、风量。根据预结晶段出口的风温来调节干燥风温。聚酯出口风温控制在 90～120 ℃。过高,可能造成预结晶切片的黏连;过低,则预结晶不能达到要求,造成切片在干燥器中黏结。进风流速约在 10 m/s,过低的风压,切片将被吸出或堵塞出风管道。干燥停留时间聚酯切片在实际生产中控制在 3～3.5 h。聚酯预结晶进风温度为 160～180 ℃。通常聚酯预结晶的时间为 15～20 min,切片在预结晶过程中,10 min 可达到 40% 的结晶度,20 min 后可达到 50%。图 8-11 为预结晶度与时间的关系曲线,t_c 为预结晶的时间。

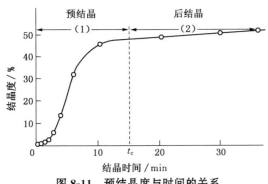

图 8-11　预结晶度与时间的关系

(3)干燥时间与含水率

干燥时间应根据聚合物性能、干燥温度、干燥用风量和切片量参数决定,切片质量与用风量(质量)一般为 1:28。图 8-12 为几种纺丝成网常用的聚合物干燥时间与含水率的关系,其中 PC 为聚碳酸酯,PS 为聚苯乙烯。当纺丝速度提高,单纤细度降低时,所要求的干切片含水率就愈低。

图 8-13 为干聚酯切片含水率与聚酯特性黏度降的关系,聚酯干切片的含水率通常控制在 0.003% 以下,可使纺丝成网加工时黏度降较低,产生黏度变化的原因是聚酯大分子的降解。切片干燥后,聚酯特性黏度的变化小于 0.01 de/g。另外要注意聚合物切片含水不匀会造成长

丝质量不稳定,故干燥工艺条件和操作的稳定性决定了聚合物切片含水率的波动大小。

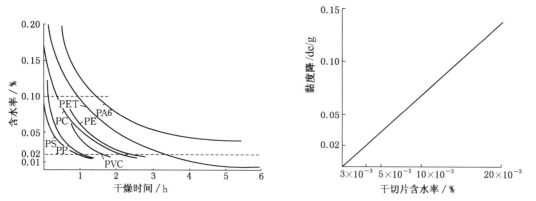

图 8-12　常用聚合物干燥时间与含水率的关系　　图 8-13　PET 干切片含水率与聚酯特性黏度降的关系

8.2.2　熔融纺丝成网

1. 概述

　　熔融纺丝成网基本过程包括具有可纺性的聚合物在其熔点以上的温度条件下从喷丝板细孔挤出,冷却细化成丝状固体,同时进行分丝铺网和加固的工艺过程。纤维的基本形状是连续的长丝。图 8-14 汇总了熔融纺丝成网及随后的纤网加固工艺流程。

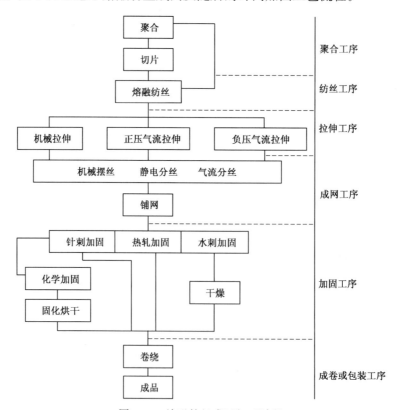

图 8-14　熔融纺丝成网加工过程

　　与传统的合成纤维纺丝技术相比,非织造纺丝成网多采用气流拉伸工艺,并且将纺丝、拉伸、成网和加固一步成型,工艺流程短,自动化程度和生产效率高,但一次性投资大。工艺控制中强调纤网均匀性、纤维线密度、加固方式和纤网的力学性能。图 8-15 和图 8-16 分别为聚合物熔融纺丝成网示意图和生产线。设备主要包括原料(切片)输送及配料、螺杆挤压机、过滤器、计量泵、纺丝箱体及组件、冷却装置、拉伸装置、成网装置、抽吸装置和加固等部分。

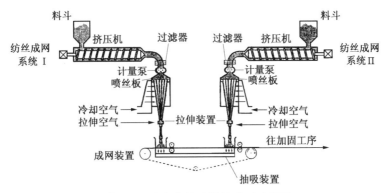

图 8-15　聚合物熔融纺丝成网示意图

图 8-16　聚合物熔融纺丝成网生产线

　　另外,熔融纺丝成网非织造工艺设备与传统合成纤维纺丝比较,显著不同之处在拉伸、分丝、成网加固部分,这也是纺丝成网非织造的关键技术。非织造熔融纺丝成网的纺丝、拉伸、成网生产过程很短,实际生产中,它们是在很短的时间内一次连续完成的。目前,全球纺丝成网拉伸工艺以气流拉伸为主,但也有采用机械的方法对长丝进行拉伸。

2. 熔纺挤出工艺

1) 熔融挤出

　　聚合物切片靠自重从料斗的出料口进入螺杆挤压机。由于螺杆的转动,切片沿着螺槽向前运动。螺杆套筒外侧安装有加热元件,通过套筒将热量传递给切片。同时,螺杆挤出机内切片的摩擦和被挤压、剪切,亦产生一定的由机械能转化成的热能。聚合物切片在熔化区受热熔融成黏流态的聚合物,并被挤出机压缩而具有一定的熔体压力,向熔体管道输送。图8-17为螺杆挤出机结构示意图,在螺杆挤出工艺过程中,经历着温度、压力、黏度等变化,根据聚合物原料(简称物料)的变化特点,螺杆完成三个基本功能,即聚合物的供给、熔融加压和计量挤出熔体,螺杆与之相适应的三个区段为进料段 L_1、压缩段 L_2 和计量段 L_3。

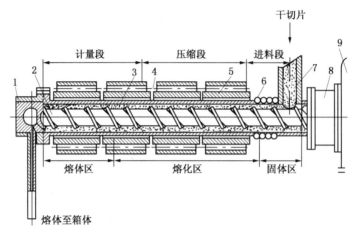

图 8-17　螺杆挤出机结构

1-法兰　2-螺杆　3-套筒　4-电热元件　5-铸铝加热套
6-冷却水管　7-进料管　8-密封部分　9-传动及变速机构

（1）进料段。进料段螺纹深度是恒定不变的。其作用是将固体的物料送往压缩段。物料在此段被机筒传入的热量预热,物料间的空气及其他气体可从物料间的间隙排往料斗。从进料段长度来看,对于结晶型聚合物,螺杆进料段的长度要比非结晶聚合物长些（30%L～65%L）。非结晶聚合物进料段的长度 L_1 一般为 10%L～25%L,见图 8-18 所示,L 为螺杆有效长度。

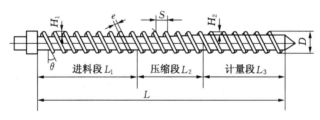

图 8-18　普通单螺杆结构

（2）压缩段(也称塑化段、熔融段)。在螺杆的压缩段,螺槽的容积是逐渐变小的。通常采用等螺距、槽深渐变的结构形式。压缩段的作用是压实物料,使该段的固体物料转变为熔融物料(产生相变),并且排除物料间的空气(由于物料被压缩,空气通过固体物料之间的间隙向加料段流动)。在压缩段,物料在螺杆强大剪切、压缩作用下,产生摩擦热,同时又接受机筒供给的热量,足以使物料在压缩最后阶段基本熔融。

压缩段的长度 L_2 与物料性质有关。对于聚酯、聚酰胺类聚合物,由于它们的熔化温度范围较窄,在熔点显微镜下可以发现,结晶聚酯、聚酰胺树脂在低于它们的熔点一定值时,物料一直保持固体状态,而在接近熔点时很快变软、熔融。因此,对于这类聚合物物料,螺杆的压缩段可以短些。在生产非结晶聚合物时,情况就不相同,应该选用较长压缩段的螺杆,一

般为 $50\%L\sim60\%L$ 。

（3）计量段（也称均化段）。在普通单螺杆中，计量段螺槽的容积基本上是恒定不变的。该段螺槽深度较浅，其作用是将熔融的物料定量稳压挤出并使螺杆产生一定的背压力，进一步加强熔体的剪切、混合作用，使物料进一步均化。

计量段的工作特性主要取决于该段螺槽深度和计量段的长度，计量段螺槽深度加深，挤出能力增大，与此同时逆流量也更快的增大，因此槽深不宜过大；槽浅有利于物料进一步塑化和均化，在机头阻力较大时，生产能力变化较小。但过浅容易使物料产生降解。计量段的长度 L_3 对螺杆的工作特性和挤出熔体的质量有一定的影响。长度增大，工作特性较硬，物料受剪切作用时间长，有利于物料的分散和混合。但过长会使物料温度升高，容易产生热降解。

图 8-18 为普通单螺杆结构图，非织造用螺杆材质为 34CrMoNiT、31CrMoR 等氮化钢，表面硬度为 HV1 000～1 100，表面抛光处理。代表螺杆结构特征的基本参数主要有：螺杆长度 L、进料段长度 L_1、直径 D、长径比 L/D、压缩比 ε、螺距 S、螺槽深度（H_1 进，H_2 出）、螺旋角 θ、螺杆与料筒的间隙、螺纹头数、螺棱宽度 e 等。

螺杆直径在一定程度上代表螺杆挤出机的生产能力。螺杆直径增大，生产能力提高，挤出机生产量与螺杆直径 D 的平方成正比。

长径比是指螺杆工作部分的有效长度 L 与螺杆直径 D 之比，即 L/D。目前，大多数聚丙烯熔融纺丝成网生产线都采用 $L/D\geqslant30$ 的单螺杆挤出机，聚酰胺、聚酯为原料的采用 $L/D\geqslant24$ 的单螺杆挤出机。L/D 增大，能改善物料温度分布，有利于聚合物树脂的混合、塑化，减小螺杆中的漏流和逆流，减小挤出压力脉冲现象，有助于提高挤出机生产能力。但 L/D 过大时，会使热敏性聚合物受热时间过长，引起聚合物树脂过分降解。而且，由于 L/D 太大，螺杆的自重增加，悬臂度加大，螺杆挠度增加，容易引起螺杆与料筒磨损，并增大了挤出机的传动功率及加工制造上的困难。相反 L/D 过短，容易引起混炼、塑化不良。随着螺旋角 θ 值增大挤出机生产能力得到提高，物料的剪切作用和挤出压力却要减小。

压缩比 ε 一般可以用几何压缩比来表示，即可简化为螺杆加料段最后一个螺槽的容积与均化段最初一个螺槽容积之比。它表示聚合物通过挤出机全长时被压缩的倍数。压缩比愈大，聚合物受到的挤压作用愈大，压缩比的大小是与物料性能、物料形状等因素有关。

螺槽深度 H 是一个变值，对于常规三段螺杆来说，加料段的螺槽深度最深，均化段最浅，压缩段是一个连续变区。螺槽深度主要影响聚合物的剪切速率，螺槽愈浅，剪切速率愈高，愈有利于料筒壁与物料间的传热及摩擦生热，愈有利于提高物料混合及塑化效率，但生产能力则要降低。

随着熔融纺丝成网工艺技术的发展，新型结构的特种螺杆开始被应用，以提高加料段输送物料的效率，提高混炼的效果，减少挤出时聚合物的压力、温度、产量的波动。主要有：

1. 分离型螺杆

这类螺杆是在螺杆的压缩段，设有主副两条螺纹，使部分未熔物料，在越过附加螺纹的螺棱时，受到了强烈的剪切作用，加速熔融，从而使两相物料受热均匀，减少挤出脉冲，并有利于排出固体物料中的气体。分离型螺杆的结构见图 8-19(a)。

2. 屏障型螺杆

这类螺杆是在一段外径等于螺杆直径的圆柱体上，开设两组纵向沟槽，一组是进料槽，其出口是封闭的。另一组是出口槽，其进口是封闭的。屏障型混炼头一般装在计量段内，它的作用是可以产生高压,促进未熔固体料进一步熔融,提高熔体混合和均化作用。图8-19(b)为直槽屏障型混炼头几种结构。

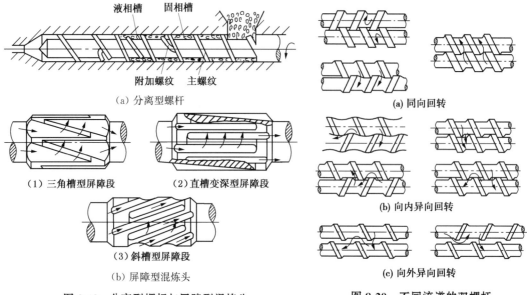

（a）分离型螺杆

（1）三角槽型屏障段　（2）直槽变深型屏障段

（3）斜槽型屏障段

（b）屏障型混炼头

图 8-19　分离型螺杆与屏障型混炼头

（a）同向回转

（b）向内异向回转

（c）向外异向回转

图 8-20　不同流道的双螺杆

双螺杆挤出机分有不同回转流道,见图8-20所示,有两个相互啮合呈不同旋向的螺杆。当聚合物在它们之间通过并受到剪切作用时,迫使熔体在相当低的压力下向前运行,这种剪切作用类似于辊磨机。正压输送可使极高黏度的熔体在相当低的压力下在狭窄的螺槽中运行,这样就有可能在较低的温度下,挤压高黏的聚合物,使熔体在低剪切速率下通过双螺杆挤出机,发热量的减少,可避免聚合物发生过度降解。负压抽气式双螺杆挤出机,可降低聚合物的干燥要求等,纺丝成网技术中应根据不同的物料及相关生产工艺要求选择不同的螺杆。

3. 计量泵

计量泵是非织造纺丝成网生产中所使用的高精度部件。它的作用是精确计量聚合物,连续输送成纤高聚物的熔体或液体,确保纺丝组件具有足够高而稳定的压力,以保证纺丝熔体或液体克服纺丝组件或喷丝头的阻力,从喷丝头均匀挤出,在空气、水或凝固浴中形成初生纤维。

1）计量泵的工作原理

熔体计量泵是一种高精度的齿轮泵。齿轮是被高精度的驱动系统带动,泵体外面都具有加热套。加热套通常选择导热油套或特殊蒸汽加热套进行加热,在加热套的外面还有良好的保温层。图8-21为熔体计量泵的结构。

计量泵运转时,齿轮啮合脱开处为自由空间,构成泵的进料侧。进入熔体被齿轮强制带入泵体的啮合区间,即熔体被吸入泵内并填满两轮的齿谷,齿谷间的熔体在轮齿的带动下紧贴着

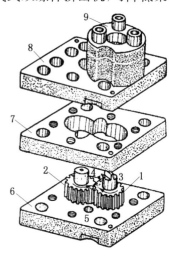

图 8-21　熔纺计量泵结构

1-主动齿轮　2-从动齿轮　3-主动轴
4-从动轴　5-熔体出口　6-下盖板
7-中间板　8-上盖板　9-联轴节

"8"字型孔的内壁面转一周后被送出口。此区的高压熔体只能压入出料管,不会带入进料区。

熔体出口压力视出口管路、纺丝组件阻力而异。阻力越大,出口压力越大,功率消耗也越多。普通的纺丝成网用计量泵要在温度为230~350 ℃、工作压力为6~30 MPa条件下输送高黏度流体。

2) 计量泵的流量

齿轮计量是一种容积计量泵。其输送熔体或熔液的量取决于齿轮的齿形、间隙与泵的

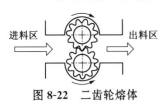

图8-22 二齿轮熔体
计量泵示意图

转速。为保证纺丝成网纤维的均匀度,在生产工艺中计量泵常用方法是随着过滤器阻力增大,自动调节计量泵的速度,适当加大泵出量,保证进入机头熔体压力不变。计量泵每转的泵供量是基本恒定的,可用直流电动机或变频电机的传动控制系统。从图8-22可见,常用齿轮泵为外啮合二齿轮的泵,泵运转时,齿轮啮合脱开处为自由空间,构成泵的进料区。进入的熔体被齿轮强制带入泵体的啮合区间,然后挤出出料区。

实际非织造生产中通常采用泵供量来表达,即计量泵单位时间内输送熔体的质量为泵供量,泵供量可由计算确定,根据实际修正。

$$n = \frac{Q}{r\eta C} \tag{8-13}$$

式中:n——计量泵转速,r/min;

Q——泵供量,g/min;

r——熔体密度,g/cm³;

η——计量泵效率(一般为98%);

C——计量泵容量,cm³/r。

计量泵的选择要充分根据所纺聚合物的品种、规格和纺丝速度,计算出纺丝成网机产量,并相匹配,进而确定泵在单位时间内的流量。从而选择泵的型号、规格和工作转速。另外计量泵外面必须具有加热套和良好的保温层。

4. 纺丝组件

熔融纺丝成网的纺丝组件由扩散板、密封圈、过滤层、分配板、耐压板、喷丝板和组件座等组成。其作用是将计量泵送来的熔体或纺丝液,经过滤和均匀混合,在一定的压力下从喷丝板的喷丝孔中均匀地喷成细流,再经吹风冷却或经凝固液的作用而形成连续长丝。纺丝组件的基本要求为:

(1) 能使熔体均匀地分配到喷丝板各个纺丝孔中,保证熔体流量和阻力相等。

(2) 组件各部件密封效果好,耐高压(7~9 MPa),无漏浆现象。

(3) 组件内不宜有死角,以免熔体滞留时间过长而热降解。

(4) 过滤效果好,使用周期长。

(5) 与熔体直接接触的部分材料,应耐高温(最高工作温度 ≥ 300 ℃)和耐腐蚀。

喷丝板是纺丝组件的核心部件,用来使高聚物变成连续的特定截面形状的细流,经吹风冷却或凝固浴的固化而形成长丝。纺丝成网工艺用喷丝板的形式主要有圆形和矩形两大类。喷丝板材质须耐热、抗氧化、耐腐蚀,并具有一定的强度等特性,常用有 1Cr18Ni9Ti 奥氏体不锈钢或合金钢材料。

1) 喷丝孔的结构

喷丝孔主要由导孔和微孔(毛细孔)组成,见图 8-23。导孔的作用是引导熔体连续平滑地进入微孔,避免在入口处产生死角和出现漩涡状的熔体,保证熔体流动的连续稳定。合理选择直径收缩比,即导孔直径 D_R 与微孔直径 d_0 之比。收缩比降低,可提高喷丝板上排孔的密度,增加生产能力。

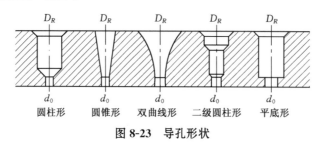

图 8-23　导孔形状

微孔孔径通常根据聚合物体积流量、黏度、纺丝温度和长丝的线密度决定。对于定量的熔体通过不同孔径,其孔壁的剪切黏度和切变速率是不同的。剪切黏度是对应于聚合物的剪切流动,这种流动产生的切变速度梯度场是横向速度梯度场,即切变速度梯度的方向与流动方向相垂直。所以,切变速率越大,熔体内蕴藏的弹性能越高,较高弹性能将会导致出口处涨大即膨化现象,甚至导致熔体破裂,所以不应使切变速率过高。一般情况下,高黏度的熔体应选较大的微孔孔径,低黏度的熔体选小的微孔孔径。图 8-24 为聚丙烯挤出膨化比 d_B/d_0 与微孔直径 d_0 的关系,d_B 为挤出所得到聚合物流体在膨化区的最大直径。通常,纺聚丙烯时 d_0 为 0.30～0.80 mm,纺聚酯时 d_0 为 0.28～0.35 mm,纺聚酰胺时 d_0 为 0.20～0.30 mm。微孔的大小决定了获得一定聚合物体积流量所需要的压降,同时单纤维的最小线密度不仅取决于挤出物的直径,而且还受到膨化程度的影响,在小挤出量和大长径比的喷丝孔情况下,聚丙烯丝条密度将沿着图 8-25 中的虚线变化。

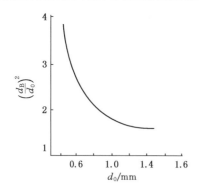

图 8-24　微孔直径对挤出膨化比的影响

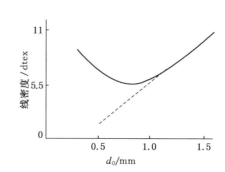

图 8-25　微孔直径对单纤维的最小线密度的影响

2) 喷丝孔的孔数

喷丝板上喷丝孔数根据所纺聚合物和长丝线密度而定。由于聚丙烯的熔化温度较低,骤冷相对比较困难,同时聚丙烯的挤出膨化比较大,这样聚丙烯纺丝成网用喷丝板上的最多孔数设计通常要比纺聚酯和聚酰胺时少。

纺丝成网工艺中,根据产品幅宽,每块喷丝板分成多个(排)喷丝孔区。如多套狭缝式气流拉伸工艺中的矩形喷丝板,每块喷丝板长 45 cm,宽 20 cm,聚丙烯长丝线密度为 1.65 dtex 时,每个喷丝孔区有 150 个喷丝孔,每块喷丝板一般设计 400~1 000 个喷丝孔或更多。另外喷丝孔数随加工长丝线密度变化,当聚丙烯长丝线密度为 3.3~5.5 dtex 时,每个喷丝孔区的孔数为 100 个;聚丙烯长丝线密度为 5.5~16.5 dtex 时,每个喷丝孔区只有 35 个喷丝孔,喷丝板的厚度约 50 mm。按纺丝成网工艺要求,按每米非织造材料的宽度要求设计,平均喷丝孔数须大于 1 000 孔/m,方能保证成网均匀度和产量。孔数的增加有利于成网均匀和产量提高,同时需考虑熔体挤出量增加,冷却吹风等技术相配套。整体单块式矩形喷丝板最长可达 5 m,宽 22 cm,当纺聚丙烯原料,孔径为 0.50 mm,长丝线密度为 1.65 dtex 时喷丝孔数达 5 500 孔/m,最高设计可达 7 000 孔/m,甚至更多孔数。

3)喷丝孔的排列

喷丝孔的排列图形很重要,它是由骤冷装置和空气流动方向来决定的。各排列孔之间的角度及空气的流动方向应取决于纤维截面的形状。喷丝板孔的排列应考虑下面几个因素:

(1)各喷丝孔的熔体流量的均一性;

(2)每孔流出的细流受到的风冷却均匀性;

(3)矩形喷丝板排列角度,尽可能保证各块喷丝板形成长丝在输网帘上横向均匀分布;

(4)喷丝板应有足够的刚度,尤其是整体单块大型板,保证工作时不产生弯曲变形。

4)喷丝孔的长径比

导孔底部的锥角大小取决于熔体的流变特性,高黏度的聚丙烯熔体比低黏度的熔体如聚酰胺,需要更小的锥角。纺丝成网工艺中,一般使用的锥角为 20°~90°(聚丙烯为 20°,聚酰胺 6 为 20°~40°)。喷丝微孔孔道长度 L 与微孔直径 d_0 之比,称为喷丝孔的长径比 L/d_0,对于聚丙烯、聚酯、聚酰胺聚合物,熔体黏度相对其他聚合物黏度较大,喷丝孔长径比较大为佳。纺丝成网工艺中各类聚合物用喷丝孔长径比范围在 1.5~10 之间,因为长径比增大可减少纺丝时熔体细流的膨化现象。实际聚丙烯纺丝成网工艺中较多采用 1.5~4 的长径比,图 8-26(a)为长径比对聚丙烯熔体挤出膨化比的影响,提高熔体的剪切速度,从而改善流变性能。同时切变速率越大,熔体内存储的弹性能量越多,挤出膨化效应越严重,超过某一临界值将出现熔体破裂,图 8-26(b)显示了聚丙烯熔体挤出膨化,喷丝孔的长径比与切变速率的关系。喷丝孔长径比越大,越有利于弛豫过程的进行,使熔体的弹性表现减小。

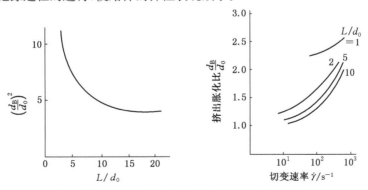

(a) L/d_0 对聚丙烯挤出膨化比的影响　(b) 挤出膨化比、L/d_0 与切变速率的关系

图 8-26　聚丙烯熔体挤出膨化比、切变速率与 L/d_0 的关系

8.2.3 熔纺基本过程

纺丝聚合物切片置于料仓或直接将从缩聚来的熔体喂入纺丝泵,如果要添加其他如色母粒、抗氧化母粒等,须预先充分搅拌混合或按计量精确加入料仓。

聚合物熔融纺丝过程是从喷丝孔挤出的聚合物熔体细化冷却的同时,黏度增加的伸长变形过程。熔体流过喷丝孔的行为方式牵涉着其纺丝成网中相关工艺参数,而这些工艺参数又会影响在给定过程条件下的聚合物的纺丝行为。图 8-27(a)为喷丝板喷丝孔熔体细流及成型模型,L_0 处为聚合物流体膨化区最大直径 d_B。在这过程中,高聚物组成不发生变化,而只有几何形状和物理状态的变化。

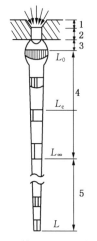
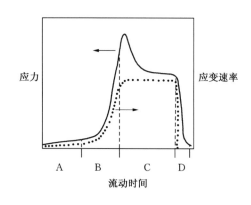

(a)熔体细流及成型模型   (b)熔体在毛细管内流动以及下落时在不同应变区内的应力和应变率关系

图 8-27   熔体流经毛细孔时不同应变区的流变分析

1-入口区 2-孔流区 3-膨化区 4-形变区 5-稳定区 A-低剪切速率区(导孔区) B-剪切
速率增加区(入口区) C-高剪切速率区(孔流区) D-弹性剪切回复区(膨化区)

纺丝熔体从较大的空间导孔区进入直径逐渐变小的入口区内,熔体的流动速度急剧增大,动能增加,流速增大所损失的能量以变形弹性能贮存在体系之中。熔体到达喷丝孔的细孔区域即孔流区,熔体出现两个现象,一是熔体的流速不同,靠近孔壁处速度小,流线基本上向中心敛集,孔中心速度高,存在一个径向速度梯度;二是由于熔体在微孔中的流速很高,时间很短,约 $10^{-4} \sim 10^{-2}$ s,在入口处产生的高弹形变尚未来得及消失,据文献介绍,聚酯的松弛时间约为 $0.1 \sim 0.3$ s。若径向速度梯度过大或者说在孔流区的剪切速率过高,还会继续产生变形弹性。高弹形变超过极限,熔体细流就会产生破裂,无法成纤。理论上说,熔体剪切速率与喷丝孔微孔半径的三次方成反比。熔体细流离开喷丝孔后的一段区域为膨化区,非牛顿流体的高弹变形迅速恢复,它的特征为剪切速率和剪切应力迅速减小,熔体局部冷却,表观黏度增加和熔体贮存的弹性能被释放,使黏弹性聚合物细流产生膨胀,严重时将出现熔体破裂。图 8-27(b)为聚丙烯流体在毛细管内流动以及下落时在 A、B、C、D 四种不同应变区内的应力和应变速率的关系。另外,膨化区弹性剪切回复,即剪切应变向拉伸应变转变,导致熔体流经出口时速度场的改变。

由于挤出膨化效应是纺丝熔体弹性的一种表现,膨化程度用挤出膨化比 B 来表示:

$$B = \frac{d_B}{d_o} \tag{8-14}$$

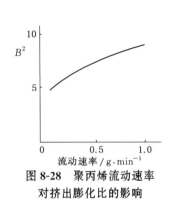

图 8-28 聚丙烯流动速率
对挤出膨化比的影响

式中:d_B——聚合物流体在膨化区最大直径,mm;

d_o——喷丝孔的微孔直径,mm。

图 8-28 是聚丙烯流过喷丝孔的微孔速率对膨化比的影响。膨化比随着挤出量增加而增加,熔体在喷丝孔中流动的速度分布是不同的,对于牛顿流体,其速度分布呈抛物线状。纺丝熔体多属假塑性非牛顿流体,其熔体流动速度分布趋于平坦。

聚合物熔体从定长的喷丝孔的微孔中挤出膨化比值随着切变速率的增加而增加,图 8-29(a) 是三种典型聚合物挤出膨化比与切变速率的关系,$\dot{\gamma}_w$ 为喷丝孔微孔中管壁处熔体流动的切变速率。

纺丝过程中,纺丝温度升高有利于高聚物分子的松弛,从而减小熔体在出喷丝孔的弹性能量储存,减轻挤出膨化效应。图 8-29(b)显示了聚丙烯熔体的挤出膨化比对温度的依赖关系。

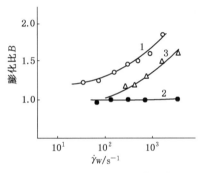

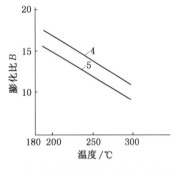

(a) 挤出物膨化比与切变速率的关系　　　(b) 聚丙烯挤出物膨化比与温度的关系

图 8-29　聚合物熔体挤出胀化比与切变速率、温度的依赖性

1-聚丙烯,相对分子质量 $29.3×10^4$　2-聚己内酰胺,相对黏度 2.38 Pa·s
3-聚丙烯,相对分子质量 $11.8×10^4$　4-$\dot{\gamma}_W = 100\ s^{-1}$　5-$\dot{\gamma}_W = 30\ s^{-1}$,相对分子质量 $29.3×10^4$

形变区也称冷凝区,这是纺丝成型过程中重要的区域,选择好成型工艺条件,使熔体细流在形变区内所受到的冷却条件均匀稳定,成为纺好丝的关键之一。熔体在离喷丝板十几厘米的距离内,温度仍然很高,流动性也很好,在气流等力的作用下,细流很快被拉长变细,速度增加,同时,由于接触到冷却风,细流从上到下温度逐渐降低。温度的下降造成熔体细流黏度增高愈来愈明显,细流细化的速度也愈来愈缓慢,直至细度的变化基本停止,黏流态的细流变成了固态长丝纤维,此处离喷丝孔距离 $L_∞$ 称为凝固点。纺丝工艺条件的不同,如增加挤出量,则大大增加丝条固化距离。凝固点的位置通常在距离喷孔板板面 $40\sim100$ cm 范围内。图 8-30 是聚丙烯丝条沿纺程直径、双折射和表面温度的变化情况。丝条线密度在一定距离内呈显著下降趋势,双折射迅速增加,同时丝条表面温度下降。结晶点的位置受聚合物性能、丝条张力、冷却吹风温度、速度、挤出量等参数影响而变化。丝条进入稳定区,如果不再创造新的拉伸条件,长丝纤维直径将稳定,不再发生变化。

纺程上的有关参数决定着纺丝成型的历程和纺出长丝纤维的线密度、性质等。它们在稳态条件下服从连续方程：

$$\rho_0 A_0 v_0 = \rho_x A_x v_x = \rho_L A_L v_L = 常数 \tag{8-15}$$

式中：ρ_0、ρ_x、ρ_L——喷丝孔、纺丝线上某点和卷绕头上高聚物的密度；

　　　A_0、A_x、A_L——上述各点的丝条截面积；

　　　v_0、v_x、v_L——上述各点丝条的运动速度。

式(8-15)说明在纺丝线各点上每一瞬间所流经的高聚物质量相等，在稳态纺丝工艺条件下保持常数。

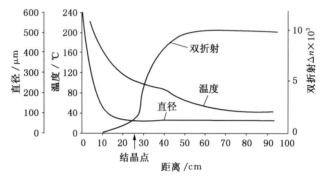

图 8-30　聚丙烯丝条沿纺程直径、双折射和表面温度的变化

熔体在纺程上的参数可分成三类：

（1）独立参数：指决定纺丝途径、长丝结构和性质的参数，如聚合物性能，熔体挤出温度，喷丝板的孔径、孔数，泵供量，纺丝速度，冷却吹风的风速、风温等。

（2）次级参数是通过连续性方程与次级参数相联系的参数。如熔体挤出速度 $v_0 = 4Q/n\rho_0 \pi d_0^2$；单根成网长丝直径 $d_L = 2(Q/n\pi \rho_L v_L)^{1/2}$；喷丝头拉伸比 $S = v_L/v_0 = d_0^2/d_L^2$ 等。Q 为泵供量，n 为喷丝板的孔数，d_0 为喷丝微孔直径，d_L 为长丝纤维直径，v_L 为纺丝速度。

（3）结构参数：由独立参数和通过纺丝动力学基本规律所决定的参数。如丝条在纺程上所受的张应力、丝条的温度、纤维结构和横截面的形状等。

8.2.4　拉伸工艺

拉伸是纺丝成网制造过程中必不可少的重要工序，它不仅是使纤维的物理力学性能提高的必要手段，而且拉伸时要求对丝条进行冷却，防止丝条之间黏连、缠结及减少并丝，以保证后道成网质量稳定。在拉伸过程中，大分子或聚集态结构单元发生舒展并沿纤维轴取向排列。即高聚物取向结构是指在某种外力作用下，分子链或其他结构单元沿着外力作用方向择优排列的结构，图 8-31 为纤维的自然状态和取向的示意。在取向的同时，通常伴随着相态的变化、结晶度的提高以及其他结构特征的变化。

(a) 未取向的自然状态　(b) 取向的大分子

图 8-31　大分子的自然状态和取向示意图

必须指出,纺丝成网的纤维拉伸过程不同于对传统化纤初生纤维的拉伸作用。初生纤维是指不论由熔纺成型所得卷绕丝或湿纺成型所得的凝固丝,而纺丝成网对纤维的拉伸和成网、加固工序是连续进行的,即熔融纺丝成网非织造是采用聚合物熔融纺丝、气流拉伸、成网、加固等过程一次成型技术。熔融纺丝过程与合成纤维纺丝过程基本相同,但拉伸工艺却显著不同。在合成纤维生产中多采用机械拉伸的方式,通过拉伸辊之间的速度差使纤维实现拉伸,并且是在加热状态下进行。这种拉伸方式易于对纤维控制,拉伸程度也易于保证。而熔融纺丝成网工艺通常是采用气流拉伸方式,且在常温环境下对丝条进行拉伸。喷丝孔挤出的聚合物细流,经冷却后由高速拉伸气流进行较为充分的拉伸,然后经分丝铺设成网。纺丝成网生产过程中极易受到冷却条件、拉伸风速及气流稳定性等因素的影响,拉伸效果的控制较为复杂而困难。有关研究表明,几种不同的化纤纺丝与非织造纺丝成网拉伸纤维取向度、强度和伸长率存在差别参见表 8-8,而这种差别恰恰是其拉伸工艺不同所造成的。

表 8-8　不同拉伸工艺制取的聚丙烯纤维的双折射(Δn)、强度和伸长率

性　　　能	初　生　丝	拉　伸　丝	高速纺预取向丝	非织造 Recofil 气流拉伸丝
$\Delta n \times 10^{-3}$	5～12	30～35	20～25	17～19
强度/cN·dtex^{-1}	0.89～1.34	4.0～4.9	1.6～2.67	1.07～1.87
断裂伸长率/%	>200	20～60	110～200	>120

由于机械拉伸所具有特点,如纤维取向度高、纤维的物理力学性能好和收缩率低等优点,美国 Dupont 公司生产纺丝成网聚丙烯地毯底布采用了机械拉伸工艺。图 8-32 举例了机械拉伸、管式气流拉伸亦称圆管式拉伸和狭缝式气流拉伸等几种不同的纺丝成网拉伸系统。

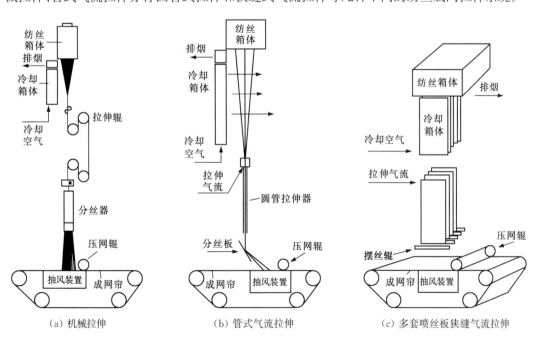

（a）机械拉伸　　　　　　（b）管式气流拉伸　　　　　　（c）多套喷丝板狭缝气流拉伸

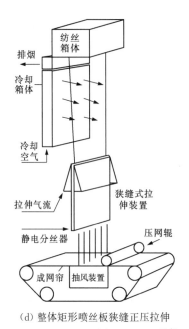 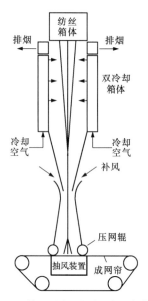

（d）整体矩形喷丝板狭缝正压拉伸　　　（e）整体矩形喷丝板狭缝负压拉伸

图 8-32　几种典型的纺丝成网拉伸系统

1. 机械拉伸系统

机械拉伸系统主要有几组拉伸辊组成,参见图 8-33 几种典型的纺丝成网机械拉伸技术,喷丝板下来的丝条以恒定的喂入速度 $V_{喂}$ 引入拉伸辊,并导进几组具有恒定拉伸速度 $V_{出}$ 的拉伸辊而获多次拉伸, $V_{出}=RV_{进}$,此时 R 为理论拉伸倍数亦称为名义拉伸比。实际拉伸倍数较理论拉伸倍数小,因为张力除去时拉伸纤维要发生收缩或回弹。为适应后道工序加工要求,拉伸装置应满足下列要求:

（1）长丝束进入拉伸装置前应确保预张力均匀;

（2）拉伸辊对丝束的握持力要尽可能大,以防止丝束在辊上打滑,影响拉伸倍数的稳定;

（3）能够有效地控制拉伸点(细颈位置)和拉伸速度;

（4）应配置防绕辊装置。按工艺要求可采用分段拉伸,拉伸辊的排列方式分为卧式和立式两种。根据纤维的种类和工艺,拉伸辊可进行加热或冷却。在加热的拉伸辊上设计沟槽,使得纤维在经过沟槽的区域得不到加热效果,造成该处纤维不能像其他受到加热部位那样具有良好的结晶,降低了纤维的熔点,提高大分子链的柔性。

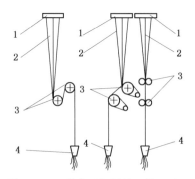 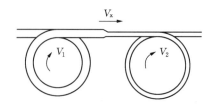

图 8-33　几种典型机械拉伸纺丝成网　　图 8-34　拉伸机上丝条运动示意图
1-喷丝板　2-聚合物丝条　3-拉伸辊　4-分丝装置

图 8-34 为拉伸装置上丝条运动示意图,如假设拉伸前后丝条的横截面面积分别为 A_1 和 A_2,丝条运动的速度(拉伸辊线速度)为 V_1 和 V_2,而拉伸点(出现细颈处)丝条的速度为 V_x,如没有二次拉伸发生,对流入此点和流出此点的质量进行质量平衡,则可得出丝条运动的连续性方程:

$$V_1\rho_1 A_1 = V_2\rho_2 A_2 + V_x(\rho_1 A_1 - \rho_2 A_2)$$

即:

$$V_x = \frac{V_1\rho_1 A_1 - V_2\rho_2 A_2}{\rho_1 A_1 - \rho_2 A_2} \tag{8-16}$$

由于 $\rho_1 \approx \rho_2$,所以:

$$V_x = \frac{V_1 A_1 - V_2 A_2}{A_1 - A_2} \tag{8-17}$$

式中: ρ_1、ρ_2——拉伸点前后丝条的密度。

因为理论拉伸倍数 $R = \dfrac{V_2}{V_1}$,实际拉伸倍数或称自然拉伸比 $N=$ 拉伸前丝的干重 / 拉伸后丝的干重,即:

$$N = \frac{\pi r_1^2 \rho_1}{\pi r_2^2 \rho_2} \tag{8-18}$$

当 $\rho_1 \approx \rho_2$ 时:

$$N = \frac{A_1}{A_2} \tag{8-19}$$

所以:

$$V_x = \frac{V_2(N-R)}{R(N-1)} \tag{8-20}$$

机械拉伸是一个连续过程,根据纤维品种、线密度和纺丝速度的不同,拉伸装置可通过一个恒温的气体或液体介质(湿法)或通过某些加热区,如热浴、接触式热板(热辊)等,也可采用摩擦元件来固定变形区并稳定拉伸过程。

研究表明,当 $N-R>0$ 时,拉伸比小于自然拉伸比,细颈就会沿拉伸线向下发展;反之 $N-R<0$ 时,则细颈沿拉伸线向上移动,实际生产中 R 往往略大于 N。纺丝成网长丝的缩颈点即拉伸点的工艺距离控制对生产低线密度的非织造材料很重要,拉伸点距离过大,纤维偏粗。当 $N-R=0$, $V_x=0$,此时的拉伸点固定不动,如拉伸点位置不固定,随时移动,则会出现拉伸不匀或未拉伸纤维,导致所得纤网中纤维粗细不一。

1) 拉伸温度的影响

从纺丝板至第一对拉伸辊处,刚成型纤维的应力-应变性质对温度非常敏感,在机械拉伸过程中,为提高纤维的强度和其他力学性能,必须注意纤维结构单元,如链段、大分子链、链束等沿纤维轴取向。这样就要求在拉伸过程中提供温度给丝条,使其有足够的热运动能量。据文献报道,未取向的或取向很低的纺丝成网纤维通过拉伸,使大分子链沿纤维轴整齐排列,拉伸温度高于聚合物的玻璃化温度 T_g 是基本的要求。当拉伸温度低于 T_g,利用机械力的强制作用,虽然也能使高聚物产生强迫高弹形变而达到一定的取向效果,但这时纤维内的应力要比在 T_g 以上拉伸大的多。如在 T_g 以下进行过大倍数的拉伸,丝条就易断裂。随着温度的升高,塑性形变会越来越明显,屈服应力有所减少。但拉伸温度过高时,高聚物处在黏流状态,无法进行有效的趋向拉伸,大分子的活动性会导致发生快速的解取向,还会使结晶速度增大,拉伸应力上升。表 8-9 列出了几种主要合成纤维的拉伸温度和 T_g。

表 8-9　几种主要合成纤维的拉伸温度和 T_g

纤　维	拉伸温度/ ℃	玻璃化温度 T_g/ ℃	熔点 T_m/ ℃ 或流动温度 T_f/ ℃
锦纶-6	20～150	35～49	215～220
锦纶-66	室温	47；65	250～260
聚　酯	80 以上	非晶态:69,水中 49～54; 部分结晶:79～81; 高度取向结晶:120～127	255～260
腈　纶	80～120 165(在甘油中)	130～140 105，140	320
氯　纶	水中 80～98	81～87	200～210
偏氯纶	23	18	198
聚乙烯	115，水中 90	－21～－24	146
聚丙烯	＞90	－10，－18	160～175

※玻璃化温度 T_g 测定方法不同,测定值存在差异。

拉伸过程中纤维直径细化分布和丝条温度分布之间的相互关系构成了纤维结构形成的基本条件,这整个过程本质上是一个因变数。它的调节要通过丝条细化分布、传热介质的流量和温度进行,更直接地可通过其他参数进行调控。

2) 拉伸速度的影响

纤维连续拉伸时,其直径和横截面发生改变,相应地导致沿拉伸线上速度和速度梯度的变化。纤维连续拉伸的速度分布表明,纤维通过拉伸箱或拉伸浴室,沿丝条行程所发生的变形或者拉伸都是不均匀的。速度分布曲线呈 S 形。

连续取向拉伸,按照丝条或者纤维束的运动速度和张力,可以划分为Ⅲ个区域,参见图 8-35。在每个区丝条的速度和张力是不同的。第Ⅰ区为纤维拉伸准备区,由于塑性拉伸时的膨化和加热或者

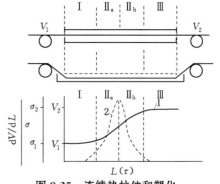

图 8-35　连续热拉伸和塑化
拉伸时速度的典型分布
1. 速度分布　2. 速度梯度分布
Ⅰ-准备区(塑化区)　Ⅱ-形变区(拉伸区)　Ⅲ-松弛区

热拉伸是仅仅由于加热,纤维发生塑化。在纤维准备区,速度不变,与喂丝速度相等,而速度梯度等于零。当纤维温度超过 T_g,并开始激烈形变时,该区就结束。第Ⅱ区为形变区(拉伸区),由于力场的作用,在纤维趋向拉伸的同时,还发生纤维结构的重组。该区间,速度随着丝条流变性质的变化而提高,速度梯度为正值,$dV/dL > 0$,但是速度梯度沿行程变化的规律是不同的,在Ⅱa区即从开始到速度曲线的拐点,速度梯度增高,即 $\dfrac{d^2V}{dL^2} > 0$,并且到达最大值,随后速度梯度又下降Ⅱb区,即 $\dfrac{d^2V}{dL^2} < 0$。随着纤维结构的变化,由于结构的有序化和大分子动力学柔性的降低,纤维的形变性显著下降,拉伸作用也就终止。第Ⅲ区为拉伸纤维的松弛区,在该区内丝条已经不再变形,但是丝条中的内应力逐渐得到松弛。在松弛区,丝条运动速度大致固定不变,即速度梯度 $dV/dL = 0$。

最大拉伸应变速率,需考虑在高速拉伸应变速率下可能发生的熔体不稳定性,这种不稳定性会产生高度不均匀的、无使用价值的纤维或纤维网。因此,一种高聚物用何种速度纺丝可以得到满意的均匀度的问题具有实际意义。

3) 机械拉伸纺丝线上的力的分布

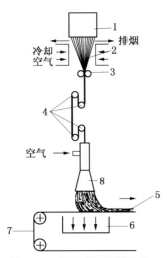

图 8-36 纺丝成网机械拉伸
1-纺丝板 2-丝条 3-夹持拉伸辊
4-拉伸辊 5-纤网 6-抽吸装置
7-成网帘 8-分丝器

机械拉伸主要应用几组拉伸辊,如图 8-36 纺丝成网机械拉伸原理图所示。聚合物经喷丝板 1 挤出后,冷却形成原丝 2,经过一组夹持拉伸辊 3 和其他拉伸辊 4,由于每组拉伸辊的速度自喂入辊至输出辊的速度是递增的,丝条得到有效的拉伸,逐渐变细。高聚物的熔体从喷丝板挤出后,立即受到夹持拉伸辊 3 的轴向拉伸作用,纺程上丝条将克服各种阻力而被拉长细化。纺程上长丝受力分析如图 8-37(a)。丝条受到许多纯机械力,如传递动能所需要的力、空气动力阻力、摩擦阻力和丝条重力的作用等。在稳态纺丝时,从喷丝头起始处($x=0$)到喷丝头 X 处的一段纺程上,即垂直向下的纺丝过程中,各种作用力存在如下的动平衡:

$$F_{ext}=F_r(x)=F_r(0)+F_s+F_i+F_f-F_g \tag{8-21}$$

式中:F_{ext}——外加的张力或流变力;

$\quad F_r(x)$——在方程上 $x=X$ 处丝条卷绕张力;

$\quad F_r(0)$——熔体细流在喷丝孔出口处作轴向拉伸流动时所克服的流变阻力;

$\quad F_s$——纺丝线在纺程中的表面张力;

$\quad F_i$——使纺丝线作轴向加速度运动所需克服的惯性力;

$\quad F_f$——空气对运动着的纺丝线表面所产生的摩擦阻力;

$\quad F_g$——重力场对纺丝线的作用力。

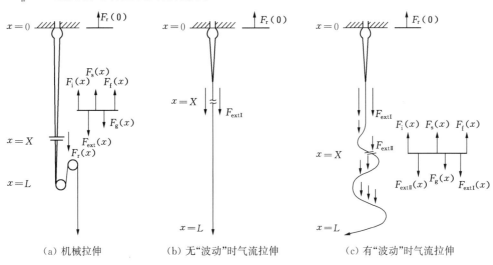

(a) 机械拉伸 　　　 (b) 无"波动"时气流拉伸 　　　 (c) 有"波动"时气流拉伸

图 8-37 纺丝线上丝条拉伸的轴向受力分析

根据上述方程,可以区分两种极限条件:$F_g > (F_r + F_i + F_s + F_f)$ 时,表示不可纺的条件,在非织造纺丝成网生产中称"注头"。$F_g = (F_r + F_i + F_s + F_f)$ 或 $F_i = 0$ 时,该式描述的是所谓的重力纺丝现象。下面就作用于纺丝线上力平衡的诸分力进行逐项分析。

(1)重力 F_g。丝条所受的重力,相当于从喷丝板出口($x=0$)至卷绕处($x=L$)的整个丝条重量,即:

$$F_g = \int_0^L \rho g \frac{\pi d^2(x)}{4} dx。 \tag{8-22}$$

式中:g 为重力加速度;ρ 为丝条密度,$d(x)$ 为丝条直径,它是纺程 x 的函数。

(2)表面张力 F_s。熔体的拉伸流动是一个使熔体比表面增大的过程。而表面张力要使流体表面趋于最小,这是一项抗拒拉伸的作用力。$F_s = 2\pi\sigma(r_0 - r)$,式中,$r_0$ 为喷丝微孔半径,r 为熔体细流半径,σ 为熔体细流与空气介质之间的表面张力。在熔体纺丝中,F_s 这项阻力一般较小,仅在丝条处于液态的小区域内起作用。

(3)惯性力 F_i。高聚物熔体从喷丝孔挤出后,在纺丝线上从初速度 V_0 逐渐加速至 V_L,使物体加速运动需克服其惯性,纺丝线上的惯性力为:

$$F_i = Q\rho(V_L - V_0) = A_L V_L \rho(V_L - V_0) \tag{8-23}$$

式中:ρ 为高聚物密度,Q 为熔体的体积流量,V_0 为纺丝线上的初速度,V_L 为纺丝线上 L 处的轴向速度,A_0 为喷丝孔的横截面积。惯性力 F_i 随 V_L 的平方而增加,但惯性力仅在纺丝线上有加速度运动的范围内存在,丝条固化之后,速度不在变化 F_i 也就没有了。

(4)摩擦阻力 F_f。丝条在空气介质中运动时,其表面与空气介质之间由于相对运动而发生摩擦阻力。设介质作用在丝条表面的摩擦力为 σ_f,则从喷丝板出口到纺丝线 L 处受到的总摩擦阻力 F_f 为:

$$F_f = \int_0^L \sigma_f 2\pi R(x) dx \tag{8-24}$$

因此,摩擦阻力是沿纺丝线而变化的,且纺丝线上的边界层气流的流型也是变化的,除邻近喷丝板附近的区域外,总体说,都处于湍流态。接近喷丝板处,丝条速度很低,空气阻力也很微小,甚至在形变速率最大的区域内,空气阻力都不很重要,实际上空气摩擦阻力绝大部分为丝条达到 V_L 后的纺丝线贡献的。

空气的摩擦阻力 σ_f 与丝条和空气之间相对速度的平方成正比,即:

$$\sigma_f = \frac{1}{2} C_f \rho_a V^2 \tag{8-25}$$

式中:ρ_a——空气冷却介质密度;C_f——表面摩擦因数即阻力因数。

空气摩擦阻力的确定在熔融纺丝成网研究中的意义重大,机械拉伸工艺中卷绕装置提供的拉伸力决定了长丝速度。纺丝线上的拉伸流动研究需要得到流变阻力 F_r 的大小,诸如惯性力、重力可以进行计算,而且在某些情况下,这些分力无足轻重。但空气摩擦阻力的确定十分关键。

(5)流变阻力 F_r:指纺丝线截面上所受的张力。流变阻力决定于高聚物熔体离开喷丝孔后的流变行为和形变区的速度梯度,即:

$$F_r(x) = \eta_e \dot{\varepsilon}(x) \pi R^2(x) \tag{8-26}$$

式中:η_e——拉伸黏度;

$\dot{\varepsilon}(x)$——在轴向速度梯度;

R——丝条半径。

拉伸黏度 $\eta_e(x)$ 是纺丝线上位置的函数,它受纺丝线上速度分布和温度分布的影响,反过来 η_e 的分布又影响纺丝线上的速度分布,三个分布之间是相互牵连的,都与流变阻力有关。

综合上述对纺程上各力的分析,说明各种力是沿着纺丝线变化的,在稳定条件下形成一种分布,这种分布随纺丝速度变化而变化。

2. 气流拉伸系统

1) 气流拉伸的基本原理

纺丝成网采用气流拉伸工艺,其原理是基于拉伸装置提供的高速运行气流,通过喷嘴达到气流速度的极大值,对丝条表面的黏性摩擦力和气流场中紊流造成丝条按一定频率"波动"所出现的气流对丝条的附加推动力等作用拉伸丝条,见图 8-37(b)和(c)。其特点是:气流拉伸丝条的介质是经过压缩的空气或抽吸气流,空气质量小且易于扩散,拉伸气流对长丝没有直接的握持作用。

2) 气流拉伸纺丝线上的力平衡

纺丝成网过程中,纺丝熔体从喷丝孔挤出后,立即受到拉伸气流黏性摩擦力轴向拉伸作用,丝条即被拉长细化,纺丝线上各种作用的动平衡为:

$$F_{\text{ext I}} + F_{\text{ext II}} = F_r(0) + F_s + F_i + F_f - F_g \tag{8-27}$$

在稳态纺丝条件下,各阻力与惯性力之合力和丝条重力与保持相对一定的拉伸气流速度的黏性摩擦力所产生的外加张力 $F_{\text{ext I}}$ 和气流对丝条的推动力引起的外加张力 $F_{\text{ext II}}$ 相平衡。纺丝线上的黏性摩擦力也被称为气流拉伸力,它是随拉伸气流速度的增加而增加。在相同的气流速度条件下,气流对丝条的推动力有助于提高拉伸效率。气流拉伸与机械拉伸最大区别是,气流拉伸不是通过一定的拉伸辊速度差来实现对纤维拉伸,而是取决于气流相对速度,气流对纤维的黏性摩擦作用力与气流相对速度的平方成正比关系。黏性摩擦力在气流拉伸中对丝条起主导拉伸作用,而机械拉伸中摩擦阻力 F_f 的作用是不利于丝条拉伸的。另外喷丝板抽出来的丝条在骤冷区这一段区域,同时进行骤冷与拉伸。即纤维的拉伸主要是发生在凝固点以前,而过了骤冷区的熔体细流是已经成型的纤维了。

3) 熔融纺丝成网的基本方程

聚丙烯、聚酯、聚酰胺等聚合物的熔融纺丝成网工艺是一个典型的熔融纺丝过程,由于熔融纺丝过程简单,无化学变化,容易进行数学模拟。熔融纺丝动力学的数学模拟过程已经成为研究纺丝条件对纺丝成网过程和纤维结构影响的一种重要方法。所谓的数学模拟是建立一套数学表达式,把熔融纺丝动力学和对聚合物材料性质的详细描述联系起来。应用单轴拉伸的动力学进行质量、动量和能量等的衡算,推导出作为模型基础的微分方程组,在计算机上进行数值求解,对纺丝成网过程和纤维结构的形成做定量分析。

Hajji N 等假设聚合物熔体的轴向速度和温度在熔体整个横截面上是均匀分布的,聚合物熔体在加工过程中处于稳定状态,丝条径向相同,半径处无温差,沿丝条轴向传热可忽略。根据以上假定,可得出较完整的熔融纺丝成网无"波动"状态时的气流拉伸数学模型,即连续方程、动量方程、能量方程、本构方程和结晶动力等一组微分方程。

连续方程:

$$W = \frac{\pi}{4} D^2 v_f \rho_f \tag{8-28}$$

式中:W——聚合物质量流量;

$\quad D$——丝条直径;

$\quad v_f$——丝条速度;

$\quad \rho_f$——丝条密度。

动量方程:

$$\frac{\mathrm{d}F_{ext}}{\mathrm{d}_x} = W\left(\frac{\mathrm{d}v}{\mathrm{d}x} - \frac{g}{v_f}\right) - \frac{\pi}{2}\rho_a C_f (v_a - v_f)^2 D \tag{8-29}$$

式中:F_{ext}——纺丝线上的外加张力;

$\quad C_f$——气流的摩擦因数;

$\quad \rho_a$——气体密度;

$\quad v_a$——拉伸气流速度;

$\quad g$——重力加速度;

$\quad x$——聚合物熔体轴坐标。

式(8-29)中 $\frac{\pi}{2}\rho_a C_f (v_a - v_f)^2 D$ 项是气流拉伸力,这个力是由丝条与周围介质空气以不同速度运动造成的。气流拉伸力表达式中的拉伸气流速度 v_a 与丝条速度 v_f 的差值,也就是气流相对速度。对常规熔融纺丝而言,它与丝条的相对速度几乎相同,因为介质空气的轴向速度近似为零。而在非织造纺丝成网气流拉伸工艺中,气流的轴向速度极高,不能忽略,故必须引入气流相对速度的概念。气流拉伸系数 C_f 由 Matsui 根据湍流理论采用下式表示:

$$C_f = K R^{-n} e \tag{8-30}$$

式中:K,n——Matsui 公式中的常数;

$\quad$Re——基于丝条直径的雷诺数。

在空气阻力研究中,存在着比较复杂的影响因素,它会导致数据出现分散性较大的情况。随 Re 范围越大,分散性越大。聚丙烯纺丝成网数学模型中 K 和 n 分别为 0.37 和 0.61;聚酯熔体数学模型中则取 0.50 和 0.61;另外,丝的振动和喷丝孔排列间的变化也会导致 K 的波动。

能量方程:

$$\frac{\mathrm{d}T}{\mathrm{d}x} = -\frac{\pi D h}{W C_\rho}(T_f - T_a) + \frac{\Delta H \mathrm{d}X_c}{C_\rho \mathrm{d}x} \tag{8-31}$$

式中:T_f——丝条温度;

$\quad T_a$——冷却气流温度;

$\quad h$——对流传热系数;

$\quad C_\rho$——聚合物的比热容;

$\quad \Delta H$——聚合物的熔融热;

$\quad X_c$——结晶度。

式(8-31)考虑了熔融纺丝过程中结晶放热时的能量平衡,表明了丝条温度降低是由丝条与冷却介质之间的热传导和结晶作用吸收热量造成的。该方程右边第一项表示由丝条向冷却介质放热造成的温度降低;第二项表示熔化潜热的释放、结晶化对温度造成的反效应。

本构方程：

$$\frac{\mathrm{d}v}{\mathrm{d}x}=\frac{F_{\text{ext}}}{A\eta}\tag{8-32}$$

或

$$F_{\text{ext}}=\frac{\pi}{4}D^2\eta\frac{\mathrm{d}v}{\mathrm{d}x}\tag{8-33}$$

式中：η——聚合物的拉伸黏度；

A——丝条的截面面积。

结晶动力方程：

$$\frac{\mathrm{d}\theta}{\mathrm{d}x}=\frac{nk}{v}(1-\theta)\left[\ln\frac{1}{1-\theta}\right]^{[(n-1)/n]}\tag{8-34}$$

式中：n——Avrami 指数；

k——结晶速率；

θ——相对结晶度$\left(\dfrac{X_c}{X_\infty}\right)$，分别是对应于结晶时间为 t 和终止时的结晶度之比。

这是一组三元一次微分方程，其边界条件为：

$$x=0, T=T_0$$
$$x=0, A=A_0$$
$$x=0, V=V_0$$
$$x=L, F_{\text{ext}}=0$$

式中：T_0、V_0、A_0——聚合物熔体初始温度、初始速度和初始截面积；

L——喷丝孔到成网帘的距离。

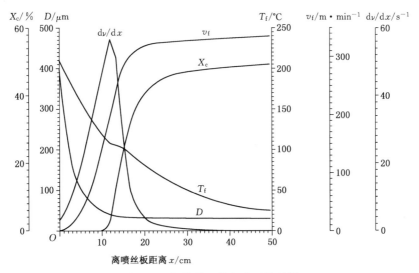

图 8-38　气流拉伸纺丝成网的预测

在上述有关的熔融纺丝成网数学模型中，聚合物熔体流量即喷丝孔挤出量、冷却空气温度、速度、挤出熔体温度、纺丝线长度、纺丝成网工艺中拉伸气流速度等，均是重要的输入参数，其中拉伸气流速度需要通过测量得到。纺丝成网工艺中，可以认为经高速气流拉伸的长丝下落到凝网帘上，聚合物的外加张力或称流变力为零。

表 8-10　实验的工艺参数

试 样	冷却温度/℃	冷却空气速度/m·min⁻¹	抽吸风速度/m·min⁻¹	喷丝孔挤出量/g·孔⁻¹·min⁻¹	熔体温度/℃
1	10	1 091	2 637	0.35	210
2	10	1 091	2 164	0.35	208
3	10	1 096	2 619	0.35	273
4	10	1 092	2 619	0.35	210
5	10	617	1 799	0.10	210

Hajji N 和 Spruiell J E 等利用上述数学模型,输入纺丝成网 Reicofil 负压气流拉伸工艺的相关参数,在稳态工艺条件下得出图 8-38 所给出聚合物熔体喷丝孔挤出量为 0.2 g/(孔·min)时,有关气流拉伸纺丝成网的丝条温度 T_f、丝条直径 D_f、丝条结晶度 X_c、丝条速率 v_f 和丝条拉伸应变速率 $\dfrac{dv}{dx}$ 分布的预测结果。

表 8-11　预测与实验结果之比较

试 样	纤维直径/μm		结晶度/%		双折射(Δn)	
	实验	预测	实验	预测	实验	预测
1	27.6±0.5	28.0	47.6±0.5	51.1	0.016 0±0.001 7	0.016 4
2	30.6±0.6	30.5	47.6±0.5	47.5	0.012 1±0.000 7	0.014 6
3	25.2±2.8	26.4	44.8±0.5	44.7	0.014 0±0.004 8	0.014 0
4	27.8±0.7	27.9	49.2±0.5	50.4	0.013 7±0.000 6	0.016 1
5	18.4±2.9	19.1	52.4±0.5	55.1	0.017 3±0.001 5	0.018 3

在以上模拟的基础上,进行纺丝成网实验研究。实验中采用 MFI 35 的聚丙烯原料,根据 Reicofil 纺丝成网工艺,设定的参数是:抽吸风速度、纺丝时熔体温度、喷丝孔挤出量、侧吹风冷却空气温度和冷却空气速度,具体实验的工艺数据见表(8-10)所示。然后对实验工艺条件下制取的试样进行纤维细度、结晶度、双折射等物理性能测试。实际测试结果见表 8-11,可见,理论预测值与实测结果十分吻合。

4) 气流拉伸的工艺形式

纺丝成网气流拉伸形式从气流运行上可分正压拉伸、负压拉伸以及正负压组合拉伸几种工艺类型,从拉伸设备形式上可分为狭缝拉伸和管式拉伸,其中狭缝拉伸又有整体狭缝拉伸和多狭缝拉伸方式。表 8-12 为纺丝成网气流拉伸工艺设备的基本特征。

表 8-12　纺丝成网不同拉伸系统的基本特征

工 艺 名 称	拉 伸 系 统		
	设备形式	工艺气压/MPa	拉伸工艺
DOCAN	管式(4~6 m)	1.5~2.0	正压拉伸
ZIMMER AG NST	管式(2~4 m)	0.6~0.8	正压拉伸
S. T. P、PLANTEX	管式(2~4 m)	0.1~0.2	正压拉伸
ASON、NORDSON	整体狭缝式	0.1~0.4	正压拉伸
RIETER	整体狭缝式	0.1~0.12	正压拉伸
REICOFIL	文丘里式	−0.01~−0.02	负压拉伸
NWT	多套狭缝式(1~2 m)	0.02~0.1	正压拉伸

（1）正压拉伸工艺

DOCAN 纺丝成网工艺可使用聚酯、聚丙烯及聚酰胺聚合物为原料生产纺丝成网非织造织物，如图 8-39 所示。聚合物切片给料斗喂入到螺杆挤出机或浓缩熔体直接喂入经自动

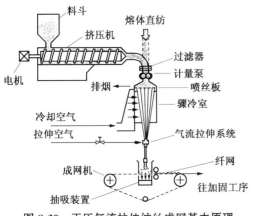

图 8-39　正压气流拉伸纺丝成网基本原理

过滤器后，由计量泵将熔体送入纺丝组件，熔融聚合物通过喷丝板纺丝；熔体细流经侧吹风冷却，同时在高压气流作用下，逐渐被拉伸变细；最后铺设成网送入加固工序。

喷丝板挤出的熔体细流进入位于每块喷丝板之下的侧吹风冷却箱体即骤冷室，经过过滤和制冷的冷却空气对长丝进行均匀冷却，然后长丝进入管式气流拉伸装置，高压拉伸空气导入管式拉伸装置（拉伸器）对长丝进行拉伸。高压空气的压力为 1.5～2.0 MPa；最狭窄的断面气流速度可达到一马赫数。纺丝速度为 3 500～4 000 m/min，长丝经过管式拉伸装置后，到达

拉伸管道的末端，由于这段管道设计呈喇叭形，高速气流到该处突然扩散、减速，空气的孔达效应使纤维相互分离。正压拉伸需要的气压很高，能耗大，噪声大，拉伸的效果接近 FOY 丝。拉伸器的原理是用一股压强较高的喷射气流来吸引压强较低并裹挟着丝束的被引射气流。拉伸器是基于引射器设计，整体式狭缝和管式拉伸器的环隙选择基本原理相同。拉伸器由导丝器和喷丝筒两部分组成。导丝器的设计有入口宽度或直径和长度，出口扩散角；拉伸器的作用是用喷射气流的能量对丝束进行拉伸，达到纺丝成网工艺要求的纤维细度和质量。喷嘴结构设计有入口锥角，喉部宽度和长度，出口扩散角，扩散段宽度或直径和长度等。图 8-40 是几种不同结构特点的气流拉伸喷嘴。

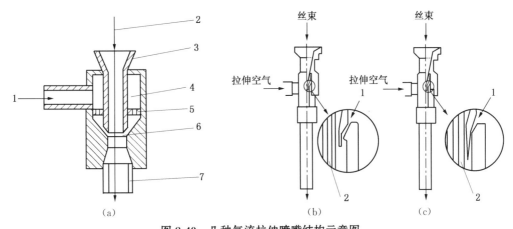

图 8-40　几种气流拉伸喷嘴结构示意图

1-拉伸空气　2-长丝　3-喷嘴　4-空压腔　5-整流板　6-环形狭缝　7-拉伸管

图 8-40(a)长丝由喷丝孔挤出，侧吹风冷却进入气拉伸管道，拉伸空气进入空压腔，空压腔中设置了环形整流板，整流板其圆周上钻有等距离的气孔，高压空气从喷气孔流向空压腔底部，而空压腔底部与喷嘴末端正好形成环形狭缝，这种结构保证压入气流沿长丝运行方向形成

整流，在最狭窄的断面中保持临界速度，在轴向挟着长丝产生加速度，研究发现，气流的速度约是丝速的1.5～3倍。最后拉伸空气与长丝入口气体混合和被拉伸丝束一同从拉伸管出口处喷射出，完成了对丝束的拉伸过程。另外，当气流离开喷嘴的最狭窄处，气体的膨胀有助于丝条中纤维的扰动和分离。

图8-40(b)、(c)为两种不同的拉伸喷嘴结构，两者的临界断面的圆弧半径和断面不同。该喷嘴轮廓可保证速度波动最小的自由喷射边界，且具有极其均匀的速度分布。拉伸喷嘴临界断面与出口断面之比影响喷嘴出口压力和拉伸管内纤维的稳定性，出口压力必须等于环境压力，当出口压力超过环境压力，自由喷射将膨胀且可能变得不稳定。

关于空气速度测定，因用风速仪测风速时需要进入机器内部，实际操作困难。工艺上普遍采用测控拉伸管（器）入口真空度的方法，根据拉伸气流速度与拉伸气流的压力之间的关系计算出相关的工艺气流速度。

（2）负压拉伸工艺

Recofil工艺是典型纺丝成网抽吸式负压拉伸工艺，用大功率的抽风机在风道底部输送帘下方抽吸空气，如图8-41所示。聚合物熔体由喷丝板1中的喷丝孔挤出，形成细流，首先经过冷却箱体2，受到冷却风的冷却。冷却风需经过滤和冷却（<20 ℃），并以1 m/s左右的风速导入风管，经小孔逸出，对刚离开喷丝板的熔体细流进行冷却固化，冷却吹风方向可通过手柄调节，使其达到工艺要求。在冷却箱体下，风道两侧装有百叶窗，即导流板3，是用来补偿空气的，主要用来调节拉伸风道内在输送帘下抽吸风机7抽吸空气时造成的工艺负压，以保证风道内有一定的拉伸气流流量。Recofil Ⅰ型的离心式低噪声抽吸风机的功率为55 kW，风压为3 000 Pa。Recofil Ⅱ型的离心式低噪声抽吸风机功率达到86 kW左右，风量为30 000 m³/h，风压5 000 Pa。再往下风道宽度开始逐渐收缩，在可调节的风导板4处形成一最窄的狭缝，此时气流通过狭缝时速度达到最大值。经过狭缝拉伸后，风道下部导流板逐渐扩大呈喇叭型风道，气流在此区域迅速扩散而降低了流速，形成一个工艺需求的紊流场，使长丝5产生无序的扰动，最后沉积在凝网帘6上，形成随机分布的纤网排列结构。

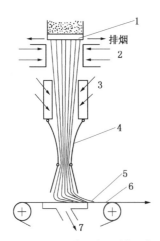 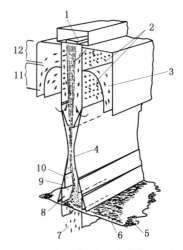

（a）Recofil-Ⅰ型纺丝成网系统示意图　　（b）Recofil宽幅狭缝气流拉伸装置示意图

图8-41 Recofil纺丝成网系统

1-喷丝板　2-冷却箱体　3-导流板　4-风导板　5-长丝　6-凝网帘　7-抽吸装置　8-下紊流挡板
9-弓形扩板　10-上紊流挡板　11-侧吹风冷却区Ⅱ　12-侧吹风冷却区Ⅰ

（3）气流拉伸装置

纺丝成网工艺中从拉伸设备形式上可分为狭缝式拉伸和圆管式拉伸,其中狭缝式拉伸又可分为整体狭缝式拉伸装置和多狭缝式拉伸装置,其特征参见表 8-12。

① 整体狭缝式拉伸

整体狭缝式拉伸工艺指纺丝拉伸装置可采用一个或多个纺丝箱体,经分配管道和整块矩形喷丝板挤出的长丝,侧吹风冷却,然后在整条狭缝拉伸通道上进行气流拉伸和成网的工艺过程。

整块矩形喷丝板图 8-42 的纺丝较充分地保证了丝条分布均匀性。也有将其纺程分为冷却区 $H_冷$、拉伸区 $H_拉$ 和分丝成网区 $H_网$。其中抽吸式结构需对喷丝板至成网装置的立面基本实行系统封闭,因此在成网帘下抽吸风时,就在抽吸风道中形成负压,该类技术中的抽吸风同时又是拉伸工艺用风。由于受抽吸风工艺和风速度的限制,生产高面密度产品存在困难。

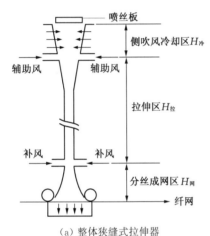
（a）整体狭缝式拉伸器

（b）整块喷丝板纺丝过程

图 8-42　整体狭缝式拉伸器和整块喷丝板纺丝过程

牵引式（正压）整体狭缝拉伸工艺中正压风由空气压缩机单独供给,专供的拉伸工艺风通过喷射牵引系统的方式满足对纤维线密度所需的气流拉伸力。这种工艺的纺丝速度可达到 6 000 m/min 以上。为了使纺丝和拉伸工艺优化,通常将喷丝板到拉伸装置与冷却区的高度位置以及拉伸装置出口到成网帘的高度设计成可上下调节的。图 8-43 为牵引式整体可调狭缝式拉伸工艺与成网过程。其原理是对熔体纺丝线上丝条的拉伸取向和结晶进行控制,减少丝条拉伸的阻力和导致较高的大分子取向和结晶。

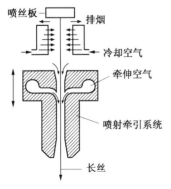

图 8-43　牵引式整体狭缝式拉伸工艺与成网过程

② 多套狭缝式拉伸

该工艺采用多块喷丝板和其对应数量拉伸狭缝,喷丝板多少由所生产纤网宽度决定,每块喷丝板孔数在250～800孔范围,下设多个侧吹风出口进行双侧垂直吹风,对应多个拉伸喷嘴,并设摆丝器和吸风工艺,拉伸空气也是专供的。但由于它的喷嘴总长度太长,工艺上采用了低压强(0.02～0.1 MPa)和大风量的供风方式。

(4) 圆管式拉伸

它是由多个小块喷丝板组成,每块喷丝板的孔数为70～100孔,经多个区域单面侧吹风冷却,长丝经各自对应的圆管式引射拉伸器进行高压气流拉伸,圆管引射拉伸器的入口直径为8～16 mm。也有采用一块喷丝板分多个小喷丝区的方式。这种工艺的拉伸空气也是经空压机单独供风。根据圆管拉伸原理,纤维束从较细的拉伸管中高速喷出,此时丝束比较集中,分散困难,易在纤网中产生"云斑"现象。采用多排纺丝管牵装置和摆丝片装置,如图8-44所示,用来提高低面密度时纤网的均匀度,减少"云斑"。

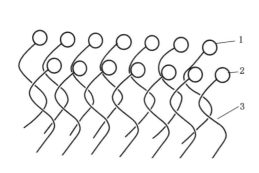

图 8-44 多排纺丝管牵装置和摆丝片装置

1-后排拉伸管 2-前排拉伸管 3-丝束

圆管式拉伸装置耐压能力比一般狭缝板式强得多,容易闭锁引射,对纤维进行更有效的握持拉伸。所以高压气流拉伸工艺多采用管式拉伸喷嘴。适当提高工艺气压和缩小拉伸管直径可有效提高拉伸效果。

(5) 气流拉伸工艺对纤网性能的影响

从理论到实践的深入,以空气动力学和流体力学为基础,分析和了解纺丝成网的气流拉伸技术基本特点是非常重要的。但在实际生产过程中,掌握纺丝成网工艺情况则往往变得复杂而困难,每个独立变数的改变会引起因变数的变化。纺丝成网的纤维结构是在整个纺丝线上发展起来的,它是纺丝过程中流变学纺丝线上的传热和聚合物结晶动力学相互作用的结果。因此,因变数通常受到不止一个独立变数的影响。

① 纺丝速度

传统的合成纤维生产纺丝速度(V_f),通常是指纺丝卷绕速度,而纺丝成网气流拉伸工艺中的纺丝速度可根据 $V_f = Q \times 10\,000/T_t$ 公式进行推算,V_f 值远远小于拉伸气流速度,公式

中 V_f 是气流拉伸工艺中的纺丝速度(m/min),Q 是喷丝孔挤出量 $Q(g/(孔 \cdot min))$,T_t 是所纺单丝的线密度(dtex)。

随着纺丝速度的加快,纤维线密度减小,纺丝成网上丝束的张力增大,致使成网长丝分子取向度增大。图 8-45(a)、(b)分别表示纺丝成网生产中纺丝速度和聚酯、聚丙烯纤维的双折射 Δn 变化情况。纺丝速度的上升,聚酯、聚丙烯纤维的双折射均呈现增加,这表示纤网中长丝的取向度增加,由于聚酯和聚丙烯这两种高聚物在纺丝线上的结晶动力学存在差别,聚丙烯和聚酯在纺丝线上的结晶发展是不同的。继续提高纺丝速度,双折射变化缓慢,纤维密度变化也不大。但当聚丙烯的纺丝速度小于 2 500 m/min 以下时,双折射斜率急剧上升,纺丝速度继续增大时,聚丙烯纤维的双折射变化很小。另外,熔体从喷丝孔挤出量 Q 也影响聚丙烯纤维的结晶。

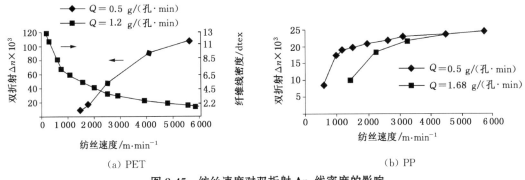

(a) PET　　　　　　　　　　　　　　(b) PP

图 8-45　纺丝速度对双折射 Δn、线密度的影响

对于聚酯纤维,当 V_f 超过 2 000 m/min 时,双折射急剧增加,纤维密度也呈上升趋势,因此聚酯纤维在高速气流条件下,丝条产生取向作用的同时,又发生了结晶化作用,纤维的密度也相应有所变化。熔融峰变得狭窄,这表示晶体结构已高度发展。随着纺丝速度的增加,长丝的拉伸强度增加,而断裂伸长率降低,参见图 8-46,喷丝孔挤出量为 0.5 g/(孔 · min)时,聚酯和聚丙烯纺丝成网非织造材料的纺丝速度与力学性能之间的关系。

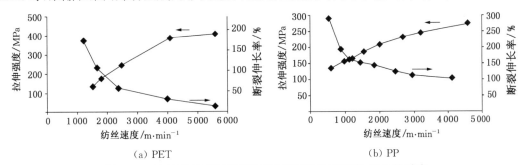

(a) PET　　　　　　　　　　　　　　(b) PP

图 8-46　纺丝速度对聚酯和聚丙烯纤网的拉伸强度、伸长的影响

纺丝速度增加的初始阶段纤网的强度和伸长增减显著。聚丙烯纤维的取向作用比较聚酯仅在纺丝速度较低的范围内发生,纤维的取向很快达到饱和值;继续提高纺丝速度,纤维的双折射和纤网强度变化缓慢。这是因为聚丙烯是在纺程上容易结晶的聚合物,其结晶度在纺程上发展很快,从而使长丝除发生液态的分子取向外,还发生微晶取向。由于纺程上的应力水平不足以使结晶聚合物进一步取向,故继续提高纺丝速度,双折射和强度的变化缓慢。显然,聚丙烯高速纺丝效果不如聚酯显著。

纺丝速度的增加,需建立在提高气流速度和能耗的条件之下,气流速度的增大与纺丝速度的增大并非是线性关系。文献报道采用负压狭缝式拉伸工艺,当拉伸气流速度为 2 400 m/min 时,聚丙烯纺丝速度为 1 200 m/min,将拉伸气流速度提升到 3 000 m/min 时,聚丙烯纺丝速度为 2 000 m/min。表 8-13 列出聚丙烯纺丝成网拉伸工艺纤维与传统工艺纤维性能的比较。

表 8-13　聚丙烯纺丝成网的纤维与传统合成纤维性能的比较

项目	强度/cN·dtex^{-1}	伸长率/%	耐热性*
常规纺丝初生纤维(UDY)	0.6～1.5	>200	—
机械全拉伸纤维(FDY)	2.6～6.8	20～80	+++
高速纺预取向纤维(POY)	1.5～3.8	100～150	++
Recofil 工艺(负压)	1.3～1.8	120～200	+
整体狭缝式拉伸工艺(正压)	1.6～2.0	100～150	++

＋＋＋——热收缩率小　＋＋——热收缩率中　＋——热收缩率较大　——热收缩率大

另外应该指出的是纺丝成网工艺中采用较高纺丝速度即气流拉伸速度所制成的非织造材料,该类纤网中的纤维具有较细的细度和柔韧性。纤维线密度降低,纤网中单位面积内纤维根数(根/cm^2)增加,纤网覆盖性和强度显著提高,非织造材料的耐水压性提高,透气性减少。图 8-47 为纺丝成网单位面积长丝数、透光率和拉伸强力三者的关系。

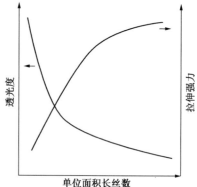

图 8-47　纤网的单位面积长丝数与透光度和拉伸强力的关系

② 喷丝孔挤出量

纺丝成网工艺中纺丝速度相同时,若喷丝孔的挤出量下降,则丝条在纺程上所受张力相对增加,这有利于长丝的取向和结晶。

a. 在喷丝孔挤出量减少时,纺程上纤维直径急剧下降,直至线密度不再变化,这一现象称为细颈现象。图 8-48 为聚丙烯纺丝成网工艺中,聚合物挤出量与线密度的关系。这是由于喷丝孔挤出量下降,纺程上凝固点处所受的张应力上升,增加到足以克服屈服点应力,此时

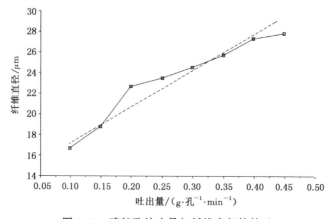

图 8-48　喷丝孔挤出量与纤维直径的关系

发生细颈拉伸。这与恒定熔体流量即挤出量时,提高纺丝成网的纺丝速度到一定工艺值,纺程上出现的细颈现象相同。

b. 喷丝孔不同熔体挤出量对纤维结构产生变化,熔体挤出量的减少,长丝的双折射 Δn 上升,初生纤维大分子链段取向增加。差热扫描量热分析(DSC)测定中发现,在纺丝速度相同工艺条件下,熔体挤出量的降低,初生纤维的结晶温度 T_c 向低温移动,结晶熔化温度 T_m 向高温移动,初生纤维的结构逐渐完善。同样,原始结构较完整的纤维,使其进一步熔化,需要在较高温度下才能出现 T_m 峰值。

c. 纺丝成网中纤维的力学性能在相同纺丝速度工艺条件下,随喷丝孔的熔体挤出量的降低,熔体细流的细颈拉伸部分逐渐缩短,即自然拉伸比 N 逐渐降低,预取向度增加表现在纤网强度上的提高。

由此可知,纺丝成网过程中,纤维结构的形成不仅与纺丝速度、气流速度有关,而且与喷丝孔熔体挤出量有关。纤维结构的形成是纺丝应力与冷却效果的结合反映。

③ 喷丝孔的孔径和孔的分布

理论上纺丝成网喷丝板的孔径在 $0.2 \sim 0.80$ mm 范围内均可纺丝。实际工程上选择孔径的依据是控制聚合物熔体出喷丝孔的切变速率范围。在纺丝时大分子的伸展速率与伸展的大分子要弹回最低能态处所需时间,就是一般大分子的松弛时间。根据聚酯高速纺丝工艺,伸展聚酯大分子的松弛时间为 10^{-3} s,因此为了取得大分子的净伸展效果,切变速率须超过大分子的松弛速率,即达到 10^{-4} 数量级。总之,不合适的喷丝孔的孔径尺寸,在极端情况下,会导致熔体破裂,若剪切速度超过聚合物的弹性极限,会发生丝条的皮层断裂或撕裂。如喷丝孔直径过大,熔体离开喷丝孔的速度降低,以至直接在喷丝板面上形成膨化区,引起喷丝孔出口周围沉积物的堆积,造成弯丝和并丝。

喷丝孔的排列和孔数对熔体细流的均匀冷却、良好凝固成型有很大关系。目前纺丝成网喷丝孔的排列分布大多为圈形分布和矩形分布两大类,圈形分布优点是喷丝板外圈的丝条能均匀冷却,但当孔数较多时,内圈的丝条往往不容易充分冷却。矩形分布,其优点是可以改进内层丝条的冷却,但缺点是侧吹风迎风侧和背风侧丝条的冷却条件不一致。不论什么形式,喷丝板上孔的分布设计应均匀,并有足够的间距,使丝条得到充分有效的冷却。

④ 冷却吹风条件

从喷丝板出来的丝条,通常利用侧吹风和环吹风方式进行空气冷却。冷却成型是熔体纺丝的关键过程之一,纺丝成网工艺证明冷却条件对纺程上熔体细流的流变特性,如拉伸流动黏度、拉伸应力等物理参数有很大影响。经预先冷却的洁净空气(按照工艺要求进行过滤和冷冻)被导入气流分配室,参见图8-49,气流在分配室内被

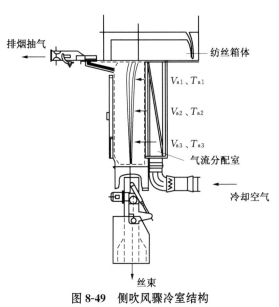

排烟抽气

纺丝箱体

V_{a1}、T_{a1}

V_{a2}、T_{a2}

V_{a3}、T_{a3}

气流分配室

冷却空气

丝束

图 8-49 侧吹风骤冷室结构

整流成垂直于丝条的方向,在到达丝条之前再通过一个均流网使冷却风以层流状态吹向丝条。均流网可用钻有许多小孔的孔板或细孔目筛网制成。有些冷却装置还有分段气流调节器,通过对冷却区各段气流量的调节,使气流强度和温度在整个冷却区域内形成一种优化分布。

a. 冷却吹风风速

在纺丝成网冷却空气即侧吹风的风速 V_a、风温 T_a 和相对湿度三个因素中,以风速对纤维成型影响最大。这是由于空气的导热系数低,熔体细流与周围空气的换热效果主要取决于空气的给热系数。侧吹风冷却体系的气流速度是受一定限制的,气流速度过高,会使丝条向一侧鼓出,这时丝条受到的附加应力和发生的摆动会影响线密度的均匀性,即当风速过大,湍动因素增加,而空气流动的任何湍动必将引起丝条振荡或飘动,当振动振幅达一定数值,就会传递到凝固区上方,使初生丝条干不匀。纺丝成网冷却风速在 0.4~1.5 m/s,这要根据熔体挤出量的大小来控制,冷却区由上而下其风速分布为 $V_{a1} < V_{a2} < V_{a3}$。冷却风速度过高,喷丝板板面温度过低,易产生断丝;但如果冷却风速过低,不能带走应排除的热量,丝条不能充分固化,拉伸时也易产生断丝现象。同时,冷却吹风压力的波动和均匀性会影响吹风速度的变化,从而使单丝产生飘动和振荡。吹风压力变化值 ΔP 和吹风压力 P 的比值越小,纤网中纤维直径越均匀,并有较好地伸长不匀率。

b. 冷却吹风温度

熔体细流从喷丝板下出来,立即受到冷却吹风的冷却,此时要求冷却的速度较快为好,目的是要使丝束冷却到凝固点以下。其冷却的推动力即是冷却吹风与被冷却丝条间的温差。根据聚丙烯、聚酯、聚酰胺各自不同的 T_g,控制聚酯的冷却吹风温度要比聚酰胺66和聚丙烯的高些。通常,侧吹风骤冷室的温度分布为 $T_{a1} > T_{a2} > T_{a3}$。

实践证明,对聚丙烯纺丝成网来说,采用骤冷的方式进行冷却,以形成更多的准结晶结构,有利于拉伸的顺利进行。聚酯和聚烯烃类的冷却吹风温度在 8~30 ℃范围内,冷却吹风和聚合物丝条间的温差至少在 10 ℃以上,才能较好地保证丝条的均匀冷却。纺丝成网工艺的冷却区较短,常采用比传统纺丝工艺低的冷却温度,随着冷却温度的提高,纤网中的线密度略会下降,如图 8-50 所示。另外,随着风温适当提高,生丝断裂强度有所提高,同时骤冷风系统的能耗可减少。

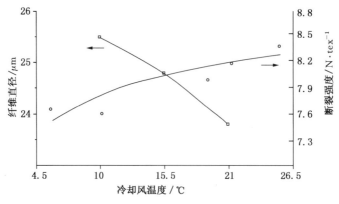

图 8-50　冷却风温度对纤维直径和强度的影响

c. 相对湿度

随着冷却吹风相对湿度的提高,它的比热和热容量将会增加,热吸收量随之增加。从而使冷却吹风在吸收同样的热量时温度升低,能保证冷却吹风温度的相对稳定,提高冷却效果。同时高的含湿量会减少丝条在纺丝中产生静电和飘荡,改善成网质量。

d. 单体抽吸风

大多数熔纺高聚物当其被加热至熔融温度时,都会生成一些不可见的烟雾状的气态产物或称单体,这些单体如不除去,就会影响环境。单体也往往会沉积在喷丝板板面上,从而缩短喷丝板的有效使用周期。因此在喷丝板下设有排烟装置和过滤装置(参见图 8-49),可有效的将气态分解物吸去。排烟系统的抽吸作用需要有另外气流补给,以使工艺气流平衡,否则排烟装置就会从冷却系统吸走一部分空气,因而扰乱冷却室的空气流谱,严重时会扰乱冷却气流流场,造成纤维均匀性不佳。

8.2.5 分丝和成网工艺

纺丝成网工艺中,经拉伸后形成的长丝在极短时间内铺置成网,其长丝的运动速度达到千米级。纤维束中纤维相互黏连并丝倾向严重,大多纺丝成网工艺采用高速气流作为工作介质,较理想地控制气流存在很大难度。这一点与传统化纤纺丝工艺是有区别的。目前在非织造技术中,分丝和成网有以下几类方法。

1. 气流分丝法

利用气流拉伸过程中的高速气流在拉伸装置某一部位截面积突然扩大而产生孔达效

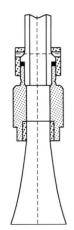

应,造成气流在此扩散和减速,同时使纤维与纤维形成紊流,纤维的运动状态呈无规则运动,以达到随机均匀分丝和成网的目的,图 8-51 为典型圆管式拉伸气流分丝装置。

2. 静电分丝方法

其原理是丝束在拉伸过程中,让纤维束通过一高压静电场($1\times10^4 \sim 10\times10^4$ V)或摩擦生电,使丝条带上同性电荷,利用同性电荷相斥的原理,取得分丝的效果。一般吸湿性低的合成纤维,如聚丙烯、聚酯和聚氨酯均具有较高的质量比电阻,容易产生静电积累。纤维中静电的产生与消失可以看作是电荷生成过程(电荷移动、电荷分离)和消失过程(电荷松弛)复杂地交杂在一起的现象。图 8-52(a)是将长丝束吸入装有一高压静电场的空气拉伸装置或喷嘴,出拉伸装置后,长丝表面带有很高的电荷量($\mu C/g$),带同性电荷的长丝彼此相斥分开,并被铺设在成网帘上,成网帘上则带有相

图 8-51 圆管式拉伸气流分丝

反电荷,用来消除成网后纤网中静电,以利后道工序加工。图 8-52(b)为摩擦带电分丝法,经喷丝板出来的丝束,通过三根接地的介电摩擦辊,送入气流拉伸喷嘴然后铺设成网,a、b、c 分别为喷丝板至第 1~3 介电摩擦辊的距离,d 为喷丝板至拉伸喷嘴的长度,e 为拉伸喷嘴高度,g 为拉伸管长度,h 为分丝高度。

纤维的充电效果决定于带电粒子的电荷量大小(集中在纤维两端上的电性符号不同的电荷量或纤维上一端形成同一符号电性的电荷量)以及实现充电过程的时间长短。

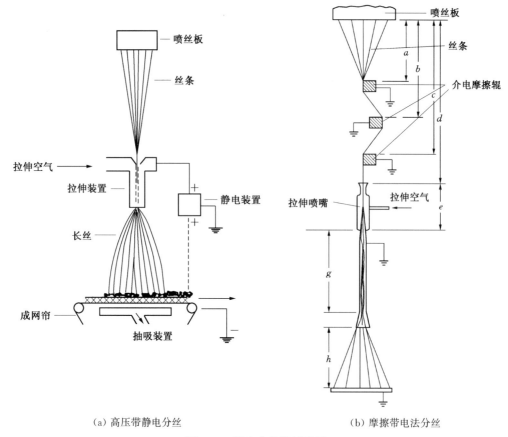

(a) 高压带静电分丝   (b) 摩擦带电法分丝

图 8-52   静电分丝法示意图

电场内,纤维充电的动力学过程取决于指数方程式:

$$q = Q[1 - \exp(-t/\tau)] \tag{8-35}$$

式中:q——电荷量;

Q——饱和电荷量;

t——充电时间;

τ——充电过程的时间常数。

充电时间常数 τ 是影响纤维在电场内充电过程及其电强度的重要参数之一。时间常数的大小与纤维的几何尺寸及其电物理性能(导电率、介电常数)有关,同时在某种程度上也与外部介质的状态有关。

3. 机械分丝法

利用挡板、摆丝辊、振动板、回转导板等机械装置,使经拉伸后高速向下运动的丝束遇到机械装置撞击反弹,从而改变丝束原先的运动状态,使其呈无规则反弹运动,来达到分丝的目的。图 8-53 为机械分丝工艺示意图。图 8-53(a)是聚合物由喷丝板吐出,形成无数长丝条,高压气流进入拉伸器,经拉伸后的长丝在气流作用下向下运动时碰到偏转挡板,使丝突然向一定角度反弹和扩展,长丝在机械撞击作用下相互分开,倾角 θ 影响长丝反弹角度,在抽吸装置和重力、冲击力等作用下,沉积在成网帘上,形成非织造纤网。图 8-53(b)是利用摆丝辊的高速往复摆动过程中拉伸气流和长丝随摆丝辊的摆动沿辊面附壁甩出,可形成较宽的摆幅,摆丝辊的摆幅与频率均可调,频率通常在 400 Hz 以下。这种方法的优点是纤网可以有较好的纵横向强力比。

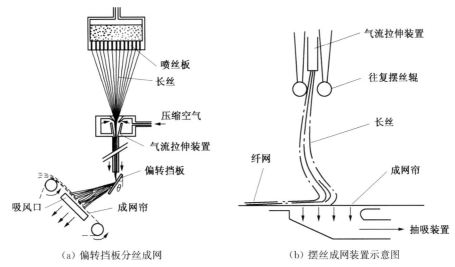

(a) 偏转挡板分丝成网　　　　　(b) 摆丝成网装置示意图

图 8-53　机械分丝法示意图

为提高长丝的分丝度,即长丝相互分开的程度来提高成网的均匀度,对传统的分丝装置,工程技术人员做了大量改进,包括对分丝技术的组合应用,如气流分丝与静电分丝相结合,来提高纺丝成网的质量等。

4. 吸网工艺

吸网工艺主要目的是将高速下落的长丝均匀吸附在成网帘上,也称为成网。由向前运动的成网帘将纤网传送到下一加固工序,通过热轧、针刺或化学加固等制成非织造材料。图 8-54 为典型成网机结构图。

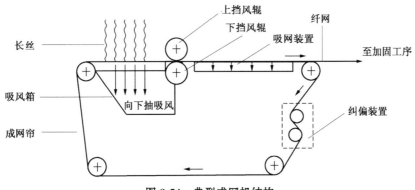

图 8-54　典型成网机结构

在网面以上,拉伸气流速度在出拉伸器口后,呈指数关系下降。气流速度经历了从远高于丝束到接近或低于丝束的过程。但丝束由于惯性力的作用其速度减慢的过程远要比气流慢得多。当丝束和气流下落到成网帘上时,一部分气流穿透过有孔的成网帘,另一部分气流和长丝在速度的冲击作用下撞击在网帘上以后,向多方位弹射和飞溅,从而会形成对纤网均匀度的破坏。所以成网帘下吸风可有效地对这种混乱的气流进行工艺平衡。图 8-55 为成网帘上不同高度,在不吸风条件下风速分布情况。吸网工艺中重要的控制参数有,成网帘的透气能力与网下吸风的压力(负)、流量和横向风压的均匀性。成网帘的透气量($m^3/(m^2 \cdot h)$)决定了是否有效地将下落的气流抽走,并对丝束产生足够的吸附作用使其不反弹。抽吸风压、流量大小和均匀性将影响纤网分布的均匀性和防止翻网现象。

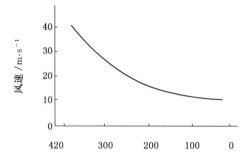

图 8-55　成网帘上不同高度的风速分布

8.2.6　双组分纺丝成网基本原理

1. 概述

双组分熔融纺丝成网工艺是由上节所述的单组分熔融纺丝成网工艺发展而来的。双组分熔融纺丝成网工艺是将两种不同的高分子聚合物分别由两套独立的原料输出系统输送到两台挤出机进行加热熔融,通过各自的熔体过滤器、熔体输送管道、计量泵后进入同一纺丝模头,经过纺丝模头的熔体分配系统到达纺丝组件。两种熔体在纺丝组件的出口处进行结构复合,形成双组分熔体细流;离开喷丝板后的熔体细流在冷却空气中被冷凝的同时,被拉伸气流裹夹并以一定速度拉伸变细,以形成连续的双组分固体长丝,再通过机械扰动、气流或静电作用进行分丝并铺网,所形成的纤维网最后经过加固工艺形成双组分纺丝成网非织造布。

通过对双组分复合纺丝组件的不同设计,得到不同结构形式的双组分复合纤维,从而制得各具特色的双组分纺丝成网非织造布。常见工业化生产双组分非织造布复合纤维的截面结构主要有皮芯型、并列型和剥离型三种形式,见图 8-56。

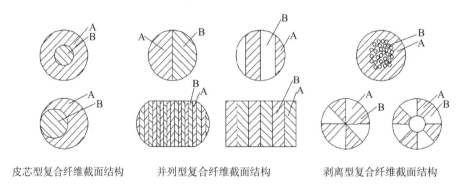

皮芯型复合纤维截面结构　　　并列型复合纤维截面结构　　　剥离型复合纤维截面结构

图 8-56　双组分复合纤维常见截面结构

双组分纺丝成网非织造布所用原料主要有聚丙烯(PP)、聚酯(PET)、聚乙烯(PE)以及聚酰胺(PA)等。常用的复合组分有 PE/PP、PE/PET、PP/PET、PA/PET 等。

2. 双组分纺丝成网工艺原理

双组分熔融纺丝成网工艺流程为：

组分A→筛料→聚合物干燥和预结晶→熔融挤出→过滤→计量→熔体分配 ⎫ 复合纺丝→冷却→拉伸→
组分B→筛料→聚合物干燥和预结晶→熔融挤出→过滤→计量→熔体分配 ⎭ → 分丝→成网→加固→卷绕

图8-57为双组分纺丝成网工艺示意图。从图8-57可知,双组分纺丝成网工艺在纺丝前是两套完全独立的系统,两种组分聚合物分别加入各自的切片振动筛。去除灰分、杂质和不合规格的颗粒,进入干燥和预结晶装置。如果其中一组分为聚乙烯(PE)或聚丙烯(PP)则无须进行筛料和干燥,可直接纺丝。两种组分进入各自的螺杆挤压机进行熔融、挤压,经过滤进入同一只复合箱体。复合箱体是两只各有加热载体、分配管道、计量泵输出及控制系统的箱体的结合件,可根据不同的原料、复合的比例进行温度和输出量的调节。复合箱体输出的两种熔体同时进入特殊结构的复合纺丝组件,熔体在组件中各有自己的运行通道,直至挤出才结合在一起成为双组分复合纤维。熔体在纺丝组件中被挤出,经冷却、拉伸和成网工序,其工艺和设备与单组分纺丝成网法相同。纤网黏合、固结方法大多采用热轧热熔和水刺的方式。

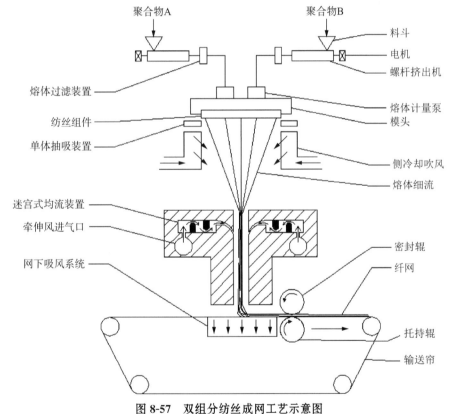

图 8-57 双组分纺丝成网工艺示意图

双组分纺丝模头要求两组组分能够很好地被隔离、密封,同时各组分流动均匀。熔体分配的方式主要有衣架分配和熔体管道分配两种。图8-58为衣架式和管道式纺丝模头。

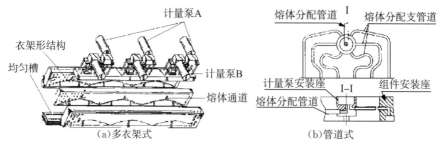

图 8-58　双组分纺丝模头

　　A 和 B 组分熔体分别由各自的计量泵出来后需要进入一个特殊的熔体分配装置,既要保证两种熔体互不干扰,又要使各自的熔体均匀分配,同时根据不同的纺丝组件来选择合理的类型和尺寸。管道式熔体分配系统多采用放射式熔体分配管道结构,熔体分配管道呈放射状,一进多出,见图 8-58(b)。图 8-59 为多衣架式熔体分配装置截面图,由图 8-59 可见衣架型双组分熔体分配装置结构紧凑,但熔体的流动和温度控制相对独立,从而使得熔体在模头宽度方向压力分布均匀,确保两组分熔体由底部孔流出时速率相同。

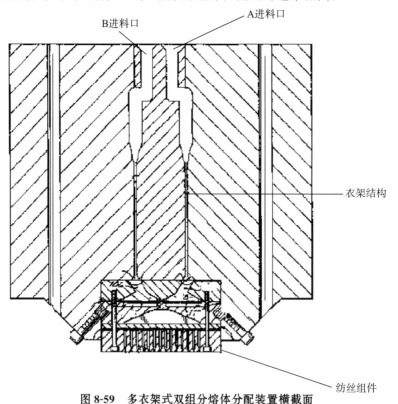

图 8-59　多衣架式双组分熔体分配装置横截面

　　当各自熔体以等速流出后,进入双组分纺丝成网的核心部件—纺丝组件(图 8-60)。图 8-60 中,衣架型流道沿纺丝模头长度方向,按 A 组分-B 组分-A 组分……间隔排列。经过纺丝组件中的几层组合式熔体分配板之后,均匀地分配到每一个喷丝孔中,并形成双组分复合结构的熔体细流。

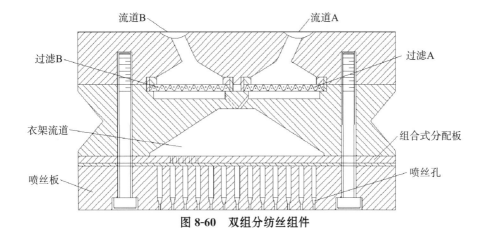

图 8-60　双组分纺丝组件

对于 PE/PET、PE/PP 双组分纺丝成网工艺来说，一方面要结合单组分纺丝成网工艺所需考虑的因素，温度单独控制；另一方面要考虑温度对熔体黏度的影响，保证熔融过程中二组分相对黏度不能有太大的差异，否则会影响其纺丝性能以及纤维中共混聚合物的相形态。

图 8-61 为双组分皮芯结构熔体复合原理图。在复合板中，皮层聚合物 A 经小孔入半圆型熔体储槽，然后沿复合板与喷丝板间的空隙经向流入喷丝孔内，聚合物 A 在喷丝孔入口处与芯层聚合物 B 交汇，然后一起以皮芯结构流入喷丝孔。如果在复合板中聚合物 B 的孔的中心和喷丝板孔的中心对齐，这个复合纤维具有同心的皮芯界面；如果两个中心没有对准，这个复合纤维则具有偏心皮芯截面。

在冷却、拉伸阶段，就皮芯结构而言，要考虑到熔体外层组分的存在以及熔体内外层组分的相互作用对工艺的影响。通常同极性材料（如 PE/PP）之间的相互结合较好，界面不易分离，受外界条件影响较小；而 PE/PET 则由于两组分的物理化学性能有较大的差异，其界面结合较弱，成型后外观比较蓬松。图 8-62 为皮芯结构复合纤维成型示意图。

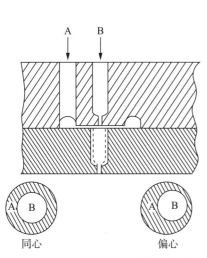

图 8-61　双组分皮芯结构熔体复合原理

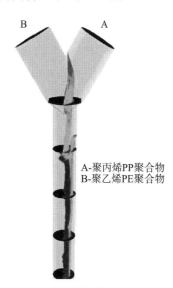

A-聚丙烯PP聚合物
B-聚乙烯PE聚合物

图 8-62　皮芯结构复合纤维成型示意图

图 8-63 表示 PE/PET 双组分纺丝成网纤维线密度与牵伸气压的关系。同时可以观察到在牵伸器狭缝宽度相同的前提下,纤维线密度随着牵伸气流压力的增大而减小,而且在刚开始时,纤维线密度随压力增大而减小的趋势更明显。这主要是由于牵伸气流压力的增加导致了牵伸气流速度的增大,使得气流对丝条的牵伸作用力加大,丝条的牵伸倍数变大,从而形成纤维线密度较小的纤维。但是,随着牵伸气流压力的增大,到一定的牵伸气流压力以后,纤维的线密度变化会很小,说明牵伸气流压力的增大对纤维线密度的影响很小了;实验表明牵伸器狭缝宽度为 5mm 时所得到纤维的线密度明显要小于狭缝宽度为 7mm 时的。牵伸器狭缝宽度小同样能提高牵伸气流的速度,提高牵伸效率,这是因为牵伸器宽度小时,气流在纤维表面产生"滑动"现象减少,气流对丝束的黏性摩擦力和压推力更大,对纤维实现了更加有效的牵伸作用。

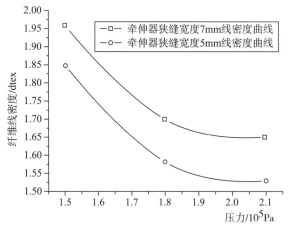

图 8-63　PE/PET 双组分纤维线密度与牵伸气压的关系

3. 双组分纺丝成网加固工艺及产品结构性能

双组分纺丝成网后,对于 PE/PET、PE/PP 双组分纤维网,采用热黏合的方法进行加固时,因为纤维外层为 PE,所以热轧辊温度选择比 PE 聚合物的熔点低约 10~20 ℃。具体温度还与 PE/PET、PE/PP 的结构比例、热轧辊压力、热轧辊转速有关。PE/PET、PE/PP 双组分纺丝成网非织造布强力的大小主要取决于外层 PE 组分与其他纤维的热黏合程度。图 8-64 描述了上下辊热轧温度对双组分(PE/PP)纺丝成网产品拉伸性能的影响。如上下辊温度和压力偏低,皮层没有完全熔化,纤维间的固结就不会牢固,受到拉伸时纤网中纤维间容易分离,从而导致非织造布强力下降;相反,当上下热轧辊温度过高或压力过大时,会使芯层的 PP 结构受到过度破坏,非织造布受到外力作用时,只有表层 PE 和部分 PP 起到抵抗外界强力的作用,导致非织造布强力下降;同时随着温度的升高,内部 PP 结构受到破坏,布面整体变脆,弯曲长度会变大,最终导致柔软度变差,见图 8-65。图 8-66 为双组分(PE/PP)纺丝成网产品热轧点表面和截面结构照片。

图 8-67 描述了聚丙烯(PP)比例对双组分(PE/PP)纺丝成网产品拉伸性能的影响。随着芯层组分 PP 的比例增加,双组分(PE/PP)纺丝成网产品的纵横向强力均增加,伸长率下降。因为聚丙烯的分子结构决定了其单丝强度要高于聚乙烯(PE),而伸长率要小于聚乙烯。当 PP 含量较大时,PE/PP 双组分纺丝成网非织造布断裂强力相对较高,而伸长率较

小,柔软度较差,即纤网的弯曲长度较大(见图 8-68);相反,当 PE 含量较大时,PE/PP 双组分纺丝成网非织造布断裂强力相对较小,而断裂伸长率较大,柔软度较好。

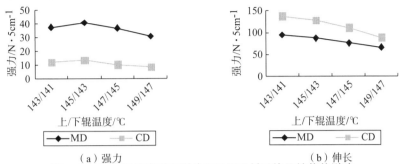

（a）强力　　　　　　　　　　　　（b）伸长

图 8-64　热轧辊温度对双组分(PE/PP)纤网拉伸性能的影响

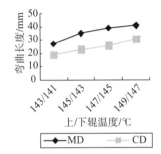

图 8-65　双组分(PE/PP)纺丝成网产品热轧辊温度与产品柔软性能的关系

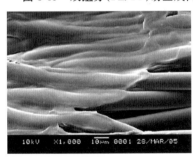

（a）表面　　　　　　　　　　　　（b）截面

图 8-66　双组分(PE/PP)纺丝成网产品热轧结构电镜照片

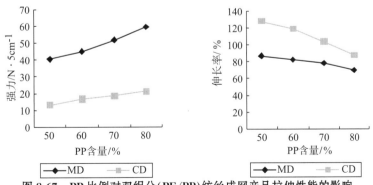

图 8-67　PP 比例对双组分(PE/PP)纺丝成网产品拉伸性能的影响

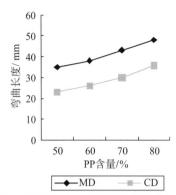

图 8-68　PP 比例对双组分(PE/PP)纺丝成网产品柔软性能的影响

对于 PET/PA 分裂型(橘瓣型或米字型)结构双组分纤维网,可采用水刺的方式加固,设定优化的工艺参数,以保证两组分纤维能最大程度分离并相互缠结。

图 8-69 为橘瓣型双组分(PET/PA)纺丝成网纤网经水刺后纤维的组分裂离并相互缠结的电镜照片。由图 8-69 可见,PET/PA 双组分纺丝成网的纤网在高压微细水射流的连续冲击下,部分纤维组分裂离,纤维变细,与此同时,纤维相互缠结。由于纤维变细,缠结点增多,使得双组分纺丝成网水刺非织造布的强力提高。

（a）表面　　　　　　　　　　　　　　（b）截面

图 8-69　橘瓣型双组分(PET/PA)纺丝成网水刺非织造布的电镜照片

8.3　聚合物溶液纺丝成网基本原理

有些高聚物不熔融或熔点和分解点非常接近,可由高聚物溶液进行溶液纺丝成网。高聚物的溶液纺丝是历史上最先采用的纤维成型方法,分干法纺丝和湿法纺丝。溶液纺丝过程与熔体纺丝比较,在理论上严格地讲,两者只有一个重大的差别,即离开喷丝板毛细孔道的高聚物细流中有溶剂存在。这里的溶剂使高聚物的结晶过程相对于熔体结晶发生非同一般的变化。在相同的过冷程度下,结晶的速率随溶液浓度的增大而增大。然而在溶液结晶速率对温度的关系曲线上显然没有熔体结晶情况下的极大值。

从工艺角度观察,溶液纺丝方法不同于熔体纺丝另一个重要特点是在熔体纺丝中丝条固化的整个过程取决于丝条的温度和直径分布,在恒定的纺丝速度和恒定的纺丝条件下,熔体的流变性质控制着丝条的变细过程。在恒定冷却条件下,丝条的直径分布决定温度的真实分布。但对于溶液纺丝,工序循环中有扩散工艺,溶剂的脱除不论是在干法或湿法过程中都取决于扩散速率和单丝直径。扩散速率又取决于温度和高聚物浓度。除扩散外还有渗透作用出现,当溶剂从纤维表面脱除的速度大于溶剂从纤维内芯向表面扩散的速度时,在脱溶程度较低的溶液内芯周围可能形成固体状或近乎固体状高聚物的皮层,在这种状态下溶剂必须渗透过近乎固体状的高聚物层。类似的机理能使溶液纺丝法制得的纤维具有非圆形截面,即溶剂通过渗透进一步脱除而使体积缩小,固体皮层的厚度则不变,这就导致厚度过大的外皮层发生塌陷,表面产生褶皱或者纤维内芯形成空腔结构。

8.3.1 干法纺丝成网

在使用高聚物溶液进行干法纺丝时,其过程与熔体纺丝最为接近,干法纺丝成网工艺流程为:高聚物→溶解→过滤→脱泡→纺丝→溶剂回收→拉伸→成网→加固。本章节仅对干法纺丝工序中重要的纺丝原液和纺丝工艺作重点叙述。

1. 纺丝溶剂的选择

在干法纺丝工艺中,溶剂的性质起关键作用,所以对溶剂的选择尤为重要。首先,应了解溶剂的溶解性能,由高聚物溶解过程的热力学分析,只有当高聚物与溶剂的内聚能密度或溶度参数 δ 接近或相等时,溶解过程才能进行。表8-14 为干法纺丝聚合物与溶剂的溶度参数,表中,δ_d 表示溶度参数中色散力的贡献;δ_p、δ_h 分别表示极性和氢键对溶度参数的贡献。

表8-14 干法纺丝聚合物与溶剂的溶度参数 $\delta(4.184 \text{ J/cm}^3)^{1/2}$

聚 合 物	δ	溶剂	δ	δ_d	δ_p	δ_h
聚氯乙烯	10.98	丙酮	9.77	7.58	5.1	3.4
		苯	9.15	8.95	0.5	1.0
二醋酸纤维素	10.9	丙酮	9.77	7.58	5.1	3.4
三醋酸纤维素		二氯甲烷	9.73	8.72	3.1	3.0
		甲醇	14.28	7.42	6.0	10.9
聚丙烯腈	14.0 ± 0.5	二甲基甲酰胺(DMF)	12.14	8.52	6.7	5.5
聚乙烯醇	12.6	水	23.5	6.0	15.3	16.7
聚 乙 烯	$7.9\sim8.1$	二氯甲烷	9.73	8.72	3.1	3.0

对于非晶态的非极性高聚物,选择溶度参数相近的溶剂,有利于纺丝工艺。对于非晶态的极性高聚物,要求溶剂的溶度参数和极性都要与高聚物接近才能使其溶解。总之,既要符合"相似相溶"的规律,又要符合"极性相近"的原则。

其次,重要的问题是使用方便的程度,主要指溶剂的沸点、腐蚀性、毒性,蒸馏提纯的难度、可燃烧及性价比。

2. 高聚物的溶解

在纺丝过程中,蒸发去除的溶剂需要回收使用,所以希望溶剂用量尽可能少,另一方面,将聚合物均匀地溶解,并保持较低的溶液浓度,以便过滤脱泡。干法纺丝时,纺丝原液在常温下黏度为数百至数千帕·秒,但由于喷丝板的高温和剪切作用,黏度甚至会降到几帕·秒左右。表 8-15 为主要干法纺丝纤维的原液条件。

表 8-15 干法纺丝的原液条件

聚 合 物	相对分子质量	溶剂质量分数/%	聚合物质量分数/%
二醋酸纤维素	43 000～48 000	丙酮 95～98/水 2～5 丙酮 95/水 5 丙酮	25 24.8 25
三醋酸纤维素	60 000～86 000	二氯甲烷 90/甲醇 10 二氯甲烷 90/甲醇 10	18～20 21.8
聚氯乙烯	50 000～150 000	丙酮 60/苯 40	32.5
聚丙烯腈	35 000～85 000	二甲基甲酰胺 二甲基甲酰胺 二甲基甲酰胺	25 26 30～33
聚乙烯醇	5 000～8 000	水 水	43 28.5
聚氨酯	10 000～200 000	二甲基甲酰胺	30

聚合物溶解主要按以下两种机理同时进行,首先是溶剂向粒状聚合物内部扩散,然后粒状聚合物表面生成的膨润层剥离脱落,向溶剂相分散。

干法纺丝用的高聚物溶液可以在高分子工业的通用设备中配制,由于溶解过程耗费的时间较多,一般需几个小时左右,须考虑到高聚物溶液的老化现象。另外与熔体纺丝相似,溶液也必须经过过滤,通常经粗精两道过滤。粗过滤是在原液刚配制好后进行,目的是除去机械杂质和未溶解的高聚物胶块。精过滤是在溶液进入喷丝板之前进行,以防止喷丝板的堵塞和吐出液流的紊乱。

3. 干法纺丝工艺

干法纺丝工艺主要由三个工序组成:(a)聚合物从喷丝板的挤出;(b)挤出丝条的脱溶;(c)纤维的卷绕或成网。在这些工序中,丝条的脱溶工序是干法纺丝特有的工艺,其余与湿法或熔纺工艺技术相似。表 8-16 为典型的干法纺丝工艺。

从喷丝板挤出原液的装置称为喷丝头,各喷丝孔挤出原液的温度在时间、空间上保持均一,是长丝质量和成网均一的关键。所以在喷丝头内,要使原液以薄层流动,可增大原液与传热介质的传热面,以保持原液的湿度均匀。溶液黏度较低时还可以在较低的纺丝压力下纺出纤维,在脱溶时丝将变得更细。溶液大都向下喷入脱溶室,并用加热空气或惰性气体作为脱溶的高温气体,所用设备与熔纺中的侧吹风冷却装置十分相像,不过含有溶剂蒸汽的空气必须定量抽出并送入溶剂回收系统。

表 8-16　典型的干法纺丝工艺

聚合物	溶剂	聚合物质量分数/%	挤出时原液温度/℃	喷丝孔径/mm	热风温度/℃		甬道高度/cm	甬道直径/cm	纺速/m·min⁻¹	残留溶液质量分数/%
					喷丝孔附近	甬道下部				
二醋酸纤维素	丙酮95~98/水2~5	约25	50~60	0.05~0.13	约60	100	3~5	10~20	300~800	—
	丙酮95/水5	26.8	78	0.042	65	55~75	5	—	800	7~8
	丙酮	25	62.5	0.07	45~55	65~110	—	—	—	—
三醋酸纤维素	二氯甲烷90/甲醇10	18~20	45~50	—	25~30	45~50	—	—	—	—
	二氯甲烷90/甲醇10	21.8	76	0.044	56	70~100	8.2	—	400	(7~8)
聚氯乙烯	丙酮60/苯40	32.5	90	0.11	50	150	6.5	—	220	—
聚丙烯腈	DMF	约25	—	—	—	100~250	8	20	100~150	—
	DMF	26	140	0.12~0.15	145	200	7.9	15.5	282	—
	DMF	30~33	100~110	0.1, 0.14	150~230	170~235	6.5	16	25~250	1~9
	DMF	32	130~155	—	350	—	—	—	—	—
聚乙烯醇	水	43	125~130	0.1	—	—	—	—	30~35	—
	水	28.5	85	0.1	109	135	5	10	62.4	6
聚氨酯	DMF	30	105	—	180	180	—	—	400	—
	DMF	30	110	0.1	170	185	—	—	110	—

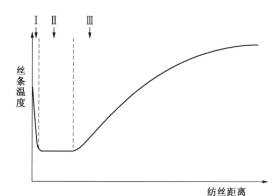

图 8-70　丝条温度在纺丝过程中的变化

4. 纺丝机理

干法纺丝过程中溶剂的蒸发脱溶与液流细化的两种现象同时进行,按其行为特点可分为三个阶段,参见图 8-70 丝条温度在纺丝过程中的变化。

第 I 阶段:聚合物中溶剂化作用强,蒸汽压力下降大。在高温下,从喷丝孔吐出的液体细流主要依靠自身的潜热和来自热风的传热使溶剂从表面急剧地蒸发,使其液体细流温度急剧下降,直至热量达到平衡为止。在此阶段,液体细流内部温度比表面高,所以从内部向表面的溶剂扩散速度很大,液体细流半径方向的浓度分布保持平稳状态。

第Ⅱ阶段:该阶段是由热风提供的热量与液体细流中溶剂蒸发所需的热量达到平衡的阶段。这时液体细流内部温度较低,溶剂缓慢扩散,扩散速度变得更小。该阶段细流几乎不伸长而保持圆截面,半径方向收缩。

第Ⅲ阶段:丝条内部的溶剂扩散速度变得更慢,浓度分布变得更大,丝条表面温度上升接近热风温度。在该阶段,液体细流开始固化,皮层塌陷而形成长圆形、茧形的截面形状。在长丝甬道的丝上残留溶剂含量取决于该阶段的温度与时间要素。

5. 闪蒸溶剂纺丝成网(闪蒸法)

闪蒸法与干法纺丝工艺很相似,是 DuPont 公司开发的一种非织造纺丝成网工艺,其商品名是 Tyvek。它采用线性高密度聚乙烯为原料,所生产的闪蒸法纺丝成网非织造材料具有轻柔坚韧、防水透气、耐磨、抗老化、不含黏合剂、不掉屑、可印刷等特点。高密度聚乙烯(HDPE)闪蒸法纺丝成网工艺流程如图 8-71。

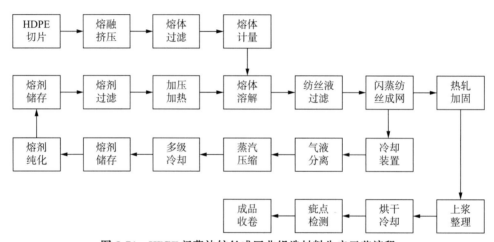

图 8-71　HDPE 闪蒸法纺丝成网非织造材料生产工艺流程

图 8-71 为闪蒸法纺丝成网非织造材料生产工艺流程,主要工序有 HDPE 熔体准备:采用螺杆挤出机,在 180～280 ℃温度下将 HDPE 切片熔融挤压,得到 HDPE 熔体,经熔体过滤器过滤去除杂质后,通过计量泵精确计量熔体的输出流量;然后是 HDPE 熔体溶剂共混:溶剂经过滤后采用高压泵组加压到 6～10MPa,并经换热器加热至 150～280 ℃,将增压加热后的溶剂以 80～170kg/min 的流速经密闭管道与过滤后的 HDPE 熔体一起进入混合器中,经充分搅拌混合后形成纺丝液,输送至纺丝箱体;接着进入闪蒸纺丝:纺丝液经喷丝板高压条件下喷出,由于瞬间泄压,液态溶剂的瞬间蒸发,从而在释放压力的瞬间把聚合物进行高速牵伸,从而得到高强度纤维。同时纺丝液体凝固成丝状,均匀沉降在纺丝箱底成网机的网带上,溶剂则瞬间汽化成溶剂蒸汽,然后冷却回收。网带上均匀沉降的纤维网经预压后,以 50～120m/min 速度输送至后处理工段。闪蒸纺成网的后处理是将经预压的纤维网再次进行多次热轧,温度为 100～200 ℃,热轧完成后进入上浆涂覆处理,随后进入烘干、冷却、在线检测、收卷。

闪蒸纺工艺中的溶剂回收,指闪蒸纺丝过程产生的溶剂气体,被风机抽出,进入压缩机压缩,压缩后的气体经过二级冷凝后回收大量溶剂,少量在不凝气中携带的溶剂被输送到尾气系统,单独做尾气吸附、脱附回收,所有回收的溶剂进入溶剂回收罐。

溶剂纯化指闪蒸纺丝过程由于高温会产生一些聚合物分解产物,溶剂中含有这些聚合物分解产物,严重影响纺丝质量,因此需要利用分子筛对溶剂进行纯化,纯化后的溶剂重新循环使用。

高密度聚乙烯通常溶解于 200 ℃的二氯甲烷溶剂中,质量分数为 12%~13%,并以二氧化碳在 6.9 MPa 的高压下饱和处理。将制成的纺丝溶液从喷丝孔挤出,其喷出速度为 $1.1×10^4$ m/min 左右。由于溶剂的瞬时挥发,纺出的细丝随机变成超细纤状结构。其由速度梯度产生的拉伸力,使纤维进一步拉伸变细。同时,在纤维成型过程中,使用静电分丝原理使纤维彼此尽可能分离,以利于均匀凝聚成网和加固。该闪蒸溶剂纺丝成网工艺流程见图 8-72(a)。图中 1 为纺丝溶液,2 为喷嘴,3 为挡板,4 为分丝用静电发生器,5 为凝网帘,6 为凝网静电装置,7 为纤维网,8 为热轧辊,9 为非织造卷材。成网速度可达 100 m/min 以上。该工艺生产的聚乙烯非织造产品,纤维细度很细,平均细度在 1~10 μm 范围,纤网中纤维分布结构见图 8-72(b)。该工艺特点是将聚合物溶于溶剂,在进行相分离的同时,从高速喷嘴中喷出,随着溶剂的高速随机蒸发,制得线密度均匀不一的微细纤维,喷嘴结构见图 8-73。闪蒸纺非织造纤网中的纤维细度呈正态分布,即纤维细度是平均值的概念。这种非织造材料具有很好的力学性能和屏蔽性,主要用于建筑、工业防护服、包装材料、信封、车篷布等。

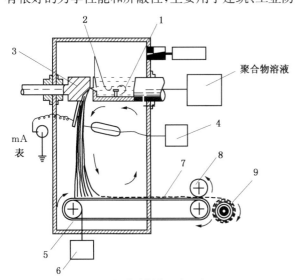

(a) 闪蒸溶剂纺丝成网法　　　　　　　　　　　　(b) Tyvek 纤网结构

图 8-72　闪蒸溶剂纺丝成网法和纤网结构

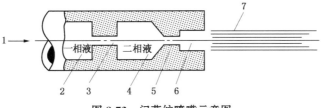

图 8-73　闪蒸纺喷嘴示意图

1-聚乙烯溶液入口　2-聚乙烯溶液输入管　3-减压孔　4-减压室　5-喷丝孔　6-喷丝口　7-纺丝喷流

8.3.2　湿法纺丝成网

湿法纺丝是一种高聚物溶液用计量泵计量,通过喷丝孔而挤入液体浴或称凝固浴中,使高聚物凝固成丝的方法。典型的有黏胶法和铜氨法制得的再生纤维素纤维、聚乙烯醇纤维、聚丙烯腈纤维、聚氯乙烯纤维等。国外有多条湿法纺丝成网非织造生产线,其工艺流程为:高聚物→溶解→过滤→脱泡→计量→纺丝→拉伸→反应→水洗→干燥→热处理→成网→加固,常用的加固方法有水刺法和化学黏合法。

从工艺角度观察,湿法纺丝的原液是比干法纺丝液更稀薄的高分子溶液,其高分子质量分数为 $5\%\sim30\%$。湿法纺丝工艺中其凝固过程对纤维结构、性能影响很大。湿法纺丝典型工艺流程见图 8-74。来自 1 的聚合物原液经喷丝头 3 挤压出丝条 4,进入凝固浴 5 和塑化浴 8,经拉伸罗拉 9、10 拉伸形成纤维。2、7 分别为凝固浴出入口。

纤维湿法成型时,可以有不同的成型方式,这主要取决于高聚物成型过程中进行热质传递和相平衡的移动,和沉析过程中的速度以及环境保护等方面的条件。在沉析速度较高或中等时,采用卧式成型如图 8-74(a),浸浴长范围在 $0.25\sim2.5$ m。当高聚物沉析速度很小时,如制取铜氨纤维可采用漏斗成型方法。见图 8-74(b),丝条从漏斗中出来以后,为了完成凝固过程,通常还要经受较长时间的凝固浴的作用,浸浴长为 $0.3\sim0.6$ m,在水浴内成型。

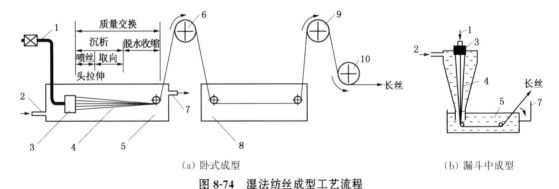

(a) 卧式成型　　　　　　　　　　　　　　　(b) 漏斗中成型

图 8-74　湿法纺丝成型工艺流程

1-原液入口　2-凝固浴入口　3-喷丝头　4-丝束　5-凝固浴　6-卷绕罗拉
7-凝固浴出口　8-可塑化浴　9、10-拉伸用罗拉

1. 可纺性

与熔纺不同,湿纺中,当纺丝原液从喷丝孔挤出时,原液尚未固化,纺丝线的抗张强度很低,不能承受过大的喷丝头拉伸,故湿法成型通常采用喷丝头负拉伸、零拉伸或微小的正拉伸工艺。影响湿法纺丝可纺性的主要机理是高分子流体的凝集破坏,根据其机理分析应合理控制下列几方面工艺条件:

(1) 最大纺丝速度 $V_{L(\max)}$ 小于喷丝孔原液挤出速度 V_0。但因湿法纺丝也存在孔口膨化效应,故以最大直径点的线速度 V_B 为基础,用 $V_{L(\max)}/V_B$ 比值表示可纺性。V_B 可以直接从单位时间内自由流出细流的长度测得。对于正拉伸,在整个或大部分纺丝线上,纺丝速度略大于喷丝速度。

（2）原液中高分子浓度、黏度的增加和浴温的下降，增加丝条中大分子的松弛时间，都会使 $V_{L(max)}/V_B$ 比值下降。

（3）提高固化速度、缩短凝固浴的条件都会使 $V_{L(max)}/V_B$ 减小。

上述分析可知，喷丝头拉伸比与湿法纺丝线上的速度和速度分布的关系密切，其他研究表明，它对湿纺初生纤维取向和形态结构的影响也比较大。

2. 凝固

湿法纺丝中，高分子溶液丝条中的溶剂被凝固浴萃取出来，相反，非溶剂向丝条内渗入，随之发生控制扩散速率的相转移起重要作用。这种相转移有时伴随着凝胶化和化学反应现象。凝胶化是指流动性的黏性液体变为有弹性橡胶状固体的现象。凝胶化速度随着原液浓度、高分子的相对分子质量增加和温度下降而增加，它依赖于溶剂组成。

湿法纺丝中的化学反应，诸如铜氨法中的酸，纤维素在碱作用下再生，黏胶法中纤维素黄酸钠在酸作用下的再生，蛋白质、纤维素的生成。这些反应因随组分的扩散而产生，所以是扩散控速的化学反应。

另外，湿纺初生纤维结构的形成与成型条件密切相关。可以从初生纤维溶胀度、宏观形态结构、微观形态结构和超分子结构四个方面来反映湿法初生纤维的结构。湿法纺丝成网通常采用气流分丝法和机械分丝法。

思考题

1. 相对分子质量分布宽度指数和多分散系数的定义是什么？并讨论它们与相对分子质量分布宽度的关系。

2. 分析膨化比对纺丝成网的纺丝速度和成型稳定性的影响。

3. 分析稳态纺丝时纺程上各种作用力。

4. 阐述纺丝成网工艺中熔融纺丝、拉伸基本原理。

5. 分析丝条冷却固化过程中的传热和温度分布。

6. 拉伸中纤维结构产生什么变化？对纤网性能有何影响？

7. 试比较单组分和双组分纺丝成网产品的性能特点。

第9章 熔喷工艺和原理
(Melt Blowing Process)

熔喷非织造工艺是聚合物挤压成网法的一种,起源于 20 世纪 50 年代初。当时美国海军实验室在政府资助下,研究并开发用于收集核弹爆炸后上层大气中放射性微粒的过滤材料,其工艺是将熔融的聚合物通过柱塞挤压机挤入一股热气流中,由此形成超细纤维并吹向凝网器上堆积成超细纤维网状结构的过滤材料。该方法是现代熔喷非织造工艺技术的雏形。

20 世纪 60 年代中期,美国 ESSO 公司(今 Exxon 公司)对该方法进行改进,进入 70 年代,Exxon 公司将该技术转为民用,使熔喷工艺技术得到了很大的发展,并取得了许多专利。以后,Exxon 公司开始进行熔喷工艺技术生产专利许可转让,并开发生产熔喷工艺专用的聚合物切片原料。

从 20 世纪 80 年代开始,熔喷非织造材料在全球增长迅速,保持了 10%～12% 的年增长率。熔喷非织造材料在过滤、阻菌、吸附、保暖、防水方面性能优异,是其他非织造材料无法比拟的。为了克服熔喷非织造材料力学性能差的缺点,开发了熔喷非织造材料与纺丝成网非织造材料的叠层复合材料,即 SMS 复合材料,大量应用于卫生巾和尿布面料、防护服、手术服、口罩、过滤材料以及保暖材料等。

9.1 熔喷聚合物原料及其性能

从理论上讲,凡是热塑性聚合物切片原料,均可用于熔喷工艺。聚丙烯是熔喷工艺应用最多的一种聚合物原料,除此之外,聚合物原料还有聚酯、聚酰胺、聚乙烯、聚四氟乙烯、聚苯乙烯、乙烯-丙烯酸甲酯共聚物（EMA）、乙烯-醋酸乙烯共聚物（EVA）、聚氨基甲酸酯、沥青等。

熔喷聚合物切片原料的性能对熔喷工艺影响较大，主要参数有：聚合物的相对分子质量、相对分子质量分布，聚合物熔点、黏度、熔体指数（MFI）、降解性能、切片形状以及含杂量等。

9.1.1　相对分子质量及其分布

对熔喷工艺来说，成纤高聚物的相对分子质量及其分布影响熔喷的纺丝拉伸和成网工艺，即可纺性。在熔喷工艺中，聚丙烯树脂相对分子质量及其分布对于熔融时的流动性质有很大的影响，通常用熔体指数表示聚丙烯树脂的流动特性，可粗略地衡量其相对分子质量。熔体指数较大的聚丙烯树脂，其相对分子质量较小，熔喷的纺丝温度可相应下降。聚丙烯树脂的相对分子质量大小，在相同工艺条件下，影响纤维的结晶速率，因此，在高相对分子质量聚丙烯树脂中加入适量的有机金属盐（如苯甲酸铝等成核剂），可改善其结晶速率。根据熔喷工艺理论，采用热空气将熔体细流充分拉伸成直径为 5 μm 以下超细纤维以及增加产量，均与聚丙烯树脂的高流动性相关联。熔体指数的提高，熔体流动速率越高，熔体的黏度越低，就更能将聚合物熔体细流快速拉伸成超细纤维。

图 9-1 反映了聚丙烯熔体指数与熔喷非织造材料纵向强度和顶破强度的关系，低熔体指数的聚丙烯树脂熔喷时，其聚合物熔体流动速率低，通常需要比较高的纺丝温度和拉伸空气温度，由此聚合物熔体细流不易发生结晶和取向，初生纤维预取向度较低，且会形成拟六方变体，这是一种准晶或近晶结构的碟状液晶，非常适合熔喷热空气的后续拉伸，

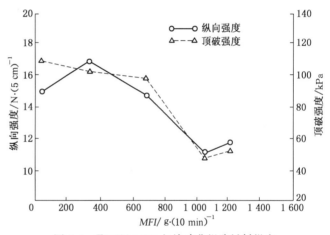

图 9-1　聚丙烯 MFI 与熔喷非织造材料纵向强力和顶破强度的关系

以提高纤维的取向度，从而制得强度较高的纤维和纤网。图 9-2 为聚丙烯熔体指数与熔喷非织造材料断裂伸长率的关系，随着聚丙烯熔体指数的增加，熔喷非织造材料的纵向强度、顶破强度和断裂伸长率均呈下降趋势。

由于聚丙烯树脂相对分子质量及其分布是表征该高聚物远程链结构的重要参数，其会明显影响聚丙烯树脂熔喷加工工艺。图 9-3 所示，三种不同多分散系数（$\overline{M_w}/\overline{M_n}$）的聚丙烯树脂熔喷时，在制取同样线密度纤维条件下，要求的拉伸空气温度的差别是十分显著的，这与聚合物相对分子质量分布宽时熔体表现出来的弹性和纺丝依赖于高剪切速率相关。较窄的相对分子质量分布降低了熔体的弹性，因此，熔喷模头喷丝孔挤出的熔体细流可在热空气

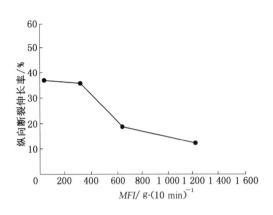

图 9-2 聚丙烯 *MFI* 与熔喷非织造材料
断裂伸长的关系

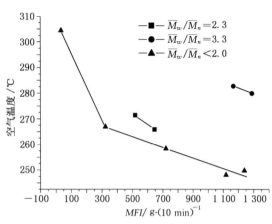

图 9-3 聚丙烯 *MFI* 和多分散系数与
拉伸空气温度的关系

流拉伸作用下变得更细。

9.1.2 聚合物熔体黏度与流动特性

图 9-4 为熔体指数为 800 g/(10 min)的聚丙烯树脂在不同温度下的熔体黏度与切变速率的关系,温度对其在不同切变速率下黏性行为的影响是显著的。温度较高时,高聚物大分子链活化程度提高,链段向空穴的跃迁运动加剧,表现为熔体黏度下降。

熔喷工艺中,聚合物熔体挤出喷丝孔,由热空气流拉伸成超细纤维并冷却成型。熔体黏度是熔体流变性能的表征,与纤维成型性能密切相关。不同特性黏度的聚酯在不同温度下,熔体黏度与切变速率的关系如图 9-5 所示,切应力在 9.65×10^4 Pa 以下为牛顿流动,以上为非牛顿流动。当特性黏度增大时,牛顿区变窄变高,且温度对黏度的影响增大。

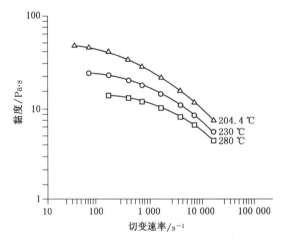

图 9-4 不同温度下聚丙烯熔体黏度与切变速率的关系

熔体黏度与相对分子质量有关。如相对分子质量低于 20 000 的聚酯,其熔体黏度与温度呈明显的线性函数关系,而相对分子质量超过 20 000 时,则呈非线性函数关系。纤维级的

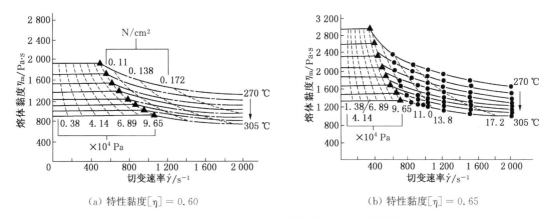

（a）特性黏度$[\eta]=0.60$　　　　　　　　　（b）特性黏度$[\eta]=0.65$

图 9-5　不同温度下聚酯熔体黏度与切变速率的关系

————　恒定切应力线　—▲—▲—▲—　牛顿黏度极限

聚酯的数均相对分子质量通常大于 19 000。

影响熔体黏度的因素有温度、压力、聚合度和切变速率等，随着温度的升高，熔体黏度以指数函数关系而降低。表 9-1 列出了不同相对分子质量的聚酯在不同温度下的熔体黏度。

表 9-1　不同相对分子质量聚酯在不同温度下的熔体黏度　　　　　　　（Pa·s）

相对分子质量		15 160	18 740	20 550	22 410	24 280	26 230	28 080	30 000
特性黏度$[\eta]$		0.50	0.60	0.65	0.70	0.75	0.80	0.85	0.90
温度/ ℃	280	1 120	2 800	4 200	6 080	8 160	11 880	16 070	21 486
	290	790	1 960	2 950	4 270	6 060	8 350	11 330	14 790
	300	144	1 420	2 140	3 100	4 400	6 060	8 210	10 970

表 9-1 所示，随着聚酯相对分子质量的提高，在相同温度下的熔体黏度增加。而在不同温度下，熔体温度每增减 10 ℃，大约相当于特性黏度减增 0.05，这一点对熔喷和纺丝成网生产控制颇有现实意义。

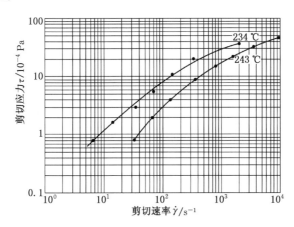

图 9-6　不同温度下聚酰胺 6 剪切速率与剪切应力的关系

对于聚合物，结晶固体才有鲜明的熔点，无定型固体只有熔融温度范围或软化温度范围,部分结晶的聚合物根据其结晶度而有宽或窄的熔融温度范围。聚酰胺是一种部分结晶高聚物,具有较窄的熔融温度范围。图9-6反映了不同温度下聚酰胺6剪切速率与剪切应力之间的关系,随剪切速率提高,其剪切应力增长趋缓,该现象称切力变稀,其原因之一是随着剪切速率的提高,拆散聚合物大分子链之间缠结点的作用也越来越强,缠结点数量减少,相应使熔体表观黏度下降(参见图9-7)。当剪切速率增大时,缠结点间链段中的应力来不及松弛,链段在流场中发生取向,取向效应导致大分子链在流层间传递动量的能力减小,因而流层间的牵曳力减小,表现为熔体的表观黏度下降,这是切力变稀的另一种原因。

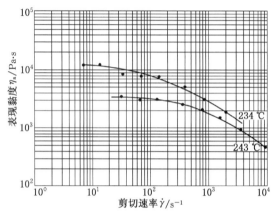

图9-7　聚酰胺6表观黏度与剪切速率的关系　　　图9-8　聚酰胺6熔体黏度与
　　　　　　　　　　　　　　　　　　　　　　　　　　　　水萃取物含量的关系

除了温度、剪切速率外,聚酰胺的熔体黏度还与单体含量等因素密切相关。图9-8显示,随着水萃取物(低聚物)含量的增加,聚酰胺6熔体黏度呈下降趋势。因此,如试图用测试聚酰胺6熔体黏度的方法来判别其可纺性,要注意其低聚物和水分的含量。

9.1.3　聚合物降解性能

聚合物降解有助于修正聚合物熔体黏度和相对分子质量分布。熔喷工艺过程中主要有三种降解方式:化学、机械剪切和热降解。通常可采用氧或过氧衍生物来实现化学降解,增加挤压速率、热量和熔体滞留时间,均可达到机械剪切降解和热降解的目的。

对于聚合物熔体来说,要求均匀发生降解,避免聚合物熔体降解不一致而造成黏度不均匀,相对分子质量分布离散,同时还要求不能过度降解。

目前,由于改进了催化剂和添加剂之间的性能,可以直接从反应釜制得具有较窄相对分子质量分布的高熔体指数的球粒状熔喷专用聚丙烯树脂,因此省略了造粒工序,可避免树脂受热时间过长而发生的过度热降解。

9.1.4　含杂

熔喷工艺所用的喷丝头的喷丝孔直径较小,通常呈单排孔排列,若聚合物原料含杂多,易引起喷丝孔堵塞,直接影响成网质量。因此,改善聚合物切片原料品质性能,降低聚合物原料含杂量,可有效延长熔喷模头工作周期,提高制成率。

9.1.5 熔喷驻极改性母粒

利用改性助剂对聚合物进行共混改性是改善聚丙烯非织造过滤材料驻极功效,增强纤维的电荷储存能力,显著提高静电吸引作用的方法。改性助剂主要分为无机助剂和有机助剂两类。无机助剂的作用原理是利用无机物的自发极化效果或强介电性能,如电气石具有自发极化效果,钛酸钡具有强介电性能。有机助剂的作用原理是这类化合物含有能提高驻极电荷稳定性的基团,如氟化基团、酰胺基,具体的化合物包含杂环酰亚胺、N-取代氨基碳环芳族化合物、苯胺基类化合物等,除此之外还需添加光稳定剂、抗氧化剂、成核剂等,来提升改性母粒对聚合物的稳定性。

依据电荷的来源和性质,驻极体材料中的电荷可分为空间电荷和偶极电荷两类。空间电荷主要是在外加电场的作用下,沉积到介质表面或注入到介质内部一定深度,被介质表面或内部的各种"陷阱"捕获的带电粒子(如电子、离子等)。驻极体空间电荷可以被捕获到不同结构层次的能级上,因此被捕获到"陷阱"内的电荷逃逸时所需要的能量也不同,导致驻极体空间电荷存储稳定性存在差异。对于聚丙烯驻极体材料,电荷主要存储于结构缺陷、杂质缺陷以及结晶区和非结晶区界面能级上,通常选取恰当的有机助剂来改变聚丙烯纤维的结晶结构,使更多的空间电荷能够存储于更深能级的"陷阱"中,改善驻极体纤维禁锢电荷能力,并能够保证滤料在长期贮存及高温、高湿环境下保持较好的电荷稳定性。最新研究认为以 α 晶型成核剂,即有机羧酸盐硬脂酸镁(Magnesium stearate,MgSt)为聚丙烯改性助剂,调控熔喷和针刺非织造用聚丙烯纤维的晶型,分析其对驻极功效以及静电吸引作用的影响。研究发现,改性助剂的加入显著提高了聚丙烯纤维的结晶度,减小了晶粒尺寸,有助于增加结晶区与非结晶区的界面,使得更多的空间电荷在晶粒的两个端面上积聚。

选取 α 晶型成核剂为改性助剂,调控聚丙烯熔喷或其他非织造用聚丙烯纤维的晶体结构,利用驻极方法使得更多的电荷存储并禁锢于纤维内部,这类电荷也称为驻极体电荷。驻极体电荷储存能力与电荷"陷阱"密切相关,电荷"陷阱"阻止或限制电荷散逸。电荷"陷阱"的密度和性质取决于结晶特征,如非晶区与晶区的边界、表面形态以及杂质等,聚丙烯驻极体材料结晶度的提高和微晶的细化可使得驻极体电荷"陷阱"密度增加。驻极体的电荷稳定性与聚丙烯球晶有关,较小的球晶可使驻极体更稳定。添加改性助剂可以减少聚合物结晶晶体的平均尺寸,增加更细的晶粒数目,有利于扩大结晶区和无定区之间的界面,提高电荷"陷阱"密度,提升驻极电荷储存能力,增强电荷储存稳定性。

研究认为,添加热氧稳定剂即抗氧剂,是提高熔喷聚丙烯纤维稳定性的主要方法。抗氧剂根据不同的机理,主要分为两大类型,第一类称为主抗氧剂,又可称为自由基捕获剂。主抗氧剂能与氧化过程中的烷基过氧化物自由基、烷氧自由基和羟基自由基等发生反应,中断自由基的链式反应,显然,它们的加入改变了氧化历程。第二类称为辅助抗氧剂,又称为预防型抗氧剂。辅助抗氧剂能分解在氧化过程中产生的氢过氧化物而不生成自由基,显然,它们的加入只降低氧化速率,而不改变氧化历程。受阻酚类联合型抗氧剂,凭借它们的协同作用,稳定效果大于各抗氧剂单独使用效果的加和,增强聚丙烯熔喷非织造材料的稳定性。

为使成核剂与抗氧剂能够均匀分散在聚丙烯中,分散剂是必要的,有助于减少聚丙烯中的"团聚"现象。诸多分散剂具有润滑性,可以降低聚丙烯分子间的内聚能,削弱分子间的相互摩擦,降低熔体的黏度,能够改善成核剂与抗氧剂在聚丙烯中的分散性,从而提高成核剂与抗氧剂在改性聚丙烯母粒中的均匀性。

9.2 熔喷工艺与设备

9.2.1 熔喷工艺原理

熔喷工艺原理是将聚合物熔体从模头喷丝孔中挤出,形成熔体细流,加热的拉伸空气从模头喷丝孔两侧风道亦称气缝中高速吹出,对聚合物熔体细流进行拉伸。冷却空气在模头下方一定位置从两侧补入,使纤维冷却结晶,另外在冷却空气装置下方也可设置喷雾装置,进一步对纤维进行快速冷却。在接收装置的成网帘下方设真空抽吸装置,使经过高速气流拉伸成型的超细纤维均匀地收集在接收装置的成网帘(或滚筒)上,依靠自身黏合或其他加固方法成为熔喷非织造材料。图 9-9 为熔喷工艺示意图。

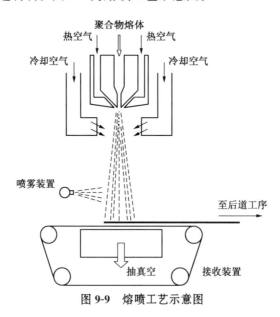

图 9-9　熔喷工艺示意图

9.2.2 熔喷工艺流程与设备

典型的熔喷非织造工艺流程为：

空压机(或风机)→空气加热器→气体分配装置┐

聚合物原料准备→螺杆挤出机(熔融挤压)→过滤装置→计量泵→熔喷模头组合件

卷绕装置←接收装置←冷却←熔体细流拉伸

熔喷生产线的设备主要有上料机、螺杆挤出机、过滤装置、计量泵、熔喷模头组合件、空压机(或风机)、空气加热器、接收装置、卷绕装置。生产聚酯及聚酰胺等熔喷非织造材料时，还需要切片干燥、预结晶、保温装置。生产辅助设备主要有喷丝头清洁炉等。

1. 熔喷模头组合件及其工作原理

模头组合件是熔喷生产线中最关键的设备，由聚合物熔体分配系统、模头系统、拉伸热空气管路通道以及加热保温元件等组成。

聚合物熔体分配系统的作用是保证聚合物熔体在整个熔喷模头长度方向上均匀流动并具有均一的滞留时间，同时避免熔体流动死角造成聚合物过度热降解，从而保证熔喷非织造材料在整个宽度上具有较小的面密度偏差和其他物理力学性能的差异，并具有较好的纤网均匀度。目前熔喷工艺中主要采用衣架型聚合物熔体分配系统，如图 9-10 所示。

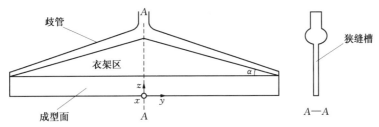

图 9-10　衣架型聚合物熔体分配系统示意图

研究表明，歧管倾斜角度 α 对分配系统出口处的流动速率分布情况有显著影响。随着歧管倾斜角度的增加，聚合物熔体在分配系统中央处的流动速率趋于减小，而两边的流动速率明显增加，合适的歧管倾斜角度可保证衣架型聚合物熔体分配系统出口流动速率趋于一致。

衣架型聚合物熔体分配系统高度对聚合物熔体分配有较明显的影响，系统高度增加，聚合物熔体在分配系统出口处的流动速率分布更加趋于均匀，特别是对中央熔体输送管道处小范围内较大的流动速率波动有较好的均匀作用。此外，非牛顿指数(指描述聚合物熔体假塑性行为的幂律方程 $\sigma_{12}=K(\dot{\gamma})^n$ 中的 n)显著影响分配系统出口处的流动速率均匀性。当非牛顿指数变化时，原本均匀的分配效果均趋于恶化，特别是非牛顿指数降低时。由此，聚合物熔体分配系统的几何形状一旦确定，必定对聚合物原料的性能指标有相应的要求，这是熔喷工艺为何要开发专用原料的原因之一。

熔喷模头组合件的模头系统通常由底板、喷丝头、气板、加热元件等组成，典型的结构如图 9-11 所示。喷丝头喷丝孔呈单排排列，常用直径为 0.2~0.4 mm，长径比应大于 10，常用孔距为 0.6~1.0 mm。喷丝孔的加工方法有机械钻孔、电弧深孔和毛细管焊接加工等，其加工精度要求较高，以保证整个工作宽度上每个喷丝孔挤出的聚合物流量相等。常用的拉伸

热空气风道夹角 θ 为 60°，也有设计成 90°和 30°的。

熔喷工艺中，要求熔喷模头在整个工作宽度上保持热空气流喷出速度和流量一致，以获得对聚合物熔体细流均匀的拉伸效果，如图 9-12 所示的熔喷模头，采用了迷宫式热空气分配系统，拉伸热空气通过多次节流和扩散后，可得到风道喷出的拉伸空气速度和流量均匀的效果。

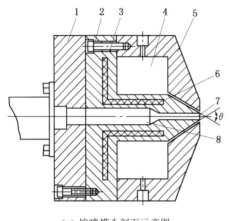

（a）熔喷模头剖面示意图

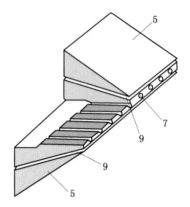

（b）喷丝头喷丝孔立体示意图

图 9-11　典型的熔喷模头结构

1-底板　2-喷丝头　3-气板固定螺栓　4-热空气腔　5-气板　6-加热元件
7-毛细管（喷丝孔）　8-熔体输送窄缝　9-拉伸热空气风道

2. 熔喷超细纤维成型机理

1）熔体从喷丝孔挤出

聚合物熔体从喷丝头喷丝孔挤出的历程与其他熔融纺丝相似，可分为入口区、孔流区和膨化区，参见图 9-13。

在入口区，聚合物熔体由锲状导入口缩紧进入喷丝毛细孔之前，在入口处熔体流速加快，散失的部分能量以弹性能贮存在熔体内。其后，熔体进入喷丝孔孔流区，在该区域，剪切速率增大，大分子构象发生改变，排列比较规整。

熔体一出喷丝孔，由于剪切速率和剪切应力迅速减小，由此产生的弹性回复和应力松弛，将导致熔体细流膨化胀大。聚合物熔体的膨化胀大与聚合物相对分子质

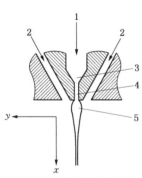

图 9-13　熔体从喷丝孔挤出的历程

1-聚合物熔体　2-热空气
3-入口区　4-孔流区　5-膨化区

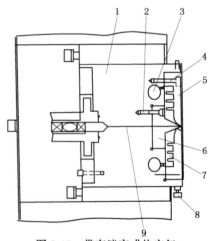

图 9-12　带有迷宫式热空气分配系统的熔喷模头

1-底板　2-模体固定螺栓　3-热空气腔
4-气板固定螺栓　5-气板　6-喷丝头
7-迷宫式热空气分配系统
8-拉伸热空气风道宽度调节螺栓
9-衣架型聚合物熔体分配系统

量、熔体温度以及喷丝孔长径比有关，通常，聚合物相对分子质量

减小、熔体温度升高以及喷丝孔长径比增大,熔体膨化胀大率减小。根据实验观察,聚丙烯熔喷工艺中最大膨化的位置根据不同工艺条件而变化,通常在距离喷丝孔 0.1~5 mm 的范围内,熔体细流膨化位置和大小与熔喷喷丝头结构、喷丝孔的几何形状以及聚合物熔体在喷丝孔中流动状况等有关。熔喷工艺要求膨化胀大较小,这样可保证纤维拉伸平稳,断头减小,纤维均匀性好。所以熔喷喷丝头的喷丝孔长径比设计通常大于10,较大的喷丝孔长径比有利于减小挤出物的膨化现象,而传统生产合成纤维的喷丝板的喷丝孔长径比通常只有 2~3。

为了精确掌握熔喷模头附近的温度场,最新研究采用红外成像仪对聚丙烯熔喷过程中模头区域的温度进行测量。任何物体都存在红外辐射,其辐射强度与物体的温度相关,通过探测物体的红外辐射,将被测场景的温度场形成视频图像,处理数据可以得出温度曲线。聚丙烯熔喷工艺过程中,模头的非接触红外成像仪全景温度场如图 9-14 所示,可以明显观察到聚丙烯熔体从喷丝孔挤出口处的温度约为 160 ℃,并随着距离喷丝孔增大,熔体细流的温度快速下降,在距离喷丝孔 50 mm 附近处,成型的熔喷纤维的表面温度快速下降到 60 ℃左右,这充分说明熔体从喷丝孔喷出挤出后在热气流高速拉伸与冷却空气的协同作用下,纤维表面温度快速衰减。在喷丝孔附近处瞬间形成了超细纤维,这对认识熔喷纤维成型与成网工艺调控提供了依据。

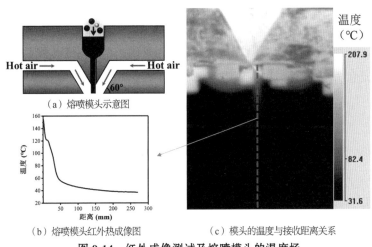

（a）熔喷模头示意图

（b）熔喷模头红外热成像图　　　　（c）模头的温度与接收距离关系

图 9-14　红外成像测试及熔喷模头的温度场

通过分析红外成像测试及熔喷模头的温度场可知,熔喷工艺的热气流高速拉伸取向、冷却结晶、固化成型过程均在离开喷丝孔 50mm 左右范围内基本完成。同时,熔喷纤维拉伸、冷却、成型等工艺的控制时间非常短暂,熔喷法调控干预的时间与手段有限。说明熔喷法热气流拉伸纤维成型,与纺黏法拉伸纤维成型工艺存在着显著不同。熔体挤出喷丝孔后成形距离的范围,是熔喷纤维成型工艺的核心控制区域,这对将来熔喷法纤维成型理论的深入研究非常重要。

2）熔体细流拉伸与冷却

图 9-13 所示为典型的熔喷拉伸模式,从喷丝头喷丝孔挤出的熔体细流发生膨化胀大的同时,受到两侧高速热空气流的拉伸,处于黏流态的熔体细流被迅速拉细。同时,开放式两侧的室温（环境）空气掺入拉伸热空气流,使熔体细流冷却固化成型,形成超细纤维。

熔喷工艺中,高温高速的拉伸热空气从熔喷组合模头的风道中喷射出来,两股气流发生碰撞,形成了复杂的流场。对于图 9-13 所示的熔喷拉伸模式,Harpham 和 Shambaugh 认为双股射流的流动可以是黏性流体的定常运动,采用 k-ε 紊流模型来封闭基本方程,可以得到以下数学模型:

(1) 连续方程

$$\frac{\partial(\rho u)}{\partial x}+\frac{\partial(\rho v)}{\partial y}=0 \tag{9-1}$$

式中:ρ——气体密度;

　　u——x 方向的气流速度分量;

　　v——y 方向的气流速度分量。

(2) 动量方程

x 方向的动量方程:

$$u\frac{\partial(\rho u)}{\partial x}+v\frac{\partial(\rho u)}{\partial y}=-\frac{\partial p}{\partial x}+2\frac{\partial}{\partial x}\left[(\nu+\nu_t)\frac{\partial(\rho u)}{\partial x}\right]$$
$$+\frac{\partial}{\partial y}\left\{(\nu+\nu_t)\left[\frac{\partial(\rho u)}{\partial y}+\frac{\partial(\rho v)}{\partial x}\right]\right\}+\frac{T-T_a}{T_a}g \tag{9-2}$$

式中:$\nu_t=C_\mu\dfrac{k^2}{\varepsilon}$

y 方向的动量方程:

$$u\frac{\partial(\rho v)}{\partial x}+v\frac{\partial(\rho v)}{\partial y}=-\frac{\partial p}{\partial y}+\frac{\partial}{\partial x}\left\{(\nu+\nu_t)\left[\frac{\partial(\rho u)}{\partial y}+\frac{\partial(\rho v)}{\partial x}\right]\right\}$$
$$+2\frac{\partial}{\partial y}\left[(\nu+\nu_t)\frac{\partial(\rho v)}{\partial y}\right] \tag{9-3}$$

式中:p——气流压强;

　　ν——运动黏性系数;

　　ν_t——紊流黏性系数;

　　C_μ——k-ε 紊流模型中的常数;

　　T——气流温度;

　　k——紊流动能;

　　T_a——环境气体温度;

　　g——重力加速度;

　　ε——紊流动能耗散率。

(3) 能量方程

$$u\frac{\partial(\rho T)}{\partial x}+v\frac{\partial(\rho T)}{\partial y}=\frac{\partial}{\partial x}\left[\frac{\nu+\nu_t}{\sigma_t}\frac{\partial(\rho T)}{\partial x}\right]+\frac{\partial}{\partial y}\left[\frac{\nu+\nu_t}{\sigma_t}\frac{\partial(\rho T)}{\partial y}\right] \tag{9-4}$$

式中:σ_t——紊流 Prandtl 数。

紊流动能方程:

$$u\frac{\partial(\rho k)}{\partial x}+v\frac{\partial(\rho k)}{\partial y}=\frac{\partial}{\partial x}\left[\frac{\nu+\nu_{\mathrm{t}}}{\sigma_{\mathrm{k}}}\frac{\partial(\rho k)}{\partial x}\right]+\frac{\partial}{\partial y}\left[\frac{\nu+\nu_{\mathrm{t}}}{\sigma_{\mathrm{k}}}\frac{\partial(\rho k)}{\partial y}\right]$$
$$-\frac{1}{T_{\mathrm{a}}}\rho g\frac{\nu_{\mathrm{t}}}{\sigma_{\mathrm{t}}}\frac{\partial T}{\partial x}+(P_{\mathrm{k}}-\varepsilon)\rho \tag{9-5}$$

式中：$P_{\mathrm{k}}=(\nu+\nu_{\mathrm{t}})\left[2\left(\frac{\partial u}{\partial x}\right)^{2}+2\left(\frac{\partial v}{\partial y}\right)^{2}+\left(\frac{\partial u}{\partial y}+\frac{\partial v}{\partial x}\right)^{2}\right]$；

σ_{k}——紊流动能 Prandtl 数。

紊流动能耗散率方程：

$$u\frac{\partial(\rho\varepsilon)}{\partial x}+v\frac{\partial(\rho\varepsilon)}{\partial y}=\frac{\partial}{\partial x}\left[\frac{\nu+\nu_{\mathrm{t}}}{\sigma_{\varepsilon}}\frac{\partial(\rho\varepsilon)}{\partial x}\right]+\frac{\partial}{\partial y}\left[\frac{\nu+\nu_{\mathrm{t}}}{\sigma_{\varepsilon}}\frac{\partial(\rho\varepsilon)}{\partial y}\right]$$
$$+\rho(C_{\varepsilon 1}P_{\mathrm{k}}-C_{\varepsilon 2}\varepsilon)\frac{\varepsilon}{k}-\frac{1}{T_{\mathrm{a}}}gC_{\varepsilon 1}\frac{\varepsilon}{k}\frac{\nu_{\mathrm{t}}}{\sigma_{\mathrm{t}}}\frac{\partial(\rho T)}{\partial x} \tag{9-6}$$

式中：σ_{ε}——紊流动能耗散率 Prandtl 数；

$C_{\varepsilon 1}$、$C_{\varepsilon 2}$——k-ε 紊流模型中的常数。

Harpham 和 Shambaugh 对图 9-13 所示的熔喷拉伸气体流场进行了实验研究。实验用模头的结构参数如图 9-15 所示，其中 h 为左右气板间距，e 为拉伸热空气风道宽度，风道夹角为 $60°$，f 为模体三角头端宽度。则沿 x 轴气流速度的分布可用如下的经验公式描述：

$$u_{0}=u_{10}1.4\left(\frac{x}{h}\right)^{-0.61} \tag{9-7}$$

式中：u_{0}——x 轴上的气流速度；

u_{10}——气流初始速度。

当气流初始速度 $u_{10}=23.2\ \mathrm{m/s}$，气流初始温度为 $121\ ℃$ 时，可计算出拉伸空气沿 x 轴的气流速度分布。对于流场中气流速度沿 x 轴的分布，根据前述数学模型计算的结果与实验结果及经验公式三者均能较好地吻合，参见图 9-16。

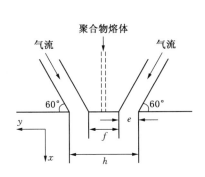

图 9-15　Shambaugh 等实验用
模头的结构参数

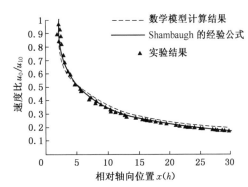

图 9-16　沿 x 轴气流速度分布计算结果与
实验结果的比较

研究表明，拉伸气流风道夹角为 $60°$ 时，在喷丝孔附近的气流比较紊乱，在喷丝孔轴线上和邻近区域，气流速度相当高，而且是沿喷丝孔轴线方向平行分布，从而形成了对聚合物熔体细流拉伸的有利条件,参见图 9-17。气流逐渐远离喷丝孔时,其速度逐渐减小,且逐渐偏离喷丝孔轴线方向。

　　改变气流与喷丝孔轴线的夹角,其他条件保持不变,数值模拟表明,拉伸气流风道夹角越小,喷丝孔附近的气流紊乱减弱,气流在喷丝孔轴线方向的分量越大,在模头中心线两侧的分布梯度也越大,有利于对聚合物熔体细流进行拉伸。

　　改变拉伸气流风道的宽度,其他条件保持不变,数值模拟表明,宽度越大,气流在喷丝孔轴线方向的分量越大,在模头中心线两侧的分布梯度也越大,有利于对聚合物熔体细流进行拉伸,但气流流量增加引起能耗增加,参见图 9-18。

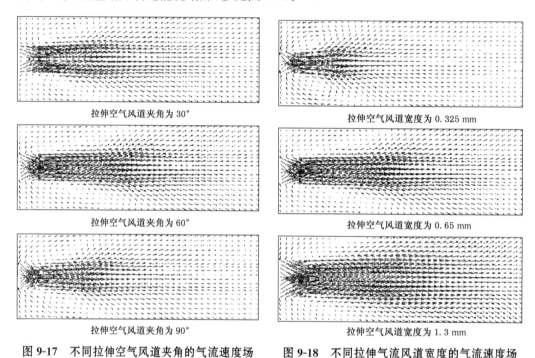

拉伸空气风道夹角为 30°

拉伸空气风道宽度为 0.325 mm

拉伸空气风道夹角为 60°

拉伸空气风道宽度为 0.65 mm

拉伸空气风道夹角为 90°

拉伸空气风道宽度为 1.3 mm

图 9-17　不同拉伸空气风道夹角的气流速度场　　图 9-18　不同拉伸气流风道宽度的气流速度场

　　图 9-19 反映了不同拉伸气流速度与聚丙烯熔喷纤网中纤维的平均直径的关系。

纺丝速度与纤维直径的关系可由式(9-8)表示。

$$Q\rho_2 = \frac{\pi}{4} \times d^2 v \rho_1 \tag{9-8}$$

式中:v——纺丝速度,m/min;

　　　d——纤维直径,mm;

　　　Q——单喷丝孔吐出体积流量,cm³/min

　　　ρ_1——纤维密度,g/cm³;

　　　ρ_2——熔体密度,g/cm³。

　　纺丝成网工艺中,在喷丝孔吐出量为 0.5 g/(孔·min)时,如要制得 10.4 μm 直径的聚酯纤维,纺丝成网纺丝速度约为 4 200 m/min,对于目前纺丝成网法工艺是可以做到的,但要做到 5 μm 直径的聚酯纤维,按式(9-8)推算,其纺丝速度要求为 18 400 m/min 左右,这样纺丝成网工艺和设备条件就存在极大困难。然而熔喷工艺就显得比较容易制造超细纤维的非织造材料,拉伸用的热空气速度 400～600 m/s 在实际生产中已被普遍应用。

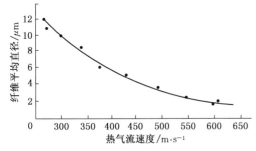

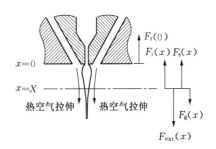

图 9-19　拉伸热空气速度与纤维平均直径的关系 　　图 9-20　熔喷工艺中熔体细流牵伸时的作用力

（每孔每分钟熔体挤出量为 0.35 g）

3）熔喷纺丝线上的力平衡

熔喷工艺在高速气流拉伸条件下,丝条的加速运动不是均匀的,高聚物熔体从喷丝孔挤出后,立即受到左右两边高速热气流喷射,沿着气流方向运动,同时克服各种阻力而被拉长细化。如图 9-20 所示,处于拉伸状态的熔体细流受到诸多力的作用,熔喷工艺中,所谓稳态拉伸,是指从喷丝头（$x=0$）到离喷丝头 X 处的一段距离上,各种作用力存在如下的动平衡：

$$F_{ext左} + F_{ext右} = F_i + F_s + F_r(0) - F_g \qquad (9\text{-}9)$$

式中：F_{ext}——X 处纺丝线所受到左侧和右侧气流拉伸力；

　　　$F_{ext} = F_{ext左} + F_{ext右}$；

　　　F_g—— 重力场对纺丝线的作用力；

　　　F_i—— 使纺丝线作轴向加速度运动所需克服的惯性力；

　　　F_s—— 纺丝线在纺程中需克服的表面张力；

　　　$F_r(0)$—— 熔体细流在喷丝孔出口处作轴向拉伸流动时所克服的流变阻力。

由于高聚物熔体从喷丝孔挤出后,立即受到左右两边高速热气流拉伸,即从喷丝头起始处（$x=0$）到距喷丝头 X 处的一段纺程极短。因此不存在如纺丝成网工艺中空气对运动着的纺丝线表面产生的摩擦阻力 F_f。熔喷工艺中,纺丝线上高聚物熔体离开喷丝孔后的流变行为强烈依靠高温高速气流的拉伸,其开放式的气流运动经常会造成纤维明显的力学波动和边界条件的变化,动平衡随之打破,造成断丝现象。因此,比较传统的化纤生产工艺条件,严格意义上讲,熔喷工艺的纺丝过程是非稳态的。

熔喷工艺对聚合物熔体细流的拉伸过程通常在 5×10^{-4} s 的时间内完成,图 9-21 为熔喷模头下纺丝线 25 次曝光的高速摄影照片,熔喷纤维在离开喷丝孔一定距离后存在左右摆动现象,其垂直于纺丝线的运动是非常明显的。图 9-22 是根据数学模型模拟的间隔时间为 0.01 s 的熔喷过程中纤维垂直于纺丝线的运动状况。

熔喷工艺中采用振动的气流拉伸方式,有利于得到更细的纤维。图 9-23 和图 9-24 显示了不同气流流量 Q_a 下拉伸气流振动频率对熔喷纤维直径的影响。结果表明,在相同的喷丝孔挤出量 Q_p 和模头中的熔体温度 T_p 及热空气温度 T_a 条件下,进入熔喷组合模头的拉伸空气如果是振动的,可获得较细的纤维,当气流振动频率高于 25 Hz 时,纤维直径显著减小,同时,拉伸空气流量增加可更有效地减小熔喷纤维的平均直径。

图 9-21　熔喷模头下 2 cm 处纺丝线
多次曝光的频闪照片

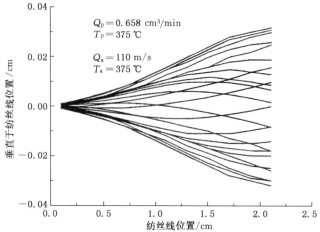

图 9-22　数学模型模拟的熔喷过程中纤维
垂直于纺丝线的运动状况

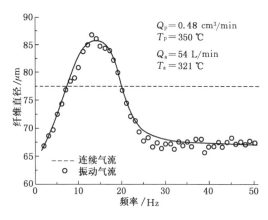

图 9-23　气流流量为 54 L/min 时气流
振动频率对纤维直径的影响

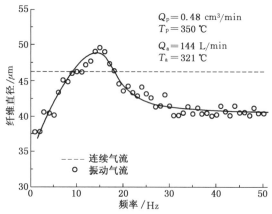

图 9-24　气流流量为 144 L/min 时气流
振动频率对纤维直径的影响

3. 成网

熔喷工艺中,经拉伸和冷却固化的超细纤维在拉伸气流的作用下,吹向凝网帘或带有网孔的滚筒(见图 9-25),凝网帘下部或滚筒内部由真空抽吸装置形成负压,由此纤维收集在凝网帘或滚筒上,依靠自身热黏合成为熔喷法非织造材料。模头喷丝孔出口处到接收帘网或滚筒的垂直距离称为熔喷工艺接收距离。

熔喷工艺中的接收装置主要有滚筒式、平网式和立体成型(芯轴)形式。滚筒式接收器其内部吸风通道分多层,以保证滚筒在整个工作宽度上吸风量一致。平网式接收器成网帘的周长固定,当成网帘传动辊左右移动时,可调节帘网成网工作面的水平位置,从而达到改变熔喷工艺接收距离的目的。目前,熔喷生产线的模头系统以及螺杆挤出机等设计在一个升降平台上,通过升降平台来调节熔喷工艺接收距离。

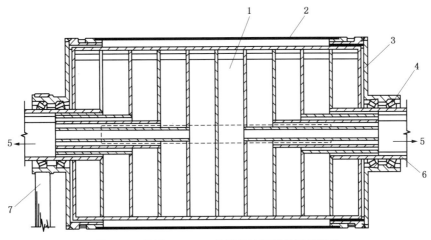

图 9-25　美国 Accurate 公司的熔喷接收滚筒机构

1-固定内胆的垂直抽吸区　2-筛网　3-回转滚筒　4-轴承　5-抽吸风　6-固定内胆　7-机架

　　生产熔喷滤芯时,可采用立体接收装置。间歇式立体接收装置的特点是整个接收装置来回移动,熔喷成型的超细纤维多层次地缠绕在转动的芯轴或骨架上;成型时外表面采用成型压辊整形;通过改变接收距离,可生产具有密度梯度的滤芯;改变芯轴尺寸,可生产不同内径的滤芯;调节成型压辊位置,可生产不同外径的滤芯。由于每根滤芯制成后需更换芯轴,因此间歇式立体接收方式的制成率较低。

　　连续式立体接收装置的接收芯轴呈悬臂梁形式,结构较复杂,接收芯轴呈空心状,内配有用来输出管状滤芯的传动轴,该传动轴头端配有螺纹,依靠管状滤芯内壁和螺纹头的速度差产生的推力将管状滤芯连续输出。连续式接收装置生产具有密度梯度的滤芯时,应配置多个不同接收距离的熔喷模头。和间歇式立体接收方式相比,连续式接收装置正常生产时没有边角料,因此制成率要高得多。

4. 熔喷工艺的能耗

　　与其他非织造工艺相比,熔喷工艺明显存在能耗高的问题,高熔体指数聚丙烯树脂的应用可有效地降低熔喷工艺的能耗。如图 9-26 所示,高熔体指数聚丙烯树脂的应用,显著地

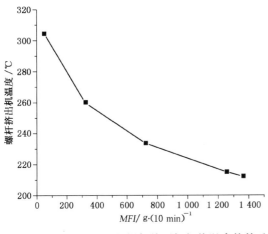

图 9-26　聚丙烯 MFI 与螺杆挤压机加热温度的关系

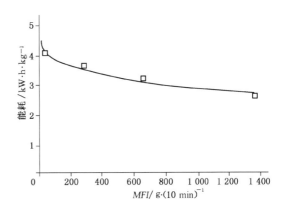

图 9-27　聚丙烯 MFI 与熔喷能耗的关系

降低了螺杆挤出机的加热温度,同时,熔喷模头以及拉伸热空气的温度也可降低。图 9-27 显示,当聚丙烯树脂的熔体指数由 20 提高到 1 400 时,熔喷工艺的能耗下降达 35% 左右。

5. 熔喷工艺的发展

熔喷工艺近期进展主要有工艺自身的拓展及与其他非织造工艺的组合交叉应用。熔喷工艺与设备已有很大的进展,从单一聚合物原料、圆截面纺丝发展为多种原料复合熔喷、异形截面纤维纺丝等,出现了利用高压静电场中的静电力来生产超细纤维的静电熔融纺丝工艺。熔喷工艺与其他非织造工艺的结合可扩大熔喷非织造材料的产品品种,拓展其应用领域。如干法梳理工艺引入熔喷工艺,可得到弹性良好的保暖材料。此外,熔喷工艺可与水刺、针刺以及缝编等非织造工艺交叉组合应用,熔喷非织造材料可与其他材料叠层复合。

9.2.3 典型熔喷生产设备

1. 德国 Reifenhaüser 公司熔喷生产设备

图 9-28 和图 9-29 分别为 Reifenhaüser 公司的熔喷生产设备和熔喷纺丝成网复合生产设备,其原料喂入采用多料斗,便于添加色母粒和其他添加剂。熔喷生产线的模头水平位置固定,通过平网式接收装置传动辊的左右移动来调节熔喷工艺接收距离。Reifenhaüser 公司熔喷纺丝成网复合生产线的退卷装置可退卷各种材料,如退卷纺丝成网非织造材料,最终形成 SMS 材料,退卷塑料薄膜,则可生产复合防护服材料,因此,该复合生产线的产品品种变换较灵活。

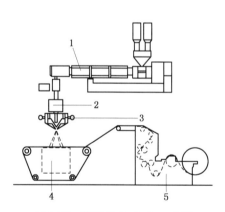

图 9-28 德国 Reifenhaüser 公司
的熔喷生产设备
1-挤出机 2-计量泵 3-熔喷模头系统
4-成网装置 5-切边卷绕装置

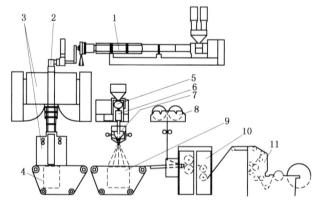

图 9-29 德国 Reifenhaüser 公司的 Reicofil(SMS)生产设备
1-纺丝成网部分的挤出机 2-计量泵 3-气流冷却拉伸及分丝装置
4-成网装置 5-熔喷系统的挤出机 6-计量泵 7-熔喷模头系统
8-退卷装置 9-熔喷成网装置 10-热轧复合装置 11-切边卷绕装置

2. 美国 Accurate 公司熔喷生产设备

美国 Accurate 公司与 Exxon 公司在熔喷领域的合作始于 1967 年,当时 Accurate 公司根据 Exxon 公司的要求制作了第一个 25.4 cm 的熔喷模头。

20 世纪 80 年代初,Accurate 公司运用流体动力学原理,并利用公司为航天工业提供精密机械加工的经验与技术,设计并制造出新型的组合式熔喷模头系统。该组合式熔喷模头在熔喷成网均匀性、拉伸空气速度一致性以及操作维护的简单性等方面取得了显著的效果,参见图 9-30。Accurate 公司熔喷生产线包括空压机、空气加热器、树脂喂料机、挤出机、过滤网切换装置、计量泵、组合式熔喷模头系统、滚筒式接收装置、卷绕机以及计算机控制系统。

图 9-30　美国 Accurate 公司组合式熔喷模头

图 9-31　美国 Biax fiberfilm 公司的熔喷系统

3. 其他熔喷工艺与设备

美国 Biax fiberfilm 公司开发出一种具有多排喷丝孔并列排列的熔喷设备,参见图 9-31。

图 9-32 是该系统的熔喷模头示意图,聚合物熔体 1 从毛细管 3 中挤出,热空气腔 2 中的拉伸热空气 4 从筛网 5 与毛细管 3 组成的缝隙中喷出,并将从毛细管 3 中挤出的聚合物熔体拉伸成超细纤维 7。由于采用多排喷丝孔,因此熔喷模头每英寸长度上最多可有 332 孔,这样就大大提高了生产速度,增加了产量。工作宽度较大时,配置多个计量泵,以保证熔喷纤网面密度的均匀性。Biax fiberfilm 熔喷系统通过更换模头,可生产 $1 \sim 50$ μm 纤维直径的熔喷非织造材料,当模头工作宽度为 500 mm 时,产量为 300 kg/h,纤维直径为 2 μm、6 μm、10 μm 时,能耗分别为 6.6 kW·h/kg、3.3 kW·h/kg、1.54 kW·h/kg。

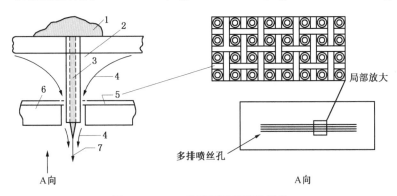

图 9-32　Biax 熔喷原理及喷头结构

1-聚合物熔体　2-热空气腔　3-毛细管　4-拉伸热空气　5-筛网　6-盖板　7-超细纤维

图 9-33 所示为利用离心力使聚合物熔体变成短纤维并成网的熔喷工艺。聚合物由输送管 3 经过泵的作用而压入到旋转喷丝器 2 中,从喷丝孔挤出,形成熔体细丝。熔体细丝受到旋转喷丝器转动产生的离心力而拉伸成为长度和粗细不一的纤维,并向四周飞散,凝集在

环绕旋转喷丝器周围的凝网帘 1 上,形成纤网后再经过轧辊 5 加固后成卷。

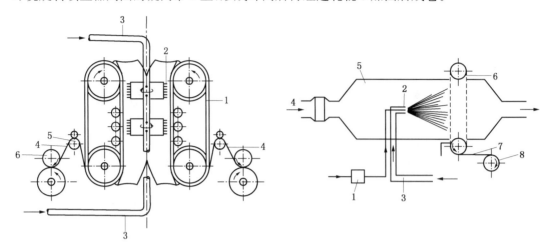

图 9-33　离心法熔喷工艺原理　　　　　　　图 9-34　利用两股空气流的熔喷工艺原理

1-凝网帘　2-旋转喷丝器　3-聚合物熔体输送管道　　　1-计量泵　2-喷丝器　3-高压空气管道　4-空气流
4-熔喷非织造材料　5-轧辊　6-布卷　　　　　　5-成网管道　6-成网帘　7-熔喷非织造材料　8-布卷

　　图 9-34 为利用两股空气流使聚合物熔体形成短纤维并成网的熔喷工艺。聚合物熔体由计量泵 1 打入喷丝器 2 并从喷丝孔中挤出,一股高压空气流由管道 3 导入喷丝孔的外侧喷口,同时另一股空气流 4 进入成网管道 5,喷丝孔挤出的聚合物熔体细流拉伸成短纤维并收集在成网帘 6 上,形成纤网 7 后卷成布卷 8。由于纤维在成网时尚未完全冷却,因此纤维间可黏合,使纤网具有一定的强度,此外纤网的结构也较蓬松,孔隙度高。

9.3　熔喷非织造材料的性能

9.3.1　熔喷非织造材料的结构与性质

　　熔喷非织造材料的结构特点之一是纤维细度较小,通常小于 10 μm,大多数纤维的细度在 1～4 μm,参见图 9-35。熔喷工艺是一个非稳态的纺丝过程,聚合物熔体离开喷丝孔后在开放环境中依靠高温高速气流拉伸,拉伸气流的波动造成纺丝线上的力学波动,因此拉伸力是一个难以控制的多变函数。熔喷工艺中的热空气拉伸、冷却以及成网是一步法工艺,纤维丝条的导热系数的波动、冷却空气的速度和温度显著地影响到熔喷纤维的结构和纺丝线上的空气速度和温度的分布,因此,从熔喷模头喷丝孔到接收装置的整条纺丝线上,严格意义上讲各种作用力无法保持动平衡。由于这种区别于传统纺丝工艺条件的非稳态纺丝过程,造成了熔喷纤维粗细长短的不一致,参见图 9-36。从偏光显微镜上观察可知,非均匀拉伸和变化冷却条件下成型的熔喷纤维,其结晶和取向也是不均匀的。

　　偏光显微镜观察表明,熔喷和纺丝成网纤维尽管都存在球晶形态,但它们的球晶晶型有所不同。熔喷聚丙烯纤维的 X 射线衍射图只有 2 个明显的衍射峰,参见图 9-37(a),峰形不尖锐,且有平台出现,所表征的晶胞结构主要是近于拟六方酰晶结构和 α 晶型的 2 种变体,其中酰晶变体占优势。这种情况完全取决于熔喷自身的工艺条件,聚合物熔体从熔喷模头喷丝孔

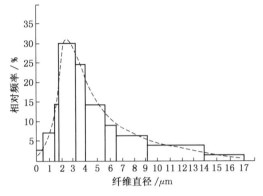

图 9-35 聚丙烯熔喷纤维直径分布直方图

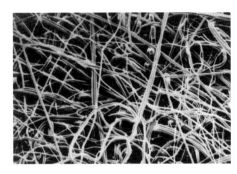

图 9-36 熔喷非织造纤网的扫描电镜照片

挤出后受到急冷,冷却工艺温度小于 70 ℃产生的变态的晶胞结构是不稳定的,属近晶态,而不是人们熟悉的如单斜晶系的 4 个衍射峰。纺丝成网聚丙烯纤维具有 4 个明显的衍射峰,参见图 9-37(b),比较尖锐衍射峰所表征的晶胞结构主要是 α 晶型,属单斜晶系。同时纺丝成网聚丙烯纤维的 X 射线衍射强度显著高于熔喷聚丙烯纤维。研究表明,外界工艺条件显著影响不同晶型的生成,喷头拉伸和张力越大以及在纺丝线上通过的时间越短,纤维的结构越不稳定。

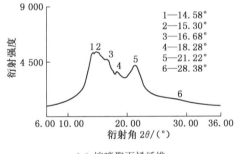

(a) 熔喷聚丙烯纤维

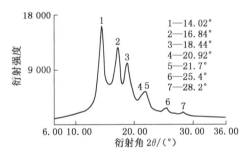

(b) 纺丝成网聚丙烯纤维

图 9-37 熔喷和纺丝成网聚丙烯纤维的 X 射线衍射强度分布图

在各种拉伸速度和流动速率下,结晶开始的温度取决于高冷却速率所造成的过冷作用的影响和纤维分子取向所产生的结晶速率增加之间的平衡。熔喷工艺与纺丝成网工艺相比,具有较高的聚合物熔体挤出温度和冷却速率,将造成结晶度减小。观察熔喷聚丙烯纤维和纺丝成网聚丙烯纤维的广角 X 衍射照片,两者晶区取向程度和晶格大小是不同的。纺丝成网聚丙烯纤维的德拜环上的弧状斑点比较明显,纤维结晶区取向程度明显要高于熔喷聚丙烯纤维,参见图 9-38 的广角 X 射线衍射照片。

熔喷和纺丝成网工艺中,聚合物分子取向主要为处于熔体状态下的流动取向,包括喷丝孔中切变流场中的流动取向和出喷丝孔后熔体在拉伸流场中的流动取向。图 9-39 表明,熔喷和纺丝成网聚丙烯纤维的双折射 Δ_n 均随拉伸倍数的增加而提高,而且纺丝成网聚丙烯纤维的双折射比熔喷聚丙烯纤维要高得多,该结果与偏光显微镜色那蒙补偿法实测的情况是

一致的。因此,熔喷成型的纤维强度较差,常规聚丙烯短纤维的强度为 3.9~6.4 cN/dtex,拉伸质量较好的聚丙烯纺丝成网非织造材料的单丝强度可达到 2.9~4.9 cN/dtex,而熔喷非织造材料的单纤维强度仅为 1.5~2.0 cN/dtex。

 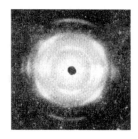 

(a) 熔喷聚丙烯纤维　　　　(b) 纺丝成网聚丙烯纤维　　　　(c) 普通聚丙烯短纤

图 9-38　聚丙烯纤维的广角 X 射线衍射照片

图 9-40 是一组在双组分熔喷生产线上制成的双组分聚合物原料熔喷非织造材料的电镜照片。照片中可观察到,双组分熔喷纤维呈卷曲或扭曲的形状,这是因为在纤维成型过程中,双组分中的每一种聚合物熔体的热性能和流变性能是不同的,同时在冷却过程中具有不同的收缩率。研究表明,与单组分熔喷非织造材料相比,双组分熔喷非织造材料具有更好的蓬松性、弹性以及较好的抗渗性,而且通过分裂纤维的方式可以得到更细的纤维。

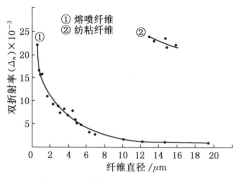

图 9-39　熔喷和纺丝成网聚丙烯纤维直径与双折射率的关系

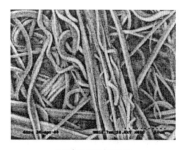 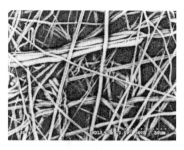

25%PET/75%PP　　　　　　50%PBT/50%PP

 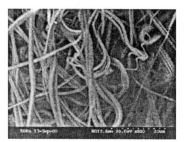

50%PET/50%PP　　　　　　75%PE/25%PA-6

图 9-40　双组分聚合物熔喷非织造材料的纤网结构

图 9-41 表明,当聚丙烯熔喷非织造材料的面密度和其他工艺条件不变时,其透气率与熔喷工艺接收距离呈近似正比关系。其主要原因是随熔喷工艺接收距离增大,熔喷纤维运行速度趋缓,在成网帘上凝聚时形成了蓬松的纤网结构。纤网蓬松度增加,将造成聚丙烯熔喷非织造材料的最大孔径和平均孔径变大,参见图 9-42。另外,聚丙烯树脂熔体指数的变化,对纤网的透气率和最大孔径的影响较小,但对纤网的平均孔径影响较显著。较低的熔体指数和较小的气流拉伸速度,在聚丙烯熔喷非织造材料的面密度和其他工艺条件不变时,造成熔喷纤维变粗,纤网平均孔径变大。

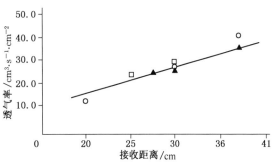

图 9-41 接收距离与聚丙烯熔喷
非织造材料透气率的关系

□-MFI 为 1 400,拉伸空气控制阀打开率为 90%
○-MFI 为 35,拉伸空气控制阀打开率为 90%
▲-MFI 为 1 400,拉伸空气控制阀打开率为 95%

聚丙烯熔喷非织造材料的最大孔径、平均孔径和透气率,均随纤网面密度增加而减小,而纤网面密度超过 50 g/m² 时,平均孔径和透气率的变化趋势减小,参见图 9-43。

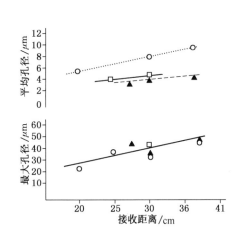

图 9-42 接收距离与聚丙烯熔喷
非织造材料平均孔径和最大孔径的关系

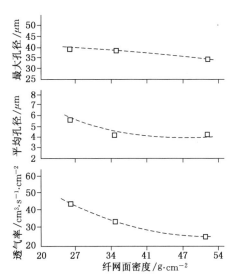

图 9-43 熔喷纤网面密度与平均孔径、
最大孔径和透气率的关系

9.3.2 熔喷非织造材料的物理力学性能

熔喷工艺的复杂性,决定了影响熔喷非织造材料物理力学性能的因素较多。聚合物原料性能以及熔喷工艺条件直接影响产品的性能。影响熔喷非织造材料性能的工艺参数分在线参数和离线参数。在线参数是指在熔喷生产过程中可按需调节的变量,主要有聚合物熔体挤出量与温度、拉伸热空气速度和温度以及熔喷接收距离等。离线参数是指只能在设备不运转时才能调节的变量参数,如熔喷喷丝头喷丝孔形状、拉伸热空气通道尺寸及拉伸热空气通道夹角等等。

熔喷非织造材料的强度与纤网面密度以及密度相关。通常,随着纤网面密度的增加,熔喷非织造材料的纵横向拉伸强力均有所增加,参见图9-44。但纤网密度对熔喷非织造材料强度的影响较大,对于一定面密度的熔喷非织造材料,纤网密度越小,拉伸断裂强度越低,而拉伸断裂伸长越大。如纤网密度增加,则对提高纤网的断裂强度有利,但拉伸断裂伸长减小。熔喷纤网中的纤维呈杂乱排列,对纤网强度的贡献除了纤维本身强度外还取决于纤维之间的热黏合程度。根据研究,熔喷纤网中纤维之间的热黏合程度与熔喷工艺条件相关,其中熔喷工艺接收距离的影响尤为显著。

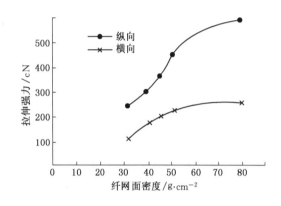

图9-44　聚丙烯熔喷非织造
纤网面密度和拉伸强力的关系

图9-45　团聚状排列的熔喷纤维

熔喷工艺接收距离影响熔喷纤网的蓬松度和纤维之间的热黏合程度。通常情况下,减小接收距离,拉伸热空气冷却和扩散不充分,熔喷纤维之间的热黏合效率得到改善,造成产品的蓬松度下降,纤网体积密度增加,此时纤网中的纤维多数卷曲并呈团聚状结构,如图9-45所示。

当接收距离增大时,纺丝线上纤维丝条和拉伸热空气的温度均迅速下降,造成熔喷纤网中纤维之间热黏合效率降低,纤维之间黏连频度下降,同时,纤维向成网帘或滚筒的运行速度降低,造成熔喷纤网具有较高的蓬松度,纤网强力仅取决于纤维之间的缠结和抱合,同时可观察到多数纤维呈伸直状态,并出现较严重的并丝现象。图9-46和图9-47表明,随着熔喷接收距离的增大,熔喷非织造材料的纵横向断裂强力和弯曲刚度均呈下降趋势。观察图9-48和图9-49,随着熔喷接收距离的增大,熔喷非织造材料撕破强力下降趋势快于顶破强力。

对于一定的熔喷设备,其拉伸热空气速度存在极限。在其他工艺参数不变的条件下,增加聚合物熔体挤出量,参见图9-50和图9-51,将导致拉伸空气对每个喷丝孔挤出的熔体细流拉伸作用的削弱,最终使制成的纤维平均直径变大。由于纤维直径变大,纤维根数减少,使纤维在接收装置上凝聚时相应的接触面积变小,发生自黏的部位也相应减小,从而最终导致熔喷非织造材料的纵向强度和顶破强度减小。聚合物熔体挤出量提高,反映为熔喷生产

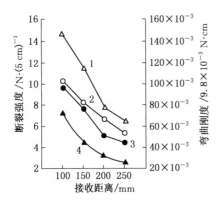

图 9-46　接收距离与纵向断裂
强度及弯曲刚度的关系

1-螺杆转速 12 r/min 时纵向弯曲刚度

2-螺杆转速 12 r/min 时纵向断裂强度

3-螺杆转速 8 r/min 时纵向断裂强度

4-螺杆转速 8 r/min 时纵向弯曲刚度

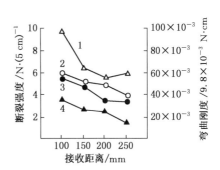

图 9-47　接收距离与横向断裂
强度及弯曲刚度的关系

1-螺杆转速 12 r/min 时横向弯曲刚度

2-螺杆转速 12 r/min 时横向断裂强度

3-螺杆转速 8 r/min 时横向断裂强度

4-螺杆转速 8 r/min 时横向弯曲刚度

能力的增加。但对于一定的熔喷设备来讲,其产量是严格受到工艺条件的制约,如熔喷喷丝头喷丝孔数量和孔径、拉伸热空气速度或流量等。

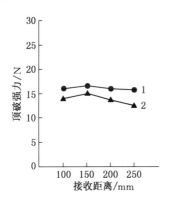

图 9-48　接收距离与
顶破强力的关系

1-螺杆转速 12 r/min 时顶破强力

2-螺杆转速 8 r/min 时顶破强力

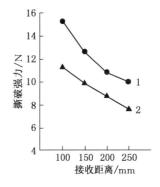

图 9-49　接收距离与
撕破强力的关系

1-螺杆转速 12 r/min 时撕破强力

2-螺杆转速 8 r/min 时撕破强力

图 9-52 所示为熔喷纤维直径和聚合物熔体挤出量之间的关系。熔喷喷丝头喷丝孔每分钟挤出的聚合物熔体克数越高,则纤维越粗。实验表明如拉伸热空气速度达到 500 m/s 时,要得到平均直径为 1 μm 的纤维网,则聚合物熔体挤出量往往只能控制在 0.023 g/(孔·min)以下。因此,在保证熔喷非织造材料产品纤维细度的前提下,要提高熔喷产量,必须增加熔喷模头喷丝孔的数量。图 9-53 反映了熔喷生产线中接收装置线速度和纤网面密度的关系,在纤网面密度小于 10 g/m² 时,线速度较高,而生产面密度超过 30 g/m² 的熔喷非织造材料时,线速度大幅度降低。

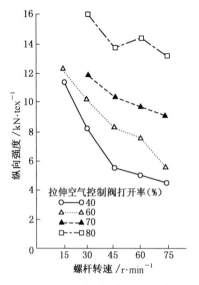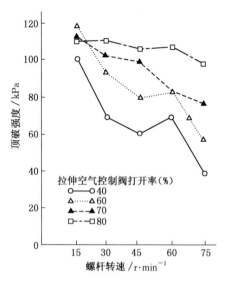

图 9-50　螺杆转速、气阀开孔率与
熔喷非织造材料纵向强度的关系

图 9-51　螺杆转速、气阀开孔率与熔喷
非织造材料顶破强度的关系

拉伸热空气速度是熔喷工艺中重要的工艺参数，直接影响到熔喷纤维细度。对于一定的聚合物熔体挤出量及一定的熔体黏度，拉伸热空气速度越大，则纺丝线上聚合物熔体细丝受到的拉伸作用越大，纤维越易变细。

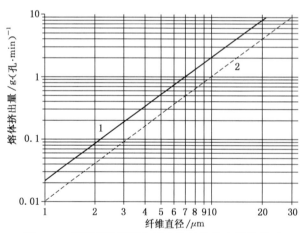

图 9-52　熔喷纤维直径与聚合物熔体挤出量的关系
1-拉伸热空气速度为 500 m/s　2-拉伸热空气速度为 200 m/s

实验证明，采用熔体指数为 300 的聚丙烯切片原料，在 5 种拉伸空气控制阀打开率 K（％）（表征拉伸热空气速度）与 3 种螺杆转速（表征熔体挤出量）条件下进行熔喷工艺试验，可得到纤维直径、气阀开孔率和螺杆转速之间的关系，参见图 9-54。在每一种螺杆转速条件下，熔喷纤维直径都随拉伸热空气速度增加而减小；随聚合物熔体挤出量 Q 增加而增大。同时，拉伸热空气速度增大到一定程度时，对减小纤维直径的作用减弱。从另一方面看，拉伸热空气速度增大到一定程度时，增加聚合物熔体挤出量，纤维直径增大现象

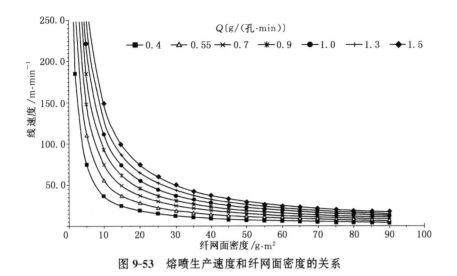

图 9-53　熔喷生产速度和纤网面密度的关系

不显著。因此,在工业化生产中,通常采取高拉伸热空气速度来补偿因聚合物挤出量增加而引起的纤维直径变化,也即拉伸热空气速度与聚合物挤出量必须相匹配。

　　熔喷工艺中,拉伸热空气速度除了影响纤维细度之外,还影响到纤网中纤维之间的热黏合效果。通常,提高拉伸热空气速度,有利于提高纤维强度并改善纤网中纤维之间的热黏合程度。

　　熔喷温度是指熔喷模头的工作温度,可用以调节聚合物熔体的黏度。在其他工艺条件不变时,聚合物熔体黏度越低,熔体细丝可拉伸得越细。因此熔喷工艺中采用高 MFI 的聚合物切片原料,较易得到超细纤维。但是,熔体黏度过小会造成熔体细丝的过度拉伸,形成的超短超细的纤维会飞散到空中而无法收集,在熔喷工艺中也称"飞花"现象。因此熔喷工艺中聚合物熔体黏度并不是越小越好,为了防止熔体在剪切力作用下产生破裂,聚合物熔体黏度应保持在一定的范围内。熔喷常用聚丙烯原料的熔体黏度为 50 ～ 300 Pa·s。

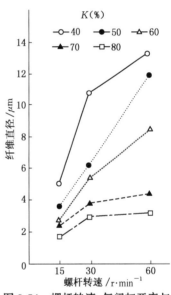

图 9-54　螺杆转速、气阀打开率与熔喷纤维直径的关系

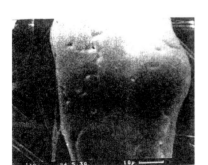

图 9-55　熔喷纤网中的"料滴"现象

　　熔喷纤网中常出现没有拉伸成超细纤维的团块状聚合物,电镜照片图 9-55 所示的粗纤维称为"料滴"现象(或称"shot"现象)。造成"料滴"现象的因素主要有:拉伸热空气的速度太小或熔体黏度太高,部分熔体细丝的拉伸不彻底,熔体细丝未及完全拉伸就脱离喷丝孔并与其他纤维一起收集到成网装置上;熔体黏度太

低,拉伸热空气速度高时,喷丝孔对熔体的握持作用减弱,造成某些熔体还没有被拉伸成纤维便脱离喷丝孔;正常生产时突然减小挤出量,聚合物原料在螺杆挤出机及熔喷模头中停留时间过长,过度热降解引起熔体黏度减小,造成纺丝线上力平衡被破坏。由此可见,熔喷工艺应根据不同的聚合物原料,正确设置熔体挤出量、熔喷温度和拉伸热空气速度,并应注意到这些工艺参数之间存在着相互依赖的关系。

9.3.3　熔喷驻极技术及材料过滤性能

9.3.3.1　熔喷驻极技术

聚丙烯熔喷非织造过滤材料具有纤维细、空隙多而空隙尺寸小的结构特性。聚丙烯属于非极性高分子聚合物,具有良好的电荷储存稳定性,通过熔喷工艺和驻极技术可以制备成驻极体熔喷材料。早在1976年科学家成功研制出小条状的带电聚丙烯薄膜,目前经驻极技术处理的聚丙烯熔喷非织造布已被广泛应用于空气净化、防护口罩等领域中,有效过滤不同粒径尺寸的颗粒物,甚至能够去除带有病毒的微颗粒物,其过滤细菌效率高达98%以上。

熔喷驻极技术能够在不增加过滤阻力的条件下,提高熔喷非织造材料的过滤性能,是延长过滤材料时效性的有效技术手段,已在高效低阻聚丙烯纤维类空气过滤材料的生产中被普遍应用。目前针对聚合物纤维过滤材料的驻极技术有:电晕驻极(Corona charge)、诱导驻极和摩擦驻极。工程化应用成熟的聚丙烯熔喷驻极技术有高压电晕驻极和液体(水)驻极(Hydro charge)两大类。

驻极工艺技术中的聚丙烯纤维的极化电荷是来自于取向偶极子的冻结,其偶极电荷来源有三种方式:一是外电场导致聚丙烯结晶部分的极性基团定向排列;二是由于自身结构缺陷或聚丙烯内部结构不均匀,结晶区和非结晶区交错分布其中,在晶粒的两个端面产生界面极化(Maxwell-Wagner效应)并积聚相反的电荷,这类似于取向极化;三是极化电场对介质内部杂质离子产生的一个宏观位移,当移至靠近异号电极的界面层时被陷阱捕获。

由于等规聚丙烯中碳氢键的电子亲和势比较低,极性较弱,等规聚丙烯滤料的驻极体空间电荷极少是源自分子链的特殊位置,其空间电荷主要来源于界面极化和空间电荷在晶粒的两个端面上的积聚。所以,聚丙烯驻极体纤维滤料的电荷主要源自于结晶区与非结晶区之间的界面极化和空间电荷在晶粒的两个端面上的积聚。另外,熔喷聚丙烯纤维结晶度的增长与晶粒尺寸的降低可以明显提高空间电荷的捕获和存储稳定性。因此为了提高聚丙烯非织造布驻极体过滤材料的过滤性能,需要选取等规聚丙烯为原料,通过调控等规聚丙烯纤维的晶相结构,并研究对其过滤性能的影响。

1)电晕驻极技术

电晕驻极是一种可以在常温常压条件下进行连续充电的驻极方法,产生的非均匀电场会使电极附近的空气分子被电离成正负离子,这些正负离子束轰击电介质并沉积于纤维的表面和近表面形成驻极体。电晕驻极装置是由高压电源、电极和接地金属板构成,电极可以是单针点或多针点,且针端位于同一水平面,还可以采用线状金属丝、刀口型电极进行电晕充电。

影响电晕驻极的主要工艺参数有驻极电压、驻极距离、驻极时间、环境温度和湿度等。

研究显示,合理参数条件下,驻极时间越长,驻极距离越短,驻极电压越高则驻极效果越好,其中主要影响因素是驻极电压。随着驻极电压的增加,熔喷材料的驻极效果出现先增加至最大值,然后逐渐降低的过程,主要原因是由于材料中的电荷趋于饱和。此外,研究发现驻极电压过高时还会出现电火花现象,影响驻极效果。最新研究发现"电晕蓝光"中出现强烈电火花时会导致材料过滤效率下降。聚丙烯熔喷非织造材料在摄氏 75 ℃ 环境下的驻极效果比常温条件下更好,原因可能是温度越高,电荷迁移率增加,更多的电荷进入材料内部,提高电荷储存能力,电荷储存稳定性增加,同时环境温度高可以降低空气湿度,减缓电荷衰减。

电晕驻极可在常温常压下操作,适用于所有驻极体纤维,广泛应用于聚丙烯驻极体熔喷非织造布的产业化生产,但由于驻极过程采用非均匀电场,熔喷非织造布中的电荷密度可能不够均匀,可以通过正反面驻极方法,多次驻极和合理排列电极等方法加以改善。高压电晕驻极设备主要由高压电源发生器、驻极针板或驻极丝电极和接地电极三部分组成。根据静电发生器的基本原理,由降压电路、整流滤波电路、稳压电路组成的稳定直流电源提供能量,经振荡线圈或集成电路产生自激振荡,将其转换成 5～20 kHz 的频率,并升压至 5～15 kV 交变电,再经多级倍压整流,即可获得驻极电压为 10～150 kV 的高压静电场。

如图 9-56 正电电晕驻极技术及电荷存储机制所示,当对针尖电极施加正高电压时,针尖周围的电场会发生改变,扭曲的电场使空气中的中性分子电离出 H^+、NO^+ 和 NO_2^+ 离子,正电电晕驻极过程见图 9-56a。由于高压电极与地电极之间的电势差较大,这些正离子向地电极移动并沉积在熔喷聚丙烯非织造布表层上,形成空间电荷。在这个过程中,聚合物的结构缺陷和杂质缺陷很重要,因为它们可以为空间电荷提供额外的存储位置,空间电荷在聚丙烯中的存储机制见图 9-56b。此外,电荷吸引与极化机制见图 9-56c,熔喷聚丙烯纤维表面的正电荷在纤维层内部形成"微静电场",当过滤气流通过纤维层时,"微静电场"的库仑力可以有效地吸引气流中的带负电粒子,而且还可以使中性粒子产生极化,接近正电荷的一侧显现负电性,远离正电荷的一侧显现正电性,从而使得中性粒子服从异性电荷相吸规律被正电荷吸引捕获。

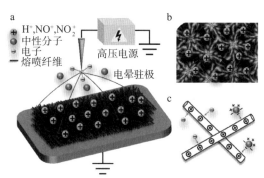

图 9-56　正电电晕驻极技术及电荷存储机制
a-正电电晕驻极过程,b-空间电荷在聚丙烯中的存储机制,c-电荷吸引与极化机制

研究认为聚丙烯驻极体材料中的电荷主要来源于空间电荷,空间电荷又称为捕获电荷,是指在外加电场作用下沉积到介质表面或内部并被捕获的带电粒子。它主要发生在三种结构层次上:(1)电荷被分子结构的特殊位置捕获,如聚合物链段中,具有强电负性的化学键

中,但由于聚丙烯极性较弱,C—H键的电子亲和势低,该层次并不是空间电荷的陷阱来源;(2)电荷被束缚在相邻分子间的原子基团内,通过电子亲和势来约束捕获的电荷;(3)高分子聚合物中存在大量晶区和非晶区相互交错,当极化电流通过聚合物介质时,被捕获在高度有序的微晶区域或微晶-非晶界面上的电荷。驻极体材料是指能够长期储存电荷的电介质,其电荷衰减速度慢,通过驻极技术处理后,在电介质材料的表面、近表面或内部形成准永久电荷。由于未经电晕驻极处理的熔喷聚丙烯非织造布如果仅依靠超细纤维网的机械拦截效应,实际很难过滤空气中的微小颗粒物(粒径≤0.3 μm),若采用更加细化纤维直径,减小孔径的方法来提高机械拦截效应,必然导致过滤阻力的急剧上升。

2) 液体驻极技术

液体驻极是一种新型摩擦驻极技术,即采用经过特殊处理的液体在压力作用下,从喷雾装置中喷出,雾状液滴在喷射力和负压抽吸风力的双重作用下,液滴流体和空气流体同时高速穿透,通过具有弯曲通道的纤维网,两相不同物质对纤维进行充分摩擦,由摩擦起电产生的电荷沉积在各纤维内部。

熔喷聚丙烯非织造布采用的液体驻极技术,主要以经过特殊处理的纯水或超纯水(Ultrapure water)为液体,即俗称水驻极。液体驻极设备主要包括水处理装置、喷淋装置、抽吸装置和烘干装置等组成。原水为标准的自来水,经过砂石罐和活性炭过滤后,再进行一级和二级反渗透膜过滤,液体驻极用工艺水的多级处理流程见图9-57,液体驻极工艺水的关键指标是电导率。水的电阻率是指某一温度下,边长为1 cm正方体的水的相对两侧间的电阻,单位为Ω·cm或MΩ·cm,电导率为电阻率的倒数,单位为S·cm^{-1}或μS·cm^{-1}。原水经过多级过滤处理后,形成工艺用纯水或超纯水,水的电导率越小,水质越纯,所含有的离子越少。同时,严格控制工艺水中的细菌、病毒、二噁英等有机物质含量;和去除会影响电导率的矿物质及微量元素,理论上讲,也就是去除氧和氢以外所有原子的水。水处理装置可以将工艺水的电导率控制在0.1~2.5 μS·cm^{-1}范围内(水温条件为25℃时),实际应用液体驻极工艺水的电导率控制在0.125~2 μS·cm^{-1}范围。水的电导率越大,意味着水中的电解质越多,而电解质都会发生不同程度的电离反应,生成离子会严重影响液体驻极效果,因此水的电导率高低控制需根据驻极工艺要求制定。

图9-57 液体驻极工艺水的多级处理流程

典型的液体驻极技术及工艺流程见图9-58,液体驻极工艺过程是将熔喷非织造布喂入驻极装置中,调节喷淋装置与抽吸风机的压力,使得特殊处理后的超纯水从喷淋装置中喷出,并高速穿插具有弯曲通道的熔喷纤维网,造成微水流体、空气流体与纤维网中的纤维进行过多相摩擦,液体驻极工艺原理见图9-58a。

然后将液体驻极后的湿态熔喷非织造布输入到烘箱中进行脱水干燥,需要考虑到改性熔喷非织造布在干燥过程中温度对聚丙烯结晶速率的影响,避免聚丙烯发生二次结晶,造成结晶度变化、晶粒尺寸增大。实验证明,烘箱过高的温度设置会破坏改性熔喷纤维中已形成的有序晶核,烘干脱水工艺温度过高易造成聚丙烯的黏度变小,链段运动提高,晶核扩散加大,促进晶粒尺寸增大,晶体再次生长。喷射式烘干脱水原理见图9-58b,为了防止熔喷纤维中的细小晶粒被破坏,利用大风量、低温度的工艺原理,保证低温工艺条件下的干燥速度,因此,需保证烘箱路径有足够的长度,干燥脱水及卷绕设备如图9-58c所示,至此熔喷非织造布的液体驻极工艺过程完成。

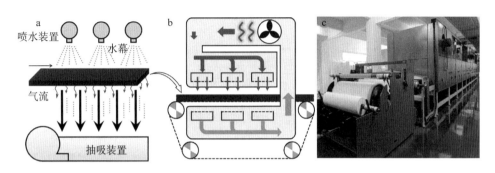

图9-58 液体驻极技术及流程
a-液体驻极工艺原理,b-烘干脱水原理,c-干燥脱水及卷绕设备

液体驻极技术,充分利用了微水流、气流与纤维之间的三相摩擦原理,这种液体驻极工艺是气液固三相"立体"摩擦的过程,"三相摩擦"所产生的正负电荷储存或禁锢于熔喷纤维的"深阱"中,实现了熔喷非织造布厚度方向上正负电荷的均匀分布与储存,弥补了电晕驻极电荷仅分布和存储在熔喷非织造布表面与近表面的缺陷。"三相摩擦"后,熔喷非织造布电荷的极性与分布和电晕驻极孑然不同,表面电势有正负之分,电势值离散性大,没有明显规律,说明熔喷非织造布中存在了大量的正负电荷,当某点位附近的正电荷较多时,表面电势值为正,反之呈负,即液体驻极的熔喷非织造布既携带正电荷又有负电荷,并从厚度方向观察,电荷呈无规律性分布在纤网内部。

有研究认为,熔喷纤维与纤维之间接触与分离过程中电荷的转移机理见图9-59。在熔喷纤维表面不同部位上,可能存在表面分子的拉伸或压缩,导致熔喷纤维表面的曲率不一致,由此使得纤维表面不同部位的表面能级En存在差距,见图9-59a、d。从而当熔喷纤维之间发生物理接触时,由于表面能级En的差异,纤维α中处于高能级的电子可以依靠纤维的接触转移到另一根纤维β中,见图9-59b、e。当两根熔喷纤维再次分离时,转移后的电子不能及时返回纤维α,从而使得纤维α的接触点带正电,纤维β的接触点带负电,参见图9-59c、f。这意味着曲率的存在"打破"了两边的对称性,从而改变了表面态的能级En,导致相同材料之间发生电子转移,尽管这种转移比不同材料之间电子转移概率要小得多。熔喷纤维表面曲率与表面能之间的相关性与固体接触过程中电荷转移理论是一致的,从理论上证实了熔喷纤维上能同时存在正负电荷的现象。

液体驻极的工艺过程中,当水滴接触聚丙烯熔喷纤维时,由于热运动和高压喷射,会使H_2O和水中的阴离子OH^-及阳离子H^+与熔喷纤维表面发生相互作用,聚丙烯大分子和水分子的电子云会发生重叠,H_2O中O原子上的电子可以转移到熔喷纤维的聚丙烯大分子链上,使纤维带上负电荷,同时,H_2O在短时间内变成H_2O^+,而后与其他水分子结合,生成

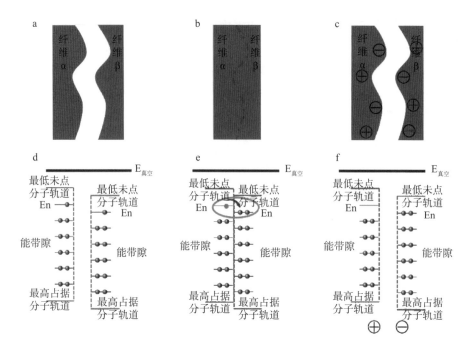

图 9-59　熔喷纤维与纤维之间接触与分离过程中电荷的转移机理

a-两根分离的熔喷纤维,b-两根接触的熔喷纤维,c-两根分离的熔喷纤维,d-熔喷纤维分离时的表面态能级,
e-熔喷纤维接触时的表面态能级,f-熔喷纤维分离时的表面态能级

OH 自由基和 H_3O^+,此外,水中的 H_3O^+ 和电离生成的 OH^- 也会附着在纤维表面,实现离子转移,从而使得聚丙烯熔喷非织造布中的纤维上既带有正电荷又带有负电荷。

　　一般认为,过滤材料对固体颗粒的阻截作用是多种机理联合作用的结果。未经后整理的熔喷非织造材料作为过滤材料,主要依靠直接捕获、惯性沉积、扩散效应和重力效应的作用。因此,要提高过滤效率,必须减小纤维直径并增加熔喷非织造材料的密度,但会造成过滤阻力的明显增加。熔喷非织造材料除对 $0.005\sim10\ \mu m$ 的固体尘粒有很好的过滤效果外,对大气中的气溶胶、细菌、烟雾、花粉颗粒等均有很好的捕集效果,图 9-60 是四种常见微颗粒被熔喷非织造过滤材料捕集过滤的状况。

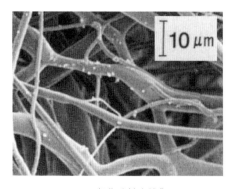

（a）二氧化硅粉尘捕集

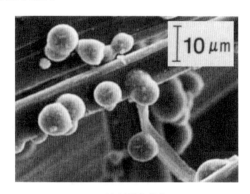

（b）涂料颗粒捕集

(c) 溶剂颗粒捕集　　　　　　　　(d) 花粉颗粒捕集

图 9-60　熔喷非织造材料对微细颗粒的捕集

熔喷非织造材料的驻极处理是提高其过滤效率的重要技术。经过驻极处理的熔喷非织造材料,带有持久的静电,可依靠静电效应捕集微细尘埃颗粒,因此具有过滤效率高,过滤阻力低等优点。熔喷工艺中,借助纺丝线上的发射电极可使熔喷成型纤维带有持久的静电荷。聚丙烯具有较高的电阻率(约 $7 \times 10^{10} \ \Omega \cdot cm$),注入电荷的容量较大,射频损耗极小,因此是一种制造驻极纤维的理想材料。实验表明,经驻极处理的聚丙烯熔喷非织造材料在自然状态下存放 1 440 h 后,滤效保持不变。根据库仑沉积原理,可用 E_{Qq} 表示因库仑力而产生的捕集系数:

$$E_{Qq} = \frac{4Qq}{3\eta \cdot d_p \cdot d_f \cdot U_0} \tag{9-10}$$

式中:q——微粒电荷;

Q——纤维每单位长度上的电荷;

d_p——微粒直径;

d_f——纤维直径;

U_0——流体速度;

η——动力黏度。

由上式可见,纤维单位长度上的电荷与捕集系数成正比,而纤维直径与捕集系数成反比关系。因此增加纤维的电荷量和降低纤维直径均可有效地提高其过滤性能。驻极整理对熔喷非织造材料滤效及过滤压降的影响可参见表 9-2,驻极处理后熔喷非织造材料的过滤压降并无变化,而滤效却大幅度提高,这是其他非织造材料所无法比拟的。

表 9-2　驻极处理对熔喷法非织造材料滤效及阻力的影响

项目		接收距离/mm							
		100		150		200		250	
		驻极	未驻极	驻极	未驻极	驻极	未驻极	驻极	未驻极
$Q_小$	滤效/%	97.75	53.29	94.88	36.5	94.13	41.25	92.5	43.5
	压降/Pa	3.68	3.68	2.94	2.94	2.21	2.21	2.15	2.15
$Q_大$	滤效/%	94.5	25.75	91.0	23.0	84.5	17.75	83.75	20.0
	压降/Pa	2.94	2.94	1.96	1.96	0.98	0.98	0.98	0.98

当纤网面密度不变时,熔喷接收距离增加造成纤网蓬松度增加,则滤效下降,压降减小;减小螺杆挤出量或喷丝孔挤出量 Q 时,纤维变细,则滤效提高。

9.3.3.2 熔喷非织造材料过滤机理

1)盐性气溶胶颗粒加载过滤机理

熔喷非织造布经过盐性气溶胶 NaCl 颗粒加载测试完成后,NaCl 颗粒在熔喷非织造布中的累积形态值得注意观察。如图 9-61a 熔喷试样的宏观形态所示,聚丙烯熔喷非织造布 NaCl 气溶胶颗粒加载后,可以明显观察到 NaCl 颗粒在试样表面累积成白色饼状。如图 9-61b 熔喷非织造布的微观形态所示,纤维网结构中的熔喷纤维呈纵横向随机排列,非织造布的孔径为不规则形状,孔与孔相互连通,NaCl 颗粒在纤维表面状态明显可见。从图 9-61c 可以观察到,加载的 NaCl 颗粒被吸附在熔喷非织造布纤维的周围,由单纤维过滤原理可知,驻极电荷在非织造布纤网内部形成微电场,NaCl 颗粒在静电吸引作用下,首先附着在各纤维的背风面,加载的继续从而使得不同粒径的 NaCl 颗粒逐渐被吸附在熔喷纤维周围。图 9-61d 所示,部分 NaCl 颗粒在交叉的熔喷纤维附近累积成"树杈状",产生"桥接"现象,有助于更多的 NaCl 颗粒物附着在熔喷非织造布内部,熔喷非织造布中存在大量的纤维交叉叠合结构,这种结构既有利于颗粒物在静电力下的附着,还可以降低非织造布的过滤阻力。

图 9-61 熔喷非织造布经 NaCl 气溶胶加载后的形貌

a-熔喷的宏观形态,b-熔喷的微观形态、c-NaCl 的表面吸附、d-NaCl 的桥接现象

以质量中值直径为 $0.26\mu m$、几何标准差小于 1.83 的 NaCl 气溶胶颗粒为过滤介质,对熔喷非织造布进行了加载过滤,熔喷材料加载过程见图 9-62,气溶胶浓度为 $12\sim20\ mg\cdot m^{-3}$,通过加载时间与不同的驻极方法实验,可以了解熔喷非织造布的过滤效率、过滤阻力之间的构效关系。

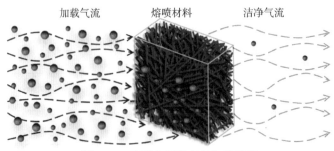

图 9-62 熔喷非织造布的加载过程

熔喷非织造布中纤维与纤维存在大量交叉点而形成"交叉域",对 NaCl 气溶胶颗粒物过

滤性能具有显著影响,尤其是连续加载过程中的动态过滤效率与过滤阻力两者的构效关系。熔喷非织造布在加载过程中,随着加载时间的增加,气溶胶颗粒沉积量的逐渐增加,值得注意的是熔喷非织造布的过滤效率呈先降后升的过程,无论是电晕驻极工艺,还是液体驻极工艺,均呈相同的规律。过滤效率与加载时间形成的关系曲线类似"勺子"形状,定义为"勺子曲线",如图9-63a所示。电晕驻极熔喷非织造布"勺子曲线"中反映出初始过滤效率为99.0%,当加载时间为3 min时,此时的溶喷非织造布过滤效率下降到最低点为95.5%;液体驻极"勺子曲线"中过滤效率的初始滤效为99.7%,当加载时间为5 min时,溶喷非织造布过滤效率下降到最低点为97.4%。所以气溶胶颗粒加载均会造成熔喷非织造布的过滤效率的一个下降过程,这对了解非织造布驻极工艺与过滤性能是很重要的。

在加载过程中,液体驻极熔喷非织造布过滤效率的衰减程度明显小于电晕驻极熔喷非织造布,最低过滤效率值也明显高于电晕驻极。

与此同时,电晕驻极与液体驻极熔喷非织造布的过滤阻力随加载时间延长的变化规律参见图9-63b,动态过滤阻力均随着加载时间的增加而提高,过滤阻力随加载时间延长先平缓增大,这是因为NaCl颗粒物逐渐被捕获到熔喷纤网的内部或表面,气流穿过熔喷非织造布的通道逐渐减小变窄,导致过滤阻力不断变大。实验表明,当加载时间达到一定时,动态的过滤阻力开始线性增加,NaCl气溶胶微颗粒在熔喷非织造布表面已经发展形成滤饼结构,过滤机理从深层过滤转变为表面过滤。

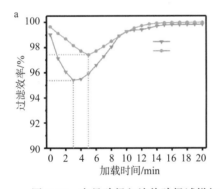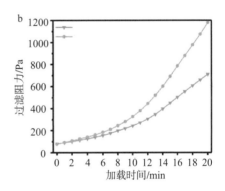

图 9-63　电晕驻极与液体驻极试样加载时间对过滤效率 η、过滤阻力 △P 的影响

熔喷非织造布加载过程中的"勺子曲线",其形成机制主要有三个方面,一是熔喷纤维表面的电荷在过滤时被气溶胶颗粒物中具有相反电性的电荷中和,从而导致静电吸引作用的减弱;二是捕获的气溶胶颗粒物在纤维表面堆积形成隔离空气层,导致纤维静电吸引作用减弱;三是熔喷纤维上的部分带电载体在过滤时遭到颗粒物的破坏,或与气溶胶颗粒物发生了化学反应而使电荷逃逸。

在加载过滤器的气溶胶发生系统中,洁净的压缩空气进入NaCl溶液,将液体介质碎裂成液滴,较大的液滴被筛除,较小的液滴进入风道与干燥洁净空气混合,从而形成粒径较小的NaCl气溶胶微颗粒,因此在过滤效率测试时,NaCl气溶胶中既存在NaCl微颗粒也存在小液滴现象,且NaCl是强电解质,在小液滴中可以电离出Na^+和Cl^-。在加载过程中气溶胶与熔喷纤维碰撞后,小液滴中电离出的带负电的Cl^-与熔喷纤维上的正电荷发生电中和,而带正电的Na^+与正电纤维发生排斥,气溶胶颗粒在较短时间内更多地转变为固体微颗粒而不再显带电性。总体而言,熔喷非织造布的静电效应减弱,从而导致其过滤效率下降,逐渐形成了"勺子"底部,即动态过滤效率的最低点。

2) 油性气溶胶颗粒过滤机理

盐性与油性两种气溶胶过滤介质的过滤机理是存在明显差异的,油性颗粒物的过滤过程见图9-64a,过滤机制为"凝聚成膜",即油性气溶胶颗粒物通过高孔隙率的熔喷非织造布纤维网时,长时间载荷环境条件下油性气溶胶颗粒物被不断地吸附,拦截并逐渐积聚成油滴,在熔喷纤维搭接形成的"交叉域"空间内渗透流动,凝聚成"鸭蹼"状油膜。油性过滤用熔喷非织造布的性能要求远高于盐性熔喷非织造布。研究认为,要提高和保证熔喷非织造布的油性颗粒物过滤性能,多层熔喷成型技术是一种有效的方法,调控熔喷纤维的交叉排列程度,提升机械过滤与静电吸附的协同作用。因此根据油性气溶胶颗粒过滤机理,采用多层结构是有利于拦截油类物质,同时观察到油性颗粒物基本为电中性物质,熔喷纤维静电吸引的直接吸附现象不突出,它需要先将油性颗粒物极化后再间接吸引,故驻极熔喷纤维针对油性颗粒物的静电直接吸引作用较盐性颗粒物显得弱化。为了保证熔喷非织造布对油性颗粒物的过滤效率,需要加强其机械过滤作用,调控熔喷纤维的细度是较为有效的方法。

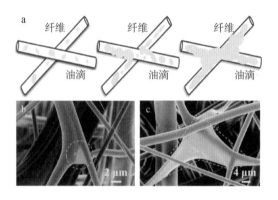

图9-64　油性气溶胶的过滤过程与附着形态

a-油性气溶胶颗粒过滤过程,b、c-Paraffin Oil在纤维网中的分布形态

油性颗粒物在熔喷非织造布中的分布形态也值得关注,从图9-64b、c石蜡油(Paraffin Oil)在熔喷非织造布中的分布形态,进一步证明了石蜡油颗粒物过滤的"凝聚成膜"理论。可以清楚看到石蜡油附着在纤维表面,石蜡油颗粒物以纤维"交叉域"中的交叉点为支架,渗透流动并逐渐凝聚成膜,形成大小不一的"鸭蹼"油膜,这些膜状油滴在持续过滤阶段容易拦截更多的石蜡油颗粒物,对熔喷非织造布的油性过滤性能有重要的影响,同时进一步证明熔喷纤维纵横向排列结构是有利于对油性颗粒物的拦截。

3) 极端温湿度环境对过滤性能的影响

环境条件对熔喷非织造布的过滤性能产生影响,这种对非织造布的高温高湿预处理,亦称为加速"老化"处理,可以快速评价熔喷非织造布在高湿、高温、低温环境下电荷存储与过滤效率的稳定性。"老化"步骤依次为(1)先将熔喷非织造布放置在温度为(38 ± 2.5)℃,相对湿度为$(85\pm3)\%$的环境中(24 ± 1)h;(2)然后将试样放置在温度为(70 ± 3)℃的高温环境中干燥(24 ± 1)h;(3)最后将试样放置在温度为(-30 ± 3)℃的低温环境中(24 ± 1)h。上述的每一个步骤前,需要将试样温度恢复至室温平衡后至少 4h,再进行下一步测试,以此完成熔喷非织造布的温湿度的整个预处理过程。经温湿度预处理的熔喷非织造布应放置在气密性容器中,并在 10h 内完成过滤性能测试,防止环境对试样造成二次破坏,影响数据的准确性。

相同面密度的电晕驻极熔喷试样与液体驻极熔喷试样经温湿度预处理后,分别以盐性与油性气溶胶为介质进行了过滤性能测试。通过两种不同的驻极工艺,发现电晕驻极的试样对 NaCl 气溶胶和 Paraffin Oil 气溶胶的过滤效率 η 均明显低于液体驻极试样,参见图 9-65 所示,但它们的过滤阻力△P 保持不变。

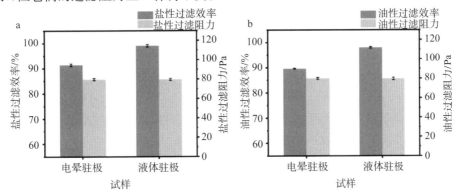

图 9-65 电晕驻极与液体驻极试样经预处理后针对不同气溶胶的过滤效率 η 与过滤阻力△P
a-盐性气溶胶,b-油性气溶胶

对比电晕驻极与液体驻极熔喷试样在温湿度预处理前后的过滤效率可知,电晕驻极试样的 NaCl 颗粒物过滤效率从 99.7％下降至 91.4％,液体驻极试样过滤效率从 99.7％仅降至99.0％,过滤阻力没有明显变化;值得注意是电晕驻极试样的 Paraffin Oil 颗粒物过滤效率从 99.0％下降至 89.6％,而液体驻极试样的过滤效率从 99.1％仅下降至 98.0％,过滤阻力均没有明显变化。

实验充分证明,熔喷非织造布经"老化"处理后,液体驻极的试样针对 NaCl 气溶胶过滤效率的下降幅度低于电晕驻极的试样,电晕驻极和液体驻极的试样针对 Paraffin Oil 气溶胶的过滤效率下降幅度均大于 NaCl 气溶胶,当然液体驻极的试样针对 Paraffin Oil 气溶胶的过滤效率下降幅度依然小于电晕驻极熔喷非织造布。液体驻极不仅可以显著提高熔喷非织造布对盐性与油性颗粒的过滤性能,还有助于延缓熔喷非织造布在温湿度预处理过程中过滤效率的衰减程度。

4)气体流量对熔喷材料过滤性能的影响

在熔喷材料过滤性能的测试过程中,气体流量是一个关键参数,其大小意味着单位时间内气溶胶透过试样的数量。气体流量直接影响气溶胶颗粒物在熔喷试样中的滞留时间,由于气溶胶颗粒物通过布朗运动与纤维的碰撞几率与之密切相关,因此测试熔喷试样在不同气体流量下的过滤效率与过滤阻力非常有意义。实验采用的 NaCl 气溶胶颗粒质量中值直径为 0.26 μm,几何标准差小于 1.83,气溶胶浓度为 12～20 mg/m³。

考虑到熔喷非织造布过滤产品的复杂应用条件,了解过滤性能与气体流量之间的关系是十分重要的。测试的气体流量的范围通常为 30～100 L min。如图 9-66 实验所示,当气体流量依次按 30、40、50、60、70、80、90、100 L/min 递增时,熔喷非织造布的过滤效率呈逐步降低,依次为 99.96％、99.91％、99.88％、99.73％、99.48％、99.31％、98.66％、97.35％,与此同时,对应的过滤阻力分别呈线性上升,为 32.44、43.81、53.11、61.64、70.76、78.50、86.53、94.77 Pa。

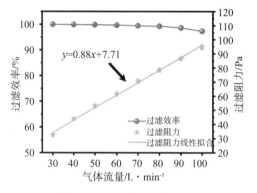

图 9-66　气体流量对熔喷非织造布 η、△P 的影响

由单纤维过滤机理可知,熔喷非织造布对 NaCl 颗粒的捕获机制主要为拦截、扩散、静电吸引作用。拦截作用参数 R 为颗粒物直径 d_P 与纤维直径 d_f 的比值:

$$R=\frac{d_P}{d_f} \tag{9-11}$$

在桑原流场的假设下,对于单根纤维的拦截效率 $\eta_{S,Int}$,可以写成:

$$\eta_{S,Int}=\frac{1+R}{2K_H}\left[2\ln(1+R)-1+\alpha+\left(\frac{1}{1+R}\right)^2\left(1-\frac{\alpha}{2}\right)-\frac{\alpha}{2}(1+R^2)^2\right] \tag{9-12}$$

式中:α 为纤维的体积分数;K_H 为流体系数,仅与 α 有关。由此可知,单纤维的拦截作用主要取决于 NaCl 粒径、熔喷纤维细度与熔喷非织造布的孔隙率,流体速度增大,拦截作用几乎不受的影响。

扩散作用过程中的无量纲参数佩克莱数 P_e 定义为:

$$P_e=\frac{d_c U}{D} \tag{9-13}$$

式中:d_c 为纤维的特征长度;U 为气流速度;D 为颗粒物扩散系数,仅与玻尔兹曼常数、绝对温度、康宁汉滑动系数以及流体黏度相关。

单根纤维的扩散效率 $\eta_{S,D}$:

$$\eta_{S,D}=2.58\left(\frac{1-\alpha}{K_H}\right)^{\frac{1}{3}}P_e^{-\frac{2}{3}} \tag{9-14}$$

从 P_e 与 $\eta_{S,D}$ 的计算方法可知,随着流体速度 U 增大,P_e 增大,从而使得 $\eta_{S,D}$ 减小,气流流经过滤材料的时间减少,颗粒物扩散的几率降低,扩散作用减弱,导致由扩散作用引起的过滤效率下降。

单根纤维的静电力由库仑力 F_C 和电泳力 F_P 组成,库仑力参数 N_C 和电泳力参数 N_d 的经验公式可以写成:

$$N_C=\frac{q_f q_P C_C}{3\pi^2\varepsilon_0 v d_P d_f U} \tag{9-15}$$

$$N_d = \frac{1}{3} \frac{(\varepsilon_P - 1)}{(\varepsilon_P + 2)} \frac{q_f^2 d_P^2 C_C}{\pi^2 v \varepsilon_0 d_f^3 U} \tag{9-16}$$

式中：q_f 为纤维单位长度电荷量；q_P 为颗粒物电荷量；C_C 为康宁汉滑动系数；ε_0 为空气的介电常数，v 为流体黏度；ε_P 为颗粒物介电常数。由经验公式(9-?)与式(9-?)可知，库仑力参数与电泳力参数均与流体速度 U 呈反比关系，因此当流体速度增大时，静电力降低，静电吸引作用削减，造成过滤效率下降。

综上可知，当气体流量增加，过滤测试面积保持不变时，流体速度逐渐增大，熔喷纤维对 NaCl 颗粒物的扩散与静电吸引作用减弱，导致熔喷非织造布的过滤效率呈下降趋势。此外，熔喷非织造布的过滤阻力与气体流量之间几乎是线性相关的，符合达西定律，拟合关系为 $y = 0.88x + 7.71$。

熔喷非织造布的过滤效率不是依靠单一的过滤机理的，而是由多种过滤机理共同作用的结果。不同过滤机理所发挥作用对应的颗粒尺寸范围不同，大的颗粒物(粒径>10 μm)由于重力作用，在到达熔喷纤维之前偏离气流流线而沉积。相对较大尺寸的颗粒(0.3 μm<粒径<10 μm)会被拦截和惯性碰撞过滤。微粒(粒径≤0.1μm)的布朗运动使其偏离气流流线并与纤维碰撞，当流速较低且颗粒较小时，扩散效应更为显著。带电荷的纤维过滤材料可以通过静电吸附作用过滤微小颗粒物(粒径≤0.3μm)，驻极体熔喷非织造布由于能够储存大量电荷，并在纤维周围产生准永久电场，已被证实是过滤 PM$_{2.5}$ 微颗粒的理想材料。

9.3.4　熔喷非织造材料的其他性能

保暖材料可防止或减少由导热、对流和辐射所引起的热损失，并能较长期使用而不改变其保暖性。实验表明，纤网结构是影响保暖材料传热性能的主要因素之一。如图 9-67 所示，熔喷复合保暖材料和聚酯纤维絮片的传热率均随纤网蓬松率的增加而提高。纤网蓬松率提高，在一定风速条件下纤网两侧温差促使纤网中空气流动加快，对流热损失也相应加大。

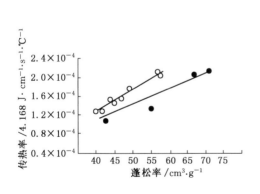

图 9-67　保暖材料蓬松率与传热率的关系

○-熔喷复合保暖材料(纤维线密度 5.6×10^{-2} dtex)

●-聚酯纤维絮片(纤维线密度 6.7 dtex)

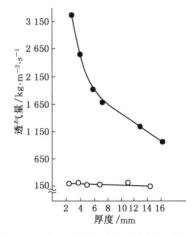

图 9-68　保暖材料厚度与透气性能的关系

○-熔喷复合保暖材料(纤维线密度 5.6×10^{-2} dtex)

●-聚酯纤维絮片(纤维线密度 6.7 dtex)

图 9-68 显示,对于熔喷复合保暖材料,其厚度对透气性能影响较小,而聚酯纤维絮片随厚度减小透气性迅速上升。熔喷复合保暖材料中的熔喷非织造材料具有超细纤维结构,纤维线密度仅仅是聚酯纤维的百分之一左右,因此抗风穿透能力较强。

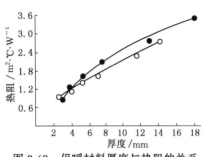

图 9-69 保暖材料厚度与热阻的关系

○-熔喷复合保暖材料

●-聚酯纤维絮片(喷胶黏合)

图 9-69 反映了保暖材料厚度与热阻的关系。熔喷复合保暖材料在面密度小时,含聚丙烯超细纤维的比例较高,在厚度与聚酯纤维絮片接近的情况下,其热阻比聚酯纤维絮片大。聚酯纤维的比表面积为 0.161 μm,熔喷纤维的比表面积为 1.43 μm,熔喷超细纤维比表面积大,配合一定的纤网密度,容易形成贴附于纤维表面的静止空气层,从而削弱对流热损失。

聚丙烯熔喷非织造材料具有疏水亲油的特性,耐强酸强碱,密度比水小,吸油后能长期浮于水面上而不变形,可循环使用和长期存放。表 9-3 为聚丙烯熔喷非织造材料静态吸油性能测试结果。聚丙烯熔喷非织造材料制成吸油缆、吸油索、吸油链、吸油枕等,吸油量可达到自身质量的 10~30 倍,广泛应用于海上、港口、河道溢油事故、工厂设备漏油以及污水处理等场合。

表 9-3 聚丙烯熔喷非织造材料的静态吸油性能

油样名称	试样质量/g	初次吸油量		循环使用吸油量	
		吸油质量/g	质量比	吸油质量/g	质量比
10♯机油	0.347 8	4.862 1	14.0	3.480 3	10.0
	0.324 8	4.666 9	14.4	3.383 0	10.4
14♯机油	0.355 4	7.953 6	22.4	7.160 7	20.1
	0.332 4	7.361 4	22.1	6.645 7	20.0
管输原油/℃	0.303 8	7.625 9	25.1	5.254 5	17.3
	0.286 5	7.421 1	25.9	5.092 1	17.8

动态吸油试验中,采用 10 ℃时苯在水中的饱和溶液 466.5 g(含 0.163 g 苯/100 g 水)穿透聚丙烯熔喷非织造材料(质量为 8.21 g),滤液中苯含量降至 0.033 g/100 g 水,苯滤除率达到 79.75%。

当非织造材料的密度相当时,聚丙烯熔喷非织造材料和聚丙烯纺丝成网非织造材料相比具有较高的耐水性,其原因是聚丙烯熔喷非织造材料的纤维直径较小,构成的纤网的孔隙尺寸也小,水通过较小的孔隙需要较高的压力。图 9-70 显示,熔纺聚丙烯非织造材料的纤维直径越小,其耐水性越高。面密度为 20 g/m² 的聚丙烯纺丝成网非织造材料单丝线密度从 2.78 dtex 降低至 0.78 dtex 时,其耐水性从 294.2 Pa 上

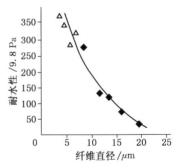

图 9-70 熔纺非织造材料纤维直径与耐水性的关系

△——熔喷非织造材料

◆——纺丝成网非织造材料

升到 2 157.5 Pa。而同样面密度的聚丙烯熔喷非织造材料纤维直径为 5.2 μm 时,其耐水性可达到 3 432.3 Pa。SMS 复合非织造材料通常用于婴儿尿布等防侧漏层,面密度为 18 g/m^2 时其耐水性为 1 176.8～1 569.1 Pa,大大高于同样面密度的聚丙烯纺丝成网非织造材料,尽管纤网中熔喷纤维的含量只有 2～4 g/m^2,但仍对提高 SMS 材料的耐水性作出了较大的贡献。

思考题

1. 试从聚合物性能和熔喷工艺角度,论述获得超细纤维的途径与规律。
2. 分析比较纺丝成网和熔喷工艺与产品的差别,讨论 SMS 复合材料特点。

第 10 章　静电纺丝工艺和原理
(Electrospinning Process)

静电纺丝是一种制备微纳米纤维非织造材料的典型加工技术,该技术具有纺丝原料广、制备的纤维比表面积高、纤维聚集体结构多样、孔隙率高、孔结构相通性好、性能优异等特点。非织造工业常用纤维的线密度为 1.5～4 dtex,采用双组分复合裂离法、海岛法、熔喷法生产的超细纤维线密度为 0.11～0.55 dtex,其中熔喷纤维的直径可以达到 10 μm 以下。与传统纤维加工技术不同,静电纺丝技术可制备直径更小的微纳米纤维,直径介于数十纳米到数微米。经过近两个世纪的发展,静电纺丝技术制备的微纳米纤维非织造材料已从实验室逐步走向应用市场,在精细过滤、高效防护、生物医用、高性能传感、能源材料以及食品工程等领域得到了广泛应用。

10.1　静电纺丝原理

静电纺丝技术借助电场力实现对聚合物溶液或熔融聚合物射流的高速牵伸细化,随后固化,并在收集装置上形成微纳米纤维非织造材料,可分为溶液静电纺丝和熔融静电纺丝,典型纺丝装置见图 10-1(a)、(b)。当纺丝液为聚合物溶液时,静电纺丝通常在常温下进行,射流经过牵伸后快速细化,比表面积大幅提升,因此大部分溶剂在射流抵达收集装置前快速挥发,最终收集得到半固化或完全固化的微纳米纤维非织造材料。当采用熔融聚合物进行纺丝时,纺丝喷头的温度需要高于聚合物的熔点,熔融聚合物在电场力的牵伸作用下离开纺丝喷头,在牵伸过程中由于温度降低到熔点以下而固化,最终微纳米纤维抵达收集装置,形成非织造材料。与溶液静电纺丝相比,熔融静电纺丝不需要使用有机溶剂,无环境污染问题,具有较大的产业化前景。更重要的是,熔融静电纺丝技术可加工有机溶剂无法溶解的聚合物,如聚丙烯(PP)和聚乙烯(PE)等。然而,由于熔融聚合物的黏度高、导电性差,熔融静电纺丝所制备的纤维直径通常较大。

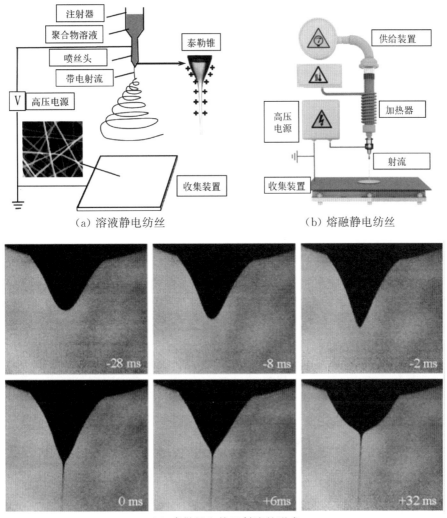

（a）溶液静电纺丝　　　　　　　　（b）熔融静电纺丝

（c）泰勒锥和纺丝射流的形成

图 10-1　静电纺丝基本原理

以溶液静电纺丝为例,纺丝装置通常由高压电源、纺丝喷头、溶液推送装置和收集装置组成,其中高压电源与纺丝喷头相连,收集装置接地并且与纺丝喷头保持一定距离。当高压电源接通后(通常为几千到几万伏),纺丝喷头与收集装置之间形成高压电场,使纺丝喷头内的纺丝液带电,电场力克服自身的表面张力,在纺丝喷头末端形成半球状的液滴。随着电场强度的增加,电场力变大,液滴被拉成圆锥状,即泰勒锥。当电场强度超过临界值后,液滴所受到的电场力克服液滴的表面张力形成射流。射流在电场中进一步牵伸细化,直径减小,射流在牵伸过程中伴随溶剂挥发而固化,最终抵达接收装置,形成微纳米纤维非织造材料(图 10-1c)。

假设液滴被空气包围并在纺丝喷头处于悬浮稳定状态,静电纺丝的临界电场强度 V_c 可由以下公式确定:

$$V_C = 4\frac{H^2}{L^2}\left[\ln\frac{2L}{R} - \frac{3}{2}\right](0.117\pi\gamma R) \qquad (10\text{-}1)$$

式中：V_C——临界电场强度，V；

  H——纺丝喷头与接收装置的距离，cm；

  L——纺丝喷头的长度，cm；

  R——纺丝喷头的半径，cm；

  γ——纺丝液的表面张力，10^5 N/cm。

采用高速摄影成像技术，人们发现静电纺丝射流存在稳定区和非稳定区。射流从纺丝喷头喷出 5 mm 左右的距离为稳定区，射流呈直线状，稳定区长度与溶液性质、纺丝条件等因素密切相关。随后射流出现不稳定弯曲扰动现象，即射流的非稳定区，通常存在一级、二级和三级不稳定区。其中，一级不稳定区是鞭动射流，其射流呈现出螺旋状，并且螺旋摆动幅度为三种不稳定区中最大；二级不稳定区的射流在与一级不稳定区射流的垂直方向上形成了小的螺旋形状，但其射流整体上延续了之前的运动方向；三级不稳定区射流呈现出的螺旋形状为三种不稳定区中最小，其运动方向不稳定，如图 10-2(a)。Reneker 等人对这种不稳定现象进行了深入的研究，认为不稳定射流产生的原因是射流中电荷分布不均匀，这种不均匀的电荷分布使某些点位的电荷所受排斥力合成为径向力，从而引起了射流扰动，随着直径的减小，射流再度出现新的不稳定扰动，如图 10-2(b)，F_R 表示同种电荷产生的横向电场斥力，随着横向位移的增加，呈指数增长；F_{UO}、F_{DO} 分别表示扰动段向上和向下产生的压力。Rutledge 等人研究了静电纺丝机理，认为外部电场和射流上的表面电荷共同作用产生的扭矩是造成射流不稳定的主要因素之一，另一个因素为射流表面电荷的相互排斥。

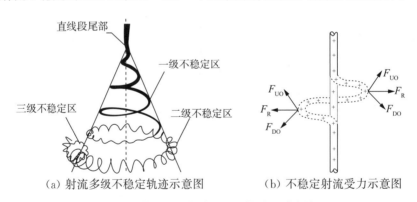

(a) 射流多级不稳定轨迹示意图　　　　(b) 不稳定射流受力示意图

图 10-2　静电纺丝射流的运动轨迹和受力情况

10.2　静电纺丝工艺参数

在静电纺丝过程中，带电的溶液射流经过一系列的牵伸、溶剂挥发、固化，最后沉积在收集装置上，形成微纳米纤维。此过程中，聚合物溶液的性质、纺丝工艺参数、环境等因素通常会影响纤维的形态结构。其中溶液性质包括聚合物的相对分子质量、聚合物种类、溶液的浓度与黏度、表面张力、电导率、溶剂性质等；纺丝工艺参数包括纺丝电压、喷丝孔直径、纺丝液推进速度、接收距离等；环境参数包括纺丝温度、相对湿度等。接下来，将简要介绍聚合物溶液性质、静电纺丝工艺及环境因素对纤维形态以及结构性能的影响。

1. 聚合物溶液性质

1）聚合物相对分子质量

聚合物相对分子质量是静电纺丝的重要工艺参数之一，主要决定纺丝液的流变性能和电学性能。静电纺丝多采用线性聚合物，其相对分子质量直接反映分子链长度。对于相同质量分数的同种聚合物溶液来说，相对分子质量越高，分子链缠结度越高，溶液的黏度也会越高，充分缠结的线性高分子在电场力的作用下可实现在射流方向的取向化排列，同时能够平衡电场力的牵伸，在纺丝过程中形成稳定连续的射流。如果相对分子质量过低，则无法形成充分的缠结，纺丝过程中将无法形成连续射流，通常会形成串珠纤维或微球。因此，分子链在溶液中的相互缠结是静电纺丝技术制备聚合物纤维的必要条件。实验发现，聚乙烯醇水溶液的最佳相对分子质量约为 2 万，壳聚糖乙酸溶液的最佳相对分子质量约为 10 万。静电纺丝所用高分子聚合物通常采用质均分子量（M_w）表示，单位 g/mL。与前述纺丝成网、熔喷工艺类似，用于静电纺丝的聚合物相对分子质量分布应尽可能集中，过宽的相对分子质量分布会造成纺丝喷头堵塞、纤维不连续、直径均一性差等问题。

· 2）溶液浓度与黏度

聚合物溶液浓度是影响溶液黏度和分子链缠结程度的重要因素，对纤维的形貌和直径起决定性作用。当聚合物相对分子质量等条件保持不变时，随着溶液浓度的增加，分子链相互缠结程度和溶液黏度提高。研究表明，溶液浓度和黏度对静电纺丝的影响是相互关联的，可以用聚合物溶液黏度 $[\eta]$ 和溶液浓度 C 的乘积来描述溶液状态，当 $[\eta]C<1$ 时通常为稀溶液；当 $[\eta]C>4$ 时，高分子链开始发生缠结，溶液黏度显著提高，形成连续稳定微纳米纤维的 $[\eta]C$ 值一般为 5~12；当 $5<[\eta]C<9$ 时，可得到截面为圆形的连续纤维；提高聚合物相对分子质量或浓度，即 $9<[\eta]C<12$，通常会得到扁平带状纤维；当 $[\eta]C>12$ 后，通常不适用于静电纺丝。如图 10-3 所示，当聚苯乙烯溶液浓度为 15% 时，无法形成充分的分子链缠结，容易得到串珠状纤维，其原因在于溶液射流在电场牵伸过程中，分子链缠结无法有效抵抗电场力的牵伸而发生断裂，同时未固化的溶液射流在表面张力的作用下收缩，形成串珠纤维，当黏度增加时，可获得直径均匀的微纳米纤维。如果溶液浓度过高将导致黏度过大，溶液容易在纺丝喷头处凝结，严重时会堵塞纺丝喷头，无法稳定制备的微纳米纤维。

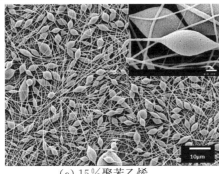 

(a) 15%聚苯乙烯　　　　　　　　　　(b) 25%聚苯乙烯

图 10-3　不同浓度下聚苯乙烯纳米纤维形貌

静电纺丝聚合物溶液的黏度范围通常在0.8~4Pa·s。降低纺丝液黏度,纺丝射流更容易牵伸细化,因此可制备直径较小的微纳米纤维,如果黏度过低,将导致串珠的形成,原理与上述讨论的分子链缠结理论类似,图10-4为聚乙烯-乙烯醇共聚物纤维平均直径与纺丝液浓度之间的关系,纤维直径随着纺丝液浓度的增加而增大。

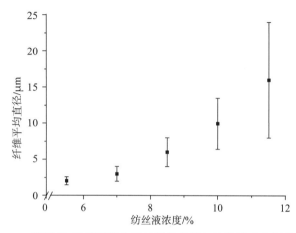

图10-4　聚乙烯-乙烯醇静电纺丝纤维直径与溶液浓度之间的关系

3) 聚合物溶液表面张力

同一类物质分子间的吸引力叫做内聚力,可使液体界面上的分子相互靠拢,引起液面自动收缩,这种作用于液面上使液体表面收缩成最小面积的力叫做表面张力。在静电纺丝过程中,只有当纺丝喷头处带电聚合物溶液或熔体表面所受到的电场力大于其表面张力时,才能顺利引发纺丝射流,射流在抵达收集装置过程中依然受到表面张力的影响。当溶液浓度较低时,溶剂占比较大,表面张力使溶剂分子倾向于聚集而形成微球或串珠纤维;随着浓度的升高,溶液的黏度增加,聚合物分子链的相互缠结程度提高,聚集收缩趋势减小。在不改变溶剂组成和聚合物溶液浓度的情况下,通过在溶液中添加表面活性剂可降低纺丝溶液的表面张力,从而获得直径更小的静电纺丝纳米纤维。

4) 聚合物溶液的电导率

聚合物溶液的电导率直接影响纤维形貌,高电导率聚合物溶液射流受到的电场力较大;如果溶液的电导率较低,射流受的牵伸作用较弱,容易产生串珠纤维。因此,可在溶液中添加离子来提高溶液的导电性,例如,在溶液中加入少量盐或聚电解质,可提高电导率,进而降低静电纺丝的临界电压,更利于射流的牵伸细化,形成直径更细的微纳米纤维。另外,电导率提高还会增加射流的弯曲不稳定性,使射流的路径变长,牵伸细化更加充分,纤维在收集装置上的覆盖面积增加,纤维直径减小。不具备导电性的聚合物溶液,不能在高压电场作用下形成射流,因而无法进行静电纺丝。

5) 溶剂性质

溶剂性质与静电纺丝溶液的性质关系密切,对可纺性和纤维形貌影响显著。溶剂的主要作用是溶解聚合物,以获得均匀稳定的静电纺丝溶液。因此,选择溶剂时首先需要考虑溶剂与聚合物的互溶性。此外,还须考虑溶剂的挥发性、介电常数和电导率。其中,溶剂的挥发性需要适中,挥发性过高通常会导致针头堵塞,挥发性过低则会导致收集的纤维固化不充分,甚至可能融合在一起,失去纤维形貌。除了单一溶剂外,也可以通过高挥发性与低挥发性溶剂混合的办法来解决上述问题。此外,溶剂的挥发性还影响纺丝射流的相分离过程,通过调控溶剂的挥发性,可制备多孔、取向沟槽等异形结构微纳米纤维。除了挥发性外,溶剂的介电常数也会影响静电纺丝过程,介电常数越高,携带电荷的能力越强,射流表面会聚集大量电荷。与常规的射流不同,大量表面电荷可促使不稳定的射流分裂形成更细的多射流,纤维直径均匀性容易变差。溶剂的电导率越高,所制备的溶液导电性越好,射流所受电场力的牵伸作用越强,有利于降低微纳米纤维的直径。

2. 纺丝工艺参数

1)纺丝电压

纺丝电压是静电纺丝的重要参数之一,目前静电纺丝多采用直流高压电源。在纺丝过程中,纺丝电压须超过某个临界值才能克服表面张力,引发射流,称为临界电压。提高纺丝电压可增加电场强度,提高射流表面的电荷密度,进而提高电场力对射流的牵伸作用,从而降低纤维直径,如图 10-5 所示。此外,纺丝电压也会影响纺丝射流的稳定性。纺丝电压过低通常会导致射流的不充分牵伸,在纺丝喷头处容易产生多余的液滴,纺丝成纤率降低;纺丝电压过高则会导致射流的不稳定摆动,射流连续性也会变差,纤维的收集效率变低,直径均一性变差。简而言之,纺丝过程中须选用合适的电压,进而制备质量可控的微纳米纤维非织造材料。此外,电压的改变也直接影响射流的牵伸和分子链的取向,因此,改变电压也会影响成型后纤维的结晶度。

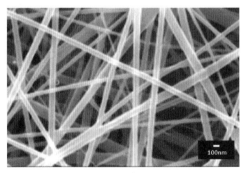 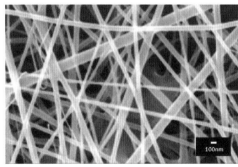

(a) 8.9kV　　　　　　　　　　　　　(b) 9.3kV

图 10-5　不同电压下聚丙烯腈纤维直径

2)纺丝喷头孔径

在静电纺丝过程中,纺丝射流从纺丝喷头引发,因此,纺丝喷头的孔径对静电纺丝也有一定影响。使用小内径的纺丝喷头产生的初始射流直径更小,利于制备直径更小的纳米级纤维。然而,如果纺丝喷头的内径太小,高黏度的聚合物溶液将难以在极细内径的孔道中通过,甚至造成喷头堵塞,影响纺丝射流的稳定性。

3)纺丝液的推进速度

纺丝液的推进速度是静电纺丝的重要工艺参数之一,也称挤出速度,须与纺丝电压密切配合,方可形成稳定的射流。如果纺丝液推进速度过低,则容易形成断断续续的射流,如果纺丝液推进速度过快,在纺丝纺丝喷头处容易形成液滴,成纤率降低,在一定的推进速度范围内,适当提高电压可避免液滴的形成。纺丝液推进速度也决定着微纳米纤维的生产速度,以及纤维细度。此外,纺丝液推进速度对纳米纤维的直径也有一定影响,在恒定电压条件下,随着纺丝液推进速度的增加,牵伸细化程度降低,射流直径随之增大,从而导致纤维直径和纳米纤维非织造材料的孔径增大,如图10-6所示。

(a) 0.1 mL/h　　　　　　(b) 0.2 mL/h　　　　　　(c) 0.3 mL/h

图10-6　不同推进速度下聚乙烯醇纤维形貌

4) 接收距离

静电纺丝接收距离可定义为纺丝喷丝孔出口到收集装置的距离。当电压一定时,电场强度随着接收距离的增加而降低,因此接收距离直接影响纺丝射流所受的电场力大小和牵伸效果。对于同一纺丝液,接收距离增加后,通常需要提高纺丝电压以获取稳定的纺丝射流。此外,接收距离也决定着射流在电场中的牵伸距离和飞行时间,最终影响纤维形貌。在电场强度相同情况下,距离的增加会使纤维平均直径下降,这是因为射流在电场中有较长的牵伸细化时间。研究发现,对丝素蛋白/甲酸溶液进行静电纺丝时,如接收距离过小,沉积在收集装置上的纤维中存有大量残余溶剂,导致纤维间相互黏结,且容易形成扁平结构的微纳米纤维;为了防止收集的纳米纤维发生黏连,须增加接收距离,确保射流具有充足的运动时间,进而提高射流牵伸过程中的溶剂挥发率,以形成圆形截面微纳米纤维。静电纺丝接收距离通常为5~30 cm。图10-7给出了聚乙烯醇水溶液静电纺丝纤维直径与接收距离之间的关系。

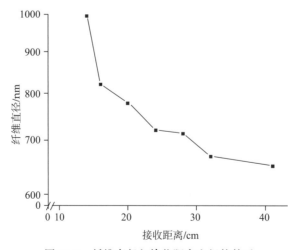

图10-7　纤维直径与接收距离之间的关系

3. 环境参数

1）温度

溶液静电纺丝一般是在室温条件下进行的,升高静电纺丝的环境温度会加快射流中分子链的运动,提高溶液的电导率;其次,升高静电纺丝的环境温度,还可加快射流中溶剂的挥发速度,使射流固化时间变短,因此射流牵伸细化程度减弱,纤维直径增大。此外,升高静电纺丝的环境温度,可降低溶液的黏度和表面张力,使得一些在室温下不能静电纺丝的聚合物溶液具有可纺性,例如部分蛋白质和离子性多糖水溶液,受氢键作用的影响常温下容易形成凝胶,难以实现正常的静电纺丝,因此,可通过提高环境温度改善其可纺性。

2）相对湿度

相对湿度对静电纺丝影响显著,尤其影响纤维直径和表面形貌。在纺丝过程中,空气中的水分子与射流相互作用,直接影响到射流相分离过程,其影响规律与聚合物性质以及溶剂性质密切相关。如果纺丝射流与周围的水蒸气不相容,高湿度环境能够加速相分离过程,使射流固化速度加快,削弱牵伸细化效果,纤维直径增加。此外,水蒸气容易凝聚在纤维表面形成众多水滴,水滴挥发后纤维表面易形成多孔结构,如图 10-8 所示。如果纺丝射流与周围的水蒸气有一定的相容性,那么增加环境湿度将会减缓射流中溶剂的挥发速度,使射流固化速度减缓,提升牵伸细化效果,纤维直径减小。

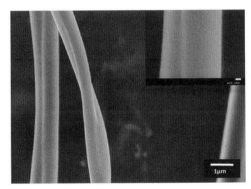 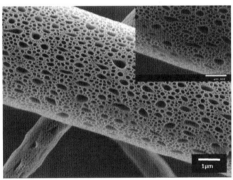

（a）相对湿度 25%　　　　　　　　　（b）相对湿度 55%

图 10-8　不同相对湿度下聚苯乙烯纤维形貌

10.3　静电纺丝原料

静电纺丝的原料通常为线性高分子材料,其种类高达 200 多种。有报道称磷脂和 Gemini 等小分子也能通过静电纺丝技术制备纳米纤维。目前,纺丝液的体系已经从稳定的溶液体系拓展到溶胶、悬浮液、乳液、胶体粒子共混溶液等纺丝溶液体系。常见的合成高分子聚合物和天然高分子聚合物及其纺丝溶剂见表 10-1 和表 10-2。

表 10-1　静电纺丝常用的合成高分子聚合物及其纺丝溶剂

聚合物	分子式	纺丝溶剂
聚碳酸酯（PC）	结构式（含 CH_3、O、C、O 等基团）	二氯甲烷
聚对苯二甲酸乙二醇酯（PET）	结构式（含 $C=O$ 等基团）	三氟乙酸/二氯甲烷
聚对苯二甲酸丁二醇酯（PBT）	结构式（含 $C=O$、$(CH_2)_4$、O 基团）	三氟乙酸、六氟异丙醇
聚砜（PSF）	结构式（含 CH_3、O、S 基团）	三氟乙酸、六氟异丙醇
聚酰亚胺（PI）	结构式（含 N、$C=O$、H_3C、CH_3 基团）	二甲基甲酰胺
聚亚氨酯	$[O{-}R_1{-}O{-}C(=O){-}NH{-}R_2{-}NH{-}C(=O){-}C]_n$	二甲基甲酰胺
聚丙烯腈（PAN）	结构式（含 CH_2、C、N 基团）	二甲基甲酰胺
聚甲基丙烯酸甲酯（PMMA）	结构式（含 CH_3、$COOCH_3$、H_2 基团）	三氯甲烷、四氢呋喃、二甲基甲酰胺、丙酮
聚氯乙烯（PVC）	结构式（含 H、C、H_2、Cl 基团）	二甲基甲酰胺/四氢呋喃

（续表）

聚合物	分子式	纺丝溶剂
聚偏二氟乙烯 （PVDF）	$\left[\begin{array}{c} F \\ | \\ C-C \\ | \quad | \\ H_2 \quad F \end{array}\right]_n$	二甲基甲酰胺、 二甲基乙酰胺、丙酮
聚醋酸乙烯酯 （PVAc）	$\left[\begin{array}{c} H \\ | \\ C-C \\ | \quad | \\ H_2 \quad OCOCH_3 \end{array}\right]_n$	二甲基甲酰胺、 四氢呋喃
聚吡咯（PPy）	（吡咯环结构 $\left[\begin{array}{c} N \\ | \\ H \end{array}\right]_n$）	二甲基甲酰胺
聚甲醛（POM）	$\left[CH_2O\right]_n$	六氟异丙醇
聚苯乙烯 （PS）	$\left[\begin{array}{c} H \\ | \\ C-C \\ | \quad | \\ H_2 \quad C_6H_5 \end{array}\right]_n$	二甲基甲酰胺、 四氢呋喃
聚乳酸 （PLLA/PDLA）	$\left[\begin{array}{c} H \quad\quad O \\ | \quad\quad \| \\ C-C-O \\ | \\ CH_3 \end{array}\right]_n$	三氯甲烷、二氯甲烷、 二甲基甲酰胺
聚己内酯（PCL）	$\left[\begin{array}{c} H_2 \quad O \\ | \quad \| \\ (C)_5 C-O \end{array}\right]_n$	三氯甲烷/甲醇、 二甲基甲酰胺、丙酮
聚羟基乙酸（PGA）	$\left[\begin{array}{c} H_2 \quad O \\ | \quad \| \\ C-C-O \end{array}\right]_n$	六氟异丙醇、 三氯甲烷
聚乙烯醇（PVA）	$\left[\begin{array}{c} H \\ | \\ C-C \\ | \quad | \\ H_2 \quad OH \end{array}\right]_n$	水、乙醇

（续表）

聚合物	分子式	纺丝溶剂
聚丙烯酸(PAA)	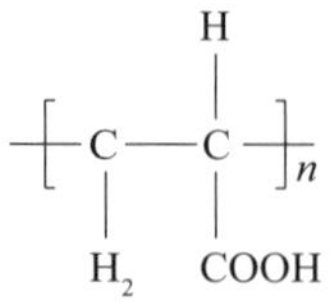 (结构式)	水、乙醇
聚乙烯吡咯烷酮 (PVP)	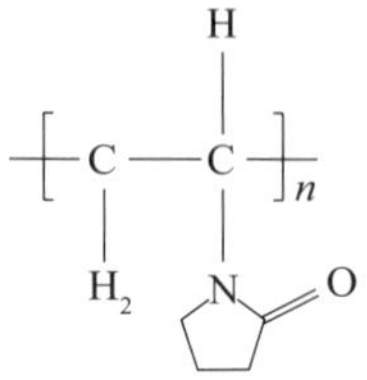 (结构式)	水、乙醇
聚丙烯酰胺 (PAM)	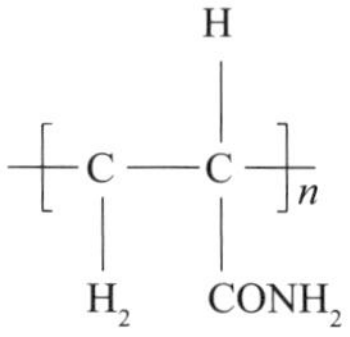 (结构式)	水
聚乙二醇/ 聚环氧乙烷	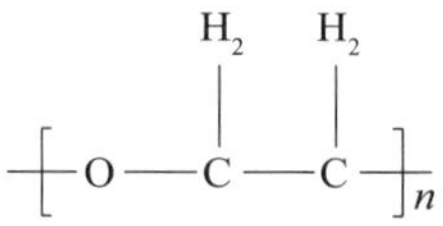 (结构式)	水

表 10-2　溶液静电纺丝常用的天然高分子聚合物及其溶剂

聚合物	分子式	溶剂
纤维素	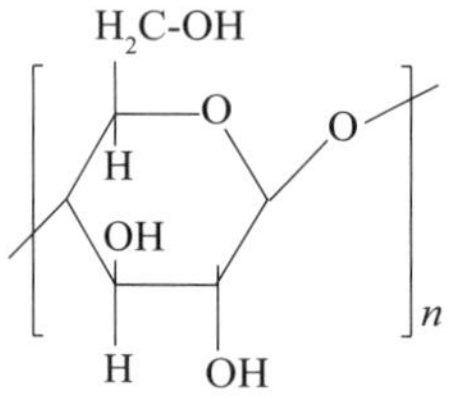 (结构式)	二甲基乙酰胺/氯化锂、 4-甲基吗啉-N-氧化物/水
乙基纤维素(EC)	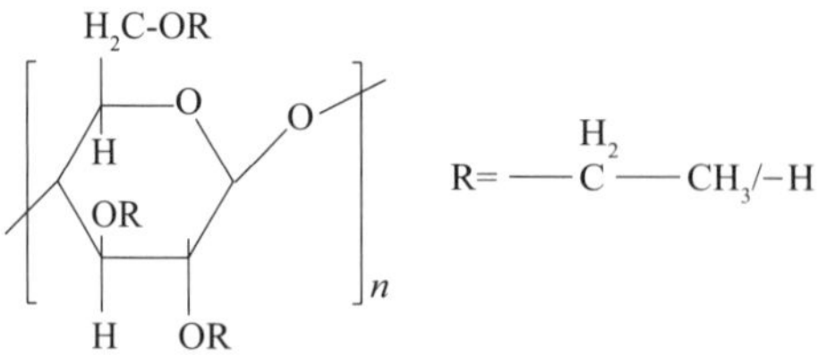 (结构式)　R= —C(H$_2$)—CH$_3$/—H	二甲基乙酰胺、 四氢呋喃、乙醇/水
羟丙基甲基 纤维素(HPC)	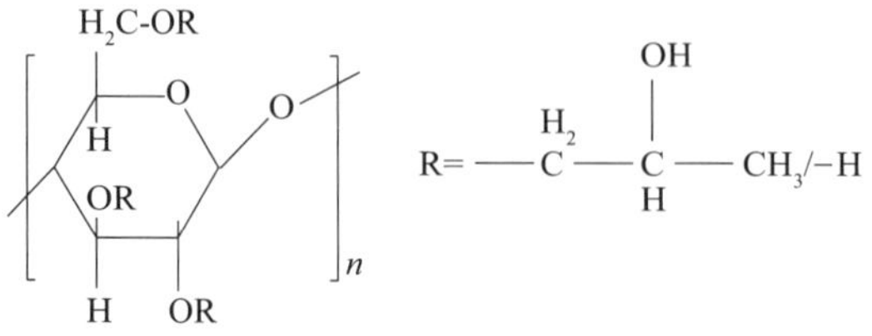 (结构式)　R= —C(H$_2$)—C(H)(OH)—CH$_3$/—H	乙醇

(续表)

聚合物	分子式	溶剂
醋酸纤维素(CA)		丙酮、二甲基乙酰胺、乙酸、二氯甲烷
甲壳素		六氟异丙醇
壳聚糖		六氟异丙醇、甲酸、乙酸、三氟乙酸
胶原蛋白	—	六氟异丙醇
明胶	—	六氟异丙醇、甲酸
海藻酸盐/聚环氧乙烷	—	水
蚕丝蛋白	—	甲酸
玉米醇溶蛋白	—	乙醇/水、乙酸

　　除了线性聚合物外,静电纺丝技术也可用于制备氧化物纳米纤维、碳纳米纤维、金属纳米纤维、碳化物和氮化物等无机纳米纤维材料,在能源、催化、过滤以及生物医学领域应用潜力巨大。以碳纳米纤维的制备为例,首先通过静电纺丝技术获得碳纳米纤维前驱体 PAN 基纳米纤维材料,将样品在空气气氛中以 0.5 ℃/min 的升温速度加热至 240 ℃,再经数小时的热稳定后,将样品加热至 800 ℃炭化,最终获得炭纳米纤维材料。此外,也可通过模板法制备静电纺丝无机纳米纤维,主要步骤如下:(1)制备有机线性高分子和无机纳米颗粒的混合液,合适的配比对于静电纺丝制备无机纳米纤维至关重要;(2)静电纺丝制备有机/无机复合前驱体纤维,此时的纤维内部存在有机线性高分子;(3)通过后期萃取和高温煅烧等方法,去除复合纤维内的有机物,得到无机纳米纤维。

10.4 静电纺丝纤维的形貌控制

当静电纺丝喷头为单通道喷头时，所制备的静电纺丝纤维通常具有圆形截面和实心的内部结构。通过调控纺丝溶液性质、纺丝工艺参数和纺丝装置等，也能制备具有不同结构的异形纤维，如沟槽、珠粒、项链、带状、多孔和大孔等结构。当纺丝液浓度较低时，串珠纤维是比较常见的结构，其中串珠表面可以调控为多孔、大孔和褶皱等结构，而串珠间的纤维可以调控为多孔、单沟槽和多沟槽等结构（图 10-9）。

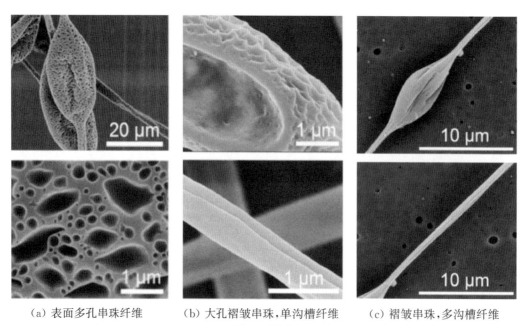

（a）表面多孔串珠纤维　　　（b）大孔褶皱串珠，单沟槽纤维　　　（c）褶皱串珠，多沟槽纤维

图 10-9　具有不同结构的串珠纤维

沟槽纤维是指表面具有一条或多条平行于纤维轴向方向沟槽结构的微纳米纤维。科研人员已经制备了多种取向沟槽微纳米纤维，包括聚己内酯、聚乳酸、聚甲基丙烯酸甲酯、醋酸丁酸纤维素和聚苯乙烯等，并证实了取向沟槽结构能够促进细胞的黏附和增殖。通过系统地调控溶剂体系和纺丝工艺参数，沟槽纤维次级结构可得到精准调控（图 10-10），其中沟槽数量可以从单个增加至多个，其内部结构也可以调控为多孔或实心，纤维直径可以从几百纳米调控到数微米。

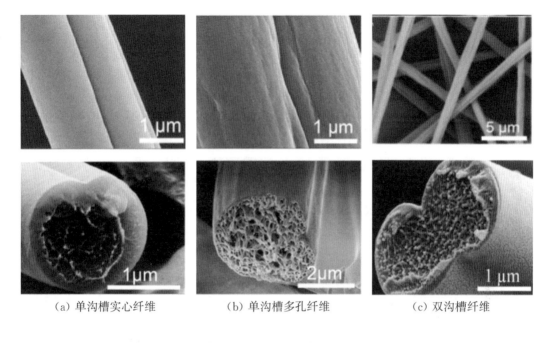

（a）单沟槽实心纤维　　　　（b）单沟槽多孔纤维　　　　（c）双沟槽纤维

（d）多沟槽纤维　　　　（e）小尺寸多沟槽纤维

图 10-10　具有不同结构的取向沟槽纤维

通常，当纺丝溶液中的溶剂挥发性较差时，射流在纺丝过程中固化速度较慢，射流抵达收集装置时，仅表面实现半固化状态，因此更容易形成扁平带状纤维。另外，这种带状纤维的内部结构也是可调控的，例如，当采用聚苯乙烯/环己酮溶液体系时，所得的带状纤维具有实心内部结构，如图 10-11（a）；当采用正丁醇/环己酮为溶剂系统时，所得的带状纤维具有多孔内部结构。对于普通圆形截面纤维而言，其多孔结构可以通过溶剂系统的选择来调控。以聚苯乙烯为例,当采用低挥发性溶剂二甲基甲酰胺时,可以获得多孔内部结构,如图 10-11(b);当溶剂系统为正丁醇/二甲基甲酰胺时,纤维内部为多孔结构,但纤维表面存在大量的小孔,具有粗糙的表面结构;当溶剂系统为高挥发性溶剂时,更容易制备具有表面多孔结构的纤维,如图 10-11(c)。此外,多孔微纳米纤维还可通过模板法制备,该方法将两种成分混纺,并经过后期的萃取或高温煅烧去除模板,进而获得多孔微纳米纤维,如图 10-11(d),但后期处理过程中纤维的变形和损伤往往难以避免。除了多孔纤维外,通过与较大的无机纳米粒子混纺,还可以制备具有项链结构的微纳米纤维,如图 10-11(e)。

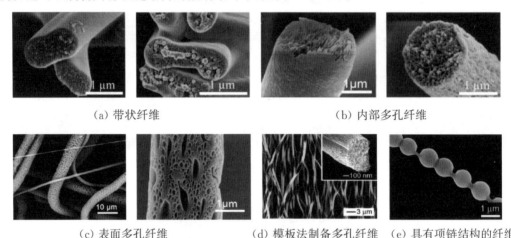

(a) 带状纤维　　　　　　　　　　　　　　(b) 内部多孔纤维

(c) 表面多孔纤维　　　　(d) 模板法制备多孔纤维　　(e) 具有项链结构的纤维

图 10-11　常见的异形纤维

科研人员在传统静电纺丝技术基础上,引入一种具有三通结构的微流控纺丝喷头,研制了在线混合静电纺丝技术(图 10-12)。该技术通过在线混合的方法引入非溶剂并进行同步静电纺丝,利用非溶剂在线诱发相分离,制备了具有连通大孔结构的超细纤维。该大孔超细纤维比传统的静电纺多孔纤维具有更大的比表面积、孔径和孔体积。通过调节纺丝工艺参数,纤维直径在$(1.80\pm0.40)\mu m$ 至$(6.75\pm0.48)\mu m$ 范围内高度可控。另外,在线混合静电纺丝技术将静电纺丝溶液的可纺范围从稳定的溶液体系拓展到了亚稳定和非稳定溶液体系,该方法有望用于制备更多种类的异形纤维。

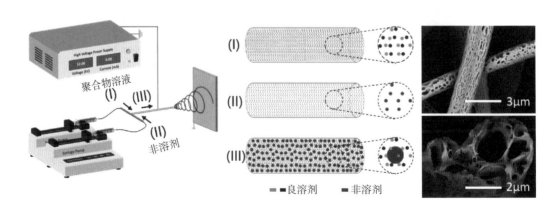

图 10-12　在线混合静电纺丝技术制备多孔微纳米纤维

与单通道纺丝喷头不同,采用多通道纺丝喷头可制备多种异形纤维,包括核壳、中空、多通道和螺旋状/自卷曲纤维等结构。2002 年,科研人员采用同轴针头(静电喷雾)制备皮芯微球的方法,并应用于药物控释领域。受此启发,科研人员开始改进静电纺丝喷头,制备了大量结构可控的异形纤维,该方法与双组分纺丝原理类似。以同轴静电纺丝为例,当芯层和皮层分别递送矿物油和纺丝液时,可制备中空纤维,经过萃取的方法可去除芯层的矿物油,获得高强度中空二氧化钛纤维,如图 10-13a(b);当芯层和皮层分别通入不同的聚合物时,可制备聚氧化乙烯/聚氨酯等皮芯纤维,如图 10-13(c)。类似的,还进一步研发了结构更复杂的纺丝喷头,实现了多通道微纳米纤维的可控制备,包括多通道结构,如图 10-13d(e),中空纤维嵌套实心纤维结构,如图 10-13(f)~(h)等。另外,也使用并列针头制备并列结构纤维,纤维中两种组分的收缩率差异可使并列纤维发生卷曲,形成具有自卷曲/螺旋结构的微纳米纤维,如图 10-13(i)~(k)。

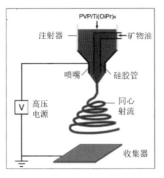

（a）同轴喷头静电纺丝示意图

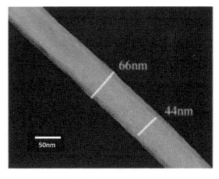

（b）空心纤维　　　　（c）皮芯纤维

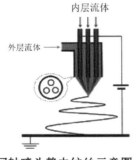

（d）同轴喷头静电纺丝示意图

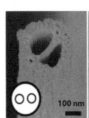

（e）多通道纤维

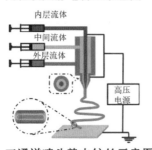

（f）三通道喷头静电纺丝示意图

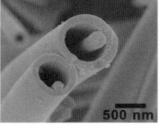

（g）空心纤维套实心纤维

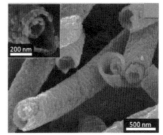

（h）空心纤维套空心纤维

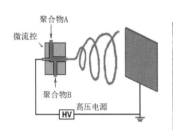
（i）肩并肩喷头静电纺丝示意图

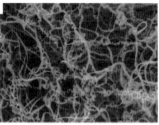
（j）自卷曲纤维

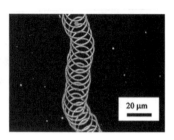
（k）螺旋纤维

图 10-13　多通道静电纺丝技术制备异形纤维

10.5　静电纺丝纤维的聚集形态

　　静电纺丝过程中,聚合物射流受电荷排斥力和电场力的共同作用发生不稳定鞭动,因此收集到的纤维通常是随机排列的。然而,在生物医用等领域,往往需要大量规则排列的微纳米纤维非织造材料。为此,科研人员研发了多种方法来控制静电纺丝纤维的聚集形态,如取向纤维膜、管状等三维(3D)组织工程支架等。其中,纤维的取向排列可以通过高速旋转的收集装置(如滚筒、圆盘等)、平行电极和水浴收集等方法实现。其中高速旋转法可以收集较大面积的取向纤维,但对设备要求较高,一般需要较高的收集速度,转速通常为3000～9000 r/min,如图 10-14(a);而平行电极法设备简单,不仅可以收集取向纤维,还可以收集垂直排列的纤维,但收集的取向纤维样品通常比较少,如图 10-14(b)。

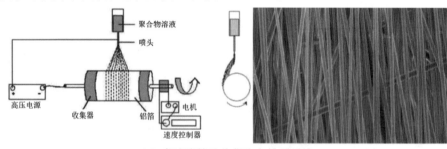
（a）高速滚筒法收集取向排列纤维

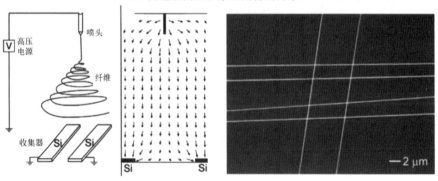
（b）平行电极法收集垂直排列的纤维

图 10-14　取向纤维收集方式

在组织工程中,血管和神经的再生一直是科研人员的重点研究领域。纳米纤维组织工程支架能从结构上仿生天然细胞外基质,因此,科研人员研发了多种管状支架的制备方法,用于血管和神经的再生。采用具有特定 3D 形状的收集装置(模板),可实现静电纺丝管状支架的可控制备(图 10-15)。通常,这类收集装置需要特别设计,进而在不破坏管状支架的前提下,实现收集模板的顺利移除。

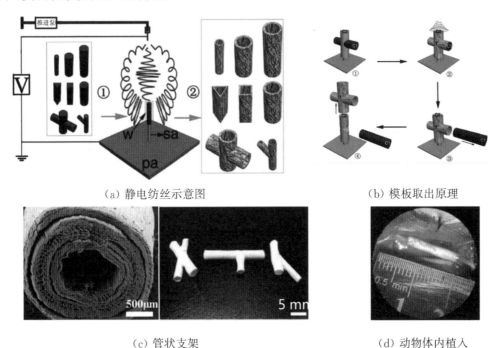

(a) 静电纺丝示意图　　　　　　　　　　(b) 模板取出原理

(c) 管状支架　　　　　　　　　　　　(d) 动物体内植入

图 10-15　管状组织工程支架的制备

除了制备管状支架,科研人员也在不断开发 3D 组织工程支架的制备方法。目前,静电纺丝制备 3D 组织工程支架的方法主要有液体收集法、层层复合法、模板法和自组装法(图 10-16),其基本原理和方法是将体外培养扩增的正常组织细胞吸附于一种生物相容性良好并被机体吸收的多孔生物材料上,形成细胞/生物材料复合物,该复合物植入人体组织、器官病损部位后,细胞在生物材料逐渐被机体降解吸收的过程中,可形成新的具有特殊形态和功能的组织器官,最终达到修复创伤和重建功能的目的。尽管静电纺丝 3D 组织工程支架的制备取得了一定进展,但细胞的培养还局限在支架的表面,如何实现细胞的 3D 渗透生长是目前静电纺丝组织工程支架的研究热点之一。

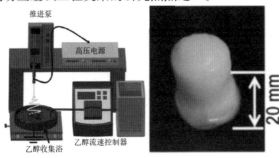 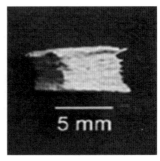

(a) 液体收集法　　　　　　　　　　　(b) 层层复合法

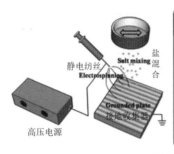  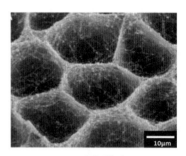

（c）模板法　　　　　　　　　（d）自组装法

图 10-16　3D 组织工程支架的制备方法

10.6　有针纺和无针纺技术

根据纺丝喷头种类的不同,静电纺丝非织造技术可分为有针纺和无针纺两种。为了获得较细的纳米纤维,有针静电纺丝通常需要直径较小的喷头和较小的溶液推进速度,如果提高溶液推进速度,多余的溶液被挤出后会以液滴的形式喷出,并不能将所有溶液都转化为微纳米纤维。因此,产量较低是传统单针头静电纺丝技术的一个主要不足。以 20% 浓度的聚酰胺 6 溶液,纺丝流速 2.4mL/h 为例,其单喷头的产量仅为 0.48g/h,其主要原因可概括为以下几个方面:(1)单针头静电纺丝只能喷出单根射流;(2)静电纺丝溶液浓度较低;(3)溶液推进速度较慢。

解决有针静电纺丝产量低的最常见方法是增加纺丝喷头的数量,进而提高射流数量,如图 10-17(a)所示。据报道,采用多针头静电纺丝技术制备直径为 100nm 左右的 PA6 纤维产量可达 6.5kg/h。与单针头静电纺丝相比,多喷头静电纺丝须考虑射流间的静电排斥效应,设备更为复杂,加工成本和占地面积通常较高。当聚合物液滴在电场力 F_E 作用下形成射流后,由于带电射流之间存在库伦斥力 F_c,射流的稳定性和牵伸作用受到影响,纳米纤维材料的质量可控性变差,如图 10-17(b)。同时,喷水堵塞也是多喷头静电纺丝面临的重要问题之一。这些因素限制了多喷头静电纺丝非织造技术的产业化进程。因此,在多喷头静电纺丝中,纺丝喷头间的距离和排布需要科学的设计和优化,如可以按直线排列成线性阵列,也可以排列成其它特殊陈列(如圆形、椭圆形、三角形、正方形或六边形图案)。

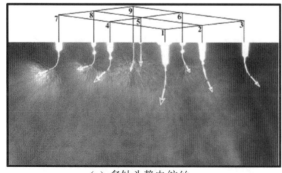 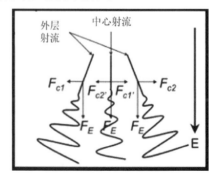

（a）多针头静电纺丝　　　　　　（b）多针头静电纺丝射流受力示意图

图 10-17　多针头静电纺丝技术

与多针头静电纺丝技术不同,无针静电纺丝技术采用了具有更大表面积的纤维引发器,因此可以同时产生大量的射流,进而提高纳米纤维的产量。相较有针静电纺丝法,无针法的优点在于射流数量多且不存在堵针头问题。无针静电纺丝技术所采用的电极(纤维发生器)通常分为动态和静态两种。其中,静态电极通常需要借助外力(如重力、磁场力、气泡、机械振动等)使纤维发生器表面的带电溶液产生不稳定波动,当电场力大于溶液的表面张力时,电极表面可形成大量的射流,这些射流在一个较短的距离内通过电场力的高速牵伸、溶剂挥发与固化,最终沉积在收集装置上,形成微纳米纤维非织造材料。动态电极有滚筒、螺旋线圈、球形、圆盘等形状,如图 10-18(a)~(c),其主要差别在于纺丝电极表面形貌不同,引发射流所需的电压也存在差异,但工作原理类似,均采用开放的供液系统,通过旋转系统将新鲜的纺丝液不断转移到纺丝电极表面,并在高压的作用下引发射流。然而,由于储液系统中的纺丝液暴露在空气中,纺丝液会随着溶剂的挥发而变质(如浓度变高,甚至溶质析出等)。为此,Elmarco 公司研发了钢丝电极无针纺丝技术,该技术配备一个溶液分散器,能够将新鲜的溶液源源不断地喂入到钢丝电极上,进而克服传统动态电极纺丝液质量不稳定的问题,同时,钢丝循环线性运动能够保证纳米纤维的连续化生产。如图 10-18(d)所示,当电压为 0 时,液滴的形态为"桶状";当电压增加后,钢丝电极上的液滴变成锥形(类似于"泰勒锥"),并产生一个射流;如果电压再提高,便可形成大量的射流。

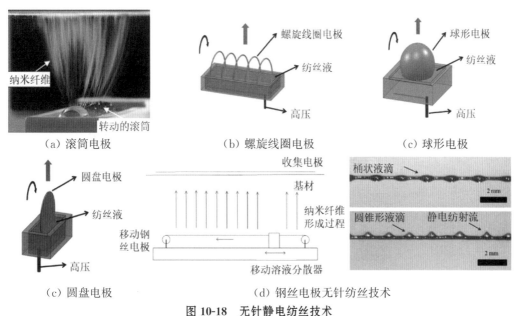

(a) 滚筒电极　　　　(b) 螺旋线圈电极　　　　(c) 球形电极

(c) 圆盘电极　　　　(d) 钢丝电极无针纺丝技术

图 10-18　无针静电纺丝技术

10.7　静电纺丝非织造材料的用途

静电纺丝非织造材料具有结构多样、比表面积高、孔隙率高、孔结构相通性好、力学性能优异等独特性能。静电纺丝技术制备的微纳米纤维非织造材料正逐渐从实验室走向产业化，应用于精细过滤、高效防护、生物医用、高性能传感、能源材料以及食品工程等领域。

（1）空气过滤

传统过滤材料虽对微米级以上的颗粒具有较高的过滤效率，却难以实现对亚微米级颗粒的有效过滤，且存在抗污能力弱、使用周期短等缺点。纤维过滤材料因具有良好的可加工性、结构和功能的可设计性，成为近年来发展最快、使用最为广泛的过滤材料。大量研究表明，纤维过滤材料的过滤效率会随着纤维直径的降低而显著提高。因此，降低纤维直径成为改善纤维滤材过滤性能的一个重要手段。静电纺丝技术作为一种可以制备直径在数十纳米到数微米超细纤维的方法，在过滤材料领域得到了广泛关注。除纤维直径小外，通过静电纺丝技术制得的纳米纤维膜还具有孔径小、孔结构相通性好、孔隙率高、纤维直径均一等特点，在气体过滤、液体过滤及个体防护等领域具有良好的应用前景。

静电纺微纳米纤维非织造材料作为一种新型空气过滤材料，其过滤原理比较复杂，一般包括拦截效应、惯性效应、扩散效应、重力效应及静电吸附效应五种过滤机理。静电纺纳米纤维膜因具有高过滤效率、低空气阻力及低面密度等特性，有望替代传统纤维材料在工业粉尘过滤、室内空气净化、汽车空气过滤等方面的应用。如图 10-19 所示，静电纺聚丙烯腈/氧化石墨烯/聚酰亚胺纳米纤维非织造材料因其纳米尺寸可高效过滤 PM$_{2.5}$（大气中空气动力学当量直径小于或等于 2.5 μm 的颗粒物）。

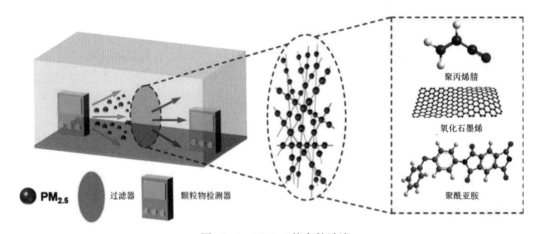

图 10-19　PM2.5 的高效过滤

目前，防护口罩主要利用熔喷驻极非织造材料实现高效过滤，其主要机理为静电吸附。然而，驻极电荷对湿热等条件敏感，温度和湿度的升高易引起电荷逃逸，导致熔喷非织造材料的过滤效率下降，影响防护功效。尽管近年来熔喷驻极电荷稳定性已经得到明显改善，但该问题仍未解决。与熔喷驻极材料不同，静电纺纳米纤维比熔喷纤维直径更小，对亚微米级颗粒具有极高的过滤效率，需依赖静电驻极，可有效过滤有害化学试剂、放射性尘埃、病菌等，在个人防护领域具有很好的应用前景。需要指出的是，静电纺非织造材料较高的过滤阻力是该领域尚需突破的主要瓶颈。

（2）生物医用

静电纺纳米纤维在生物医学领域有着广泛的应用，可通过结构设计优化性能，提高组织（如神经、皮肤、心脏、血管等）和组织界面的修复或再生能力。从纤维尺寸和网状结构等角度来看，静电纺丝制备的纳米纤维非织造材料与天然细胞外基质（ECM）在形态结构上高度相似，有利于细胞的黏附生长，是一种理想的组织工程支架、仿生材料、细胞载体和药物控释材料。因此，静电纺丝技术可用于构筑仿生细胞外基质组织工程支架。

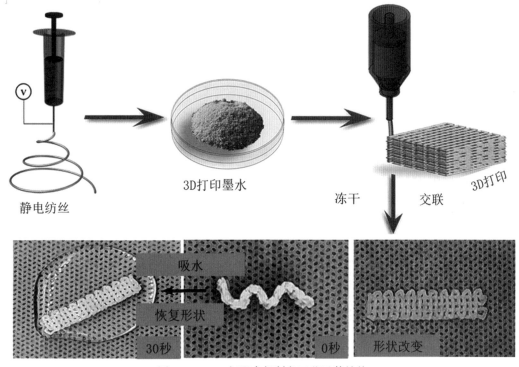

图 10-20　3D打印支架制备工艺及其结构

静电纺制备的纳米纤维材料具有孔结构相通的三维网状结构，可仿生天然 ECM，促进生物活性剂和信号分子的融合，其应用潜力已在骨、软骨、血管、皮肤、人工胰腺等领域得到了证实。在治疗软骨方面，静电纺丝支架与组织工程方法结合使用可治疗严重的骨缺损，降低自体移植导致的不良免疫反应，减少骨关节炎和全关节置换的发生。例如，科研人员将静电纺丝技术与冷冻干燥技术、3D打印技术相结合，制备了一种包含明胶/聚乳酸-羟基乙酸共聚物（PLGA）静电纺丝纤维的 3D 打印支架（3DP），该支架具有精确控制的形状和大孔，纤维表面形态类似于天然 ECM，同时，3DP 具有良好的弹性和水诱导形状记忆能力，联合软骨细胞在体内获得了良好的软骨再生效果（图 10-20）。

此外，静电纺丝纳米纤维材料还可用于构筑人工胰腺。人工胰腺主要由胰岛、三维支架和免疫隔离屏障构成，其主要作用在于构建针对宿主免疫系统的隔离屏障，防止免疫系统攻击胰岛，为细胞存活提供良好的微环境，实现长期稳定的血糖调控，是糖尿病治疗领域的重大需求。科研人员开发了纳米纤维增强双性离子改性藻酸盐水凝胶免疫隔离屏障，研制了兼具安全和抗纤维囊化性能、可长期保护胰岛的三维管状人工胰腺,成功治愈糖尿病小鼠399 d,100 d 内的治愈率达到93%。其中,因静电纺丝纳米纤维材料具有良好的生物相容性、力学性能,有效克服了水凝胶等其他材料力学性能不足的问题,如图 10-21。

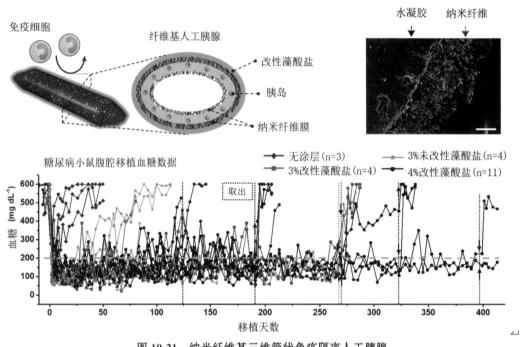

图 10-21　纳米纤维基三维管状免疫隔离人工胰腺

(3) 传感器

随着科学的发展和社会的不断进步,仅依靠人类自身去感知外界已远远无法满足时代的发展要求,亟需研制更先进、更高效的传感器,来满足人们对智能生活的迫切需求。传感器主要由敏感元件和转换元件组成,其中敏感元件是核心部分。科研人员利用纳米纤维比表面积高、孔隙率高、柔性好等优势,研制出了多种形式的静电纺丝纳米纤维传感器,如振频式、电阻式、光电式、光学式、安培式等。通过对纳米纤维传感结构的精细调控,使传感器的性能得到了大幅提高,包括灵敏性、响应速度、回复性、可重复性以及稳定性等。

将金属纳米颗粒嵌入介电材料制备的复合材料,能够增强表面等离子共振(SPR)频率,在光电子器件领域中具有良好的应用前景。然而,在金属杂化纳米纤维中,由表面等离子极化激元产生的热电子有助于进一步增强光电响应。科研人员结合静电纺丝与热处理技术,获得了金纳米颗粒(AuNPs)掺杂的豆荚型硅纳米纤维,该纤维膜在光照下表现出明显的光电响应性能。与无光照条件下相比,在不同波长光照下,传感器的电流值增加,当入射光波长为550nm 时,传感器的光电流响应达到最大值,接近于该纳米纤维的 SPR 吸收带,如图10-22 所示,其独特的性能有望应用于波长调控光感应传感器。

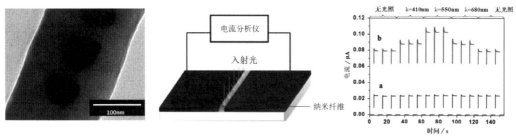

图 10-22 纳米纤维光电传感器

（4）能源

纳米纤维非织造材料具有优异的光、电、磁、机械及热学等性能,呈现了许多新的独特性质,如光开关效应、线栅偏振效应、场发射效应、压电效应、热电效应、敏感效应等,利用这些效应产生的功能特性设计纳米结构器件,在能源、电学、光学、磁学等领域都具有极其重要的意义,成为纳米功能材料研究的重要发展趋势。

通过对静电纺丝工艺的优化与溶液性质的调控,可实现对纳米纤维材料微纳结构的精准调控,进而制备圆形实心纤维、多孔纤维、核壳纤维、中空纤维、纳米管、纳米线等结构多样的纳米纤维非织造材料,并最终实现其机械、光电、发射、磁学等性能的优化设计。因此,静电纺纳米纤维材料在太阳能、电池、光电器件、能量储存、场发射、磁学等领域的应用研究已取得显著进展。

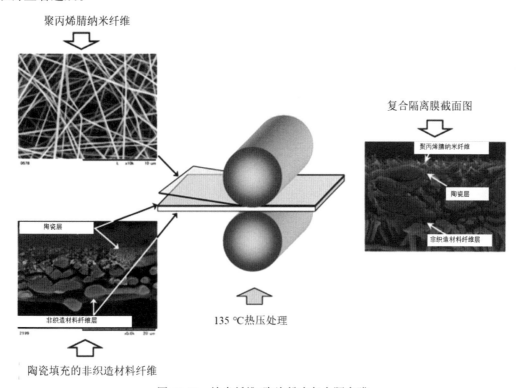

图 10-23 纳米纤维/陶瓷粉末复合隔离膜

在染料敏化太阳能电池领域,静电纺丝非织造材料具有力学性能优异、连续性好及孔隙率高等优点,有利于凝胶电解质的渗透,是一种理想的染料敏化太阳能电池阳极材料。目前,已应用于染料敏化太阳能电池的材料包括聚丙烯腈、聚氧化乙烯、聚甲基丙烯酸甲酯、聚丙烯酸丁酯、聚偏氟乙烯-六氟丙烯共聚物等。科研人员通过在纳米纤维膜中加入无机陶瓷粉末成功制备了孔径小、分布均匀的隔膜材料,如图 10-23 所示。与传统非织造材料隔膜(孔径约为 10 μm)相比,纳米纤维/陶瓷粉末隔膜的孔径不仅减小了一个数量级,还具有非常窄的孔径分布。经过 200 次循环测试后,电池的剩余电容率约为 90%,与传统隔膜相比具有更优异的性能。

思考题

1. 静电纺丝原理是什么?
2. 静电纺丝过程中射流是如何运动的? 其产生原因是什么?
3. 静电纺丝对聚合物有何要求?
4. 影响静电纺丝纤维性能的主要工艺参数有哪些? 如何影响纤维直径和形貌?
5. 静电纺丝纳米纤维的应用领域有哪些? 其优势是什么?

第11章 非织造产品与测试
(Nonwoven Products and Testing)

非织造材料由于其原料广泛、工艺种类多、技术变化灵活及生产成本低等特点,广泛应用于国民经济的各个领域。以非织造材料或非织造复合材料制成的产品已渗透到工农业生产、人民生活的各个方面,特别是产业用、装饰用及服装用三大领域。随着经济的发展、科技的进步,非织造新材料、新工艺、新产品在不断涌现,应用领域在不断拓展。

11.1 非织造产品

11.1.1 医疗、保健及民用卫生非织造产品

1. 医用卫生产品的特性

目前医疗用纤维材料及制品在医疗领域的地位越来越突出,非织造材料在生物学、医学纺织品中发挥着重要的作用,这类产品的医用效果好,价格合理,受到医疗保健及护理行业的青睐。医用卫材的主要性能要求是无毒,即无过敏反应,不致癌;可以经受消毒处理,如辐射、环氧乙烷气体、干热和蒸煮消毒;物理力学性能好,如具有一定的拉伸强度、弹性、伸长率;阻隔性、吸湿性好以及具有生物学相容性、生物学惰性(或生物学活性)等。

2. 非织造医用卫生产品的常用原料及工艺

医用非织造材料主要的原料有聚丙烯、聚酯、聚氨酯、聚乙烯醇、黏胶、漂白棉、木浆纤维和甲壳质、海藻、聚乳酸等新型纤维以及其他功能性物质原料,如具有抗菌功能的纳米材料等。纤维的纺丝油剂是保证纤维原材料表面性能的重要因素,医用非织造产品要求所用纤维油剂既能使非织造工艺顺利进行,又能保证成品的卫生标准和生态性。

医用非织造材料加工工艺主要有水刺、针刺、纺丝成网、熔喷、热黏合及涂层复合等。

3. 医疗卫生用非织造产品

1) 人造皮肤

用人工制造的纤维复合制品来替代人体器官是当今医学研究的一大主体。人造皮肤的原料为甲壳质纤维,采用针刺或水刺非织造工艺制成。该种人造皮肤具有适应人体细胞的表面,刺激皮肤细胞生长,保持其有效分裂的能力。由于壳聚糖对人体皮下脂肪的黏着性强,多孔性的非织造材料易与细胞组织相互交融,致使人体皮肤能正常生成。海藻和壳聚糖纤维对伤口愈合有效,海藻纤维还可以和渗出的体液相互作用生成钠钙海藻胶,其具有亲水性、透氧性、抗菌性,有利于新组织的生成。

2) 手术衣、防护服类

防护性医卫材料主要保护专业人员不受血液和其他传染性液体或颗粒的污染,防止病人与其他人员的交叉感染。主要产品分手术室、急诊室和病房用品、隔离用品,如医务人员帽子、口罩、外衣等。

非织造手术衣的主要原料为聚酯/黏胶/木浆纤维组成的水刺非织造材料、纺丝成网/熔喷/纺丝成网即 SMS 非织造材料或是它们与透湿防水的薄膜组成的复合材料。图 11-1 为用于手术衣的 SMS 非织造材料的纤网结构。手术衣所用的非织造材料须具有一定的断裂强度和伸长,穿着舒适、行动方便,并需要进行防水、拒油、抗酒精、抗血液穿透、抗静电等后整理。

为防止传染性物质进入皮肤并保证有足够长的使用时间,防护隔离服通常采用复合材料,如用聚酯或聚丙烯纺丝成网非织造材料与聚合物薄膜或其他非织造材料复合,或在非织造材料上面涂覆聚氨酯(PU)、聚氯乙烯(PVC)、聚乙烯(PE)、聚四氟乙烯(PTFE)透气膜。在阻隔性方面,医用防护服的国家标准要求其 NaCl 颗粒气溶胶试验粒子的过滤效率 $\geq 70\%$,在液体渗透性能方面,要求静水压 ≥ 1667 Pa,沾水等级 ≥ 3 级,表面张力为 $(42\sim60)\times10^{-5}$ N/cm 的合成血液不得渗透等。

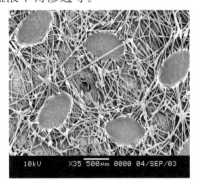

图 11-1　用于手术衣的 SMS 材料纤网结构

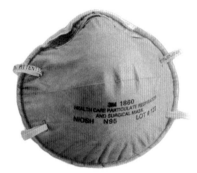

图 11-2　N95 医用防护口罩

3) 口罩、面罩

口罩和面罩有模压成型、折叠等类型。近年来,国际上医用口罩主要采用里外两层纺丝成网非织造材料、中间一层熔喷过滤材料的复合结构,其中熔喷过滤材料纤维平均直径小于 5 μm,面密度为 $10\sim100$ g/m^2,具有很小的过滤阻力,过滤效率 $> 95\%$。

医用防护口罩的国家标准要求 NaCl 颗粒气溶胶试验粒子的过滤效率 $\geq 95\%$,吸气阻力 < 343.2 Pa,沾水等级 ≥ 3 级,合成血液以 10.7 kPa 喷向口罩,内侧不应出现渗透。

美国国家职业安全健康协会（NIOSH）制定了医用、工业用防护类口罩等级与种类，见表 11-1。

表 11-1　NIOSH42-CFR84 的口罩等级和种类

种类/等级	过滤效率/%	最大负荷量/mg	测试用粒子
N 型			
N100	99.97	200	NaCl
N99	99	200	NaCl
N95	95	200	NaCl
R 型			
R100	99.97	200	DOP
R99	99	200	DOP
R95	95	200	DOP
P 型			
P100	99.97	稳定	DOP
P99	99	稳定	DOP
P95	95	稳定	DOP

*　N 型——用于不含油气的场合；R 型——在含油气场合连续使用 8h；P 型——用于含油气的场合。

**　DOP 为邻苯二（甲）酸二辛酯。

图 11-2 为 N95 医用防护口罩。

为了吸附有毒气体或有异味气体，常用活性炭作为口罩和面罩的吸附材料，使其具有更好的效果。

4）医用敷料

医用敷料具有多种用途，包括防止感染、吸收伤口渗出液、加速创面修复、方便给药和减轻患者疼痛等。随着临床创面护理水准的提升，以及对患者体验的逐步重视，敷料产品的开发从传统敷料（如药棉、纱布和绷带等）转向复合型、生物质、负载药物或生物活性成分等功能性敷料。其中，非织造医用敷料的增长速度在所有种类敷料中位列第一。图 11-3 为非织造医用敷料。

图 11-3　非织造医用外科敷料

非织造医用敷料多采用干法成网，经水刺或针刺加固而成，具有柔软、吸液、保护伤口、使用方便、无菌无毒、不易掉絮毛等优点。纤维原料一般采用脱脂棉、黏胶纤维、涤纶等，以保证其吸液性和柔软性。一些生物质材料，如海藻和壳聚糖纤维，也被广泛应用于非织造医用敷料中。该类敷料往往具有抗菌、可降解、生物相容性好等特点，伤口愈合之后无需取下，从而避免了由于伤口黏连等问题对病人造成的二次损伤和疼痛。

4. 民用卫生材料产品

1) 尿片、卫生巾包覆用非织造材料

尿片、卫生巾包覆用非织造材料除了上述医用非织造材料的共性外,还要求有柔软性和液体透过性。该类材料的主要作用是将液体很快传递给包覆层下面的吸收层,通过吸收层的吸附,阻止液体沾湿躯体,从而使皮肤保持干燥舒适。

2) 揩布

材料面密度为 $25 \sim 100 \text{ g/m}^2$,原料为黏胶、聚酯、复合超细纤维等,采用水刺法、针刺法、热熔法或化学黏合法等工艺制成。近年来,浆粕气流成网-水刺或木浆复合水刺产品在揩布上的应用越来越广泛。

还有许多功能性非织造揩布,如图 11-4 所示的精密仪器揩尘布和吸湿吸尘拖把布、杀菌揩布、擦镜布、揩亮干布、汽车光亮揩布等。

(a) 车用擦光布　　　　(b) 高级擦镜布　　　　(c) 吸湿吸尘布

图 11-4　非织造揩布

3) 湿巾

湿巾以非织造材料为基材,在水、消毒剂与清香剂的溶液中浸泡,然后加以密封包装。非织造基材的原料主要有黏胶、涤纶、木浆、棉纤维等,采用干法或湿法成网,经水刺、热黏合等工艺制成。其主要性能指标有吸液量、保液量、手感、拉伸强度、伸长率、厚度、白度、耐磨性等。

市场上的主流湿巾由涤纶-黏胶纤维以固定比例共混,经梳理成网后水刺制得。作为手帕、纸巾等产品的高端替代品,近年来湿巾类产品的使用量激增。由此带来的环保问题令越来越多的厂商致力于可降解类湿巾产品的开发,例如脱脂棉柔巾以及使用黏胶-木浆纤维生产的可冲散湿巾等。

11.1.2　非织造过滤材料

过滤材料简称滤材,其作用是将一种物质与另一种物质相分离,用来提高被过滤物质的纯度。非织造过滤材料由于其复杂的三维纤维结构,在有限的材料空间内,包含有许多微小空隙和弯曲通径,非常适合用来做过滤材料。非织造过滤材料通常用于固相/气相分离、固相/液相分离、液相/液相分离。

1. 过滤材料特点与分类

(1) 干式滤料,用于固相和气相分离。颗粒密度大于 5 mg/m^3 的一般属于工业除尘范围,小于 5 mg/m^3 的则属于空气和气体净化范围。一般还可细分为以下四类:

① 粗效:要求除去大于 $5 \mu m$ 的粒子(用于高炉鼓风保护设备)。

② 中效:要求除去 $3 \sim 5 \mu m$ 的粒子,效率为 $20\% \sim 90\%$(用于设备控制部分)。

③ 亚高效：要求除去 $1 \sim 3 \mu m$ 的粒子，效率为 $95\% \sim 99\%$（用于劳保、环卫、医院）。

④ 高效：要求除去小于 $1 \mu m$ 的粒子，效率大于 99.9%（用于精密车间、电子、医疗实验室）。

（2）湿式滤料，用于固相和液相分离、液相与气相分离、液相与液相分离。

2. 过滤机理

过滤机理包括筛分、截留、静电、惯性、扩散五大作用，与过滤材料的纤维结构、纤维直径、材料厚度和密度分布以及非织造表面结构等有关。

（1）筛分作用。比滤材孔径大的颗粒被滤材所阻挡和捕集。

（2）惯性作用。当颗粒与气流速度都较大时，气流接近滤材纤维时受阻而绕流，颗粒由于惯性的作用脱离流线，直接与纤维碰撞而被捕集。颗粒越大，流速越大，则惯性作用越大。

（3）扩散作用。当颗粒很小、流速很低时，颗粒的布朗运动产生扩散，使它撞击到纤维上而被捕集。颗粒与流速越小，则扩散作用越强。

（4）截留作用。当颗粒沿着流体的流线行进时，若流线距纤维表面的距离只有颗粒的半径时，则为纤维所捕集。

（5）静电作用。带异性电荷的粒子相互吸引而形成较大的新颗粒则便于滤材的捕集；带同性电荷的颗粒相互排斥，促使作布朗运动而被捕集；或使滤材纤维带持久的静电荷，靠静电效应来捕集微颗粒。

一般认为，滤材对颗粒的捕集、阻挡是上述几种机理联合作用的结果。不同的过滤介质、不同的过滤对象，其过滤机理不尽相同。通常，以某一过滤机理为主或几种过滤机理同时起作用。

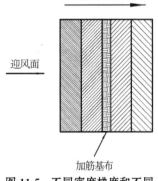

图 11-5　不同密度梯度和不同纤维线密度滤材结构

3. 滤材的结构设计

非织造材料是纤维网络状结构，可加强载体相在流过滤材时的分散效应，因而使欲分离的粒子悬浮相有更多的机会与单纤维碰撞或黏附。非织造过滤材料中的纤维呈三维随机排列结构，除能提高过滤效率之外，还具有提高载体相的流动速度、加快过滤过程的特点。纤维越细，滤材密度越高，其过滤效率越高，同时，也增加了过滤阻力。因此，滤材结构采用不同的密度梯度和不同纤维线密度时（见图 10-5），其过滤性能和使用周期显著提高。对于液体过滤，滤材的孔隙度越大，相同压差下通过的流量越大，越有利于液相过滤。图 11-6 为不同孔隙率非织造滤材的压差与流量关系曲线。

由于非织造加工工艺具有多样性，可按照过滤材料的特定用途，设计纤维排列方向、纤网曲径通道系统、滤材孔径和相关的孔隙

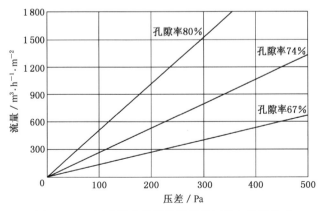

图 11-6　不同孔隙率非织造滤材的压差与流量关系

率,使产品性能更为合理。而机织布由于纱线相互紧密交织,通道较为平直,缺乏非织造滤材的曲径过滤结构系统,其深层过滤性能比非织造材料差。图 11-7 为用于血液中白细胞过滤的非织造过滤材料。图 11-8 为几种非织造滤袋。

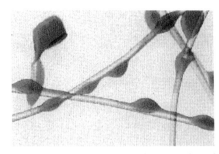 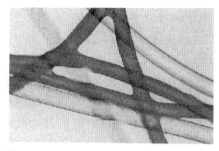

图 11-7　非织造材料用于血液过滤

图 11-8　几种非织造滤袋

非织造滤材的加工方法主要有针刺法、化学黏合法、纺丝成网法和熔喷法等,主要的纤维原料有聚酯、聚丙烯、玻璃纤维、碳纤维、金属纤维以及芳香族聚酰胺耐高温纤维等,可以按滤材的使用场合和功能进行设计。滤材的孔径、表面积、厚度、密度梯度、纤维线密度等技术参数决定了材料的过滤性能,主要性能指标有过滤效率、阻力、容尘量、透气率、截留粒径、物理性能和力学性能等。

11.1.3　家用装饰非织造材料

1. 地毯及地毯底布

地毯的原材料一般使用丙纶、锦纶、涤纶等,纤维线密度一般为 16 dtex 左右,长度一般为 75 mm,有时也选用更粗、更长的纤维,如 33 dtex、55 dtex 甚至 111 dtex 等,长度为 60~120 mm,主要采用针刺的方法。

用作簇绒地毯、针刺地毯的第一层底布和附在簇绒地毯背面的第二层底布,现在多为非织造材料。使用非织造底布可提高地毯成品强度,改善尺寸稳定性,与机织布相比,非织造底布具有切边光滑不起毛的优点。另外,使用非织造底布可使地毯平整、形态稳定。这种非织造底布采用聚酯或聚丙烯纺丝成网-热轧（热熔）黏合工艺,可获得足够的强度。面密度为$90\sim150$ g/m^2。

2.贴墙布

该类产品应具有装饰性以起到美化环境作用;具有隔声与吸声性能,即良好的声音吸收和反射功能;还应具有良好的阻燃性。原料主要用丙纶、涤纶,也有苎麻、棉等。面密度一般为$150\sim300$ g/m^2。可采用多种方法成网或复合工艺,使产品具有较好的隔声效果,尤其采用毛圈型针刺法加固非织造材料时可达到音响高保真的效果。

3.窗帘与帷幕

该类产品主要有水刺、化学黏合、纤网型缝编非织造材料,经过染色、印花、轧花、防水等后整理加工,可制成漂亮的窗帘、帷幕、卷帘、淋浴帘及其他非织造产品。也可将此类非织造材料经浸渍加工后,用于垂直帘。

用作窗帘的非织造材料大多采用黏胶、涤纶和锦纶纤维,经3%～5%丙烯酸酯黏合剂黏合后再经印花整理。应注意装饰层与底基材料的配伍性,如收缩率一致等。

4.台布

用非织造材料制作的台布可分为"用即弃"和可多次使用的产品。"用即弃"产品大多采用纤维素纤维,经湿法成网或干法造纸技术制成,适于露营及野餐铺地用餐布,也以成套餐桌台布形式出售。

可多次使用的台布采用化学浸渍黏合、染色整理、印花的纺丝成网非织造材料,或采用经针刺、水刺或缝编加固后再用聚氯乙烯涂层并印花的非织造材料。用聚酯纤维或黏胶/聚酯纤维作原料,具有易洗、快干、免烫、不沾油污等优点。由双组分纤维或其他热熔纤维所制成的热黏合非织造材料,经过印花、染色也可用作台布。

5.家具包覆布

此类产品主要有弹簧床垫包覆布、家具包覆布和垫子内绷紧材料等,常采用聚丙烯纺丝成网或涤纶短纤维针刺非织造材料。

11.1.4 服装用非织造材料

服装用非织造材料以服装辅料为主,产品包括黏合衬、保暖絮片、手套内衬、鞋帽衬等,也可直接做成服装,如防护服、一次性内衣、工作服等。

1.非织造黏合衬基材

服装用的非织造衬布,可提高服装的形状稳定性,并使面料挺括。另外,能使缝制简易化,提高缝制效率和质量;与面料品质均一化,能迅速适应面料和款式的多样性和高档化。

黏合衬按使用部位分类,可分为全面黏合衬、部分黏合衬;按使用时间分类,可分为永久黏合衬和暂时黏合衬。

永久型黏合衬主要使用聚酰胺、聚酯类纤维原料,黏合强度高、耐洗,应用在前身等大面积部位,与面料复合时,应采用熨烫机。暂时型黏合衬主要使用聚乙烯、低熔点多元共聚聚酰胺类原料,黏合强度低、耐洗性差,但能使用一般熨斗进行黏合。部分黏合衬指衣料比较小的部位,例如袋口、小贴边、袖口等处的带状黏合,防止面料伸长且对面料起增强作用。全面黏合衬指衣料比较大的部分,如前身等,要求成型性、保形性好,增强的部位用熨烫机黏合,使用永久性黏合剂。

通过浆点、粉点、撒粉等工艺涂覆在非织造基材上的热熔胶是热塑性合成树脂,通过加热、加压使热熔胶软化、熔融并渗透到面料组织中,冷却后起黏结作用。

衬布与面料的黏着强度由温度、压力和时间以及面料种类、熨烫装置的性能确定。

2. 非织造保暖絮片

保暖絮片(定型棉、喷胶棉、无胶棉、仿丝绵、复合金属棉、仿羽绒棉等)主要用于服装、床垫、手套、被子、窗帘、包装材料等的中间保暖层,有天然纤维絮片和合成纤维絮片两大类。

天然纤维絮片原料主要有棉、羊毛及羽绒,合成纤维絮片原料有聚酯、聚丙烯、聚乙烯、聚丙烯腈及复合纤维等。合成纤维絮片具有质地轻软、厚薄均匀、富有弹性、保暖性强、透气性好、耐水洗、不蛀不霉、储藏方便和经久耐用等特点。图11-9为非织造保暖絮片。

喷胶棉采用三维卷曲聚酯纤维、中空高卷曲聚酯纤维和普通聚酯混合,经喷胶黏合法制成。化学黏合剂主要为丙烯酸酯类和醋酸酯类,以乳液状喷洒到纤网的正反两面,喷洒量为 $10\% \sim 13\%$。产品特点为蓬松度高,保暖性好,压缩回弹性好,手感富有海绵效应。

仿羽绒絮片原料为异形聚酯仿羽绒纤维。该纤维截面呈"U"

图11-9 非织造保暖絮片

形,两个叉端较粗,底部呈三角形,里面有空隙。当两端受力时关闭,形成空腔,相当于中空纤维,且硬挺性、压缩回弹性都比圆形的中空纤维好。经过有机硅处理,手感柔软、滑爽,其保暖性、压缩回弹性接近于天然的羽绒。

复合絮片是指非织造材料与其他材料复合加工而成的保暖材料,如金属棉、太空棉、南极棉、生态棉等。原料以三维卷曲聚酯纤维、中空聚酯纤维及普通聚酯为主,具有高弹性、高蓬松度、高保暖性等优点。同时,混入了超细纤维、远红外纤维、抗菌纤维等,以达到保健的功能。采用复合加工方法,与镀金属薄膜、微孔薄膜、弹性薄膜、弹性非织造材料等复合,使产品的保暖性大大提高,且仍能保持较好的透气性、弹性回复性,进而具有较好的舒适性。

定型絮片的主要原料为聚酯、聚丙烯、聚丙烯腈和低熔点纤维,采用热熔黏合法工艺,产品特点是蓬松性、弹性、保暖性、耐水洗性及手感较差。

3. 防护服

防护服(图11-10)是既可防止人与有害的物质乃至恶劣环境相接触,又可减少人身暴露部分的危险的衣服或纤维制品,也是净化室、洁净室必不可少的用品。按用途分类,有防寒隔热、防射线、防细菌和病毒、防有害物质和化学品等不同防护功能的非织造或复合型防护服。该类用品以"用即弃"方式使用为主。

4. 内衣与外衣

用纺丝成网、印花非织造材料或水刺非织造材料,制成旅游用男女内裤、胸罩等;缝编法非织造材料可做成各种外衣、休闲服和童装;非织造人造麂皮能制成高级仿皮革服装,其性能超过了真皮服装。

图11-10 防护服

11.1.5　合成革基材

合成革是一种模仿天然皮革的结构和性能,在非织造基材(亦称基布)上涂覆高分子聚合物,如聚氯乙烯(PVC)树脂或聚氨酯(PU)等制成的革制品。

合成革基材原料多数采用聚酯纤维、黏胶纤维、聚酰胺纤维或一些双组分纤维(如海岛型、分裂型纤维),经针刺或水刺加固成型,再经含浸、涂层、离型纸转移、剖层、磨毛等工艺加工而成,得到酷似真皮的外观。被称为人造麂皮的非织造仿皮革,采用超细复合纤维为原料,以针刺或水刺工艺加固,经 PU 含浸和其他化学与机械处理等工艺而制成。

以水刺或针刺非织造材料为基材的合成革,大量用作皮鞋、运动鞋的内衬、中间垫衬和面料,箱包、皮球的面料和内衬以及沙发布等装饰用仿皮革,所以合成革基材要求有足够高的抗拉伸变形能力、抗撕裂性能和顶破强度,手感柔软、透气,弹性好,热收缩性小,耐水、耐折皱。

11.1.6　土工合成材料

土工合成材料是土工布、土工格栅、土工膜等材料的总称,已成为继水泥、钢铁、木材、玻璃之后的第五种重要建筑材料。

由聚合物原料制成的土工布是一种透水、透湿的纺织材料,主要用于基础工程、岩土工程、水利工程中。土工布的使用量在土工合成材料中占的比重最大。

土工合成材料的主要功能是隔离、过滤、排水、防护、稳定与增强加固等。非织造材料在土工布中占有重要的地位,主要有干法成网再针刺加固的非织造土工布和纺丝成网经针刺或热轧加固的非织造土工布。一些复合土工材料也大量使用非织造材料,如与膨润土经针刺复合制成的膨润土防水垫,与聚乙烯薄膜经热黏合制成的复合土工膜,与机织布、编织布复合而成的土工织物等。影响土工布性能的主要因素有纤维种类、加固成型方法等。土工布的主要性能要求有工程上应用所需的力学性能、物理性能、水力学性能、土力学性能以及耐用性能。

11.1.7　建筑用非织造材料

以非织造材料为基材,在这类基材上用沥青、合成高分子薄片或合成橡胶、氟树脂进行浸渍、涂覆加工处理,制成的防水材料和膜结构材料用于建筑工程中。主要产品有油毡(沥青涂层)基材、屋面防水涂层基材、墙壁的防水透气材料、隔热保温材料、灰泥基材、地面铺覆材料、房屋管道内衬、水泥浇灌模袋、地基稳定材料、室内家具、厨房用材料、帐篷材料、遮阳篷和雨篷材料等。这类涂层材料的特点是施工方便、耐水性好、质量轻,通常只有水泥、砖瓦、钢材外壳材料的三十分之一。不同的建筑用非织造材料应采用不同的生产工艺。

非织造聚酯油毡基材的生产工艺如下:
(1)聚酯切片干燥→挤压熔融→喷丝→气流拉伸→铺网→针刺→浸渍→干燥热固处理。
(2)聚酯短纤→梳理成网→针刺加工→热定型→浸渍→干燥热固处理。

纺丝成网法聚酯油毡基材要求质量轻、强度大,纤维线密度范围为 3.3～30dtex,经多层叠合后面密度为 150～250 g/m²。

聚酯短纤维可采用线密度为 1.7～3.3dtex,长度为 30～100 mm;梳理单网面密度为 50～70 g/m²,经多层叠合针刺后面密度为 170～300g/m²,要求纵横向强度差异小。

经针刺加固的短纤非织造材料及纺丝成网非织造材料在浸渍改性沥青(APP 或 SBS)前要经 220～230℃高温热定型,以防止浸胶后烘干及涂覆沥青时收缩。通过热定型处理,可消除内应力,纤网强度提高,同时纤网密度增加。

经热定型的纤网还要浸渍黏合剂,使基材更加硬挺。烘干温度要高于黏合剂交联温度,防止涂覆沥青时产生伸长和收缩率过大,一般为 215～250 ℃。

膜结构材料的基材大多采用长丝机织物,但也采用针刺非织造材料和缝编非织造材料。最常用的涂层聚合物是聚氯乙烯(PVC)和聚四氟乙烯(PTFE)或具有阻燃性能的硅涂层材料,涂层可提供防水性能,并有效避免基材受阳光和气候影响而降解。

11.1.8　汽车用非织造材料

非织造材料广泛用作汽车内装饰材料,具有成本低、适应性强、质量轻、隔声、保暖、防震等特点,若加入一定比例的阻燃、抗静电纤维还能获得阻燃和抗静电的效果。

非织造材料在汽车中的应用产品有汽车座椅套(PVC、PU 革等)、遮阳板、车门软衬垫、车门外罩、车顶衬垫和覆盖材料、车门内侧模压板、隔热和隔声材料、安全带支座和卷起装置的加固材料、轿车后部行李仓衬垫和覆盖材料、汽化器及空气过滤器、电池隔板、簇绒地毯的底布、针刺模压地毯以及沙发软垫材料等。

1. 汽车地毯

该类地毯一般用模压成型,由三至四层不同材料组成,其最外表面层是通过阻燃、抗静电处理的地毯。目前国外主要采用簇绒地毯和针刺地毯,美国以簇绒为主,欧洲、日本则采用高绒头的天鹅绒针刺地毯。

原料一般采用聚酯、聚丙烯和聚酰胺纤维,但需要原液染色,以达到较好的耐日光强度,要求有较好的弹性。

2. 汽车衬料和板材

车顶、门饰、护壁等用隔热、隔音材料的内装饰部件(图 11-11)结构中,底层一般为非织造材料,发泡材料为聚氨酯、聚苯乙烯等。表面层需要有一定的延伸性,可满足模压定型的要求,一般为经编织物或纤网型缝编非织造材料。

图 11-11　非织造汽车内饰件

近年来,采用天然纤维降解型非织造材料作为汽车内饰件,主要原料为麻纤维以及一些低龄速生树材的木纤维/合成纤维复合材料。通过木材加工技术形成的木纤维,其形态有别于一般纺织纤维,可采用气流成网技术制成均匀的纤维毡,经针刺和化学黏合形成坯料,再经模压成为轿车内饰件。这种新型非织造材料内饰件,具有质量轻、可降解的特点,特别是当车辆发生事故时,其内饰件碎裂后不会形成坚硬棱角伤害坐车人,安全性明显提高。

3. 门窗密封条

过去一般用塑料等为基体,现在已开发以干法成网和纺丝成网的聚酯非织造材料为基材,以聚酰胺纤维为静电植绒材料复合而成的非织造门窗密封条。

4. 车用过滤材料

车用内燃机过滤材料产品主要有空气滤清器和机油滤清器。车外空气经过滤清器净化后向乘客提供洁净空气,洁净空气进入发动机可以防止堵塞汽化器和灰尘进入气缸内。空气过滤器由聚酯或聚丙烯干法非织造材料或湿法非织造材料制成;机油过滤采用湿法非织造材料及熔喷/湿法复合非织造材料。

11.1.9 其他非织造材料

1. 针刺造纸毛毯

造纸毛毯在造纸过程中起着传递湿纸页、保持纸面平整、湿纸页压榨脱水、带动纸机导辊转动等作用。

造纸毛毯性能要求为尺寸稳定性好,以防在使用过程中变形,耐磨、滤水性好、强度高、表面平整性好、使用寿命长。原料应选择耐磨的纤维,一般为聚酰胺和聚酯。加工工艺是在基材或经纱层上加纤维网片通过环式针刺复合而成。

2. 电池隔膜材料

电池隔膜是一种具有大量微孔和吸液性的绝缘材料,置于电池两极之间,其作用是使电池的正负极隔开,防止电池内部短路,但又不阻止电池中离子的迁移。图 11-12 为非织造电池和隔膜材料。

非织造电池隔膜材料主要有:

1)非织造玻璃纤维电池隔膜。一般以碱玻璃为原料经高温熔化制成纤维,再经高温高速气流牵伸形成超细纤维网(毡)。纤维直径一般小于 $3\mu m$。

2)熔喷法聚丙烯隔膜。该种隔膜属疏水性材料,需经亲水处理,保证隔膜材料具有良好的吸液量。然后按不同规格要求制成袋式、平板式、波纹式、槽纹式的隔板。

3)干法成网非织造隔膜。原料主要有改性聚丙烯、改性聚酰胺、聚乙烯醇纤维,加固工艺为热黏合和化学黏合法。

4)湿法成网非织造电池隔膜。原料有改性聚丙烯、改性聚酰胺、聚乙烯醇、芳纶等纤维。

图 11-12 非织造电池和隔膜材料

3. 农用非织造材料

1)丰收布

用于庄稼的防冻、防霜、防虫、育秧、种植蔬菜、培育人参等的农用丰收布,要求强度高、透气性好、耐日晒,可重复使用。可选用聚酯或抗紫外线聚丙烯,经纺丝成网、热轧或化学黏合制成非织造农用丰收布,面密度为 $15\sim50g/m^2$。

2) 秸秆纤维草皮培育基质

采用农作物的副产品——秸秆(如稻草、玉米秆等),经粉碎形成非正规形态的纤维,然后再混入少量常规纤维,经气流成网、针刺加固形成秸秆纤维毡。加入种子、肥料后,通过肥水管理可形成无土草皮。

秸秆作为农业废弃物,我国的年产量约 7~8 亿吨。用秸秆纤维制成的非织造草皮培育基质材料制成草皮后,其秸秆材料会逐步腐蚀降解,有益于改良土壤,明显减少土壤中水分的蒸发,起到保墒作用。这类无土草皮对于西部干旱地区的荒漠化治理有良好的应用价值和积极的环保意义,同时也增加了农产品的价值。

4. 叠层材料

非织造材料可与机织物、针织物、泡沫塑料、塑料网格、纸及金属箔等进行两层或两层以上的叠合。主要用于家具工业、环保工业、汽车工业和服装工业。

11.2 非织造材料的后整理

11.2.1 后整理的定义、目的及意义

随着国民经济的迅速发展和工业化进程的加快,非织造材料的应用范围已渗透到国民经济的各个领域。按常规工艺生产的非织造材料,由于原料和工艺技术的限制,自身存在一定的缺陷,功能性应用范围受到较大的限制,无法直接用于产业用、装饰用、服装用三大类应用领域,必须对非织造材料进行后整理或将不同功能的非织造材料和其他材料进行复合。

非织造材料的后整理就是将非织造材料与各种涂层剂、整理剂或其他功能性材料,通过化学和物理机械的方法使其牢固结合或改变材料的性能、外形和物理形态的加工过程。在这一过程中,非织造材料与其他高分子聚合物和功能性物质集合成一体,成为一种新型非织造复合材料;或以另外一种物理形态出现,使之得以弥补原来单一的非织造材料性能上的缺陷和不足,又可以改变材料的外观和风格,同时又使材料增加了新的功能,如防水、拒油、抗菌防霉、抗静电、防紫外线、阻燃、亲水、柔软、防辐射等等。

非织造的后整理技术主要有三大类,即涂层、功能整理和复合。

11.2.2 涂层

1. 非织造涂层的定义及用途

非织造涂层是在非织造基材上均匀地涂覆高分子聚合物或其他功能性物质,成为一种涂层材料。非织造基材经涂层加工后,高分子聚合物一般不进入纤维内部,而在非织造基材表面形成一连续的膜,单独承担某种功能。这种复合材料不仅具有非织造材料原有的特性,更增加了覆盖层的功能。有的涂层材料中,非织造材料只起支撑和骨架作用,对功能的实现

主要由涂覆层完成。

非织造涂层材料在产业用、装饰用、服装用三大领域有着广泛的用途。如服装、包装袋、箱包、鞋用革；产业用的防渗土工复合膜、膜结构建筑材料、篷盖布、灯箱材料、农用覆膜和地膜；医疗用手术服、防病毒感染的隔离服、帷帘；装饰用遮光窗帘及桌布、装饰革等。典型的非织造涂层材料加工方法与特性见表11-2。

表11-2　典型的非织造涂层材料加工方法与特性

应用类别	涂层产品	非织造基材加工方法	涂层剂或层合材料	特性
服装用	聚氨酯湿法合成革人造麂皮	水刺、针刺	聚氨酯的DMF溶液	透气仿麂皮，抗撕裂、柔软
装饰、家具用	合成革	水刺、针刺	丙烯酸酯色浆和聚氨酯含浸	仿皮革，透气透湿
土木工程用	防渗土工布	针刺、纺丝成网、化学黏合	聚氯乙烯(PVC)、聚乙烯(PE)	防渗、加筋、隔离
环保用	过滤材料	针刺、化学黏合、	聚四氟乙烯(PTFE)	过滤、清灰
医疗、防护用	手术服、防护服	水刺、纺丝成网	助剂、PTFE、PVC、PE薄膜	防水、防油、防酒精、防病毒、防有毒物质、防血液穿透
建筑工程用	屋顶油毡等膜结构建材	针刺、纺丝成网、缝编	丙烯酸酯类、沥青、聚四氟乙烯、有机硅	防水、防晒
运输、广告用	篷盖材料、灯箱材料	针刺、纺丝成网、化学黏合、缝编	涂层剂、PVC、PE	防水、抗紫外线、透光等

2. 涂层剂

涂层剂是一种具有成膜性能的合成高聚物。作为涂层整理的主体原料，它的性能将对涂层后材料的技术指标产生重要的影响。因此，根据产品的最终用途选择合适的涂层剂至关重要。一般来说，涂层剂除了应具备良好的黏合性能以外，还须具有手感柔软、弹性模量低、拉伸变形大、高强透湿以及与其他功能助剂、添加剂有良好的相容性及协效作用等特点。

目前可供选择的涂层剂品种很多，按化学结构分类，主要有聚丙烯酸酯类、聚氨酯类、聚氯乙烯类、合成橡胶类、硅酮弹性体类等。

（1）聚丙烯酸酯类。该类涂层剂系由丙烯酸甲酯、丙烯酸乙酯、丙烯酸丁酯等按适当比例共聚而成。具有柔软、耐干洗、耐磨、耐老化、耐光热性等优点，且透明度及共容性较好，有利于生产有色涂层产品。缺点是弹性差、易折皱、表面光洁度差，还由于含有亲水基团，耐水性较差。

（2）聚氨酯类(PU)。聚氨酯，全名为聚氨基甲酸酯，结构特点是在聚合物主链上有重复出现的氨基甲酸酯基团（—NH—COO—）。该类涂层剂的优点是涂层柔软有弹性、强度高；涂层呈微细多孔状，具有透气透湿性，同时能耐磨、耐干洗。缺点是价格较贵，遇水、碱要水解，耐日光性差。

（3）聚氯乙烯类(PVC)。是氯乙烯的均聚物，分子式可简写为$\text{-[CH}_2\text{-CHCl]}_n$。该涂层剂有优良的综合性能，在增塑剂含量高时，表现出高伸长率、柔软性；当增塑剂含量减少时，其柔软性和伸长率都下降，而硬度、拉伸强度及耐磨性增加。具有无毒、耐气候、耐酸碱性好、绝缘性能好、易染色、价格低廉等优点，为用户所广泛使用。

（4）合成橡胶类。主要有氯丁橡胶、丁苯橡胶、丁腈橡胶等，其中氯丁橡胶用的较多。氯丁橡胶具有较好的物理性能、化学稳定性及耐气候性，缺点是焙烘时易出现泛黄现象。

（5）有机硅类。该类涂层剂的化学名称为聚有机硅氧烷，主链是由硅氧原子交替构成，侧链通过硅原子与有机基团相连。硅氧键的键能很高，因此有机硅有很高的耐热性和化学稳定性。它还具有一般涂层剂难以实现的防水透湿性和柔软爽滑的手感。由于有机硅的价格高而强度低，一般不将它单独用作涂层剂，而是将它与其他涂层剂混配或作后整理剂。

（6）聚四氟乙烯类（PTFE）。它是唯一集防水、拒油、防污多种功能于一体的涂层剂。具有耐热、耐氧化、耐气候性好、不霉变、弹性好等特点，是一种理想的功能性涂层剂。由于它价格昂贵，使用受到了限制。

3. 涂层工艺与设备

非织造材料的涂层大都采用与传统纺织品涂层一样的工艺与设备，但必须充分考虑其张力和纵横向强度与传统纺织品有较大的差异这一特性。较常用的涂层工艺有刮刀涂层、辊式涂层、转移涂层、喷洒涂层、湿法涂层等。

1）刮刀涂层

刮刀涂层是使用各种刮刀在非织造基材表面涂层。刮刀的作用是使涂料均匀地分布在

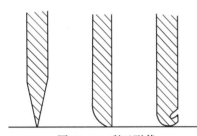

图 11-13　刮刀形状

整个基材幅宽上，同时控制所用的涂料量。刮刀形状、刮刀在加工过程中所处的位置以及刮刀与布面的角度是刮刀涂层的重要参数。刀刃形状的选择是根据涂层工艺的要求、涂层剂黏度、被涂材料性能等几方面决定的，典型的有楔形、圆形、钩形三种形状刮刀（见图 11-13）。刮刀的边越宽所加涂料的量越多。按照刮刀在加工过程中所处的位置可分为悬浮刮刀涂层、贴辊刮刀涂层、垫带衬刮刀涂层（如图 11-14 所示）。

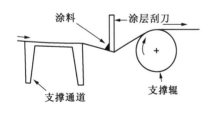
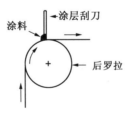
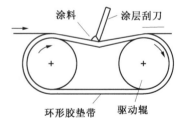

（a）悬浮刮刀涂层　　　　　　（b）贴辊刮刀涂层　　　　　　（c）垫带衬刮刀涂层

图 11-14　刮刀涂层技术

悬浮刮刀涂层是在移动的平面上直接放置刮刀，靠刮刀对基材的向下压力进行涂层。其缺点是涂层厚度难以掌握，一般用于薄层的涂层。贴辊刮刀涂层是在基材通过支撑辊时进行涂层。该技术比悬浮刮刀涂层施加在基材上的张力要小，涂层厚度也较易控制，主要用于具有一定厚度和弹性的涂层。垫带衬刮刀涂层是用橡胶皮带在两个辊间回转，以此带作为支撑台，基材在其上移动，刮刀在布上进行涂层。此技术的基材承受张力较悬浮刮刀涂层要小。

刮刀涂层因设备简单而被广泛采用,并可用于泡沫涂层,特别适合于强度和尺寸稳定性较高的非织造材料。缺点是涂层厚薄均匀性难以控制,易产生横向条纹。

2)圆网涂层

刮刀涂层使涂层剂不可避免地渗入材料组织使之手感变硬,同时对于多孔、结构疏松的基材,刮刀涂层易产生较大的剪切力、压力,这些力及基材本身的张力会使基材结构变形。圆网涂层是在圆网印花工艺基础上发展起来的,又称筛(网)鼓涂层。图11-15为圆网涂层示意图,圆网装在涂层机上,由电机驱动,中间的进料管和刮刀是不动的,刮刀片紧压在圆网内壁上,圆网压在基材上,基材压在挤压辊上,即圆网被支承并且被转动时其线速度与基材一致,以避免在涂布点处有摩擦。涂层剂由进料管上的小孔流出,流入刮刀和圆网组成的楔形区域,在楔形区的尖端,刮刀将涂层剂挤出圆网,施加在基材上。由于刮刀

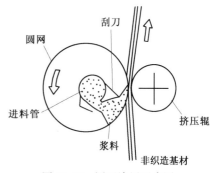

图 11-15 圆网涂层示意图

不直接压在基材上,基材的张力大大降低,使非织造基材不易变形,适合于柔软、疏松的装饰材料和过滤材料的涂层。

3)辊式涂层

辊式涂层主要以转动的圆辊筒给基材施加涂层剂。它包括同向辊技术、反转辊技术、凹版涂层技术和浸渍辊技术等。

同向辊涂层是上下两个涂层辊紧密接触,下辊的一部分浸渍在涂料中,由于回转而使其表面附着一定量的涂层剂,当基材在两个辊之间通过时,上下辊对基材加压,使涂料附着并渗透其上。该技术适用于低黏度涂料。

反转辊涂层系统由一组高精度滚筒和传动系统组成,通过调节相邻滚筒转速差和滚筒之间的间隙大小改变涂层量。在基材接受涂层剂的部位,基材行进的方向与施胶辊表面转动方向相反,靠摩擦将涂料涂覆于基材上,见图11-16。

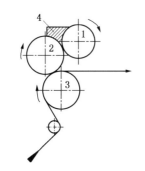

图 11-16 反转辊涂层示意图

1-计量辊 2-施胶辊 3-托辊 4-涂料

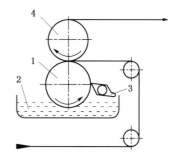

图 11-17 凹版涂层示意图

1-凹版涂层辊 2-涂层剂 3-刮刀 4-加压辊

凹版涂层与凹版印刷或凹版印花原理相同,即将雕刻的凹版涂层辊与涂层剂槽接触并拾取涂层剂,辊上多余的涂层剂用刮刀刮去,而凹部的涂层剂在通过加压辊转印在基材上,见图11-17。

浸渍辊涂层是在基材与辊接触的状态下通过涂料槽,使涂层剂浸透基材表面而实现涂层。这种涂层方法与非织造材料加固工艺中的化学浸渍黏合法相似。

4)转移涂层

转移涂层是将涂层剂涂在片状载体上使它形成连续的、均匀的薄膜,然后再在薄膜上涂黏合剂和基材叠合,经过烘干和固化,把载体剥离,涂层剂(包括黏结层)膜就会从载体上转移到基材上。聚氯乙烯和聚氨酯人造革常用该法生产。基本工艺流程如下:

离型纸←————离型纸复卷←————检查离型纸←————离型纸剥离

涂层→烘干→冷却→涂黏结层→叠合→烘干固化→冷却→剥离→成品

基材(针刺、水刺非织造材料,机织和针织布)

5)凝固涂层

凝固涂层又称湿法涂层,即用一种可溶解聚氨酯的溶剂DMF(二甲基甲酰胺)把聚氨酯溶解成溶液,涂覆或浸渍在基材上,然后浸入水或DMF的水溶液的凝固浴,使聚氨酯在凝固浴中凝固成膜。凝固涂层经水洗、烘干成为半制品,再根据产品的最终用途分别进行磨毛、印花、轧纹等后续处理,成为各种类型的聚氨酯湿法涂层合成革,其工艺流程见图11-18。

凝固涂层机理:当聚氨酯涂层膜进入凝固浴后,水渗入涂层膜,与涂层膜中的DMF溶液互溶,从而稀释了涂层膜上下两表面的DMF或称为萃取DMF,使涂膜中的DMF浓度下降,尤其使涂膜两面DMF浓度显著下降。这时,内层的DMF由于水的吸引向外扩散,凝固浴中的水由于DMF的吸引

图 11-18 凝固涂层工艺流程

向内扩散,如图11-19所示。在不断扩散中,溶液由澄清状态逐渐变为聚氨酯—DMF—水的浑浊凝胶状态。双向扩散继续进行,则在凝胶中产生相的分离,固态聚氨酯在基材上析出沉淀,缓慢地完成了凝固过程。

当涂膜进入凝固浴后,在涂层的表面由于DMF迅速扩散,其液膜表面形成了组织较致密、带有微孔的固体膜,主要是DMF扩散形成的微孔平面膜。当聚氨酯含量较高时,生成的表面微孔膜厚度较大,使内部的DMF扩散缓慢,在内

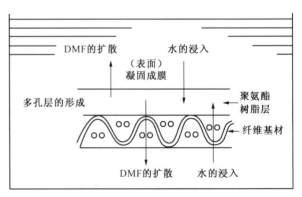

图 11-19 DMF—水双向扩散示意图

部易形成海绵结构的膜;当凝固浴中的 DMF 浓度较低,表面的 DMF 迅速扩散到凝固浴中,在液膜表面很快形成组织致密的固体膜。较薄的固体膜在形成过程中要产生脱液收缩取向,在收缩中产生的应力,由于已成凝胶状态,不可能通过聚合物的流动而转移,只能靠聚合物的蠕动来消除。当产生的应力过快时,聚合物胶体的蠕动来不及消除应力,便在生成聚合物膜的应力集中处产生裂缝。这个裂缝便是形成孔的初始状态,会随着固体膜的收缩而逐渐长大。随着内膜的不断向内扩散,形成了不同形状的孔隙。这种孔隙给聚氨酯合成革带来了透气、透湿性能,也是凝聚涂层的最大特点。

人造麂皮和 PU 革大多是采用凝固涂层的聚氨酯合成革。基材以聚酯、聚酰胺、黏胶、复合型超细纤维为主要原料制成的水刺、针刺非织造材料,与天然皮革的中间层和底层纤维组织结构相似,特别在弹性、柔软性、悬垂性、整体性等性能优于天然皮革。尤其是用海岛型、分裂型超细纤维的非织造基材,经聚氨酯湿法涂层和减量处理后,其合成革手感柔软、富有弹性,透气透湿性能优良,是高档合成革服装、装饰革和体育用品的理想面料。

6) 其他涂层

喷雾涂层。将黏度较低的涂层剂通过一系列喷嘴均匀地喷洒到移动的纤网上,再像其他涂层方法一样对材料进行烘干和焙烘。该方法一般用于手感柔软的薄型材料。

泡沫涂层。其工艺与非织造泡沫黏合法类似。材料具有柔软、蓬松的手感,产品一般用于室内装饰织物、帷幕、枕套以及地毯、过滤布等。

热熔涂层。利用热塑性高分子聚合物加热后熔融的特性,将这种熔体像化学涂层剂一样涂敷到非织造材料或其他基材上。该类涂层主要有两种类型,一种是将热塑性高分子聚合物颗粒、粉末等用撒粉或粉点等方法直接涂到基材上,再通过加热装置使聚合物受热熔融,在基材上形成连续的膜;另一种是将固态热塑性高分子聚合物放在热熔装置中熔融,将热熔体挤出,再通过刮刀、滚筒、圆网印花等方式直接进行涂层。

此外,还有静电涂层、粉末涂层等多种涂层工艺。

11.2.3 功能整理

1. 概述

功能整理是指根据非织造材料的最终用途要求,通过所需的整理剂和适当的整理技术,使整理剂涂覆在材料表面或渗透到材料内部或与纤维大分子键合,赋予非织造材料以特殊的功能。如医用卫材需有抗菌功能;室内装饰及航空配套材料需有阻燃功能;外科手术服的拒水拒酒精功能、防护服的防辐射、抗紫外线功能、电池隔膜材料的亲水功能等等。其基本流程为:配制整理工作液→对非织造材料施加整理液→烘干→焙烘→成品。对非织造材料施加整理剂的工艺有浸轧法、涂层法、喷洒法、泡沫整理法等。其设备特点在第七章化学黏合法及本章涂层中已作介绍。

功能整理的主要工艺技术参数:

(1) 功能整理剂(或功能性物质)在工作液中的浓度;

(2) 浸轧次数及轧液率;

(3)焙烘温度及时间；

(4)助剂浓度。

非织造材料经功能整理后，一般按下列指标来评价其整理效果：

(1)功能性指标(如抗菌整理后的抑菌圈大小、阻燃整理后材料的氧指数等)；

(2)材料的强度损失率；

(3)材料的外观变化；

(4)材料的手感变化；

(5)材料的热收缩率；

(6)与人体直接接触材料的毒性和皮肤致敏性。

2. 液体阻隔整理

"三防(防水、防酒精、防血液)"手术衣和手术用材料、"抗结露"高温烟气过滤材料、防水防腐蚀的包装材料和防护服等均要求其材料具有液体阻隔性能。

1) 液体阻隔整理剂

液体阻隔整理剂主要有四大类：石蜡类；烷基乙烯脲类；有机硅类；含氟聚合物，详见表 11-3。从表中可见，有机硅类和含氟聚合物的阻隔性能较理想。

表 11-3 各类拒水剂性能比较

防水剂	拒水性	拒油性	耐久性	柔软性
石蜡类	较好	无	差	好
烷基乙烯脲类	较好	无	差	差
有机硅类	好	无	一般	好
含氟聚合物	好	好	较好	一般

有机硅类一般是线性聚硅氧烷，由硅氧键连接而成，硅原子上又接有烷基、苯基等构成的侧链。侧链的甲基表面能很低，它们遮盖了高极性的硅氧主链，导致了该类化合物的分子间力很弱，表面张力非常低。

常用的有机硅拒水剂为聚甲基氢硅氧烷。它经缩聚交联后在材料表面形成一层保护膜。极性的硅氧主链趋向纤维表面，产生氢键和共价键，提高了聚硅氧烷与纤维之间的结合力，而非极性甲基则垂直于纤维大分子与硅氧主链构成的平面，在材料表面形成不溶于水和溶剂的单分子保护膜，使材料具有拒水性。

由于氟原子的原子半径小、极化率低、电负性高，C—F 键极化率很低。因此，含有大量 C—F 键化合物的分子间凝聚力也小，这样使化合物表面自由能降低，从而产生了各种液体对它均很难润湿、很难附着的特有的液体阻隔性能。

2) 液体阻隔整理机理

材料的液体阻隔整理是以降低材料表面张力为目的。液体阻隔整理效果与整理后材料的临界表面张力有关。要达到液体阻隔性能的必要条件是材料的临界表面张力必须小于液体(如水、酒精、血液、油等)的表面张力，反过来，如果液体的表面张力小于材料的临界表面张力，则材料被润湿。有关液体对固体表面润湿程度(接触角 θ)详见第 7 章。表 11-4 列出了几种常用液体的表面张力。

表 11-4　几种常用液体的表面张力

液　　　体	表面张力/N·m^{-1}
水	72.8×10^{-3}
甘油	64.3×10^{-3}
合成血液	42.0×10^{-3}
甲苯	28.5×10^{-3}
白矿物油	26.0×10^{-3}
石蜡类	26.0×10^{-3}
有机硅	24.0×10^{-3}
丙酮	23.7×10^{-3}
乙醇	22.8×10^{-3}
脂肪酸（—CH$_3$）、汽油	22.0×10^{-3}
正辛烷	21.4×10^{-3}
正庚烷	19.8×10^{-3}
聚四氟乙烯	18×10^{-3}
氟化脂肪酸	6×10^{-3}

由表 11-4 可知,有机硅整理剂的表面张力为 24×10^{-3} N/m,小于水的表面张力(72.8×10^{-3} N/m),高于乙醇和部分油类液体,因此,经有机硅整理的材料具有足够的拒水性而缺乏拒酒精和拒油能力;而有机氟的表面张力低于 20×10^{-3} N/m,它可使材料的表面张力降至 15×10^{-3} N/m,小于表 11-4 中大部分液体的表面张力,用含氟整理剂对材料进行表面整理,能使其表现出优异的液体阻隔特性。

3) 液体阻隔整理工艺

液体阻隔整理工艺与纤维特性、整理液 pH 值及焙烘温度和时间等因素有关。

(1)纤维特性。有机硅和有机氟聚合物乳液的后整理工艺,主要是将其覆盖于纤维的表面。在以水为介质的加工中,乳液粒子和纤维各自的表面电位均会影响处理效果。从分子作用力角度考虑,纤维和乳液粒子带相反电荷,则两者容易接触、吸附,反之,接触吸附困难且吸附均匀性不佳,则难以使整个纤维表面获得均匀的处理效果。因此对于棉、麻、黏胶、聚酯、聚丙烯腈这些呈负电荷性纤维,应采用阳离子乳液。

(2)整理液 pH 值。当溶液的 pH 值发生变化时,纤维表面的电势电位有所改变。如纤维素纤维,当溶液的 pH 值提高,其表面负电荷增加;毛、丝、聚酰胺等两性纤维的表面电位随着溶液 pH 值变化会发生质的变化。溶液 pH 值对部分纤维表面电位的影响见图 10-20。另一方面,pH 值对整理剂乳液的稳定性也有较大影响,过高或过低的 pH 值,均由于存在电解质作用,而使乳液稳定性降低。如含氢硅油乳液,若不加一定量的酸,硅乳的含氢量会有较大的损失,尤其在偏碱性的条件下,硅氢键容易发生断裂而释放出氢气。因此添加少量的酸,控制 pH 值在 4~5 的弱酸性条件下,可防止氢的损失。一般有机硅乳液应控制在弱酸性,以提高其乳液的稳定性。

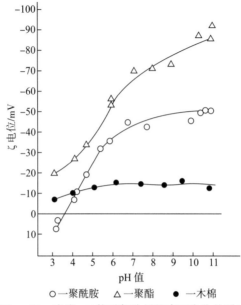

图 11-20　溶液 pH 值对部分纤维表面电位的影响

　　(3)温度和时间。在加工过程中,浸轧整理剂乳液后需要烘干。烘干温度过低,干燥不完全,影响后续焙烘效果;而过高的烘干温度会使有机硅或有机氟过早交联成膜,纤维材料内残留水分的蒸发致使薄膜冲破,影响处理效果。若从理想的角度考虑,烘干时宜温度较低,时间较长,但这样势必影响加工速度,一般控制在 100~110℃ 温度范围内烘干为佳。

　　在有机硅或有机氟整理剂成膜与纤维交联的反应过程中,焙烘的温度和时间的控制相当重要。鉴于上述反应均在焙烘中完成,因而焙烘温度的选择需考虑整理剂乳液本身的特性。由于有机硅或有机氟乳液的乳化剂不同,聚合体所含官能团性质不同,因而所需的反应温度是有所差异的。总体上讲,焙烘要求首先让乳化剂彻底分解,然后保证有机硅或有机氟聚合物充分交联或反应,这就需要有一个较高的温度,然而,高温处理对纤维的物理力学性能不利,且高温还将促使有机硅聚合物的分子结构从螺旋形转变为直链形,导致了其本身物理力学性能的变化。最佳的焙烘温度只能按不同的整理剂和不同的纤维材料来确定。

　　焙烘时间随焙烘温度而变的,若要降低焙烘时间,则可以提高焙烘温度。但时间效应不及温度效应明显。所以,在液体阻隔整理时,往往更重视焙烘温度。

　　4)液体阻隔性能测试

　　非织造材料经液体阻隔整理后,可用多种方法评价其液体阻隔性能,详见本章表 11-10。

3. 抗菌整理

　　非织造材料属多孔性材料,通过纤维叠加又形成无数孔隙的多层体,极易吸附繁殖细菌等微生物;人体排出的汗液、脱落的皮肤和皮脂都为菌类繁殖提供了丰富的营养,因此非织造产品和人体的微环境给细菌的繁殖生长提供了理想的条件,抗菌整理增强了非织造产品的使用功能。

抗菌整理是指在非织造材料等纤维制品上用具有抗菌作用的试剂进行处理,赋予其抗菌防霉性能,使材料具有抑制菌类生长的功能。

非织造材料抗菌整理的要求:

(1)具有广谱的抗菌性;

(2)对使用者无毒性,对皮肤无致敏;

(3)具有良好的透气性;

(4)整理剂不损伤纤维,不使材料产生色变;

(5)对环境无污染,可在环境中自然降解;

(6)与其他整理剂具有相容性;

(7)不影响原有材料特性;

(8)成本低廉,加工简便。

常用抗菌剂及抗菌机理:

① 金属盐类抗菌剂。这类抗菌剂主要有硝酸银、氯化汞、氧化锡等。其抗菌机理是在银离子等金属离子作用下,微生物细胞内蛋白质的构造遭破坏,引起代谢阻碍。

② 有机季铵盐类抗菌剂。这类抗菌剂中季铵盐阳离子与微生物细胞表面的阴离子部位静电吸附,加上疏水作用,从而破坏微生物细胞表层结构。

③ 铜化合物类抗菌剂。聚丙烯腈硫化铜复合体中铜离子破坏微生物的细胞膜与细胞内酶的疏水基结合,从而降低了酶的活性,阻碍其代谢功能。

④ 有机氮类抗菌剂。在对比试验中被认为其抗菌力强于季铵盐类和二苯醚类抗菌剂。

⑤ 天然抗菌材料。这类材料如甲壳质中的壳聚糖,其分子内带正电荷的氨基吸附细菌,与细菌细胞壁阴离子结合,阻碍了细菌的生长合成。

⑥ 其他还有卤素和酚类抗菌剂,如次氯酸盐、N-氯胺、卤代双酚等。

4. 阻燃整理

产业用、装饰用、服装用纺织品都有阻燃的要求,对不同使用场合使用的各种纺织品,国家规定了不同等级的阻燃要求,特别是航空交通纺织品及宾馆、娱乐场所、大型会议厅的装饰织物等,均有较高的阻燃等级要求。

1)纤维材料的燃烧特性

几乎所有的纺织纤维都是有机高分子材料,绝大多数在300℃以下就会发生分解。经过阻燃整理后,并不能使它成为在火焰中不燃烧和不受损伤的材料,只不过是程度不同地降低了可燃性。评定材料的阻燃性主要有两方面,一是着火性,即着火点的高低,表示材料起火的难易;另一是燃烧性能,即在特定的条件下,沿着样品燃烧的速率和氧指数。氧指数是指试样在氧气和氮气的混合气体中维持完全燃烧状态所需的最低氧气体积分数,通常用 LOI 表示。氧指数越大,维持燃烧所需的氧气浓度越高,即越难燃烧。表 11-5 为几种典型纤维材料的氧指数。

表 11-5　几种典型纤维的极限氧指数值(LOI)

单位(%)

纤　维	LOI	纤　维	LOI
棉	17～19	聚　酰　胺	20～21.5
黏　胶	17～19	聚　丙　烯	17～18.6
醋酯纤维	17～19	聚丙烯腈	17～18.5
羊　毛	24～26	聚氯乙烯	37～39
蚕　丝	23～24	芳　纶　BB	28.5～30
聚　酯	20～22	聚四氟乙烯	95

2) 阻燃机理

纺织材料的燃烧过程主要由以下四个同时存在的步骤循环进行:

(1) 热量传递给材料;

(2) 纤维的热裂解;

(3) 裂解产物的扩散与对流;

(4) 空气中的氧气和裂解产物的动力学反应。

纤维材料的燃烧与纤维热裂解的产物有十分密切的关系,不同纤维的热裂解过程不同。纤维材料的可燃性除了决定于纤维的化学组成外,还与材料上存在的染料、整理剂及材料结构等有一定的关系。阻燃技术就是阻止上述一个或多个步骤的进行。

棉纤维的阻燃方法主要是催化脱水。经过阻燃整理后的纤维,在 300℃就开始脱水炭化,改变了原来纤维在 340℃以上纤维素 1,4 苷键断裂时生成的左旋葡萄糖。左旋葡萄糖容易生成各种可燃性气体。磷酸盐及有机磷化物能降低纤维裂解的起始温度,在较低的温度下就会分解生成磷酸,磷酸随着温度升高变成偏磷酸,继而缩合成聚偏磷酸。聚偏磷酸是一种强烈的脱水剂,可促使纤维素炭化,抑制可燃性裂解产物的生成。

聚酯的阻燃机理主要是制止聚对苯二甲酸乙二醇酯的羰基断裂和阻止挥发碎片的形成。

阻燃剂的阻燃方法一般有以下几种:

① 覆盖法。例如硼酸在温度较高时能形成玻璃状覆盖涂层,从而阻止氧气供应,达到阻燃目的。

② 气体冲淡法。阻燃剂在燃烧时能分解出不燃性气体,从而冲淡稀释纤维分解出来的可燃性气体。

③ 转移阻燃法。阻燃剂在高温时能作为活泼性较高的游离基转移体,从而阻止了游离基反应的进行。

④ 吸热与散热法。这是一种主要针对阴燃的阻燃方法。由于吸热和散热作用可以阻止阴燃的蔓延,因此选择在高温下能产生吸热反应的物质整理织物,阻止燃烧或者使纤维迅速散热,使材料达不到燃烧温度。

3) 阻燃剂及整理工艺

阻燃剂类型可分为:

① 无机阻燃剂。主要有金属氧化物和卤化物、硼砂、磷酸盐等。

② 有机磷阻燃剂。这是一类重要的阻燃剂,阻燃效果好,但成本高、毒性强。如四羟甲基

氢氧化膦(THPOH)、四羟甲基氯化膦(THPC)、N-羟甲基二甲基膦酸丙酰胺(NMPPA)等。

THPOH 的阻燃整理工艺：

非织造材料→浸轧阻燃整理剂→烘干→氨熏→氧化→水洗→烘干。

NMPPA 的阻燃整理工艺：

非织造材料→浸轧阻燃整理剂→烘干→焙烘(150℃，4～5min)→水洗→烘干。

阻燃整理使被整理材料增加了一定数量的有害物质，而且阻燃的耐久性受到一定的限制。在非织造材料中放入一定比例的耐高温纤维或阻燃纤维，如间位芳纶(NOMEX)、聚酰亚胺(P84)、芳砜纶及碳纤维等，同样能达到一定的阻燃效果，且安全无毒。

5. 防紫外线整理

近年来，由于臭氧层的破坏，到达地面的紫外线辐射增加，过量的紫外线会对人体造成伤害。野外强紫外光线下工作用的非织造防护服、覆盖材料、土工合成材料等同样应具有紫外线防护的性能。

目前赋予纤维材料防紫外线性能的方式主要有两种，即防紫外线纤维法和防紫外线后整理。防紫外线纤维就是在聚合或熔融纺丝过程中添加紫外线吸收剂或屏蔽剂等，制备出防紫外线纤维，并将其做成非织造材料。防紫外线后整理是将防紫外线整理剂通过浸轧、涂层等方法与非织造材料结合在一起，使非织造材料具有一定的防紫外线功能。

1) 防紫外线整理剂

防紫外线整理剂主要有两类：一类是紫外线反射剂，另一类是紫外线吸收剂。

紫外线反射剂能将紫外线通过反射折回空间，也称紫外线屏蔽剂。这类反射剂主要是金属氧化物，例如氧化锌、氧化铁、氧化亚铅和二氧化钛。氧化锌能反射波长为240～380nm的紫外线，且价格便宜无毒性。将这些起紫外线屏蔽作用的无机物与有机化合物的紫外线吸收剂合用，具有相互增效功能。

紫外线吸收剂能将光能转换，使高能量的紫外线转换成低能量的热能或波长较短、对人体无害的电磁波。目前应用的紫外线吸收剂主要有以下几类：

(1) 金属离子化合物；

(2) 水杨酸类化合物；

(3) 苯酮类化合物；

(4) 苯三唑类化合物等。

金属离子化合物是作为螯合物使用的，因此只适用于可形成螯合物的染色纤维，主要目的是提高耐光色牢度。水杨酸类化合物由于熔点低、易升华，且吸收波长分布于短波长一侧，故应用较少。苯酮类化合物具有多个羟基，对一些纤维有较好的吸附能力，但价格较贵，应用较少。苯三唑类化合物是目前应用较多的一类化合物，一般不具有水溶性基团，主要用于聚酯纤维。它具有价格较低、毒性小、高温时溶解度较高等特点。

2) 防紫外线整理剂的整理工艺

对于非织造材料的防紫外线整理工艺主要有两种，即浸轧法和涂层法。

由于紫外线吸收剂大部分不溶于水，拟配制成分散相溶液，采用浸轧→烘干→焙烘工艺加工。对于某些对纤维没有亲和力的吸收剂，应在工作液中添加黏合剂或采用涂层整理的方法加工，还可以和一些无机类的紫外线反射剂合并使用，效果更佳。

3)防紫外线性能评价

非织造材料防紫外线性能的指标主要有以下几种：

（1）紫外线辐射防护系数(UPF)

UPF 值指某防护品被采用后,紫外线辐射使皮肤达到红斑所需时间与不用防护品达到同样伤害程度的时间之比。防护品的 UPF 值越大,对紫外线的防护能力越强。

（2）紫外线透过率

采用紫外线分光光度计测定紫外线波长区域内防护材料的紫外线透过率的平均值。实验表明,经过防紫外整理后,防护材料的紫外线透过率大大降低。

6. 亲水整理

医用、民用卫生材料、园艺农用非织造材料、电池隔膜等对亲水性能均有较高的要求,改善材料的亲水性能除可以通过选用高吸水性纤维、纺丝液中添加亲水性物质、材料表面接枝改性、等离子体处理外,还可以对非织造材料进行亲水整理。亲水整理具有方法简便、成本低廉、经济效益明显等特点,能够在保持纤维原有特性基础上增加纤维的亲水性,因而成为应用最为普遍的一种方法。亲水整理的耐久性较差,但适合于用即弃和耐久性要求不高的非织造材料。

亲水整理就是将亲水剂覆盖于纤维表面,使其形成一层亲水薄膜。亲水薄膜有一定的导电性,可以提高材料的抗静电性能。亲水整理的实质就是提高非织造材料的表面张力,降低材料与水之间的接触角。

亲水整理剂按大类分为：聚酯类,包括聚醚型聚酯、磺化聚酯、混合性聚酯;丙烯酸类;聚胺类;环氧类;聚氨酯类等。

聚环氧乙烷与聚对苯二甲酸乙二醇酯的嵌段共聚物是适用于聚酯的亲水整理剂,聚合物分子结构中含有聚氧乙烯醚键,可在聚酯表面形成连续性薄膜;还含有结晶的聚酯链段,它和聚酯的基本化学结构相同,因此对聚酯有较好的相容性,通过高温焙烘,整理剂可以和聚酯产生共溶共结晶作用。聚醚型聚酯嵌段共聚物也有类似的性质。

聚醚-硅氧烷是由聚乙二醇改性的聚硅氧烷,其有机硅主链是疏水基团,亲水部分为聚乙二醇,用它整理丙纶非织造材料时,由其分子结构可看出,亲水基团处在与丙纶非织造材料相垂直的平面上,便于水的渗透和通过纤维毛细管传送液体,从而改善亲水性能。

聚氨酯类亲水剂是在聚乙二醇与二异氰酸酯生成的预缩体中加入咪唑,将其中的异氰酸酯封闭而获得稳定性聚氨酯整理液与多官能团的胺类化合物混合,其中的咪唑基发生解离,异氰酸酯基复出,在涤纶非织造材料上相互交联,形成表面能较高的薄膜,提高亲水性能。

非织造材料的亲水整理还可以采用阴离子型、阳离子型、非离子型和两性型表面活性剂对材料进行表面活化处理,使材料表面大分子吸附了大量的亲水基团,这些亲水基团进入水中,可大大降低水的表面张力,使材料的润湿速度有了很大的提高。

非织造材料亲水性的评价指标有吸水(液)率、吸水(液)速度、材料芯吸率等,详见 10.4 节。

7. 微胶囊功能整理技术

将功能性物质与有关高分子化合物或无机化合物,用机械或化学方法包覆封闭起来,制成颗粒直径为 $1\sim500\mu m$,常态下为稳定的固体微粒,而该微粒物质原有的基本性质不受损失,在适当条件下它又可释放出来,这种微粒称为微胶囊。微胶囊具有以下功能和特点：

（1）赋予特殊的功能和应用效果；

（2）增进被封闭物质的功能的缓释性和长效性；

（3）增加被封闭物质的贮存稳定性；

（4）降低被封闭物质的可溶性和吸附性；

（5）隔离反应性物质,提高相容性；

（6）提高物质的流动性、分散性,便于操作和应用。

微胶囊主要由芯材和壁材组成。芯材又称核材,是一种被包覆（封闭）的功能性物质,可以是固体、液体、气体或胶体物质。壁材是一些具有成膜性能的天然或合成高分子物质,如明胶、甲壳质、阿拉伯树胶、海藻酸盐、聚乙烯醇、聚氨酯、聚丙烯酸酯等等。

微胶囊技术广泛应用于纺织品功能整理是因为其功能的持久性和效果好于液体功能整理剂,而成本大大低于应用功能性纤维的材料。非织造材料同样可运用微胶囊技术进行功能整理,包括阻燃、拒水拒油、抗菌杀虫、抗静电、柔软整理等,以获得常规整理技术无法得到的效果。

经典的凝聚法是将功能性物质制成微胶囊,其内部含有非水溶性物质,直径在 $10\sim50\mu m$,干燥后分散在水溶液中,可直接用于涂层,施加于非织造材料上。这类微胶囊通常与黏合剂一起喷涂到非织造材料上,黏着在纤网上,纤网经过多组压辊的作用,使胶囊全部进入纤网内部。由于微胶囊颗粒很细,在材料表面的数量不多,对非织造材料表面本身的结构性能影响不大。涂层的数量为 $2\sim30g/m^2$。根据囊壁所用的材料性能,使用该产品时,要适当地轧压非织造材料,使芯材功能释放出来。另外也可通过扩散作用、壁的溶化或生物降解而将芯材功能释放。

1）抗菌杀虫微胶囊整理

将抗菌剂或杀虫剂和癸二酰氯混溶后,在高速搅拌下慢慢滴入含有适量乳化剂的水溶液中,形成乳液分散状,然后在不断搅拌下慢慢滴入含乙二胺和二氨基苯及碳酸钠的水溶液,使抗菌剂分散颗粒界面发生缩聚反应。形成壁材为聚酰胺、芯材为抗菌剂的微胶囊。改变壁材的组成和厚度,可控制芯材的释放速度,延长缓释时间。

应用时将微胶囊和黏合剂、助剂等一起固着在非织造材料上,通过壁材的扩散、溶化或降解来缓慢释放芯材功能,也可适当浸轧,使微胶囊破裂,抗菌剂可快速渗透进入材料,实现其抗菌杀虫的作用。

2）阻燃微胶囊整理

常规的阻燃整理对涤/棉或涤/黏的混合纤维材料,因需用两种互不相溶的阻燃剂而用传统的整理方法难以加工。若将适用于聚酯的有机磷卤化物阻燃剂制成微胶囊 A,适用于黏胶纤维的聚磷酸铵阻燃剂制成微胶囊 B,将含有微胶囊 A 和 B 的水悬浮液施加在涤黏混合的非织造材料上,于 50℃烘干,然后经过压辊轧压,使材料上的微胶囊破裂,微胶囊中的阻燃剂均匀吸附在纤维上,在 150℃焙烘 3min,使阻燃剂扩散,各自进入相应的纤维内部发生固着反应,使两种纤维都具有良好的阻燃性。

3）拒水拒油微胶囊整理

拒水拒油整理剂大都难溶于水,通常制成乳液,而许多乳液的分散稳定性不高,常因浴中其他成分的加入而发生破乳或沉淀,而应用微胶囊整理,分散稳定性大大提高,也提高了各组分间的相容性。

例如将双酚 A 溶解于稀氢氧化钠水溶液中,另将己二异氰酸酯和拒油剂溶于三氯乙烷中。在高速搅拌条件下,将三氯乙烷溶液慢慢滴入上述氢氧化钠水溶液中,分散成微小的颗粒状后,将此溶液加热到 50℃ 左右,使己二异氰酸酯和双酚 A 在颗粒界面发生缩聚反应,形成壁材为聚氨酯,芯材为拒油剂的三氯乙烷溶液的微胶囊。应用时,只需经过浸轧,微胶囊破裂后,拒油剂渗入材料内部,于 40℃ 烘干,140℃ 焙烘 3 min 即可。

除上述几种微胶囊整理外,非织造材料微胶囊整理还有微胶囊香味整理、微胶囊抗紫外线整理以及微胶囊黏合剂等。

8. 其他整理

非织造材料的轧光轧纹整理和收缩整理虽不属于化学整理的范畴,但也是常用的非织造后整理技术,并日益受到重视。

轧光的主要目的是提高产品表面光洁度与平整性或增加其材质的紧密度,对于某些较蓬松结构的非织造材料,为减少各层纤维网的间隙度而施与紧压;轧纹的目的是增加产品的外观效果,使材料表面获得浮雕状或其他效果的花纹,获得柔软的手感;轧点或轧孔整理则是对非织造材料表面施与适当的点子或孔状,使非织造材料增加其结构密度和耐磨性的同时,增进产品的美观。

轧光整理的原理利用纤维在热湿条件下具有一定程度的可塑性,此时施加压力,将非织造材料中的纤维绒毛压平,使材料表面比较平滑并获得一定程度的光泽。轧纹整理也是利用纤维在湿热条件下的可塑性。轧纹机一般由一只可加热的钢制硬辊和一只包覆纸粕或其他材料制成的软辊组成。硬辊筒上刻有阳纹花纹,软辊筒上为阴纹花纹,两者互相吻合,产生凹凸花纹结构。

现代电光整理的原理与轧光整理基本相似,不同的是电光整理不像轧光整理仅是将材料轧平,而是通过刻有与辊筒轴心成某种倾斜角度的纤细线条的钢制硬辊筒将材料表面压成许多平行的斜线,能对光线产生规则的反射,增加产品的视觉效果。

非织造材料的收缩整理是利用热塑性纤维在加热条件下收缩,使非织造材料的密度增加,增加材料的强度。在非织造合成革基材或研磨材料中常采用该工艺。收缩整理有干态和湿态之分,视所用纤维性质而定。

干态收缩整理应用于百分之百的合成纤维非织造材料或大部分是合成纤维的非织造材料。如果纤维中混入高收缩性纤维,则收缩效果更佳。湿态收缩整理常应用于含有天然纤维比例较大的非织造材料。其工艺是让非织造材料先通过热水浴进行收缩,然后再进行挤压,在松弛状态下进行烘燥。为节省烘燥用能,也可采用蒸汽箱收缩的方法。

11.3 复合技术

现代非织造材料学科的进步与发展越来越依赖于复合技术。单一材料的非织造产品远远不能满足日益发展的市场经济和人民生活的需要。如防止疾病传播方面,医护人员的口罩、隔离服、帽子、手套和脚套所用的材料必须对孔径、阻隔效率及透气透湿等指标有严格的要求,尽可能减少像艾滋病毒(HIV)、B型肝炎病毒(HBV)和非典型性肺炎(SARS)病毒的传染,这就需要采用复合技术,将非织造医用材料和其他功能性材料(机织物、针织物、非织造材料、膜、塑料网、纸等)复合。

11.3.1　层压复合

层压复合就是把两层或两层以上的材料叠合,通过加压黏合成为一体。其中的材料可以是非织造的、机织的、针织的、各类高分子薄膜及功能性材料。图 11-21 为不同结构或不同材料叠层非织造制品。层压工艺种类很多,常用的有黏合剂黏合法(简称黏合剂法)和热黏合法。

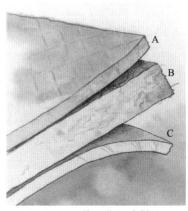

图 11-21　叠层非织造制品

① 黏合剂法。黏合剂法是层压复合的基本工艺,用黏合剂的黏合作用把层与层之间的界面结合在一起,形成一复合体。黏合剂的施加方法与涂层技术相似,即依靠不同工艺的涂层设备将需层合的材料以浸涂、刮涂、喷洒、印花、转移等方式施加黏合剂。按产品的用途来选择黏合剂和涂覆黏合剂的工艺与设备,要求分布均匀,层间不脱离和起泡,剥离强度足够大,可承受一定的拉伸剪切,受外界条件(主要是温湿度)影响小。

② 热黏合法。若需层合的材料本身是热塑性高分子材料,兼有热熔黏合能力,则该材料既是层压复合材料的一个组分,又是黏合剂,依靠热辊使热塑性材料熔融,同时在压力的作用下与其他材料黏合,形成复合材料。

含有低熔点纤维的非织造材料可与其他材料做层压复合,其复合材料在强度、孔径、表面张力、弯曲刚度、气体液体渗透性等方面的性能与原来单独一层非织造材料完全不同,扩展了单层非织造材料的应用范围,可用作离子分离膜材料、医用血液阻挡膜等。

将聚四氟乙烯薄膜与聚酯针刺非织造材料进行层压复合,形成一种复合过滤材料。采用的聚四氟乙烯是多微孔薄膜,膜的孔径分布中 80% 以上是 $0.2\,\mu m$,针刺非织造材料的平均孔径为 $53\,\mu m$,过滤效率为 42%。两者经层压复合后该材料的过滤效率提高到 99.999%,其中的过滤功能主要由聚四氟乙烯薄膜承担,而针刺非织造材料作为骨架材料,是高精度粉尘过滤的理想材料。

11.3.2　工艺复合

当前非织造技术的发展和非织造产品的应用拓展主要体现在非织造材料的工艺复合技术上。所谓工艺复合就是将两种或两种以上的材料用两种或两种以上的非织造加工工艺组合完成的技术。将非织造加工方法中的成网、加固、后整理的各种不同工艺按产品要求进行适当组合,联合加工,以形成一种集多种功能于一体的非织造复合材料。

1) 纺丝成网/熔喷/纺丝成网复合(SMS)

中间层为聚丙烯熔喷超细纤维非织造纤网,上下两层为薄型聚丙烯纺丝成网非织造材料的复合材料,可以用来做口罩、尿布、防护服、手术服等。其功能分别是熔喷非织造材料的阻隔和过滤作用,上下两层纺丝成网非织造材料主要起增强和包覆作用。面密度为 $50\,g/m^2$ 的 SMS 复合材料的耐水压高达 4410Pa,而普通的非织造材料的耐水压仅是它的三分之一左右。该种非织造材料的截面结构见图 11-22。

图 11-22　纺丝成网/熔喷/纺丝成网复合材料(SMS)截面结构

2) 水刺复合技术

水刺技术的发展在于它可灵活地与多种成网和加固工艺相结合,形成产品风格突出、功能各异的非织造复合材料。

(1) 水刺复合聚合物纺丝成网材料

一般纺丝成网工艺是将聚合物长丝网热轧、化学浸渍或针刺来加固纤网,以增加材料的强度。最新研制采用水刺工艺,既可加固长丝网,又能复合纺丝成网的纤网或梳理成网与纺丝成网叠加而成的纤网。这种复合技术在保持该非织造材料强度的条件下,增加了手感柔软、表面平整、各向同性好等性能,可制作卫生吸收性产品和高级擦拭材料。工业化产品有湿法铜氨纤维纺丝成网与梳理成网水刺非织造复合产品。

(2) 水刺复合产品

水刺可以和多种非织造工艺组合生产复合产品。采用两层薄型梳理纤网,中间一层聚丙烯纺丝成网经水刺做成三明治式(CSC)的复合材料。该种产品的蓬松度和强力都好于单一梳成网水刺布。图 11-23 为梳理成网/浆粕气流成网水刺复合产品结构图。图中可见,木浆纤维均匀有效地分布于梳理纤网之中。这类复合材料具有强度高、吸湿、透气、手感柔软、适合后整理等性能,主要用做揩布、手术衣、手术器械包覆布等。表 11-6 列出了几种水刺复合产品。

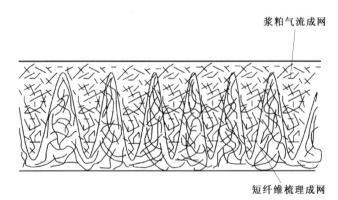

浆粕气流成网

短纤维梳理成网

图 11-23　梳理/浆粕气流成网水刺复合产品结构

表 11-6 水刺复合产品及成网工艺

成 网 工 艺	产 品
梳理/木浆粕气流成网	婴儿揩布、卫生巾、尿布面料、仪器洁净布
梳理成网/稀疏机织物或聚乙烯网格	家庭干揩布、旅游用帷帘、工业揩布
木浆纸/梳理成网	医用手术衣、手术洞巾、吸收材料
纺丝成网/木浆纸或木浆纤维	医用帷帘、手术巾、手术服
纺丝成网/梳理成网	食品、装饰、清洁用布、食品包装
熔喷/梳理成网	手术室屏蔽用品、空调滤材、滤清器
闪蒸纺纤网/梳理成网	服装、床上用品、过滤材料、包装材料
超细纤维梳理成网/聚酯机织或针织物	高档合成革基材、
熔喷/纺丝成网	口罩、过滤材料、医用材料、环境卫生用防护服
气流成网/超细纤维梳理成网	衣衬、卫生垫、护罩、药膏底布、擦镜布

3）针刺复合技术

适合于厚型纤网及产品。纺丝纤网/针刺短纤非织造材料再用针刺复合制成具有高强低伸和良好反滤性能的土工合成材料；疏松型针织布/保暖棉网用针刺复合做成服装和床上用保暖材料；梳理成网/加筋网格/梳理成网用针刺复合加工成高强低伸工业用揩布等。

11.4 非织造材料测试技术

11.4.1 概述

非织造材料性能测试与检验随非织造工业的发展和国家标准化建设加强而显得越来越重要。生产过程中的质量控制、商品检验、产品开发及科学研究等都离不开测试与检验。

非织造材料的生产特点和应用范围与传统纺织品不同，其性能大多有别于传统纺织品，对传统纺织品质量检验和性能测试的一套测试方法，不完全适合非织造这类结构材料。例如非织造材料的过滤性能、吸液能力、液体阻隔性能、孔径及孔径分布、压缩性能、抗老化、针刺密度等都有其特定的检测项目与方法。即使是常规项目的测试，在试样准备和测试手段上也与传统纺织品不同。

国际上，非织造工业较发达的国家与地区行业协会都相继制定了非织造材料及其产品的相关标准和测试方法，主要有国际标准化组织（ISO）、美国试验与材料协会标准（ASTM）、英国国家标准（BS）、欧洲联盟标准（CEN）、国际非织造材料工业协会（INDA）、欧洲用即弃材料及非织造材料协会标准(EDANA)以及日本工业标准(JIS)等。

我国的非织造材料及其产品的相关标准和测试方法的制定起步较晚,但发展较快。近十几年来,相继制定了包括土工布、医用卫生材料在内的非织造材料相关的国家标准和行业标准几十项,其中既有产品标准又有测试方法标准,有力推动了我国非织造行业标准化建设和技术进步。

11.4.2　非织造材料相关标准

1. 物理(特征)性能

非织造材料的物理性能是由反映非织造材料基本特征的几个参数所组成,也称特征性能指标,主要包括面密度(g/m^2)、厚度(mm)、均匀度(不匀率(%))等方面。这几项性能测试方法的国内外标准参见表 11-7。

表 11-7　国内外非织造材料物理性能测试标准

项目	国家或地区(行业协会)	标准号
单位面积质量（面密度）	中国(纺织行业)	FZ/T 60003
	中国	GB/T 24218.1
	国际标准化组织	ISO 9073.1
	美国试验与材料协会	ASTM D 6242
	欧洲用即弃材料及非织造材料协会	EDANA 40.3
厚度	中国(纺织行业)	FZ/T 60004
	中国	GB/T 24218.2
	国际标准化组织	ISO 9073.2
	美国试验与材料协会	ASTM D 5736
	法国	NF G07-171-2
	欧洲用即弃材料及非织造材料协会	EDANA 30.5

2. 力学性能

非织造材料在使用过程中会受到各种力的作用,如拉伸、撕裂、顶破、冲击、摩擦等作用。非织造材料在受到这些外力作用后,必然产生形变,乃至损伤、破坏。而非织造材料受力形变能力及力学性能的强弱,直接影响非织造材料的使用性能和寿命。国内外非织造材料力学性能测试标准见表 11-8。

表 11-8　国内外非织造材料力学性能测试标准

测试项目	国家或地区(行业协会)	标准号	测试方法
断裂强力及伸长率	中国(纺织行业)	FZ/T 60005	
	中国	GB/T 24218.3	条样法
	中国	GB/T 24218.18	抓样法
	国际标准化组织	ISO 9073 - 3	条样法
	国际标准化组织	ISO 9073 - 18	抓样法
	欧洲用即弃及非织造材料协会	EDANA ERT 20.2	
	美国试验与材料协会	ASTM D 5035	
撕破(裂)强力	中国(纺织行业)	FZ/T 60006	
	中国	GB/T 24218.4	梯形法
	国际标准化组织	ISO 9073.4	
	美国试验与材料协会	ASTM D 5734	落锤法
	美国试验与材料协会	ASTM D 5733	梯形法
	美国试验与材料协会	ASTM D 5735	舌形法
	欧洲用即弃及非织造材料协会	EDANA 70.4	
顶破(破裂)强力	中国(纺织行业)	FZ/T 60019	
	中国	GB/T 24218.5	钢球顶破法
	中国	GB/T 7742.1	液压法
	国际标准化组织	ISO 13938.1	液压法
	国际标准化组织	ISO 13938.2	气压法
	国际标准化组织	ISO 9073 - 5	圆球顶破
	欧洲用即弃及非织造材料协会	EDANA 80.3	
	国际非织造材料工业协会	INDA IST 30.1	液压膜法
	美国试验与材料协会	ASTM D 3786	液压膜法
	德国	DIN 53861.2	

3. 吸收性能

医疗卫生用非织造材料一般都有吸水(或血液、体内液体)、吸湿要求,而作为尿布、卫生巾,其表面包覆层要求具有液体快速透过性能;其导流层要求能将液体沿一定方向均匀渗透。另外,一些需功能整理的非织造材料,其表面张力的大小直接影响了对整理剂的吸附结合的程度。因此,非织造材料的吸收性能在上述产品中尤为重要。体现这些性能的测试项目主要有吸液能力(吸液时间、吸液率、液体芯吸率)、液体穿透时间、液体返湿量、接触角等。国内外有关非织造材料对液体吸收性能的测试方法标准参见表 11-9。

表 11-9 国内外非织造材料液体吸收性能测试标准

项目	国家或地区(行业协会)	标准号	评价指标
液体穿透性	中国(纺织行业)	FZ/T 60017	液体穿透时间
	中国	GB/T 24218.8	液体穿透时间
	国际标准化组织	ISO 9073-8	液体穿透时间
	中国	GB/T 24218.13	液体多次穿透时间
	国际标准化组织	ISO 9073-13	液体重复穿透时间
	欧洲用即弃与非织造材料协会	EDANA 150.4	液体穿透时间
吸液能力	中国	GB/T 24218.6	吸液时间、吸液率、芯吸率
	国际标准化组织	ISO 9073-6	吸液时间、吸液率、芯吸率
	中国	GB/T 24218.11	溢流量
	国际标准化组织	ISO 9073-11	液体流失量
	中国	GB/T 24218.12	受压吸收性
	国际标准化组织	ISO 9073-12	饱和吸收量
	美国试验与材料协会	ASTM D 6651	吸附能力
	国际非织造材料工业协会	INDA IST 10.1	吸液时间、吸液率、芯吸率
	国际非织造材料工业协会	INDA IST 10.2	擦拭材料的吸收速率
	欧洲用即弃与非织造材料协会	EDANA ERT 10.3	吸液时间、吸液率、芯吸率
	欧洲用即弃与非织造材料协会	EDANA 152.0	液体流失量
	欧洲用即弃与非织造材料协会	EDANA 230	饱和吸收量
	法国	NF G07-171-6-2003	
	德国	DIN 53923	吸水性
	德国	DIN-53924	浸水速度
液体返湿量	中国	GB/T 24218.14	
	国际标准化组织	ISO 9073-14	
	欧洲用即弃与非织造材料协会	EDANA 151.2	
接触角	国际标准化组织	ISO 15989	
	欧洲联盟	EN 828	聚合物薄膜
	美国试验与材料协会	ASTM D 5946	
	美国试验与材料协会	ASTM D 5725	
	美国试验与材料协会	ASTM 724	纸

4. 液体阻隔性能

医用手术衣及手术用隔离材料应具有"三防(防水、防酒精、防血液)"功能,防护服、防水材料要有较强的拒水拒油、抗渗透、防酸碱腐蚀等功能,高温烟气过滤材料应具有较好的抗结露性能,这些均要求非织造材料要有液体阻隔性能。表 11-10 为国内外非织造材料液体阻隔性能测试方法标准。

表 11-10 国内外非织造材料液体阻隔性能测试标准

国家或地区(组织)	标准号	测试项目
中国	GB/T 24218.16	抗渗水性(静水压试验)
中国	GB/T 24218.17	抗渗水性(喷淋冲击法)
中国	GB/T 24218.101	抗生理盐水性(梅森瓶法)
中国(纺织行业)	FZ/T 01038	淋雨渗透性

（续表）

国家或地区（组织）	标准号	测试项目
中国	GB/T 23321	水平喷射淋雨
中国	GB/T 19977	拒油性 抗碳氢化合物试验
国际标准化组织	ISO 18695	液体渗透性
国际标准化组织	ISO 9073 - 17	斜面喷射
国际标准化组织	ISO 9073 - 16	静水压
欧洲用即弃与非织造材料协会	EDANA 120.1	拒水性
欧洲用即弃与非织造材料协会	EDANA 160	静水压
欧洲用即弃与非织造材料协会	EDANA 170	陶瓷瓶法
国际非织造材料工业协会	INDA IST 80.1	表面喷湿试验
国际非织造材料工业协会	INDA IST 80.2	水渗透试验（淋水）
国际非织造材料工业协会	INDA IST 80.3	水渗透试验（冲击）
国际非织造材料工业协会	INDA IST 80.4	水渗透试验（静水压）
国际非织造材料工业协会	INDA IST 80.5	盐水渗透试验（陶瓷瓶）
国际非织造材料工业协会	INDA IST 80.6	抗水试验（静水压）
国际非织造材料工业协会	INDA IST 80.7	油渗透性能试验（烃类）
国际非织造材料工业协会	INDA IST 80.8	乙醇渗透试验
欧洲联盟	EN 20811	静水压
欧洲联盟	EN 24923	喷淋试验
欧洲联盟	EN 29865	邦迪斯门淋雨试验
美国纺织化学和染色协会	AATCC 118	拒油等级
美国纺织化学和染色协会	AATCC 193	拒水等级

5. 透通性

非织造产品中的黏合衬、个人卫生护理材料、保暖絮片、服用材料等与人体接触的材料应有一定的透气、透湿性，这是人体舒适性的重要指标，土工合成材料、过滤材料要求材料具有一定的透气透水性，非织造材料的透气、透湿、透水统称为透通性，它与材料的孔径和孔隙率有关。表 11-11 为国内外纺织及非织造材料透通性测试方法标准。

表 11-11　国内外纺织品透通性测试方法

项目	国家或地区（组织）	标准号	方法或适用条件
透气性	中国	GB/T 5453	纺织品
	中国	GB/T 24218.15	非织造材料
	中国	GB/T 10655	高聚物多孔弹性材料
	国际标准化组织	ISO 9073 - 15	非织造材料

(续表)

项目	国家或地区(组织)	标准号	方法或适用条件
透湿性	国际标准化组织	ISO 9237	织物
	欧洲用即弃与非织造材料协会	EDANA 140.2	
	美国试验与材料协会	ASTM D 737	
	日本	JIS K 7126	塑料薄膜材料
	中国	GB/T 12704.1	吸湿法
透水性	中国	GB/T 12704.2	蒸发法
	中国	GB/T 16928	包装材料
	国际标准化组织	ISO 2528	重量法
	日本	JIS Z 0208	防湿包装材料
孔径	中国	GB/T 15789	土工布
	德国	DIN EN 12040	土工布
	法国	NF G 38-016	
	中国	GB/T 14799	土工布有效孔径 干筛法
	中国	GB/T 17634	土工布有效孔径 湿筛法
	中国	GB/T 38949	多孔膜孔径 标准粒子法
	中国	GB/T 2679.14	过滤纸和纸版 最大孔径
	中国(机械行业)	JB/T 13836	袋式除尘器用滤料孔径特征
	中国	GB/T 24219	机织布 泡点孔径
	国际标准化组织	ISO 12956	土工布 特征孔径
	英国	BS 3321	织物 等效孔径
	美国	ASTM E 1294	过滤膜 流体孔率仪

6. 过滤性能

非织造材料由于其主体结构为单纤维的三维立体纤网结构,具有孔径小、孔径分布范围大,孔隙率高等优点,广泛用于空气过滤和液体过滤以及医用材料的细菌和病毒过滤等。

过滤材料根据其应用性能要求,测试项目繁多,主要有过滤效率、容尘量、截留粒径(最大孔径、孔隙分布)、孔隙率、透气量、滤阻、滤速等。相关的产品标准及性能测试标准见表11-12。

表11-12 国内外过滤材料相关标准

国家或地区(组织)	标准号	标准名称
中国	GB/T 38413	纺织品 细颗粒物过滤性能试验方法
中国	GB/T 30176	液体过滤用过滤器 性能测试方法
中国	GB/T 38019	工业用过滤布 粉尘过滤性能测试方法

（续表）

国家或地区（组织）	标准号	标准名称
中国	GB/T 38398	纺织品 过滤性能 最易穿透粒径的测定
中国	GB 2890	呼吸防护 自吸过滤式防毒面具
中国	GB 2626	呼吸防护 自吸过滤式防颗粒物呼吸器
中国	GB/T 17939	核级高效空气过滤器
中国	GB/T 13554	高效空气过滤器
中国	GB/T 14295	空气过滤器
中国	GB/T 6165	高效空气过滤器性能试验方法 效率和阻力
中国	GB/T 10340	纸和纸板过滤速度的测定
中国	GB/T 6719	袋式除尘器技术要求
中国	GB/T 12625	袋式除尘器用滤料及滤袋技术条件
中国	GB 12218	一般通风用空气过滤器性能测试方法
中国（纺织行业）	FZ/T 64055	袋式除尘用针刺非织造过滤材料
中国（纺织行业）	FZ/T 64064	聚苯硫醚纺黏水刺非织造过滤材料
中国（机械行业）	JB/T	气体净化用非织造黏合纤维层滤料
中国（建材行业）	JC/T 590	过滤用玻璃纤维针刺毡
中国（建材行业）	JC/T 768	玻璃纤维过滤布
中国（核工业）	EJ 368	高效空气粒子过滤器性能测试方法
国际标准化组织	ISO 3968	滤芯－压差流量特性的测定
美国	ASTM F 778	Test Method for Gas Flow Resistance Testing of Filtration Media
欧洲用即弃与非织造材料协会	EDANA 180.0	Bacterial Filtertion Efficiency
欧洲用即弃与非织造材料协会	EDANA 190.0	DryBacterial Penetration
欧洲用即弃与非织造材料协会	EDANA 200.0	WetBacterial Penetration

7. 非织造材料其他品质指标

非织造材料中各种保暖絮片、喷胶棉、无胶棉等保暖材料，其保暖性能和压缩性能是主要指标；一些家用、装饰用非织造材料，为了保持应有的手感和外形，应具有一定的刚度和悬垂性；卫材中的湿巾和医用敷料等要有较好的柔软性，可用其弯曲性能指标来表征；而耐磨性则对于一些揩布、服装鞋帽用非织造材料是一项重要的指标。这些性能指标的测试方法部分沿用了纺织品的相关标准，见表11-13。

表 11-13　国内外有关保暖、弯曲、压缩、耐磨性能测试标准

项目	国家或地区(行业协会)	标准号	适用条件或方法
耐磨性	中国	GB/T 21196.1～21196.4	纺织品 马丁代尔法
	中国(纺织行业)	FZ/T 60012	金属化纺织品
	中国(纺织行业)	FZ/T 01011	涂层织物
	中国(纺织行业)	FZ/T 01128	纺织品　双轮磨法
	中国(纺织行业)	FZ/T 01122	纺织品　曲磨法
	中国(纺织行业)	FZ/T 01121	纺织品　平磨法
	中国(纺织行业)	FZ/T 01123	纺织品　折边磨法
	国际标准化组织	ISO 12947.1～12947.4	纺织品 马丁代尔法
	美国试验与材料协会	ASTM D 3389	涂层织物
	美国试验与材料协会	ASTM D 4966	纺织品 马丁代尔法
	美国试验与材料协会	ASTM D 3886	纺织品 充气膜法
	德国	DIN 53863.1～53863.4	纺织品
保暖性	中国(纺织行业)	FZ/T 60013	金属化纺织品
	中国(纺织行业)	FZ/T 64006	毛型复合絮片
	中国	GB/T 13459	劳动防护服
	中国	GB/T 18319	纺织品 红外蓄热保暖性
	中国	GB/T 11048	纺织品
弯曲性能	中国(纺织行业)	FZ/T 01045	织物悬垂性
	中国	GB/T 23329	纺织品 悬垂性
	中国	GB/T 18318	纺织品 弯曲性能
	国际标准化组织	ISO 9073-7	非织材料 弯曲长度
	国际标准化组织	ISO 9073-9	非织材料 悬垂系数
	欧洲用即弃材料及非织造材料协会	EDANA ERT 50.5	非织材料 弯曲长度
	欧洲用即弃材料及非织造材料协会	EDANA ERT 90.4	非织材料 悬垂系数
	美国试验与材料协会	ASTM D 5732	非织造材料
	美国试验与材料协会	ASTM D 1388	织物硬挺度
	美国试验与材料协会	ASTM D 4032	圆形弯曲法
	中国(纺织行业)	FZ/T 01064	涂层织物
	中国(纺织行业)	FZ/T 64017	针刺压缩弹性非织造布
	中国(纺织行业)	FZ/T 60043	树脂基三维编织复合材料
	中国	GB/T 24442.1	纺织品 恒定法
	中国	GB/T 24442.2	纺织品 等速法
	德国	DIN 53885	纺织品
	国际非织造材料工业协会	INDA IST 120.3～120.5	非织造高蓬松产品

8. 非织造材料产品标准

我国的非织造产业已进入高速发展期,随着综合国力、科技水平及民生需求的不断提高,非织造产业在适应新需求,迎接新挑战中改革创新,特别是面临国家重大公共突发事件时,能迅速启动快速应急响应机制,发挥科技优势,研发出满足不同需求的各类非织造材料产品。表 11-14 为我国非织造材料相关产品的国家标准和行业标准。

表 11-14　非织造材料相关产品的国家标准和行业标准

产品类别	标准号	标准名称	备注
医用防护类	GB/T 38014	纺织品 手术防护用非织造布	
	GB 19082	医用一次性防护服技术要求	
	GB/T 38462	纺织品 隔离衣用非织造布	
	GB/T 38880	儿童口罩技术规范	
	GB 19083	医用防护口罩技术要求	
	GB/T 32610	日常防护型口罩技术规范	
民用卫生类	GB/T 41244	可冲散水刺非织造材料及制品	
	FZ/T 64005	卫生用薄型非织造布	
	FZ/T 64012	卫生用水刺法非织造布	
服装用黏合衬类	GB/T 31904	非织造黏合衬	
	FZ/T 64026	针刺非织造衬	
	FZ/T 64021	染色非织造黏合衬	
	FZ/T 64023	耐酵素洗非织造黏合衬	
	FZ/T 64048	水刺非织造黏合衬	
	FZ/T 64040	缝编非织造黏合衬	
	FZ/T 64042	针刺非织造服装衬	
	FZ/T 64041	熔喷纤网非织造黏合衬	
美容护肤类	FZ/T 64079	面膜用竹炭黏胶纤维非织造布	
	FZ/T 64051	美妆用非织造布	
各类非织造卷材	GB/T 26379	纺织品 木浆复合水刺非织造布	
	FZ/T 64033	纺黏热轧法非织造布	
	FZ/T 64052	短纤热轧法非织造布	
	FZ/T 64046	热风法非织造布	
	FZ/T 64078	熔喷法非织造布	
	FZ/T 64034	纺黏/熔喷/纺黏(SMS)法非织造布	
	FZ/T 64047	浆粕气流成网非织造布	
	FZ/T 64017	针刺压缩弹性非织造布	
	FZ/T 64077.1	壳聚糖纤维非织造布 第1部分:热风非织造布	
	FZ/T 64077.2	壳聚糖纤维非织造布 第2部分:水刺非织造布	
	FZ/T 64077.3—	壳聚糖纤维非织造布 第3部分:针刺非织造布	
	FZ/T 64018	纤网—纱线型缝编非织造布	
	FZ/T 64053	聚乙烯醇水溶纤维非织造布	

(续表)

产品类别	标准号	标准名称	备注
工业用品类	GB/T 35751	汽车装饰用非织造布及复合非织造布	
	GB/T 17987	沥青防水卷材用基胎 聚酯非织造布	
	FZ/T 64076	建筑包覆用非织造布	
	FZ/T 64065—	绝缘用芳纶水刺非织造布	
	FZ/T 64035	非织造布购物袋	
	GB/T 24248	纺织品 合成革用非织造基布	
土工合成材料类	GB/T 18887	土工合成材料 机织/非织造复合土工布	
	GB/T 17638	土工合成材料 短纤针刺非织造土工布	
	GB/T 17642	土工合成材料 非织造布复合土工膜	
	GB/T 17639	土工合成材料 长丝纺黏针刺非织造土工布	

思考题

1. 简述非织造新产品开发的主要技术路线。
2. 概述非织造产品的分类和应用范围。
3. 医疗产品的非织造材料应具备哪些基本性能特征?
4. 简述婴儿尿垫和妇女卫生巾的外层包覆材料和内层芯吸材料的主要性能特征。
5. 非织造过滤材料有哪些性能特征?它与机织过滤材料的主要区别在哪里?请设计一种用于烟气净化过滤的非织造材料(包括原料选择、工艺及后整理)。
6. 何谓功能整理?非织造材料的功能整理主要有哪几项?
7. 简述拒水拒油整理机理和相关指标及测试方法。
8. 简述纤维材料的阻燃机理、阻燃剂种类和主要检测指标。
9. 非织造材料的涂层整理工艺有哪些?
10. 简述非织造材料涂层产品的结构特性。
11. 简述透气合成革 PU 膜的形成机理。
12. 非织造材料的吸收性能有哪几项指标及测试方法?
13. 简述过滤材料的主要性能指标和测试方法。
14. 医用防护服质量评价体系应具备哪几方面性能指标?

参考文献

1. J. Lunenschloss，W. Albrecht. Non-woven Bonded Fabrics. Ellis Horwood Limited，New York chichester Toronto Brisbane，1985.

2. Holliday，T.，"End Uses for Nonwovens"，Nonwovens Industry，Vol. 23 December 1993.

3. 王延熹主编. 非织造布生产技术 [M]. 上海：中国纺织大学出版社，1998.

4.《纺织材料学》编写组编. 纺织材料学[M]. 北京：纺织工业出版社 1980.

5. 赵书经主编. 纺织材料实验教程[M]. 北京：中国纺织出版社，1989.

6. 姚穆等编. 纺织材料学[M]. 北京：纺织工业出版社，1993.

7. 言宏元主编. 非织造工艺学[M]. 北京：中国纺织出版社，2000.

8. Subramaniarm V，et al. Study of the properties of needlepunched Nonwoven Fabrics Using a Factorial Design Tecbnique. Indion Journal of fibre & Textile Research，1992. 17(3)：124～129.

9. Subramaniarm V，et al. Study of the properties of needlepunched Nonwoven Fabrics Using a Factorial Design Tecbnique. Indian Journal of fiber & Textile Research，1992. 17(3)：124～129.

10. Chatlerjee KN，et al. Performance. Characteristics of Filter Fabrics in Cement Dust Control：Part Ⅳ — Study of Nonwoven Filter Fabrics Using Factorial Design Technique. Indian Journal of fiber & Textile Research，1997. 22(1)：21～29.

11. 郭秉臣主编. 非织造布学[M]. 北京：中国纺织出版社，2002.

12. 杨汝楫主编. 非织造布概论[M]. 北京：中国纺织出版社，1990.

13. 靳向煜主编. 非织造布工艺技术研究论文集[M]. 上海：中国纺织大学出版社，1997.

14. 刘丽芳等. 针刺工艺参数对非织造布性能的影响[J]. 产业用纺织品，2001(11)：30～33.

15. 刘丽芳等. 针刺工艺参数对非织造布性能的影响[J]. 产业用纺织品. 2001. 11：30～33.

16. 汪之光. 针刺产品表面质量的研究[M]. 非织造布. 2002. 6:21~24.

17. Kinn, L. D. and Mate. Z. "Fiber Length-Fiber Surface Area Relationships in Wetlaid Nonwovens," INDA-TEC Papers, June 2-5, 1986: pp. 138~150.

18. The Nonwovens Handbook, INDA, Association of the Nonwoven Fabrics Industry, New York, 1988.

19. Noonan, E. and Sullivan, S., "The International Nonwoven Roll Goods Companies, The Top 40", Nonwovens Industry, 25:9, September 1994.

20. Staff Report, Nonwovens World 5(1):16(1990).

21. Vuillaume, A. M., Tappi J. 74(8):149(1991).

22. Williamson, J. E., et al., "Water Entanglement Product and Process", U. S. pat. 5, 009,747(April 23, 1991).

23. Spunlace Technology Today. Miller Freeman, Inc. 1989.

24. 柯勤飞. 聚合物纺丝成网现状及发展动态[J]. 北京纺织,1997(10):16~19.

25. 董纪震,何勤功,濮德林编. 合成纤维生产工艺学[M]. 北京:纺织工业出版社,1981.

26. 张瑞志主编. 高分子材料生产加工设备[M]. 北京:中国纺织出版社,1999.

27. 王显楼等编. 涤纶生产基本知识[M]. 北京:纺织工业出版社,1993.

28. 李允成,徐心华等编. 涤纶长丝生产[M]. 北京:中国纺织出版社,1995.

29. [日]日本纤维机械学会,纤维工学出版委员会编. 纤维的形成结构及性能[M]. 北京:纺织工业出版社,1988.

30. 何曼君,陈维孝,董西侠. 高分子物理(修订版)[M]. 上海:复旦大学出版社,1990.

31. [美]瓦尔察克(Z. K. Walcak)著. 合成纤维成型[M]. 北京:纺织工业出版社,1984.

32. [苏]K・E・彼列彼尔金著. 化学纤维成型过程的物理化学基础[M]. 北京:纺织工业出版社,1981.

33. 尹燕平主编. 双向拉伸塑料薄膜[M]. 北京:化学工业出版社,1999.

34. 高雨声,张瑞志,李德深,王悌义等编. 化纤设备[M]. 北京:纺织工业出版社,1989.

35. 曹同玉,刘庆普,胡金生编. 聚合物乳液合成原理性能及应用[M]. 北京:化学工业出版社,1997.

36. Spunbond Technology Today. Miller Freeman, Inc. 1992.

37. Honjo, Takeshi, et al., Polyester multifilament-based synthetic Leather with Good Elasticity, Jpn. Kokai Tokkyo Koho JP 2002054078.

38. O. E. 马蒂阿脱编. 超声换能器材料[M]. 北京:科学出版社,1979.

39. 吴人杰等编. 高聚物的表面与界面[M]. 北京:科学出版社,1998.

40. 周雍鑫,周俊等编. 胶黏剂、黏接技术实用问答[M]. 北京:机械工业出版社,1997.

41. 董永春,滑钧凯. 纺织品整理剂的性能与应用[M]. 北京:中国纺织出版社,1999.

42. 永田宏二等. 功能性特种胶黏剂[M]. 北京:化学工业出版社,1991.

43. 宋心远,沈煜如编. 新型染整技术[M]. 北京:中国纺织出版社,1999.

44. 程时远,李盛彪,黄世强编. 胶黏剂[M]. 北京:化学工业出版社,2001.

45. [美]S. 吴著. 潘强余,吴敦汉译. 高聚物的界面与黏合[M]. 北京:纺织工业出版社,1997.

46. 洪啸吟,冯汉保编. 涂料化学[M]. 北京:科学出版社,2000.

47. [英]D. T. 克拉克,W. J. 费斯特著. 张开等译. 高聚物表面[M]. 北京:化学出版社,1985.

48. [美]M. J 希克著. 杨建生译. 纤维和纺织品的表面性能[M]. 北京:纺织工业出版社,1984.

49. 邹明国,代模兰编著. 界面黏合原理[M]. 成都:成都科技大学出版社,1994.

50. 王孟钟,黄应昌主编. 胶黏剂应用手册[M]. 北京:化学工业出版社,1987.

51. Fowkes F. M. Surface and Interface Led. Burke,J J,Reed,N L and Weiss,W Syracuse University Press,New York 1967.

52. Richard A L,Richards R W. Polymer at Surfaces and Interface Cambridge University Press,London 1999.

53. 奥田平,稲垣寛. 合成樹脂エマルツョソ". 高分子刊行会,東京,365,1984.

54. 刘绅至. 聚合物乳液通讯[J]. 1990(1):51.

55. 董永春. 黏合剂[J]. 1989(1):33.

56. 华坚,吴莉丽等. 纺织学报,2002(6):55.

57. Albin F. Turbak. Nonwovens:Theory,Process,Performance,and Testing. Atlanta:TAPPI press,1993.

58. 靳向煜,吴海波. 熔喷纺丝过程中的非稳定现象分析[J]. 非织造布,1999(3):20～22.

59. 陈顺勇. 熔喷法非织造布的应用与开发[J]. 产业用纺织品,1998(11):29～31.

60. 靳向煜,吴海波,黄建华. 熔喷/纺黏复合非织造布过滤材料的研究[J]. 中国纺织大学学报,1992(3):9～17.

61. Meltbown Technology Today. Miller Freeman,Inc. 1989.

62. Nonwovens Market 1996 Intn'l Factbook & Directory. Miller Freeman,1996.

63. M Innovative Properties Company,Corrugated Nonwoven Webs of Polymeric Microfiber, US 6010766.

64. McNeil-PPC,Inc. , Nonwoven Fabric of Multi-length,Multi-denier Fibers and Absorbent Article Formed,US 6001751.

65. Tsai,Fu Jya Daniel,Methods for Making a Biodegradable Thermoplastic Composition for Nonwoven Articles,PCT Int. Appl. WO 2002010489.

66. 马建伟等编. 非织造布实用教程[M]. 北京:中国纺织出版社,1994.

67. 郭秉臣主编. 非织造布的性能与测试[M]. 北京:中国纺织出版社,1994.

68. 王强华. 热轧机设计探讨. 非织造布[J],2002(3):37～41.

69. 于伟东,储才元编著. 纺织物理[M]. 上海:东华大学出版社,2002.

70. [美]S. 阿达纳主编. 威灵顿产业用纺织品手册[M]. 北京:中国纺织出版社,2000.

71. 邵宽编. 纺织加工化学[M]. 北京:中国纺织出版社,1996.

72. 薛迪庚编. 织物的功能整理[M]. 北京:中国纺织出版社,2000.

73. 罗巨涛,姜维利编. 纺织品有机硅及有机氟整理[M]. 北京:中国纺织出版社,1999.

74. 罗瑞林编. 织物涂层[M]. 北京:中国纺织出版社,1994.

75. 南京水利科学研究院主编. 土工合成材料测试手册[M]. 北京:水利水电出版社,1991.

76. 程守洙等编. 普通物理学[M]. 北京:高等教育出版社,1998.

77. 胡建恺等编. 超声检测原理和方法[M]. 中国科学技术大学出版社,1993.

78. 焦晓宁,马莹莹. 非织造布亲水整理及亲水剂[J]. 产业用纺织品,2003(6):33.

79. 徐路,郑宇英. 纺织品防紫外线性能评定标准的研究[J]. 产业用纺织品,2002(4):9~12.

80. 吴红玲,蒋少军. 产业用涂层织物加工技术的探讨[J]. 非织造布,2002(9):27~30.

81. 杨宏,潘艳艳. 耐久性抗油拒水织物的整理加工[J]. 产业用纺织品,1998(10):10~11.

82. 马晓光,邓新华,顾振业,韩德昌. 多功能涂层织物的研究[J]. 纺织学报,1997(4):83~87.

83. 郭士志,康志华. 纺织品用有机硅柔软剂[J]. 纺织标准与质量,2002(4):38~39.

84. 迟莉娜. 抗菌整理及抗菌非织造布的开发应用[J]. 产业用纺织品,1999(1):16~21.

85. Malkan,S. R. and Wadsworth,L. C.,International Nonwovens Bulletin,Spring and Summer 1991.

86. Malkan,S. R. and Wadsworth,L. C.,International Nonwovens Bulletin,Fall 1992 and Winter 1993.

87. AATCC Test Method 127-1998,"Water Resistance:Hydrostatic Pressure Test".

88. AATCC Test Method 118-2002,"Oil Repellency:Hydrocarbon Resistance Test".

89. ISO 9073-8:1995,"Determination of Liquid Strike-through Time (simulated urine)".

90. ASTM D 5946-99,"Standard Test Method for Corona-Treated Polymer Films Using Water Contact Angle Measurements".

91. ASTM E 1294-89 (Reapproved 1999),"Standard Test Method for Poro Size Characteristics of Membrane Filters Using Automated Liquid Porosimeter".

92. ASTM D 1117-98,"Standard Test Methods for Nonwoven Fabrics".

93. 王菊生,孙铠主编. 染整工艺原理(第二册)[M]. 北京:纺织工业出版社,1983

94. Darrell H. Reneker, Alexander L. Yarin. Electrospinning jets and polymer nanofibers,Polymer,2008(49):2387~2425.

95. Sergey V. Fridrikh, Jian H. Yu, Michael P. Brenner and Gregory C. Rutledge. Controlling the Fiber Diameter during Electrospinning, Physical Review Letters,2003,90(14):144~502.

96. Travis J. Sill, Horst A. von Recum. Electrospinning:Applications in drug delivery and tissue engineering, Biomaterials,2008,29:1989~2006.

97. Avinash Baji, Yiu-Wing Mai, Shing-Chung Wong, Mojtaba Abtahi, Pei Chen. Electrospinning of polymer nanofibers:Effects on oriented morphology, structures and tensile properties, Composites Science and Technology,2010,70:703~718.

98. R. Jayakumar, M. Prabaharan, S. V. Nair, H. Tamura. Novel chitin and chitosan nanofibers in biomedical applications, Biotechnology Advances,2010,28:142~150.

99. Darrell H. Reneker,Alexander L. Yarin. Electrospinning jets and polymer nanofibers. Polymer,2008(49).

100. Sergey V. Fridrikh,Jian H. Yu,Michael P. Brenner and Gregory C. Rutledge. Controlling

the Fiber Diameter during Electrospinning. Physical Review Letters,2003,90(14).

101. Travis J. Sill,Horst A. von Recum. Electrospinning:Applications in drug delivery and tissue engineering. Biomaterials,2008,29.

102. Avinash Baji,Yiu-Wing Mai,Shing-Chung Wong,Mojtaba Abtahi,Pei Chen. Electrospinning of polymer nanofibers:Effects on oriented morphology,structures and tensile properties. Composites Science and Technology,2010,70.

103. R. Jayakumar,M. Prabaharan,S. V. Nair,H. Tamura. Novel chitin and chitosan nanofibers in biomedical applications,Biotechnology Advances,2010,28.

104. 李丽. 熔体分配管道结构探讨. 金山油化纤,2001(4).

105. 杨光. 基于狭缝牵伸 PE/PP 双组分复合纺黏法工艺研究[D]. 上海:东华大学,2007.

106. 池玲晨. PE/PP 复合纺黏非织造布结构性能及纸尿裤应用研究[D]. 上海:东华大学,2007.

107. 姜丹华. PE/PET 双组分纺黏非织造工艺及产品性能研[D]. 上海:东华大学,2008.

108. 陈光林. PE/PET 双组分 SMS 非织造复合材料工艺技术与性能研究[D]. 上海:东华大学,2009.

109. 钱雯瑾. 分裂型纤维水刺缠结工艺及裂离机理研究[D]. 上海:东华大学,2010.

110. Albin F. Turbak. Nonwovens:Theory,Process,Performance,and Testing,Tappi Press,Atlanta,1993.

111. Nonwovens-Vocabulary:ISO9092:2019[S/OL]. [2022-06-15]. https://www. iso. org/standard/71369. html.

112. 张静峰,靳向煜,饶剑辉.浆粕及木浆纸水刺非织造布的结构与性能[J].纺织学报,2005(3):51-53.

113. 王响,靳向煜. 再生牛皮胶原蛋白复合纤维的性能[J].纺织学报,2015,36(4):1-6.

114. 王浩,陈宇岳,黄晨等. 高碘酸钠对棉纤维的选择性氧化工艺及性能研究[J]. 安徽农业大学学报,2011,38(5):812-816.

115. 房乾,王荣武,吴海波.海藻纤维针刺复合医用敷料吸湿透气性能的研究[J].产业用纺织品,2015,33(2):24-28.

116. 王洪,张玟籍,康成文.无土栽培基质用红麻/低熔点纤维材料的开发[J].中国纤检,2017(10):139-141.

117. 赵奕,靳向煜,吴海波,黄晨,刘嘉炜. 我国高温烟气非织造过滤材料的现状与发展前景[J]. 东华大学学报(自然科学版),2020,46(06):874－880.

118. 鲁伟涛.生物可降解 PEST 共聚酯纺粘非织造材料的制备及性能研究[D]. 上海:东华大学,2014:23－31.

119. 张晓山,王兵,吴楠等. 高温隔热用微纳陶瓷纤维研究进展[J].无机材料学报,2021,36(03):245－256.

120. Yu B, Han J, Sun H, et al. The Preparation and property of poly (lactic acid)/tourmaline blends and melt-blown nonwoven [J]. Polymer Composites. 2014,36(2):264－271.

121. Kilic A, Shim E, Pourdeyhimi B. Electrostatic Capture Efficiency Enhancement of

Polypropylene Electret Filters with Barium Titanate [J]. Aerosol Science and Technology. 2015, 49(8): 666-673.

122. Zhang H, Liu J, Zhang X, etal. Design ofelectret polypropylene melt blown air filtration material containing nucleating agent for effective PM2. 5 capture[J]. RSC Advances, 2018, 8(15): 7932-7941.

123. Liu J, Zhang H, Gong H, etal. Polyethylene/Polypropylene Bicomponent Spunbond Air Filtration Materials Containing Magnesium Stearate for Efficient Fine Particle Capture[J]. Acs Applied Materials & Interfaces, 2019, 11(43): 40592-40601.

124. Zhang X, Wang Y, Liu W, etal. Needle-punched electret air filters (NEAFs) with high filtration efficiency, low filtration resistance, and superior dust holding capacity [J]. Separation and Purification Technology, 2022, 282.

125. VAN TURNHOUT J. Electrically charged fibre filter prodn - from fibrillated electrically charged drawn film of non-polar material, BE827077-A; DE2512885-A; NL7403975-A; SE7503481-A; JP50132223-A; FR2265805-A; DD117038-A; ZA7501832-A; US3998916-A; BR7505858-A; GB1469740-A; IL46879-A; CH600952-A; CA1050481-A; NL160303-B; IT1030422-B; US30782-E; DE2512885-C; US32171-E [P/OL].

126. THAKUR R, DAS D, DAS A. Electret Air Filters[J]. Separation & Purification Reviews, 2013, 42(2): 87-129.

127. Thakur R, Das D, Das A. Optimization of charge storage in corona-charged fibrous electrets [J]. The Journal of the Textile Institute. 2013(ahead-of-print): 1-9.

128. Chen G, Xiao H, Wang X. Study on parameter optimization of corona charging for melt-blown polypropylene electret nonwoven web used as air filter [C]. IEEE, 2009.

129. Lin J, Lou C, Yang Z. Novel process for manufacturing electret from polypropylene nonwoven fabrics [J]. Journal of the Textile Institute. 2004, 95(1-6): 95-105.

130. Zhang H, Liu J, Zhang X, etal. Online prediction of the filtration performance of polypropylene melt blown nonwovens by blue-colored glow[J]. Journal of Applied Polymer Science, 2018, 135(10).

131. Tabti B, Dascalescu L, Plopeanu M, et al. Factors that influence the corona charging of fibrous dielectric materials[J]. Journal of Electrostatics, 2009, 67(2-3): 193-197.

132. Zhang X, Liu J, Zhang H, etal. Multi-Layered, Corona Charged Melt Blown Nonwovens as High Performance PM0. 3 Air Filters[J]. Polymers, 2021, 13(4).

133. Wang Z L, Wang A C. On the origin of contact-electrification[J]. Materials Today, 2019, 30: 34-51.

134. Xue J, Wu T, Dai Y, et al. Electrospinning andElectrospun Nanofibers: Methods, Materials, and Applications. Chemical Reviews 2019, 119(8): 5298 – 5415.

135. Mendes A C, Stephansen K, Chronakis I S, Electrospinning of food proteins and polysaccharides. Food Hydrocolloid 2017, 68: 53 – 68.

136. Fabra M J，López-Rubio A，Lagaron J M，Use of the electrohydrodynamic process to develop active/bioactive bilayer films for food packaging applications. Food Hydrocolloid 2016，55：11 – 18.

137. Huang Z M，Zhang Y Z，Kotaki M，et al. A review on polymer nanofibers by electrospinning and their applications in nanocomposites. Composites Science and Technology 2003，63(15)：2223 – 2253.

138. 覃小红，王善元. 静电纺纳米纤维的过滤机理及性能. 东华大学学报，2007，33(1)：52 – 56.

139. Grafe T，Graham K，Polymeric Nanofibers and Nanofiber Webs：A New Class of Nonwovens. International Nonwovens Journal，2003，12(1).

140. Qian Y，Guo Z，Li N，et al. Composite Sound-Absorbing Materials UsingElectrospun PS Fibrous Membranes and Needle-Punched PET Non-Woven Fabrics. Journal of Fiber Science and Technology 2022，78(1)：18 – 27.

141. 陈榕钦，吕茹倩，梁鹏，庞杰. 静电纺丝技术在食品科学领域中应用的研究进展. 食品工业科技，2019，40(3)：351 – 356.

142. Yan J，Dong K，Zhang Y，et al. Multifunctional flexible membranes from sponge-like porous carbon nanofibers with high conductivity. Nature Communications 2019，10(1)：5584.

143. Lu S，Tao J，Liu X，et al. Baicalin-liposomes loaded polyvinyl alcohol-chitosan electrospinning nanofibrous films：Characterization，antibacterialproperties and preservation effects on mushrooms. Food Chemistry 2022，371：131372.

144. 陈斌，项深泽. 纤维过滤材料过滤气体机理及其应用. 化学工程与装备，2009(10)：140 – 141.

145. Xie X，Chen Y. Wang X，et al. Electrospinning nanofiber scaffolds for soft and hard tissue regeneration. Journal of Materials Science & Technology 2020，59：243 – 261.

146. 苏丹. 静电纺丝设备设计与纳米纤维膜的制备[D]. 武汉：武汉大学，2018.

147. Liu W，Flanders J A，Wang L H，et al. A Safe，Fibrosis-Mitigating，and Scalable Encapsulation Device Supports Long-Term Function of Insulin-Producing Cells. Small 2022，18(8).

148. Wei S，Lu W，Long J. The fabrication of photosensitive self-assembly Aunanoparticles embedded in silica nanofibers by electrospinning. Journal of Colloid & Interface Science，2009，340(2)：291 – 297.

149. 刘万军. 异形微/纳米纤维非织造材料的制备及 3D 成型技术[D]. 上海：东华大学，2017.

150. 丁彬，俞建勇编. 静电纺丝与纳米纤维. 北京：中国纺织出版社，2011.

151. Chen W，Meng X T，Wang HH，et al. A Feasible Way to Produce Carbon Nanofiber by Electrospinning from Sugarcane Bagasse. Polymers (Basel) 2019：11(12)，1968.

152. 刘万军，靳向煜. 静电纺丝非织造技术及其产业化现状. 产业用纺织品，2014，32(1)：

1 – 8.

153. Wang C，Chien H S，Hsu C H，et al. Electrospinning of polyacrylonitrile solutions at elevated temperatures. Macromolecules，2007，40(22):7973 – 7983.

154. Zhang C，Yuan X，Wu L，et al. Study on morphology ofelectrospun poly(vinyl alcohol) mats. European Polymer Journal，2005，41(3):423 – 432.

155. 王策等编. 有机纳米功能材料[M]. 北京:科学出版社,2011.

156. Reneker D H，Yarin A L. Electrospinning jets and polymernanofibers[J]. Polymer，2008，49(10):2387 – 2425.